高职高专电子信息类课改系列教材

# Altium Designer 19 原理图与 PCB 设计速成实训教程

张玉莲　宋双杰　葛　宁　编著

西安电子科技大学出版社

## 内 容 简 介

本书是与张玉莲、葛宁主编的《Altium Designer 19 原理图与 PCB 设计速成》(西安电子科技大学出版社于 2020 年 9 月出版)教材配套的实训教材。全书主要讲解了利用 Altium Designer 19 软件绘制原理图与 PCB 的步骤，共包括三部分内容，即原理图设计、印制电路板(PCB)设计、电路仿真与信号完整性分析。针对这三部分内容设计了 17 个实训项目，52 个实际电路图形，实训项目收集了以电子线路、检测控制电路、单片机应用电路为主的 52 个不同类型的电路图形并给出了详尽的操作步骤。实训内容从简单到复杂，旨在使读者逐步掌握利用 Altium Designer 19 软件绘制电路原理图、设计 PCB 的各种编辑方法。

本书既可作为高职高专院校电子信息技术类专业、电气工程与自动化专业、航空电子设备维修及机电一体化专业的学生教材及教师教学用书，也可作为工程技术人员和自学者进行电子线路计算机辅助设计的参考用书。

**图书在版编目(CIP)数据**

Altium Designer 19 原理图与 PCB 设计速成实训教程 / 张玉莲，宋双杰，葛宁编著. —西安：西安电子科技大学出版社，2021.3(2023.7 重印)
ISBN 978-7-5606-5992-3

Ⅰ. ①A… Ⅱ. ①张… ②宋… ③葛… Ⅲ. ①印刷电路—计算机辅助设计—应用软件—高等职业教育—教材 Ⅳ. ①TN410.2

中国版本图书馆 CIP 数据核字(2021)第 025844 号

策　　划　马乐惠　毛红兵
责任编辑　马晓娟
出版发行　西安电子科技大学出版社(西安市太白南路 2 号)
电　　话　(029)88202421　88201467　　邮　　编　710071
网　　址　www.xduph.com　　电子邮箱　xdupfxb001@163.com
经　　销　新华书店
印刷单位　陕西日报印务有限公司
版　　次　2021 年 3 月第 1 版　2023 年 7 月第 2 次印刷
开　　本　787 毫米 × 1092 毫米　1/16　印　张　16.5
字　　数　389 千字
印　　数　2001～4000 册
定　　价　45.00 元
ISBN 978-7-5606-5992-3 / TN

**XDUP 6294001-2**

# 前　言

本书是与张玉莲、葛宁主编的《Altium Designer 19 原理图与 PCB 设计速成》教材配套的实训教材。《Altium Designer 19 原理图与 PCB 设计速成》虽然详细讲解了 Altium Designer 19 软件的基本操作、原理图与 PCB 板的绘制方法、电路仿真与信号完整性分析，但要想熟练掌握 Altium Designer 19 软件的各种操作技巧，需要大量的操作练习。

本书紧紧围绕高职高专人才培养目标，体现工学结合的教学思想和教、学、做一体化的教学理念，本着学有所用、学有所长的编写思路，与教学内容、学生就业等密切结合，旨在通过大量的上机操作练习，使学生充分掌握 Altium Designer 19 软件的使用方法与操作技巧，熟练掌握电子线路原理图的绘图与 PCB 板的设计，使学生在毕业时能零实习期上岗。

本实训教程以 Altium Designer 19 软件的原理图设计、印制电路板(PCB)设计和电路仿真与信号完整性分析为主线，设计了 17 个实训项目，52 个实际电路图形，每个实训项目配有多个不同的练习，给出了不同的电路图形并给出了详尽的操作步骤。实训内容从简单到复杂，旨在使读者逐步掌握利用 Altium Designer 19 软件绘制电路原理图、设计 PCB 的各种编辑方法。各实训项目紧紧围绕科技的发展，保持了学术的前沿性，有很大的使用价值。读者在逐步掌握利用 Altium Designer 19 软件绘制电路原理图、设计 PCB 的过程中，可认识各种电路的实际价值。

本书由西安航空职业技术学院张玉莲、宋双杰、葛宁编著。张玉莲编写了实训一至实训十，宋双杰编写了实训十一至实训十五，葛宁编写了实训十六和实训十七。

作者在编写本书的过程中查阅了大量有关资料，得到了同仁的大力帮助，谨在此向这些资料的作者和同仁表示感谢。

由于时间仓促，作者水平有限，书中难免有不妥之处，恳请读者提出宝贵意见。

作者 E-mail：zylian999@126.com。

作　者

2020 年 12 月

# 目　　录

## 第一篇　原理图设计

## 第二篇　印制电路板(PCB)设计

## 第三篇　电路仿真与信号完整性分析

# 第一篇

## 原理图设计

# 实训一　Altium Designer 19 使用基础

### ◇ 实训目的

(1) 了解 Altium Designer 19 的基本功能。
(2) 认识工作界面的组成，掌握菜单栏、工具栏、面板等的含义。
(3) 熟悉工程项目的创建与组成，原理图、PCB 等文件的添加、打开与保存等操作。
(4) 掌握系统参数的设置方法。

### ◇ 实训设备

Altium Designer 19 软件、PC。

## 练习一　修改主题颜色，汉化系统界面

### ⊠ 实训内容

启动 Altium Designer 19，将主题颜色改为浅灰色，并将系统汉化；熟悉 Altium Designer 19 主界面的组成；熟悉 Projects 面板上各按钮的功能。

### ⊠ 操作提示

(1) 启动 Altium Designer 19，即双击桌面上的 Altium Designer 19 快捷图标，进入 Altium Designer 19 主界面，如图 1-1 所示。

图 1-1　Altium Designer 19 主界面

(2) 单击右上角的 按钮，弹出“Preferences”对话框。

(3) 在“System”选项中单击“General”，在窗口中的“Localization”选项区勾选“Use localized resources”，弹出“Warning”对话框，如图 1-2 所示，单击【OK】按钮。

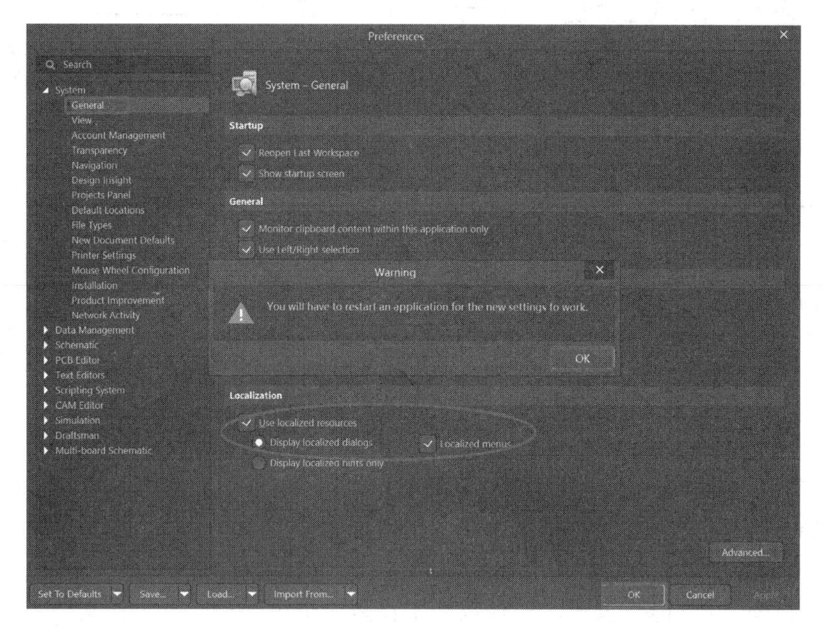


图 1-2　“Preferences”对话框

(4) 单击“View”，在窗口中的“UI Theme”区域，单击“Current”后面的 ，选中“Altium Light Gray”，如图 1-3 所示，弹出“Warning”对话框，单击【OK】按钮。

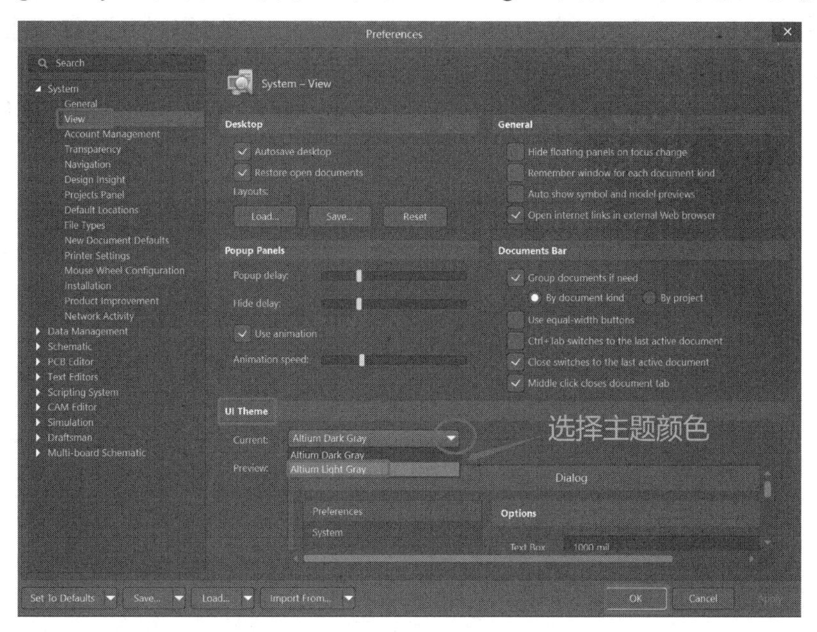


图 1-3　主题色修改

(5) 单击“Preferences”对话框中的【OK】按钮，重新启动软件，即可汉化软件界面，并修改主题颜色为浅灰色，如图 1-4 所示。

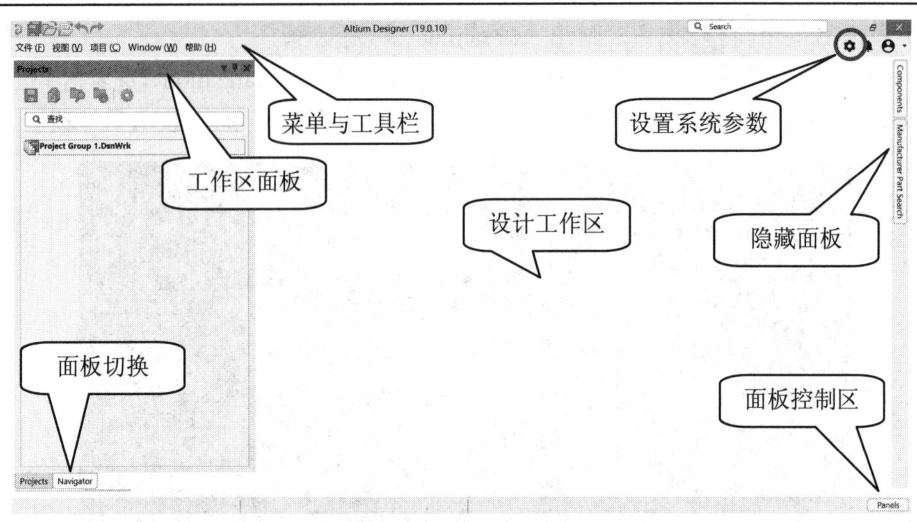


图 1-4　汉化及浅灰色主题界面

(6) Projects 面板。当首次启动软件或当所有设计工作区都处于关闭状态时，系统自动创建一个名为“Project Group1.DsnWrk”的设计工作区，供用户使用，作为新项目或新设计文件的运行平台。所有设计都是基于这个平台而工作的。Projects 面板提供的工具按钮有　5 个，其功能如下：

① 按钮。单击按钮，保存设计工作区，也可保存所有设计文档。

② 按钮(Compile)。该按钮用于对工程项目进行编译，以便查找错误，及时进行修改。

③ 按钮(Explor)。该按钮用于查找工程项目中的文件。在 Search 栏中输入文件名称，即可查找该文件。

④ 按钮(Projects Options)。单击按钮，会弹出工程项目的选项对话框。该对话框主要用于对工程的错误报告、电气连接矩阵、项目中文件的输出类别、项目中同类型的文件元器件的比较、输出路径、打印选项等进行设置。可根据需要在各选项卡下面进行设置，如图 1-5 所示。

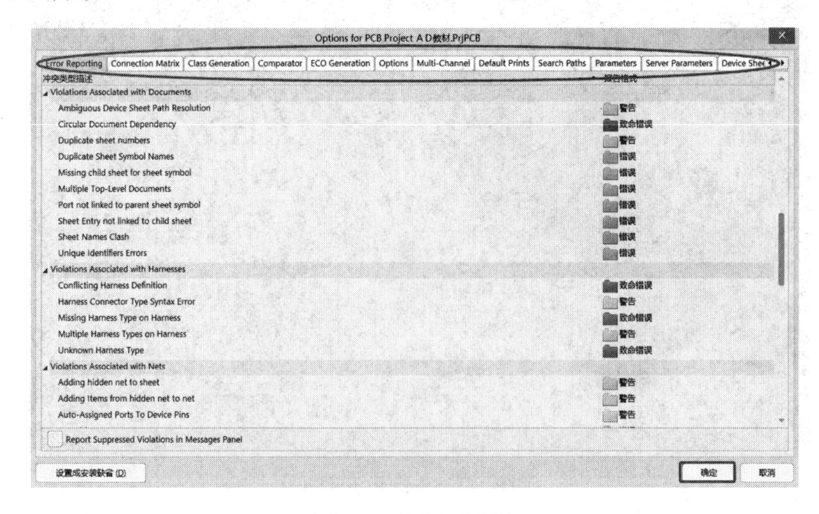


图 1-5　选项对话框

⑤ 按钮。单击按钮，会弹出面板设置选项，如图 1-6 所示。该面板包括 7 个

方面的内容，各部分内容的含义如下：

- General：通用选项。该选项主要包括“显示 VCS 状态”“显示工程中文档位置”“显示完整路径信息”等。需要显示哪项，选中哪项即可。
- File View：文件浏览。该选项包括“显示工程结构”“显示文档结构”。
- Sorting：排序方式。该选项用于设置 Projects 面板中的文档排序方式，包括“工程顺序”“按字母顺序”“打开/修正状态”“VCS 状态”“上升的”等。
- Documents Grouping：文档分组。该选项包括“不分组”“根据类”“根据文档类型”等。
- Default Expansion：默认扩展格式。该选项用于选择 Projects 面板中文档主菜单与子菜单的相互排列关系，这里可选“完全收起”“展开一层”“源文件展开”“完全展开”等方式。
- Single Click：单击鼠标时鼠标所具有的功能。这里可以选择“不动作”“激活打开文档/工程”“打开并显示文档/对象”等。
- Components Grouping：元器件分组方法。这里可以选择“不分组”“通过位号的第一个字符”“通过注释”“通过所属图纸”进行分组。

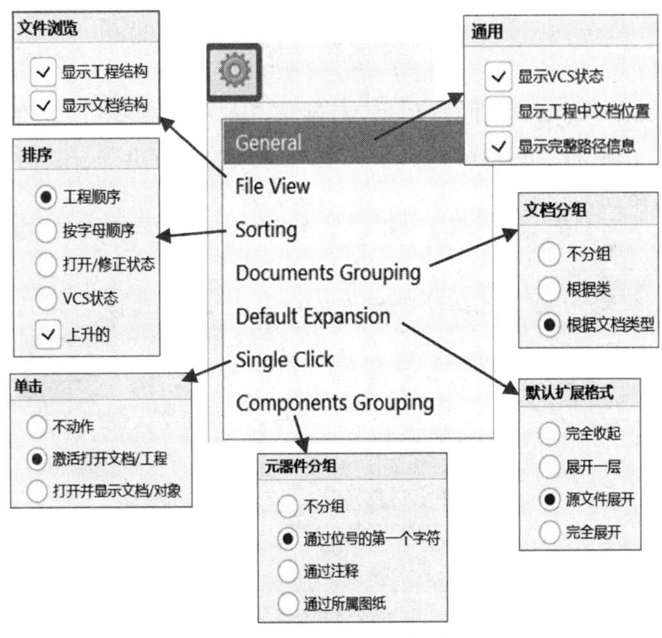


图 1-6 面板设置选项

# 练习二 创建工程项目文件

## ⊠ 实训内容

在 D 盘下建立一个名为“学号 + 姓名”的文件夹，并在文件夹中创建名为“处女作.PrjPcb”的项目文件。

## ⌧ 操作提示

(1) 执行菜单命令“文件”→“新的...”→“项目”，如图 1-7(a)所示，或在“Projects”面板中的“Project Group 1.DsnWrk”上单击鼠标右键，在弹出的快捷菜单中选中“Add New Project...”，如图 1-7(b)所示。

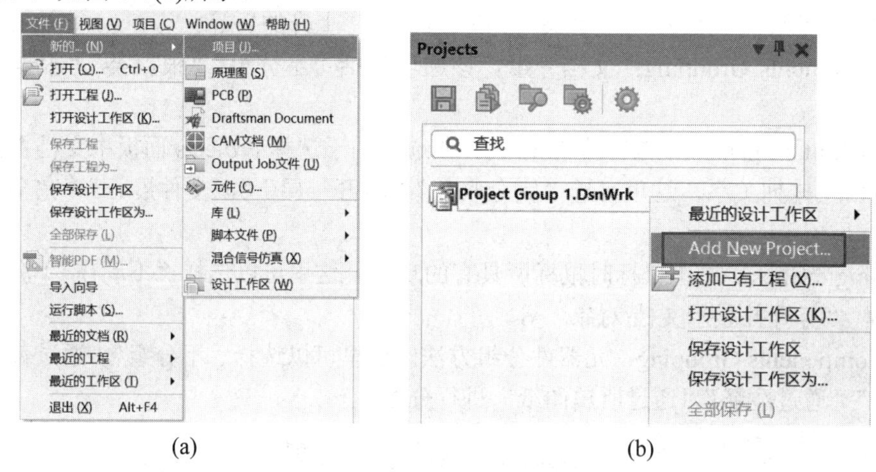


(a) (b)

图 1-7 创建工程项目

(2) 弹出“Create Project”(创建项目)对话框，如图 1-8 所示。在左侧位置区选择 Local Projects，在中间“Project Type”类型区选择“Default”，在右侧可以修改项目名称以及项目存放的路径。

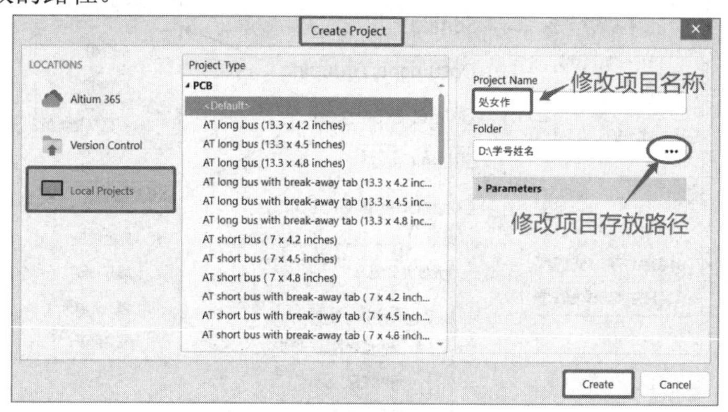


图 1-8 “Create Project” 对话框

(3) 单击【Create】按钮，即可创建一个新的工程项目，如图 1-9 所示。工程项目文件的扩展名是“.PrjPcb”。

图 1-9 新建工程项目

# 练习三　关闭与打开工程项目文件

## ⌧ 实训内容

关闭本实训练习二中新建的工程项目文件“处女作.PrjPcb”后，再打开。

## ⌧ 操作提示

### 1. 关闭工程项目文件

方法一：执行菜单命令“文件”→“退出”。

方法二：在“Projects”面板项目文件名标签(如处女作.PrjPcb)上单击鼠标右键，在弹出的快捷菜单中选择“Close Project”，如图 1-10 所示。

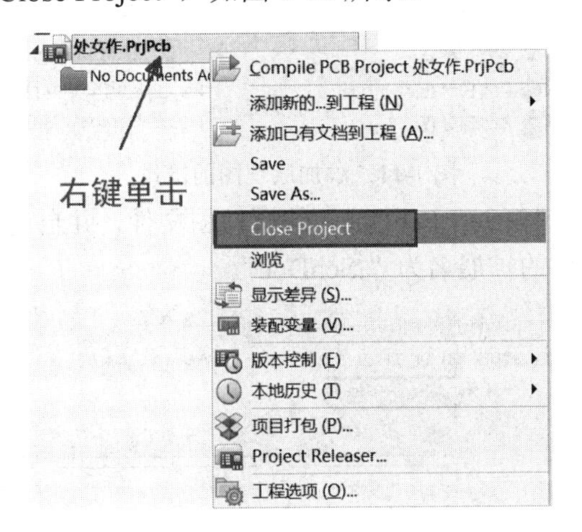


图 1-10　工程项目文件的关闭

### 2. 打开工程项目文件

方法一：在 Altium Designer 19 的设计环境下，执行菜单命令“文件”→“打开”，或单击主工具栏中的按钮(对于最近打开过的文件，也可以在“文件”菜单项下面的文件名列表中直接选择文件名)。

方法二：在 D 盘下搜寻“学号＋姓名”文件夹，打开该文件夹，找到“处女作. PrjPcb”，打开即可。

# 练习四　创建原理图文件及 PCB 文件

## ⌧ 实训内容

在“处女作.PrjPcb”项目文件下，分别添加原理图(Schematic)和 PCB(Printed Circuit

Board，印制电路板)文件，所有名称均采用系统默认名“Sheet1.SchDoc”“PCB1.PcbDoc”。

## ☒ 操作提示

(1) 执行菜单命令“文件”→“新的...”→ 原理图 (S)，如图 1-7(a)所示，或在“Projects”面板中的 PCB 工程项目 (处女作.PrjPcb)图标上单击鼠标右键，在弹出的快捷菜单中选中“添加新的...到工程”，再选中其子菜单中的 Schematic，如图 1-11 所示。

图 1-11　添加原理图的操作

系统创建一个名称为“Sheet1.SchDoc”的原理图文件，并自动在设计工作区打开，如图 1-12 所示。原理图文件的扩展名为“.SchDoc”。

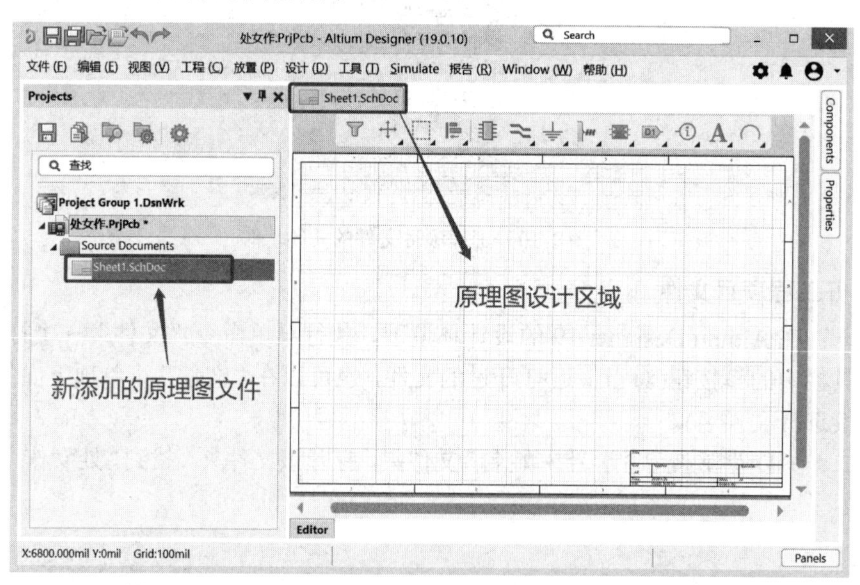


图 1-12　添加的原理图设计文件

(2) 进行 PCB 文件的添加。执行菜单命令“文件”→“新的...”→ PCB (P)，如图 1-7(a)所示，或在“Projects”面板中的 PCB 工程项目(处女作.PrjPcb)图标上单击鼠标右键，在弹出的快捷菜单中选中“添加新的...到工程”，再选中其子菜单中的 PCB，如图 1-11 所示。

系统自动创建一个名称为“PCB1.PcbDoc”的 PCB 文件，并自动在设计工作区打开，如图 1-13 所示。PCB 文件的扩展名为“.PcbDoc”。

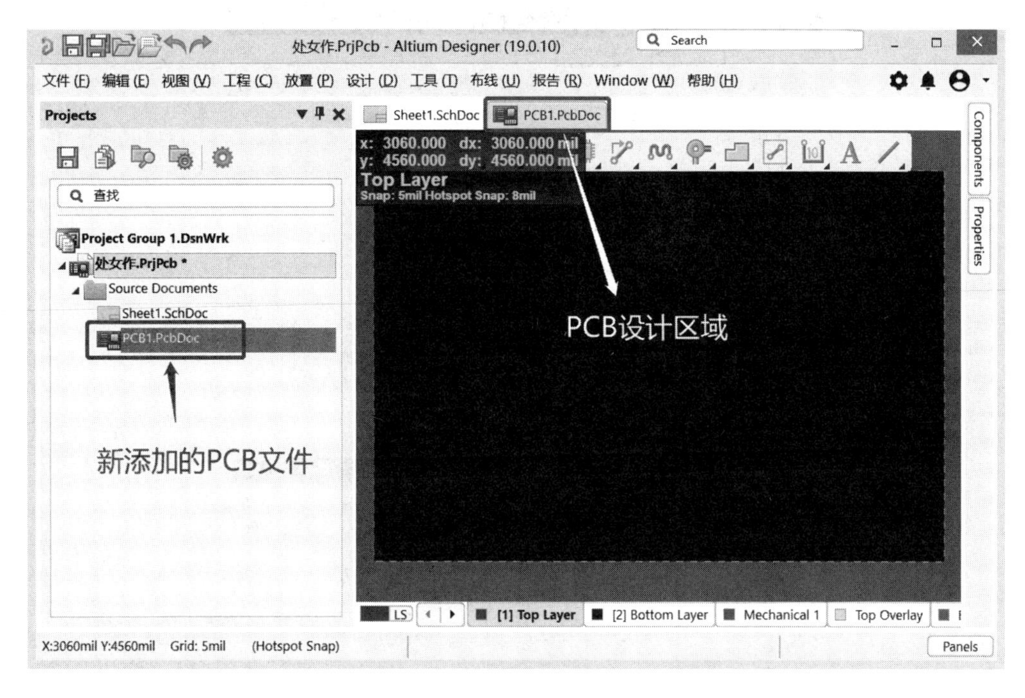


图 1-13　添加的 PCB 文件

# 练习五　文件的关闭、更名

## ⌦ 实训内容

将本实训练习四中添加的原理图“Sheet1.SchDoc”文件和“PCB1.PcbDoc”文件关闭保存，并分别更名为 “YLT.SchDoc”和“Dianluban.PcbDoc”。

## ⌦ 操作提示

方法一：

(1) 执行菜单命令“文件”→“关闭”，即可关闭当前打开的活动窗口的文件，如果文件做了修改，还会弹出是否保存修改的确认对话框，如图 1-14 所示。

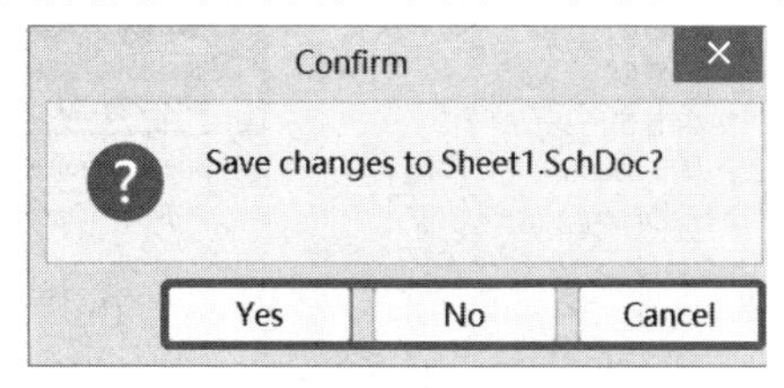


图 1-14　确认保存与否对话框

(2) 单击【Yes】按钮，弹出文件保存路径对话框，如图 1-15 所示，即可修改文件名称和保存路径。

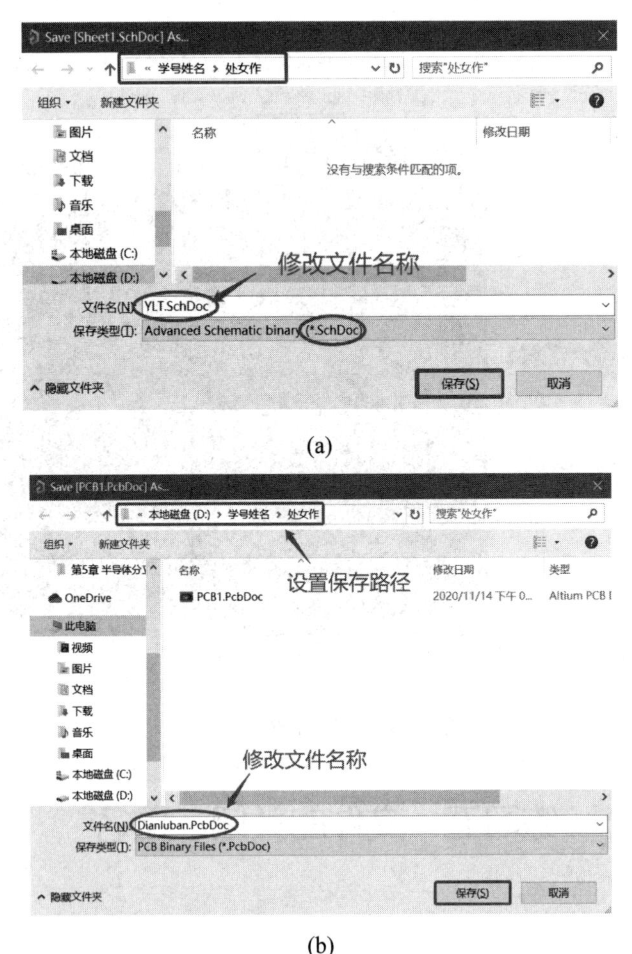


(a)

(b)

图 1-15　文件的修改与保存

方法二：在工作窗口的设计文件名标签上单击鼠标右键，在弹出的快捷菜单中选择“Close...”，如图 1-16(a)所示。

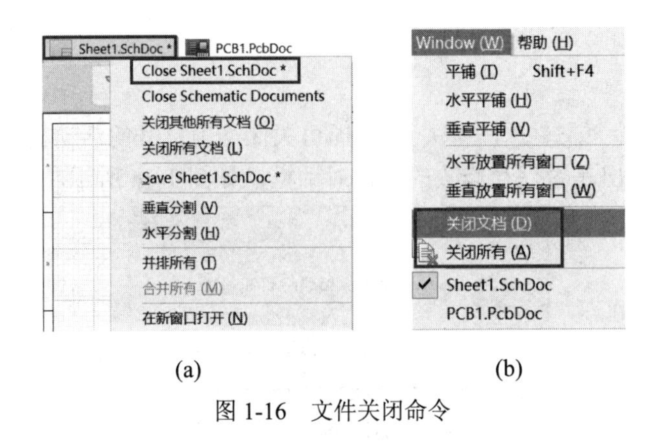


(a)　　(b)

图 1-16　文件关闭命令

在图 1-16(a)中选中“Close Sheet1.SchDoc”后，也会弹出如图 1-14 所示的确认保存对话框。

方法三：单击主菜单中的“Window”菜单，在弹出的图 1-16(b)所示的菜单中，若选择“关闭文档”，则关闭当前打开的文档“Sheet1.SchDoc”，若选择“关闭所有”，则关闭所有文件。

方法四：执行菜单命令“文件”→“另存为”，也能取得同样的效果，还能修改文件的名称。

**注意：**在保存文件时，文件的扩展名“.SchDoc”“.PcbDoc”等不可更改。

# 练习六 文件的移除

## ⌧ 实训内容

将工程项目中的原理图文件移除。

## ⌧ 操作提示

(1) 当需要移除工程项目中的某个文件时，在需要移除的文件上单击鼠标右键，在弹出的快捷菜单中选中“从工程中移除...”，如图 1-17 所示。

(2) 弹出文件移除确认对话框，如图 1-18 所示，单击【Yes】按钮。被移除的文件变成游离文件，存放在“Free Documents”文件夹中，如图 1-19 所示。

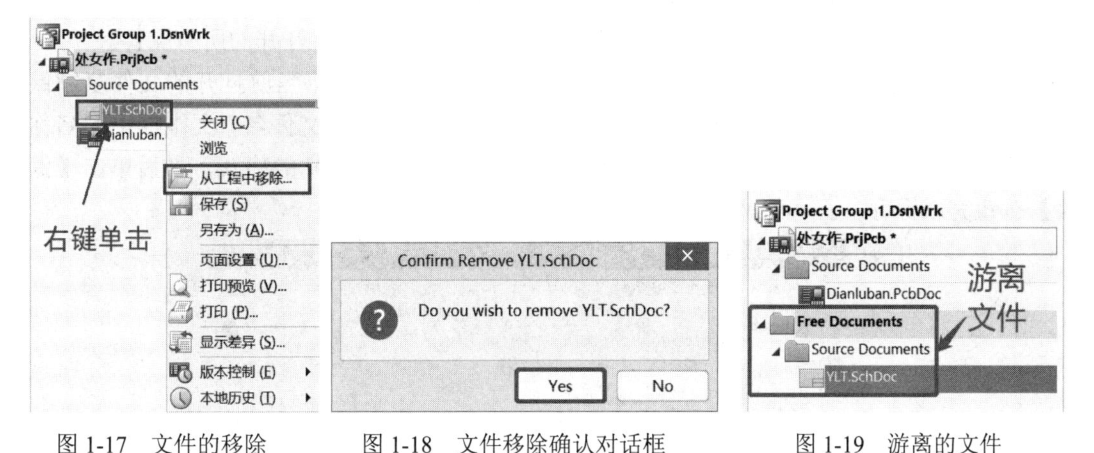


图 1-17 文件的移除　　图 1-18 文件移除确认对话框　　图 1-19 游离的文件

# 练习七 保存文件

## ⌧ 实训内容

练习四种保存文件的操作，并比较它们之间的区别。

## ⌧ 操作提示

方法一：执行菜单命令“文件”→“保存”，或单击工具栏中的按钮，可保存当前打开的文件。

方法二：执行菜单命令“文件”→“另存为”，其功能是将当前打开的文件更名保存为另一个新文件。系统弹出一个另存文件对话框，如图 1-20 所示。在“文件名”文本框中输入新的文件名，图中“文件名”文本框中的名称为系统默认名，在“保存类型”下拉列表框中选择文件的格式，最后单击【保存】按钮完成保存。

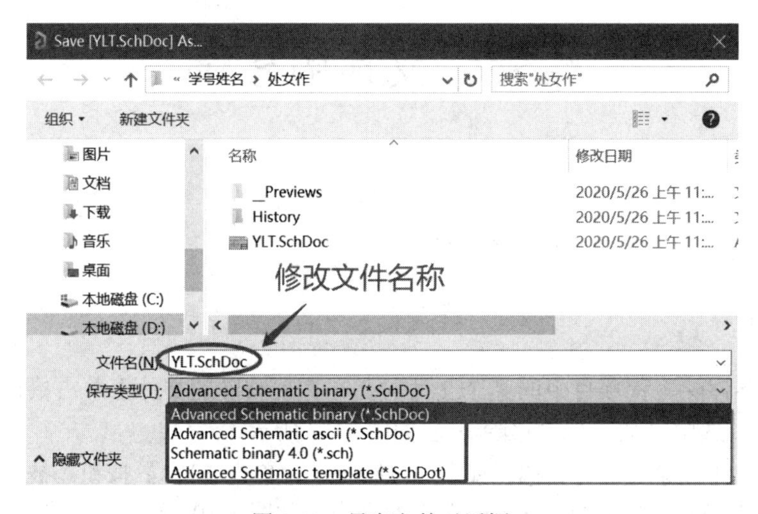


图 1-20　另存文件对话框

方法三：执行菜单命令“文件”→“保存全部”，将保存当前打开的所有文件。

方法四：执行菜单命令“文件”→“保存副本”，其功能是将当前打开的文件复制保存。系统弹出一个保存副本文件对话框，如图 1-21 所示。图中“文件名”文本框中的名称为系统默认副本文件名称，在“保存类型”下拉列表框中选择文件的格式，最后单击【保存】按钮完成保存。

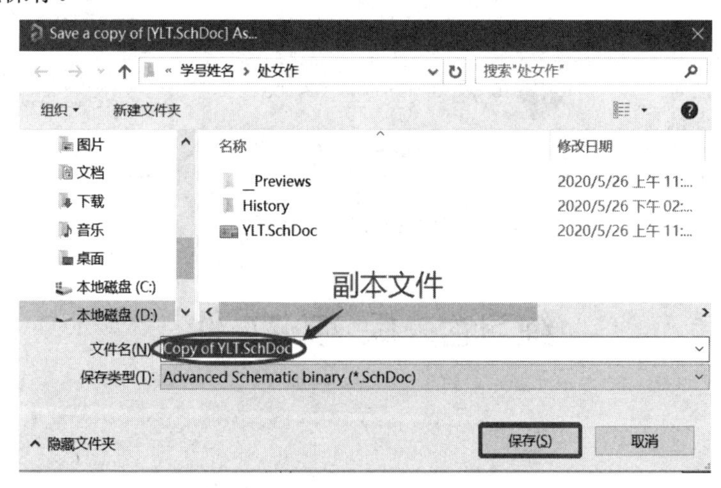


图 1-21　保存副本文件对话框

# 练习八　Altium Designer 19 系统参数设置

## ⌧ 实训内容

在 Altium Designer 19 软件系统参数设置选项中，设置文件保存路径为“D：\学号姓名”；设置系统自动保存时间为“20”分钟；设置系统字体为“常规”“小五”。

## ⌧ 操作提示

(1) 单击主界面右上角 按钮，弹出优选项(Preferences)对话框，如图 1-2 所示。

(2) 选中优选项对话框中的“Default Locations”，在弹出的窗口右侧设置各种文件存储路径，如图 1-22 所示。

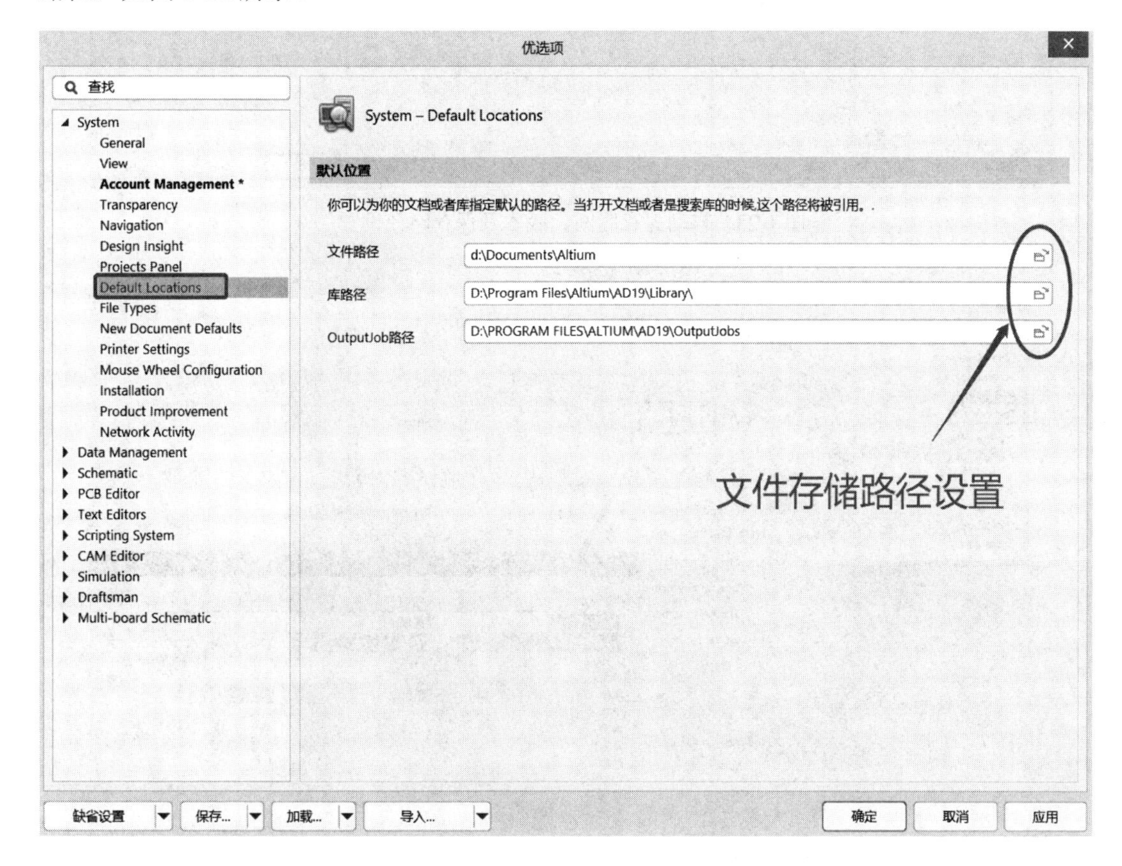


图 1-22　文件存储路径设置

(3) 选中优选项对话框中的“Data Management”中的“Backup”，在弹出的窗口右侧对文件进行设置，如图 1-23 所示。

(4) 选中优选项对话框中的“Text Editors”中的“Display”，在弹出的窗口右侧可进行文字字体、可视右边框宽度、是否自动换行等的设置，如图 1-24 所示。

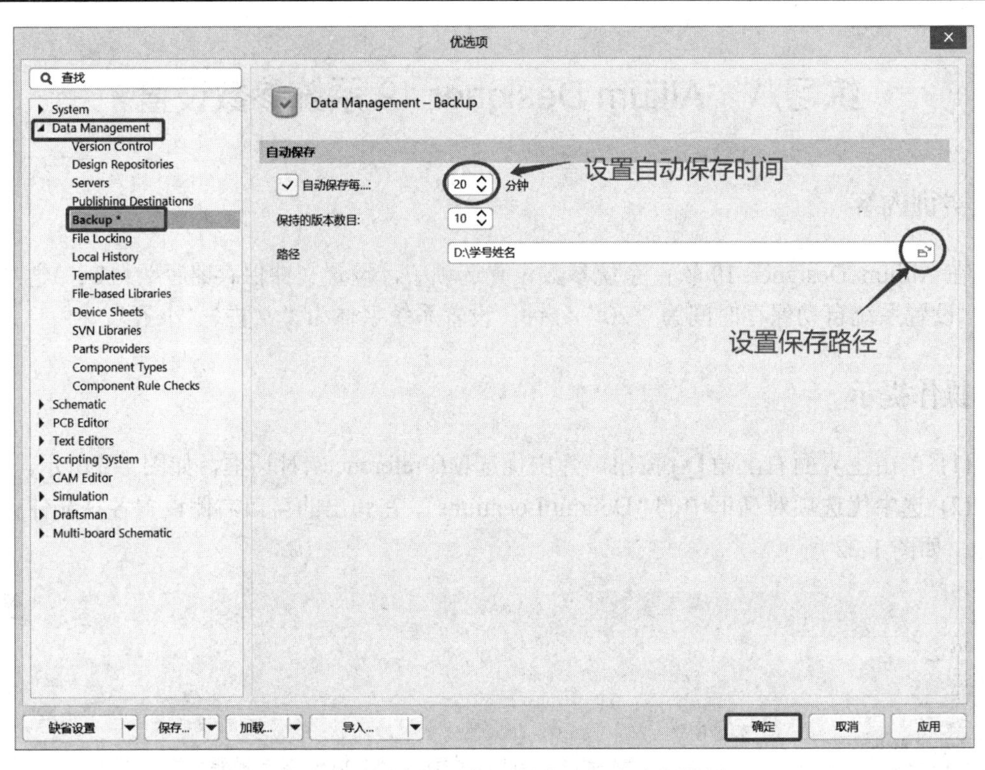


图 1-23　自动保存时间、版本及保存路径设置

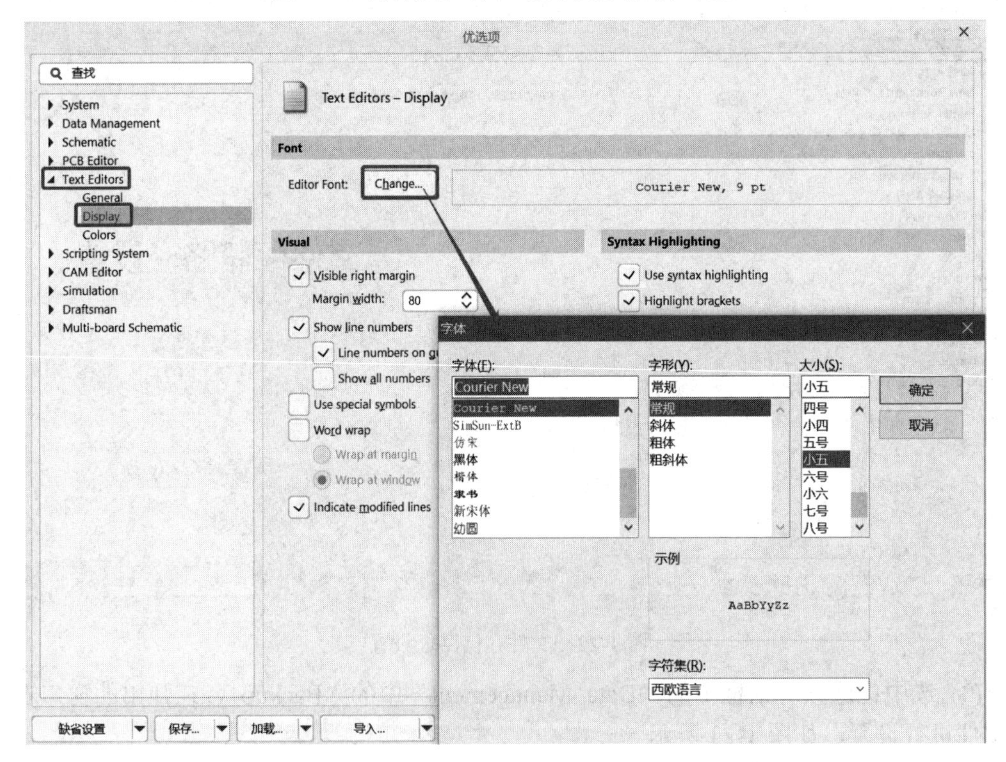


图 1-24　文字设置

# 实训二　原理图参数设置

### ◇ 实训目的

(1) 掌握原理图图纸尺寸及栅格的设置方法。

(2) 熟悉光标设置、文字显示与修改等操作方法。

### ◇ 实训设备

Altium Designer 19 软件、PC。

## 练习一　图纸尺寸及栅格的快速设置

### ⊠ 实训内容

新建一个原理图文件，设置图纸为 A4 竖放，标题栏为“ANSI”，栅格中设置“Visible Grid”为“100 mil”“Snap Grid”为“50 mil”；设置文档字体为“宋体”“10”号；设置图纸边界颜色为红色，背景颜色为淡黄色。

### ⊠ 操作提示

(1) 双击原理图页边框，如图 2-1 所示。

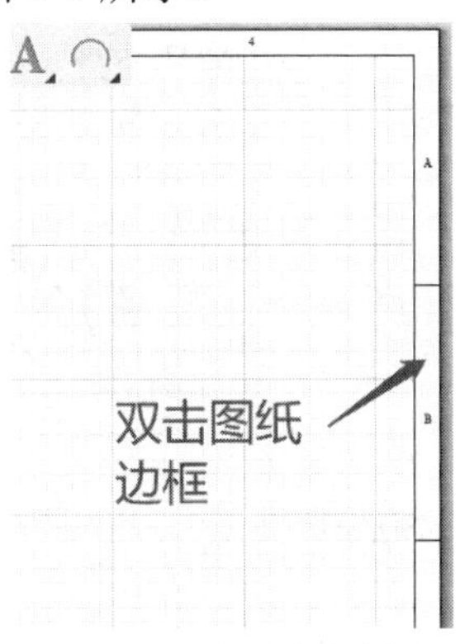


图 2-1　原理图页边框

(2) 弹出原理图页面属性设置对话框，如图 2-2 所示。在此对话框中进行图纸格式等信息的设置。

(3) 在图 2-2(a)中选择“General”选项卡。在“General”选项区域的“Units”中选择“mils”。

(4) 栅格设置如下：

① Visible Grid(可视栅格)，在文本框中输入“100 mil”，选择⊙，栅格可见。

② Snap Grid(捕捉栅格)，选中此项(√)，在文本框中输入“50 mil”。

(5) 如图 2-2(b)所示，在“Page Options”区域设置图纸尺寸为“A4”，方向设置为“Portrait”，标题栏设置为“ANSI”。

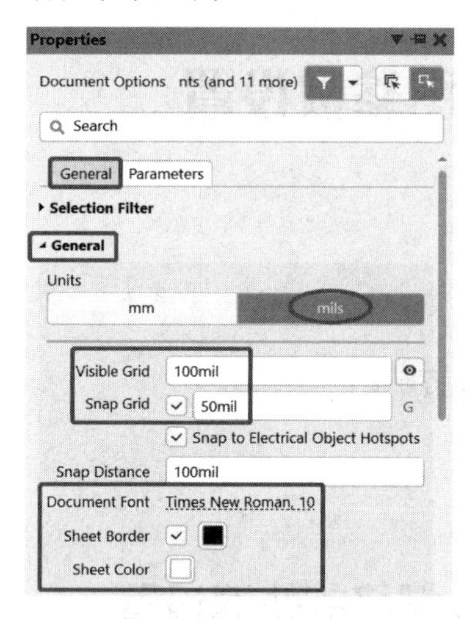


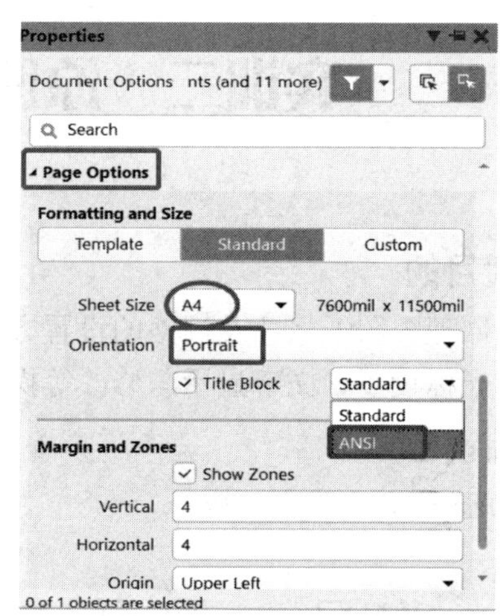


(a) 单位、栅格等的设置　　　(b) 图纸格式及尺寸等的设置

图 2-2　原理图页面属性设置对话框

(6) 在“Document Font”右侧字体上单击，即弹出字体与字号设置窗口，如图 2-3 所示，设置字体为“宋体”“10”号。

(7) 单击“Sheet Border”右侧的颜色按钮■，即可弹出颜色选择窗口，如图 2-4 所示。此处选红色。

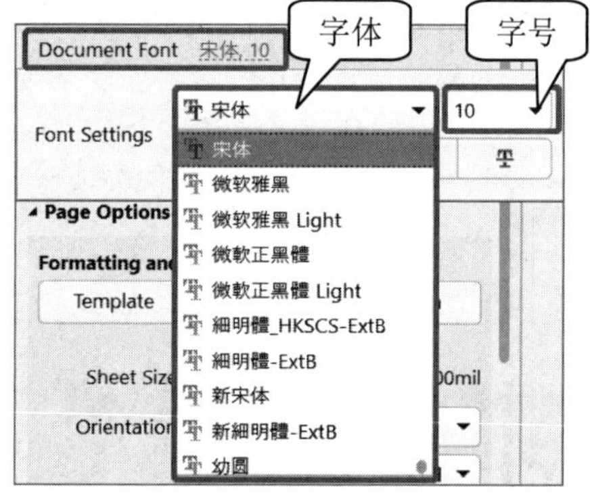


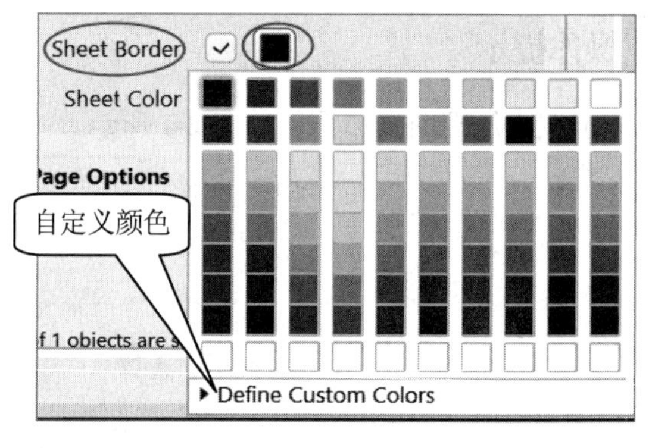


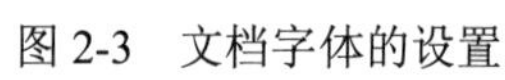
图 2-3　文档字体的设置　　　　图 2-4　图纸边界颜色设置

(8) 单击“Sheet Color”右侧的颜色按钮□，也可弹出如图 2-4 所示的颜色选择窗口，此处选择淡黄色。

# 练习二　文件信息参数设置

## ⌧ 实训内容

在原理图页面属性设置对话框(图 2-2(a))的“Parameters”选项卡中，设置电路原理图的文件信息，为设计的电路建立档案。可以设置用户地址、设计者姓名、公司名称、当前时间、日期、文件名称、路径、文件数、设计版本、所属设计机构等信息。

## ⌧ 操作提示

(1) 单击图 2-2(a)“Parameters”选项卡，弹出原理图文件信息参数设置对话框，如图 2-5 所示。需要填写哪项，就在该项右侧对应的“Value”下面的“*”处单击即可输入该项的信息参数。显示灰色的位置不可修改，是系统根据目前原理图及项目名称自动添加上的。

图 2-5　原理图文件信息参数设置对话框

(2) 在地址栏输入公司地址，如“西安阎良迎宾大道 500 号”。

(3) 在设计者栏输入设计者姓名。

(4) 在绘图人栏设置绘图人姓名。

(5) 在设计机构栏输入机构名称，如“西安航空职业技术学院”。

(6) 更多信息可以在其他栏设置。

# 练习三　光 标 设 置

## ⌧ 实训内容

把光标分别设置成大十字光标、小十字光标、小 45° 光标、迷你 45° 光标；观察每种光标的形状，选择自己认为合适的光标；设置“自动平移选项”为“Auto Pan ReCenter”。

## ☒ 操作提示

### 1. “光标”选项

(1) 执行菜单命令“工具”→“原理图优先选项”，打开原理图优选项参数设置对话框，选择“Graphical Editing”(图形编辑)选项，如图 2-6 所示。

(2) 在右下侧“光标类型”选项区设置光标的类型。单击光标类型右侧的▼按钮，从中选择光标样式。

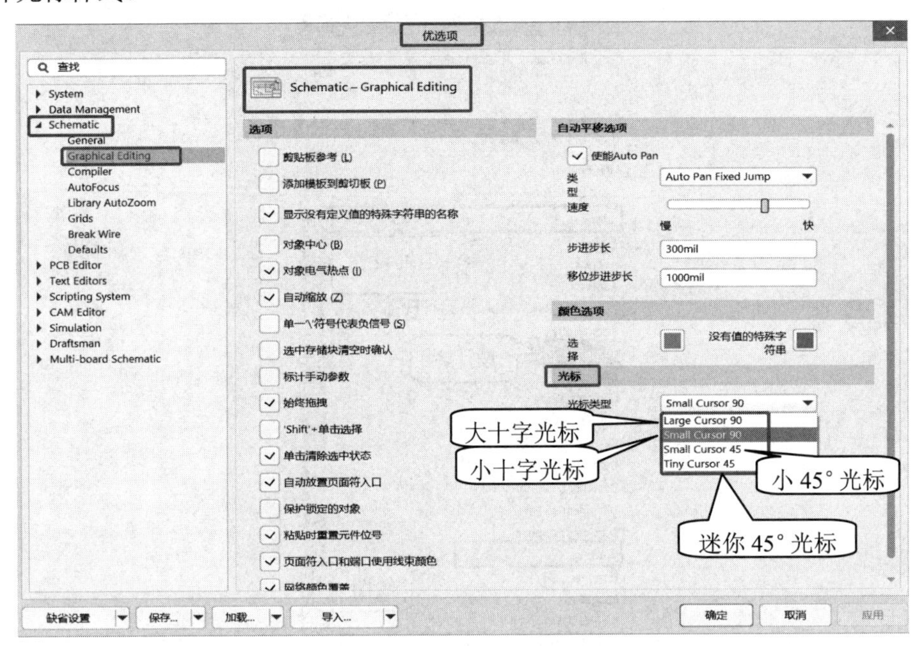


图 2-6　“Graphical Editing”(图形编辑)选项

### 2. “自动平移选项”的设置

(1) 在图 2-6 中的右上角选中“使能 Auto Pan”，则在放置对象时，移动光标，系统会自动在原理图编辑区域中移动，以保证光标指向的位置进入可视区域。

(2) 单击“Auto Pan Fixed Jump”右侧的▼按钮，弹出自动平移选项对话框，如图 2-7 所示。

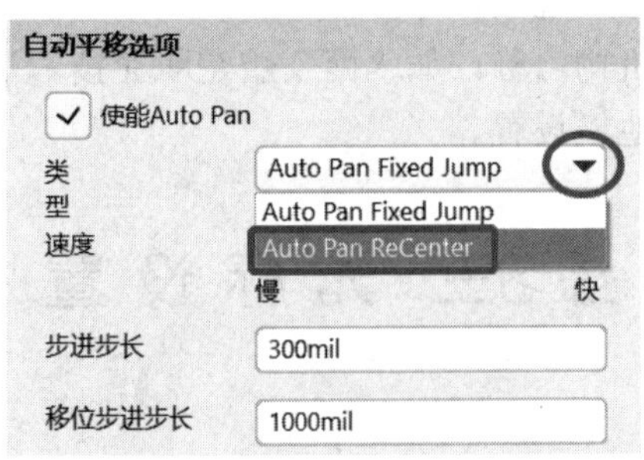


图 2-7　自动平移选项对话框

(3) 选中“Auto Pan ReCenter”选项，则移动对象时，当光标移动到显示区域边界时，光标自动跳跃到显示区域中心。

# 练习四　优选项中的栅格设置

## ⌧ 实训内容

在优选项对话框中的“Schematic-Grids”标签页面，分别设置栅格形状为“Line Grid”和“Dot Grid”，并设置栅格颜色；在“Altium 预设”区设置“可见栅格”的大小，观察工作区域栅格的变化，选择自己认为合适的栅格形状和颜色。

## ⌧ 操作提示

(1) 在优选项对话框中单击“Grids”标签，弹出“Schematic-Grids”标签页面，如图 2-8 所示。

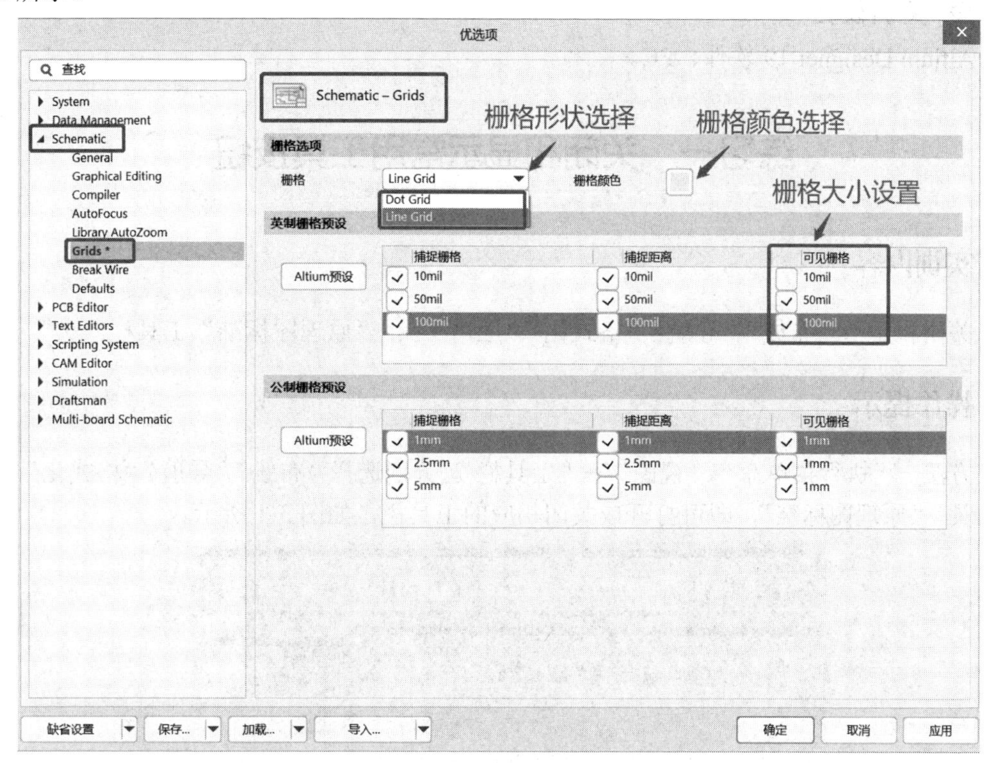


图 2-8　“Schematic-Grids”标签页面

(2) 在“栅格选项”区单击“栅格”右侧的▼按钮，可以选择栅格的形状。

(3) 在“栅格颜色”区右侧，单击□按钮，在弹出的颜色对话框中选择栅格的颜色。

(4) 在“Altium 预设”区，设置“可见栅格”的大小。

(5) 英文输入状态下，单击键盘上的 G 按键，进行栅格切换，可以观察设计区域栅格的显示变化。

# 实训三　原理图绘制入门——工作界面的认识与各种工具的使用

### ◇ 实训目的

(1) 熟悉原理图工作界面。
(2) 掌握常用工具栏的打开与关闭方法。
(3) 掌握常用工具栏中各按钮的功能与对象属性的编辑。

### ◇ 实训设备

Altium Designer 19 软件、PC。

## 练习一　关闭和显示常用工具按钮

### ⊠ 实训内容

关闭和显示“布线”“导航”“格式化”“应用工具”“原理图标准”工具栏。

### ⊠ 操作提示

方法一：执行菜单命令“视图”→“工具栏”，分别选择“布线”“导航”“格式化”“应用工具”“原理图标准”，即可打开或关闭相应的工具栏，如图 3-1 所示。

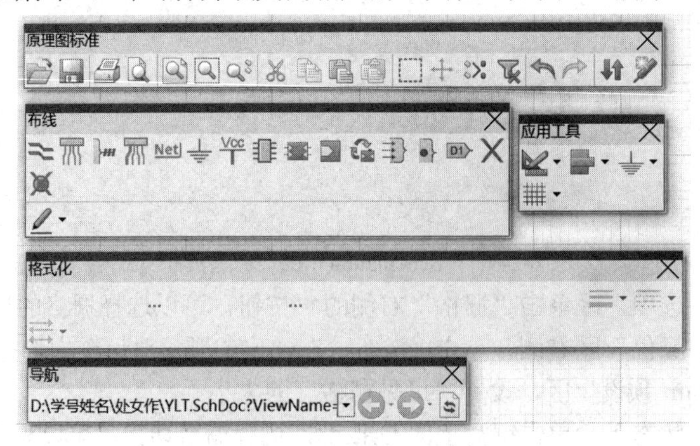


图 3-1　原理图的各种工具栏

方法二：在主菜单栏单击鼠标右键，也可以打开或关闭“布线”“导航”“格式化”“应用工具”“原理图标准”工具栏。

# 练习二　编辑对象属性

## ⊠ 实训内容

熟悉电源符号的放置方法，选取电源和地线工具，放置电源、接地和输入端子，更改它们的形状和标记，如图 3-2 所示。

VCC　+12　-12　+5V

(a) Bar 型　(b) 箭头型　(c) 波纹型　(d) 环型　(e) GND 端口　(f) 信号地　(g) 地端口

图 3-2　电源形状和标记

## ⊠ 操作提示

### 1. 放置电源/接地符号的方法

方法一：在原理图编辑器窗口工具栏中右键单击，在其下拉列表中选择对应的端口，如图 3-3(a)所示。

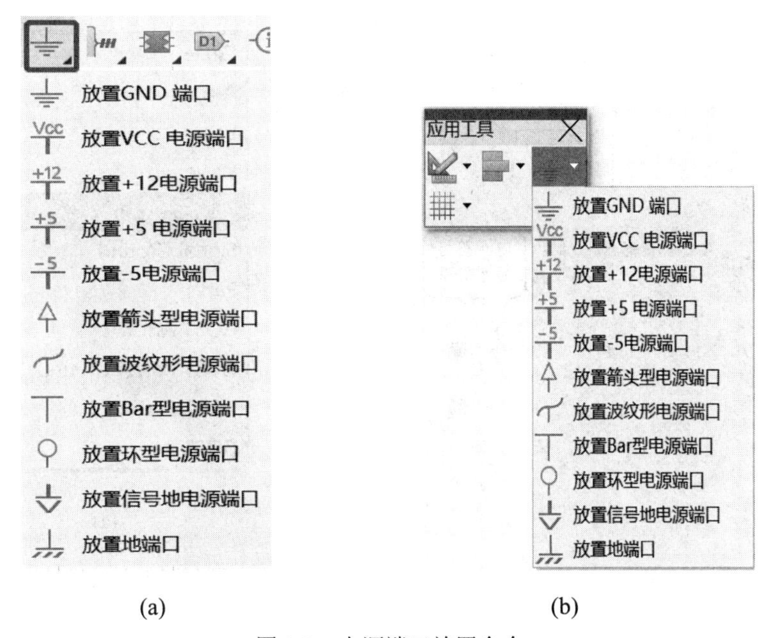


(a)　(b)

图 3-3　电源端口放置命令

方法二：执行菜单命令“放置”→“电源端口”。

方法三：执行菜单命令“视图”→“工具栏”→“布线”，打开“布线”工具栏，如图 3-1 所示，单击 和 图标。

方法四：执行菜单命令“视图”→“工具栏”→“应用工具”，打开“应用工具”栏，单击 图标，如图 3-3(b)所示，在弹出的下拉列表中选择需要的电源端口。

方法五：在原理图编辑区域单击鼠标右键，在弹出的快捷菜单中选中“放置”→“电源端口”。

方法六：在英文输入状态下，连续单击 P、O 按键。

2. 具体操作步骤

(1) 执行上述操作，光标变成十字形，电源/接地符号处于浮动状态，如⏚，随光标一起移动。

(2) 可按空格键旋转，按 X 键水平翻转或 Y 键垂直翻转。

(3) 单击鼠标左键，放置电源(接地)符号。

(4) 系统仍为放置状态，可继续放置，也可单击鼠标右键退出放置状态。

(5) 单击窗口工具栏中的⏚图标，在光标处于浮动状态时按 Tab 键，弹出如图 3-4 所示的属性对话框。在电源符号的名称 Name 右侧的空格里分别输入 VCC、Vi、Vo、GND，单击电源符号显示类型 Style Circle 右侧的下拉箭头▼，选择电源符号的类型，如图 3-5 所示。

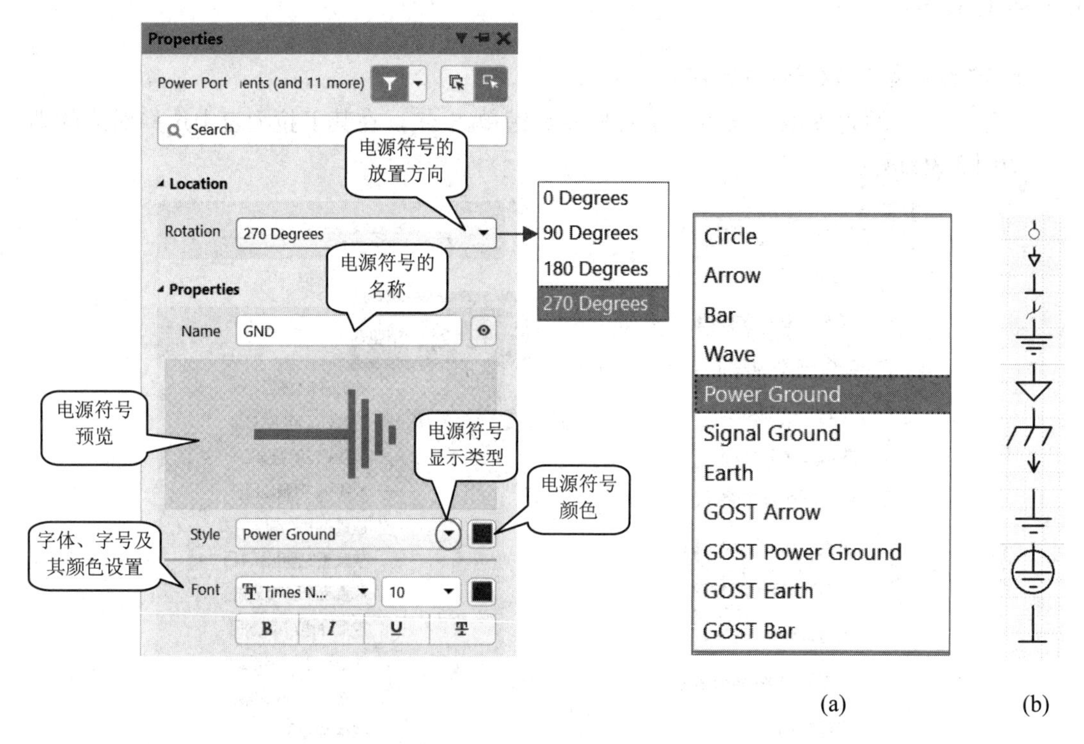


图 3-4　Power Port 属性对话框　　　图 3-5　各种类型电源的符号名称及对应外形

## 练习三　电气栅格的使用

### ⊠ 实训内容

关闭和选中电气捕捉栅格，并观察电气栅格在连线时所具有的功能。

## ☒ 操作提示

(1) 执行菜单命令“视图”→“切换电气栅格”，关闭或选中电气捕捉栅格。

(2) 单击窗口工具栏中的 图标，光标变成十字形，试着在去掉电气栅格和选中电气栅格两种情况下，连接各连接点，观察电气栅格的作用(注意去掉电气捕捉栅格时的情况)，如图 3-6 所示。红色的“米”字表示选中电气捕捉栅格。

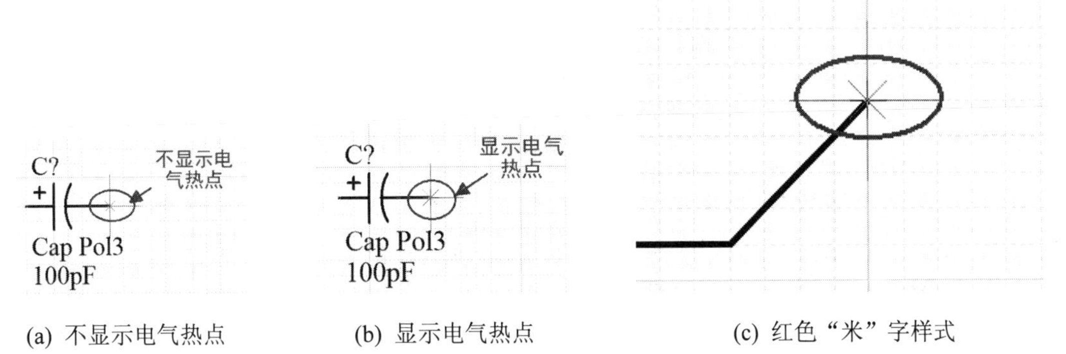


(a) 不显示电气热点　　(b) 显示电气热点　　(c) 红色“米”字样式

图 3-6　电气热点捕捉

(3) 单击“应用工具”工具栏中的 图标，在弹出的下拉菜单中选择“切换电气栅格”，也能打开或关闭电气捕捉栅格,如图 3-7 所示。

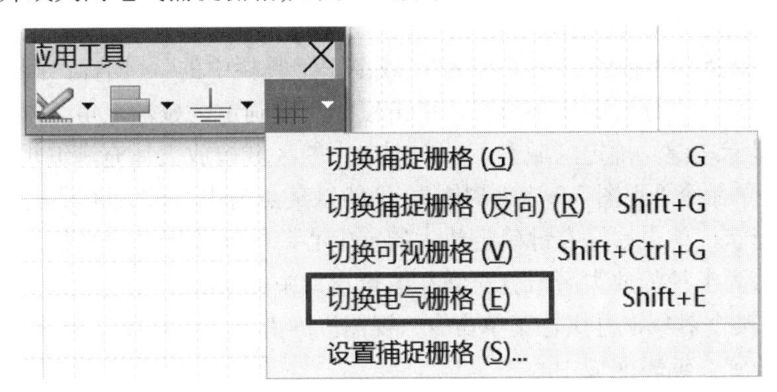


图 3-7　电气捕捉切换

# 练习四　画面显示状态调整

## ☒ 实训内容

对练习二所放置的对象进行画面显示状态调整：整体显示、只显示元件区域、局域放大显示等操作。

## ☒ 操作提示

(1) 点击菜单“视图”，弹出下拉菜单，如图 3-8 所示。

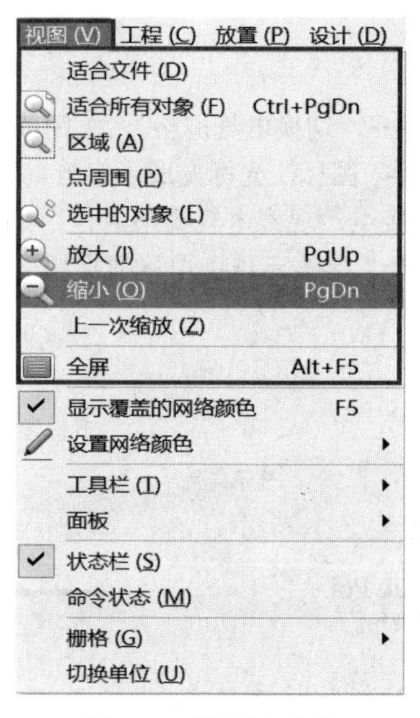


图 3-8　“视图”菜单

(2) 执行菜单命令“视图”→“适合文件”，则显示整个电路图及边框。

(3) 执行菜单命令“视图”→“适合所有对象”，或单击工具栏中的图标，则显示整个电路图中的元件，不包括边框。

(4) 执行菜单命令“视图”→“区域”，或单击工具栏中的图标，则能放大指定区域。执行此命令后，光标变成十字形状，单击鼠标左键确定区域左上角，拉动鼠标，在对角线位置单击鼠标左键，确定区域右下角，则选中的区域被放大，充满编辑窗口。

(5) 执行菜单命令“视图”→“点周围”，则能以某点为中心放大区域。执行此命令后，光标变成十字形状，单击鼠标左键确定放大的点中心，拖动鼠标确定半径，则以某点为中心，以某一数值为半径的放大区域就充满在编辑窗口中心了。

(6) 先选中某个对象，再执行菜单命令“视图”→“选中的对象”，或单击图标，则选中的对象被放置在编辑区域中心。

(7) 执行菜单命令“视图”→“放大”，或按键盘上的 Page Up 键，则能放大画面。

(8) 执行菜单命令“视图”→“缩小”，或按键盘上的 Page Down 键，则能缩小画面。

(9) 执行菜单命令“视图”→“全屏”，整个原理图设计区域全屏显示，所有面板都不显示，这种显示对于复杂电路图比较适合，能使整个电路图更加清晰。要关闭全屏显示，再次执行菜单命令“视图”→“全屏”即可。

**注意：**鼠标在执行其他操作命令时，只能用 Page Up、Page Down 按键来调整画面显示状态。Page Up、Page Down 键在任何时候都有效。

# 实训四　元件库的加载与简单原理图的绘制

## ◇ 实训目的

(1) 掌握原理图元件库的加载、删除方法。

(2) 学会元件的放置方法与元件属性的编辑方法。

(3) 掌握简单原理图的绘制步骤。

## ◇ 实训设备

Altium Designer 19 软件、PC。

## 练习一　元件库的加载

### ⊠ 实训内容

将仿真功能元件库 Simulation Pspice Functions.IntLib 添加到元件库列表中。

### ⊠ 操作提示

(1) 单击原理图编辑区域右侧面板中的“Components”，在打开的“Components”面板中，单击库选项右侧的☰按钮，弹出如图 4-1 所示的菜单选项。

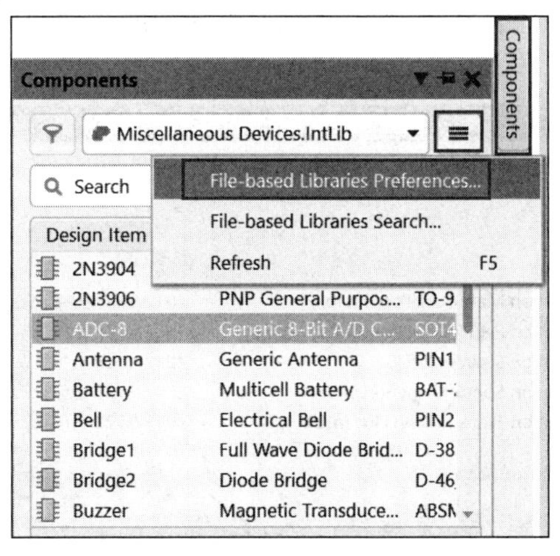


图 4-1　添加元件库

(2) 选中“File-based Libraries Preferences…”，弹出如图 4-2 所示的可用元件库对话框。“工程”选项卡中一般列出用户为当前工程自行创建的元件库；“已安装”选项卡中列出的是系统当前可用的元件库，如图 4-3 所示。

图 4-2 可用元件库对话框

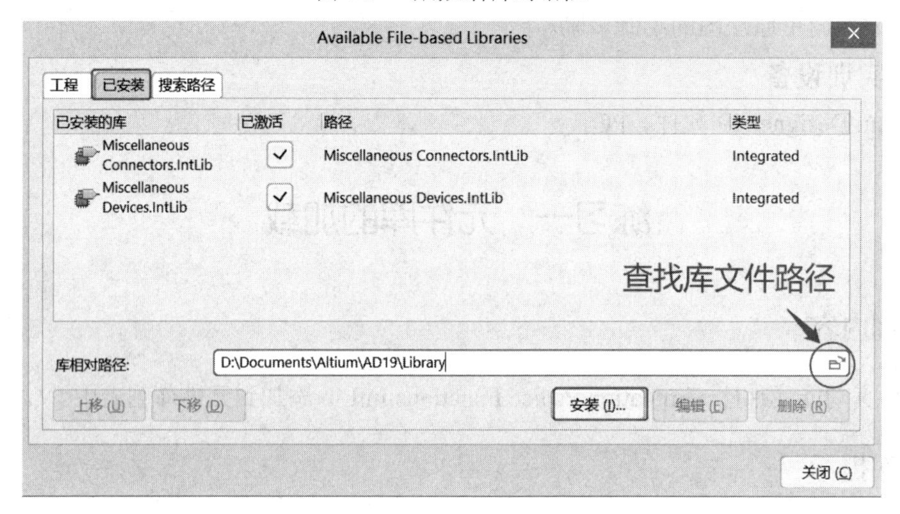


图 4-3 系统当前已安装的可用元件库

(3) 单击图 4-2 中的【添加库…】按钮，或单击图 4-3 中的【安装…】按钮，弹出图 4-4 所示的添加库文件查找路径对话框，找到要添加的库文件，再单击【打开】按钮，即可添加所选的库文件。

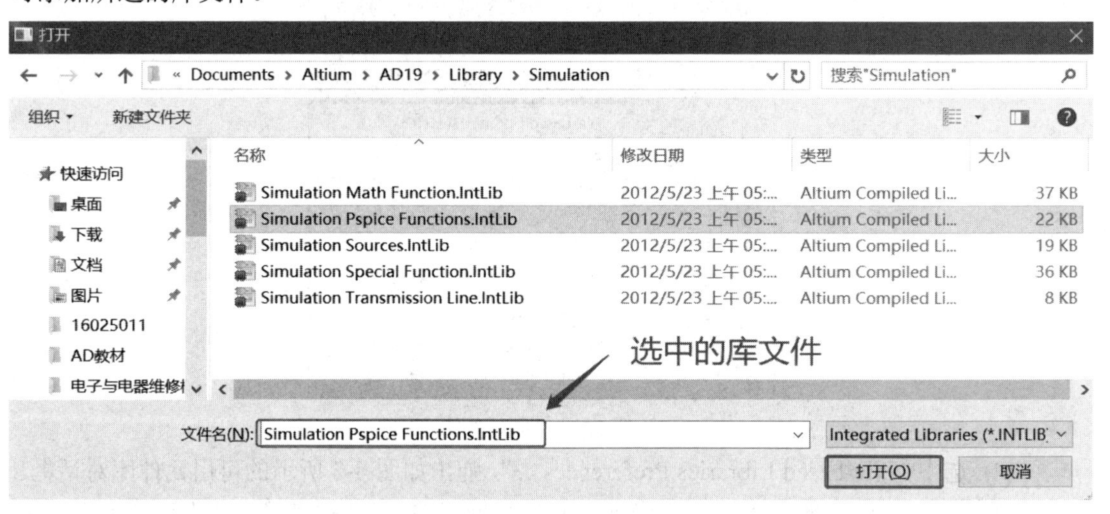


图 4-4 添加库文件查找路径对话框

(4) 单击【关闭】按钮，在“Components”面板中，单击元件库选择右边的▼按钮，即可在下拉列表中看到新添加的库文件，如图 4-5 所示。

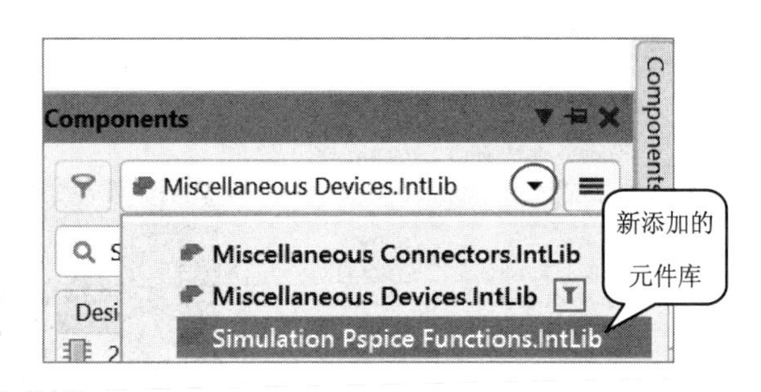


图 4-5　新添加的元件库

# 练习二　元件的放置

## ☒ 实训内容

练习用五种方法打开“Components”面板，在原理图编辑器中放置阻值为 3.2 kΩ 的电阻、容量为 100 μF 的电容、型号为 1N4007 的二极管、型号为 2N2222 的三极管、单刀单掷开关和 4 脚连接器。注意修改属性。电阻(Res2)、电容(Cap)、二极管(Diode)、三极管(NPN)、单刀单掷开关(SW-SPST)和 4 脚连接器(Header 4)的符号如图 4-6 所示。

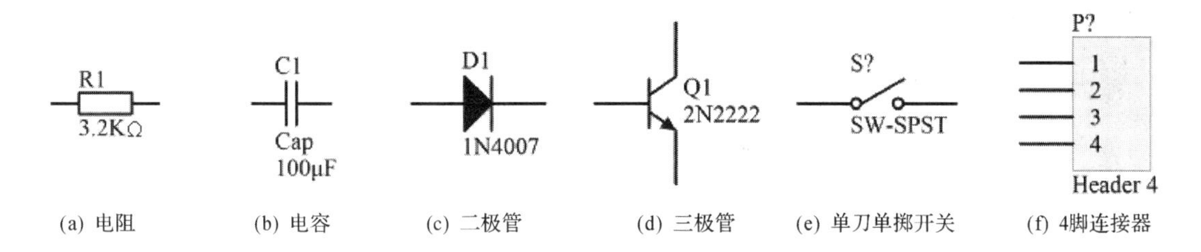


图 4-6　元件符号

## ☒ 操作提示

### 1. “Components”面板的打开方法

方法一：在英文输入状态下按两下 P 键，系统弹出如图 4-7 所示的“Components”面板。

方法二：单击窗口工具栏中的图标，系统同样弹出如图 4-7 所示的“Components”面板。

方法三：执行菜单命令“放置”→“器件”，系统也弹出如图 4-7 所示的“Components”面板。

方法四：在设计区域空白处单击鼠标右键，在弹出的快捷菜单中选中“放置”→“器件”，系统也弹出如图 4-7 所示的“Components”面板。

方法五：直接单击右侧面板中“Components”，其结果与以上四种方法相同。

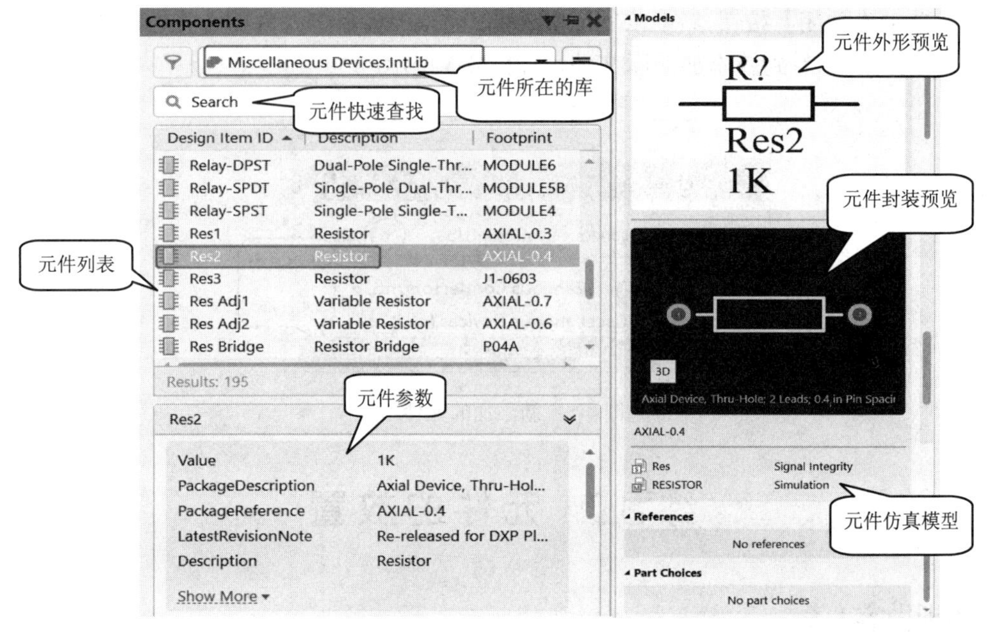


图 4-7　“Components”面板

## 2. 元件的放置

方法一：在元件库列表中找到需要放置的元件，如“Res2”，单击鼠标右键，在弹出的对话框中选择“Place Res2 ”，如图 4-8 所示。光标变成十字形，且元件符号处于浮动状态，随十字光标的移动而移动，如图 4-9(a)所示。

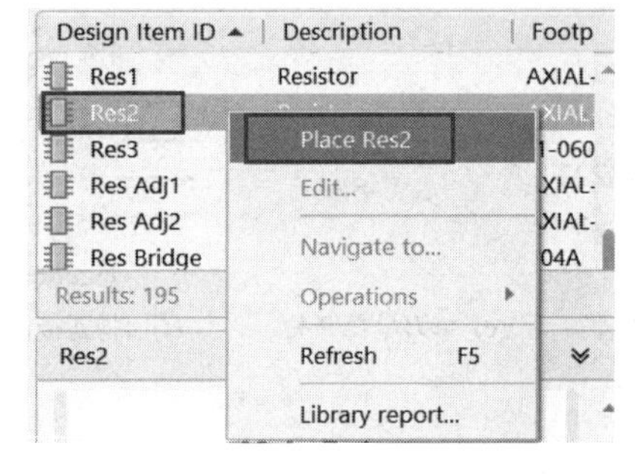


图 4-8　元件放置命令

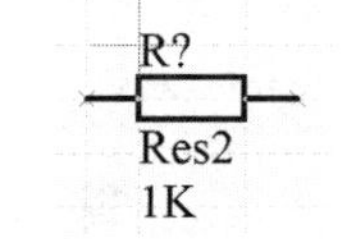


(a) 处于浮动状态的元件符号

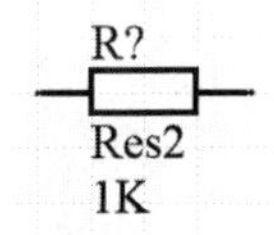


(b) 放置好的元件符号

图 4-9　元件放置

方法二：在元件库列表中找到需要放置的元件，双击鼠标左键，也能出现如图 4-9(a)所示的放置元件的情况。

当元件处于浮动状态时，可按空格键旋转改变元件的方向，在英文输入状态下按 X 键使元件水平翻转，按 Y 键使元件垂直翻转。按 Page Up、Page Down 键放大或缩小画面的显示状态。调整好元件方向后，单击鼠标左键放置元件。放置好的元件符号如图 4-9(b)所示。

## 3. 元件属性的编辑

调出元件属性对话框的方法有三种：

方法一：在放置元件过程中，当元件处于浮动状态时，按 Tab 键。

方法二：双击已放置好的元件。

**方法三：**在放置好的元件符号上单击鼠标右键，在弹出的快捷菜单中选择“Properties”，弹出元件属性对话框，如图 4-10 所示。

(1) 在“General(常规)”选项卡中设置元件的标号、注释等参数。

(2) 在“Parameters(参数)”选项卡中的“Name”列右侧的“Value”中设置元件参数的大小，如图 4-11 所示。

图 4-10　元件属性对话框

图 4-11　“Parameters”选项卡设置参数大小

# 练习三　两级放大器电路原理图的绘制

## ⌧ 实训内容

绘制如图 4-12 所示的两级放大器电路原理图，图中电路元件说明如表 4-1 所示，所有元件都取自系统默认的 Miscellaneous Devices.IntLib 和 Miscellaneous Connectors.IntLib 库中。

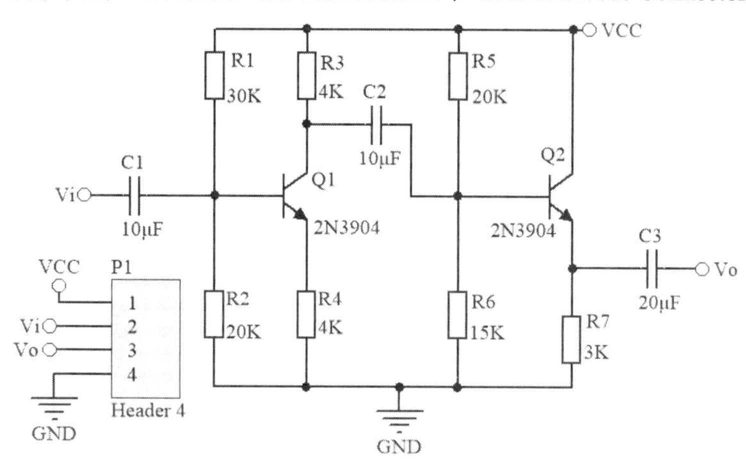


图 4-12　两级放大器电路原理图

**表 4-1　电路元件明细表**

| 元件在库中的名称 | 元件在图中的标号(Designator) | 元件类别或标示值 | 元件在库中的名称 | 元件在图中的标号(Designator) | 元件类别或标示值 |
|---|---|---|---|---|---|
| Res2 | R1 | 30 kΩ | Res2 | R7 | 3 kΩ |
| Res2 | R2 | 20 kΩ | Cap | C1、C2 | 10 μF |
| Res2 | R3、R4 | 4 kΩ | Cap | C3 | 20 μF |
| Res2 | R5 | 20 kΩ | NPN | Q1、Q2 | 2N3904 |
| Res2 | R6 | 15 kΩ | Header 4 | P1 | Header 4 |

设计要求：

(1) 图纸尺寸为 A4，去掉标题栏，选中显示栅格、捕捉栅格和电气捕捉栅格，能够自动放置连接结点。

(2) 画完电路后，要按照图中元件参数逐个设置元件属性。

## ⌧ 操作提示

(1) 双击原理图页边框，弹出原理图页面属性设置窗口，设置图纸尺寸、标题栏、显示栅格、捕捉栅格和电气捕捉栅格，如图 2-2 所示。也可在优选项对话框中的“Schematic-Grids”标签页面中设置栅格，如图 2-8 所示。

(2) 自动结点设置。在优先项对话框中单击“Compiler”标签，弹出“Schematic-Compiler”标签页面，如图 4-13 所示。在“自动结点”选项中选中显示在线上 ✓选项，即可在导线 T 形连接处，系统自动添加电气结点。

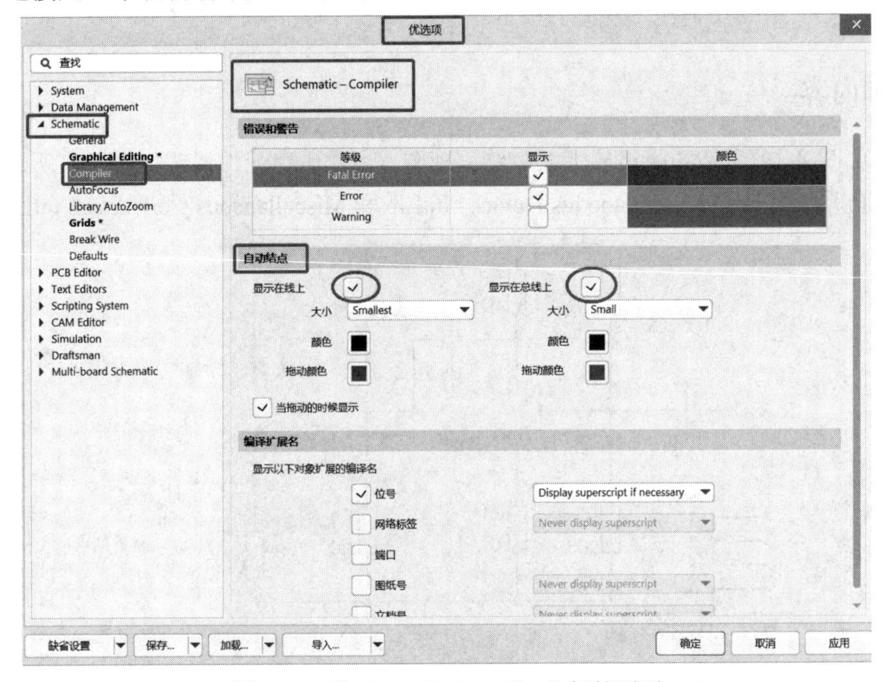


图 4-13　“Schematic-Compiler”标签页面

(3) 放置元件并编辑元件属性。

(4) 连接导线。单击窗口工具栏中的 图标。连线时一定要等鼠标被电气栅格捕捉到时，再单击鼠标左键放线。当元件被电气栅格捕捉到时，会出现一个红色的“米”字，如图 3-6 所示。

(5) 放置输入、输出及电源端口。单击窗口工具栏中的 图标，在光标处于浮动状态时按 Tab 键，改变电源的属性，如图 3-4 所示。在电源符号的名称 Name 右侧的空格里分别输入 VCC、Vi、Vo、GND，单击电源符号显示类型 Style Circle 右侧的下拉箭头▼，选择电源符号的类型，如图 3-5 所示。

(6) 移动元件标号与注释，调整其位置，以使原理图更加美观，期间可以随时调节栅格大小，以使调整更加精细。

# 练习四　雨声模拟电路的绘制

## ☒ 实训内容

绘制如图 4-14 所示的雨声模拟电路原理图，图中电路元件说明如表 4-2 所示，所有元件都取自 Miscellaneous Devices.IntLib 库中。

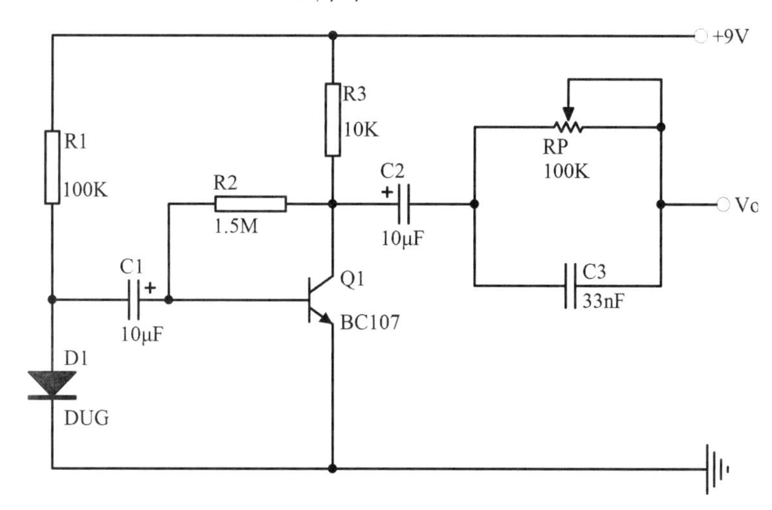


图 4-14　雨声模拟电路原理图

**表 4-2　电路元件明细表**

| 元件在库中的名称 | 元件在图中的标号(Designator) | 元件类别或标示值 | 元件在库中的名称 | 元件在图中的标号(Designator) | 元件类别或标示值 |
|---|---|---|---|---|---|
| Res2 | R1 | 100 kΩ | Cap | C3 | 33 nF |
| Res2 | R2 | 1.5 MΩ | NPN | Q1 | BC107 |
| Res2 | R3 | 10 kΩ | Diode | D1 | DUG |
| Cap Pol 2 | C1、C2 | 10 μF | RPot | RP | 100 kΩ |

设计要求：

(1) 图纸尺寸为 A4，横向放置图纸，标准标题栏，图纸边界设置成红色。可见栅格设置为“100 mil”，捕捉栅格设置为“50 mil”，电气捕捉栅格选默认值，能够自动放置连接点。

(2) 画完电路后，要按照图中元件参数逐个设置元件属性。

## ⌧ 操作提示

(1) 双击原理图页边框，弹出原理图页面属性设置窗口，设置图纸尺寸、标题栏、可见栅格、捕捉栅格和电气捕捉栅格，如图 2-2 所示。也可在优选项对话框中的“Schematic-Grids”标签页面中设置栅格，如图 2-8 所示。

(2) 按本实训练习二放置元件的方法放置元件。

(3) 连接导线。单击窗口工具栏中的 图标。连线时一定要等鼠标被电气栅格捕捉到时，再单击鼠标左键放线。当元件被电气栅格捕捉到时，会出现一个红色的“米”字，如图 3-6 所示。

(4) 放置电源(+9 V)、地线和输出端口(Vo)。单击窗口工具栏中的 图标，在光标处于浮动状态时按 Tab 键，改变电源的属性，如图 3-4 所示。

# 实训五　原理图元件符号的创建与应用

## ◈ 实训目的

(1) 掌握原理图元件库编辑器的启动与关闭方法。

(2) 熟悉元件库编辑器的界面。

(3) 掌握手工创建法与 Symbol Wizard 向导创建法。

(4) 掌握使用新建元件符号的方法。

(5) 学会编辑系统元件库中的元件符号并加以应用。

## ◈ 实训设备

Altium Design19 软件、PC。

## 练习一　创建继电器控制电路中的常用元件符号

### ⊠ 实训内容

在继电器控制系统中，经常需要用到如图 5-1 所示的元件，试新建原理图元件库，用手工方法画出这些元件。

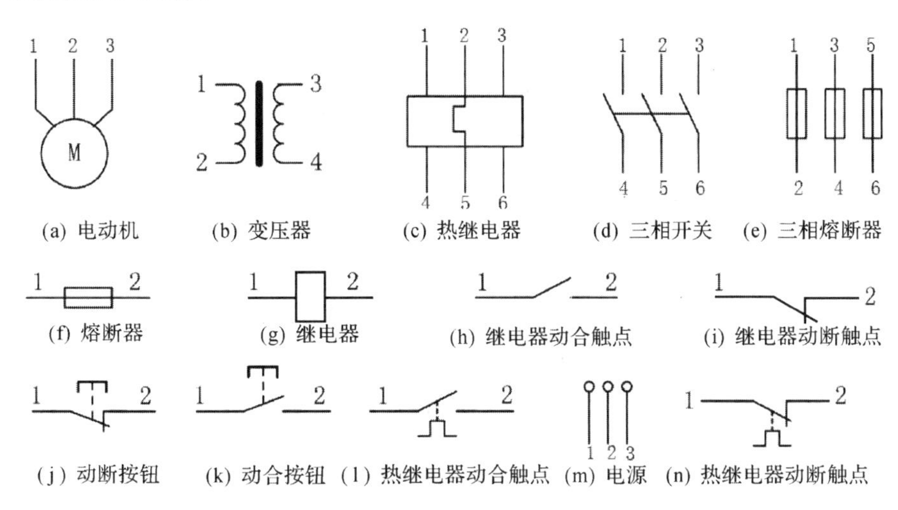


图 5-1　继电器控制系统中的常用元件

### ⊠ 操作提示

(1) 新建一个 PCB 工程项目文件。

(2) 在新建的 PCB 工程项目中(PCB_Project1.PrjPCB *)点击右键，添加“Schematic Library”到新建工程中。新建的原理图元件库的文件名称系统默认为“Schlib1.SchLib”，用户可给新的文档更名。在 Schlib1.SchLib 上点击右键，点击【保存】按钮，在弹出的保存对话框中即可对新建的元件库文件进行更名。

(3) 新建的原理图元件库编辑器如图 5-2 所示。在元件库编辑器窗口的中心有一个十字坐标系，将元件编辑区划分为四个象限。通常在第四象限靠近坐标原点的位置进行元件的编辑。

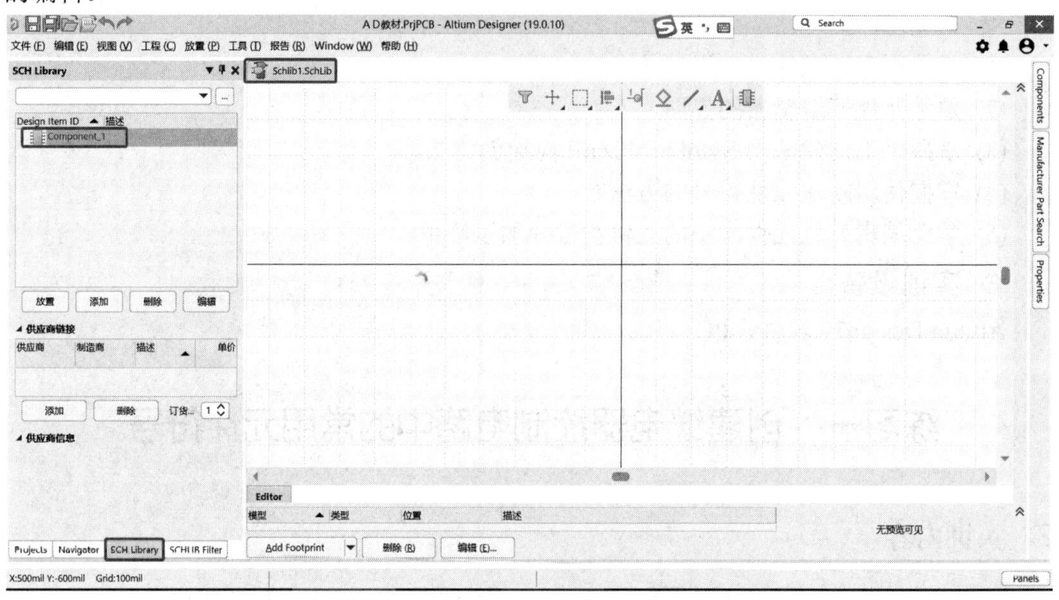


图 5-2　新建的原理图元件库编辑器

(4) 新建元件的默认名称为“Component_1”。用户可给新的文档更名(点击 编辑 按钮即可打开元件属性对话框，如图 5-3 所示，在 Design Item ID 后面的空格里输入元件名称即可)，也可以在对话框中设置元件标号、注释、元件描述等信息。

图 5-3　元件属性对话框

(5) 使用绘图工具在第四象限坐标原点附近绘制元件符号。

(6) 单击工具栏中的按钮，按 Tab 键，系统弹出管脚属性设置对话框，如图 5-4 所示，此时可放置管脚。或先放置好管脚，再双击该管脚，也可弹出管脚属性设置对话框。可以设置管脚坐标位置、编号、名称，管脚信息描述、管脚电气特性等信息。

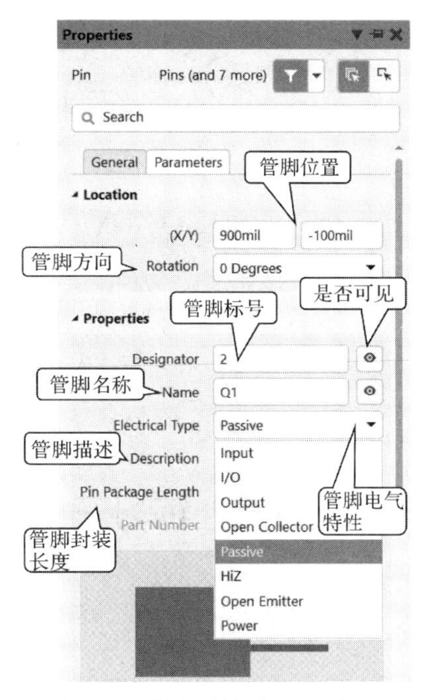


图 5-4　管脚属性设置对话框

① Rotation 为管脚方向，共有 0 Degrees、90 Degrees、180 Degrees、270 Degrees 四个方向。

② Electrical Type 为管脚的电气特性，包括：

- Input：输入管脚，用于输入信号。
- IO：输入/输出双向管脚，既有输入又有输出信号。
- Output：输出管脚，用于输出信号。
- Open Collector：集电极开路型管脚。
- Passive：无源管脚(如电阻、电容的管脚)。
- HiZ：高阻管脚。
- Open Emitter：开路发射极管脚。
- Power：电源(如 VCC 和 GND)。

**注意：**管脚上的电气结点一定要放在元件符号的外侧。此练习中管脚电气特性均选 Passive(无源管脚)即可。

(7) 按照图 5-1 先设计好一个元件，单击主工具栏上的【保存】按钮，保存该元件，一个新元件就创建完成了。

(8) 创建第二个新元件，执行菜单命令“工具”→“新器件”，绘制第二个元件。以此类推，完成所有元件绘制。

# 练习二　使用新建元件绘制继电器控制电路图

## ⊠ 实训内容

用本实训练习一中的元件绘制图 5-5 所示的继电器控制电路。

## ⊠ 操作提示

(1) 在原理图元件库编辑器窗口单击如图 5-2 所示左侧项目管理器的“SCH Library”中的【放置】按钮，将元件符号放到原理图中。

(2) 调整元件位置，用导线连接即可。

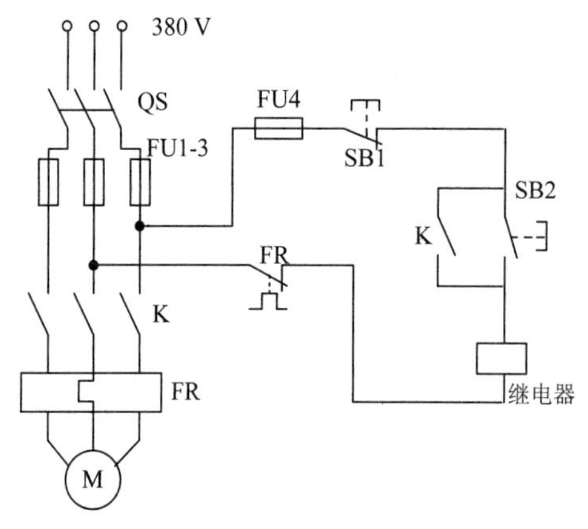


图 5-5　电机控制电路

# 练习三　绘制门控制电路元件符号

## 实训内容

在原理图元件库编辑器中，试用 Symbol Wizard 向导绘制如图 5-6 所示逻辑电路中的非门、与门、或门以及时序电路中的 D、RS 和 JK 触发器的符号。

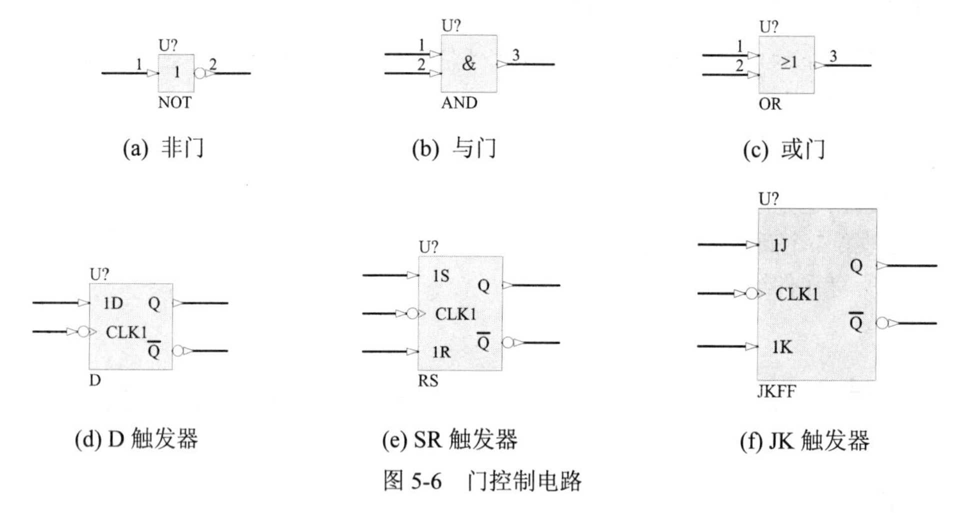


图 5-6　门控制电路

## 操作提示

(1) 执行菜单命令“工具”→“Symbol Wizard”，系统弹出“Symbol Wizard”向导对话框，如图 5-7 所示。

(2) 点击“Number of Pins”后面空格里的上下箭头，可以增减管脚数量。

(3) 单击“Layout Style”(布局样式)后面的下拉箭头▼，弹出符号样式选项，如图 5-8 所示。系统有 6 种样式可选，用户可根据自己设计元件符号大致外形选择接近的样式，也可以任选一种。用户可以自己选择管脚的放置方位。

图 5-7　“Symbol Wizard”向导对话框

(4) 在“Display Name”栏下输入管脚名称。

(5) 在“Designator”栏输入管脚号，管脚号和名称可以一样。

(6) 在“Electrical Type”栏设置管脚的电气特性。在某一管脚名称上单击鼠标左键，在其右侧出现 ▾ 按钮，单击 ▾ 按钮，在弹出的管脚电气特性中选取相应选项，如图 5-9 所示。

(7) 在“Description”栏可以对管脚进行描述。

(8) 在“Side”栏可以变更管脚摆放的方位。在某个需要变更方位的管脚上单击鼠标左键，出现 ▾ 按钮，单击 ▾，在如图 5-10 所示的对话框中选择上下左右方位调整管脚方位。

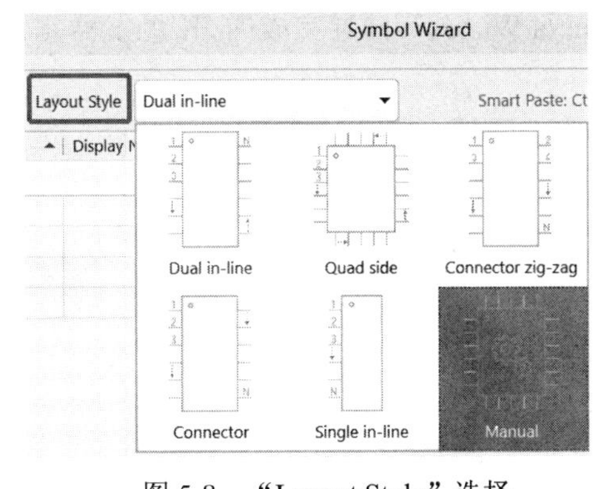


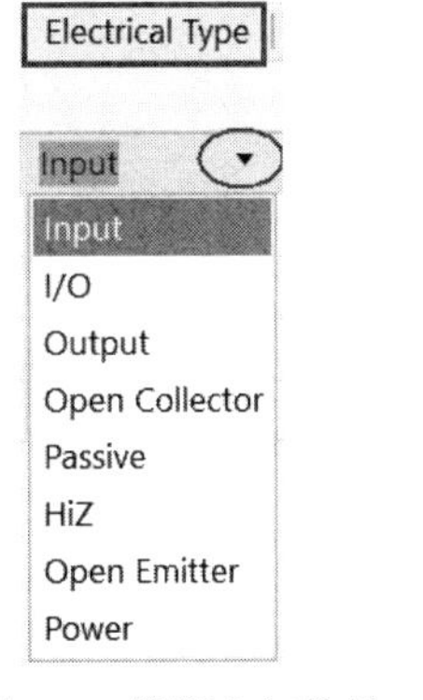


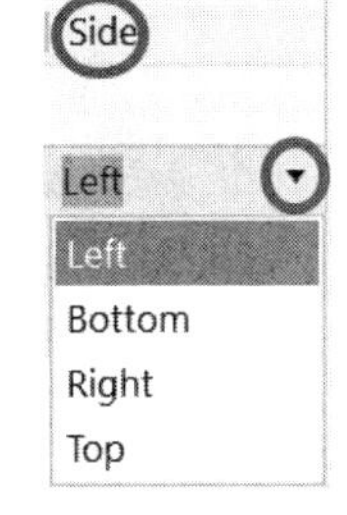


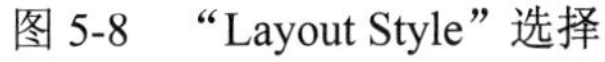

图 5-8　“Layout Style”选择　　图 5-9　管脚电气特性　　图 5-10　管脚方位选择

(9) 在左侧区域任何一个需要操作的地方单击右键，都会弹出如图 5-11 所示的对象操作菜单，可以进行管脚的上下位置移动、复制、粘贴、清除等操作。

(10) 设计好一个元件后即可将其放在原理图元件库编辑器中。

① Place ▾ 有三种操作方式，如图 5-12 所示，可以进行“Place Symbol”(放置符号)、“Place New Symbol”(放置新符号)、“Place New Part”(放置新部件)的操作。

• Place Symbol　选择此操作，即是把所修改元件放回到原理图元件库编辑器中，相当于修改更新了原来的元件符号。选择此项将弹出如图 5-13 所示的确认对话框，单击【Yes】按钮则替代原来的符号，单击【No】按钮则取消操作。

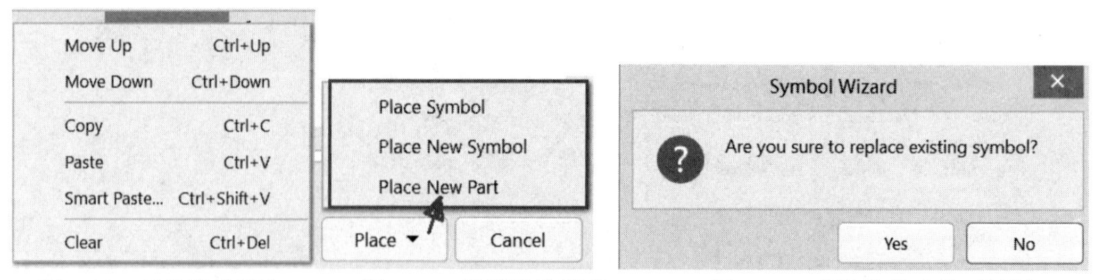


图 5-11　对象操作菜单　　图 5-12　放置操作菜单　　图 5-13　确认替代元件对话框

- Place New Symbol　选择此操作，则是以新元件的方式放到元件符号编辑器中。
- Place New Part　选择此操作，则产生一个复合式元件，如图 5-14 所示。

② 单击 Cancel ，则弹出如图 5-15 所示的确认对话框，单击【Yes】按钮则放置更改的元件，单击【No】按钮则不放置更改的元件，单击【Cancel】按钮则取消操作。

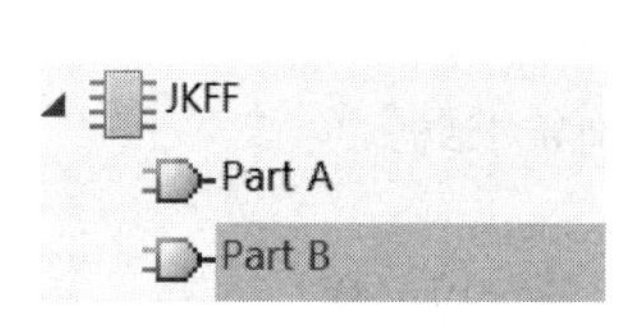


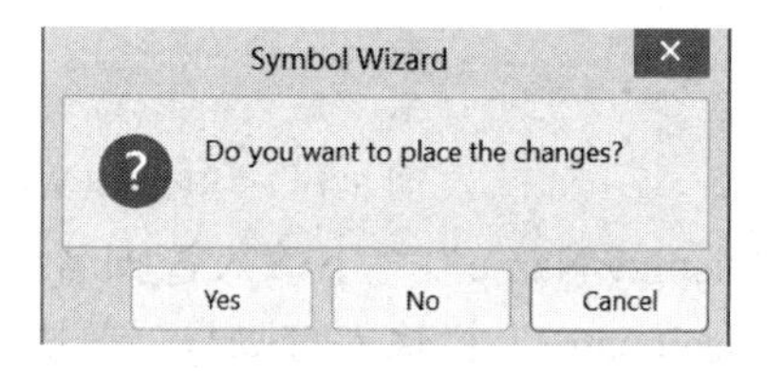


图 5-14　复合式元件　　图 5-15　确认对话框

(11) 选中 Continue editing after placement ，则当放置一个元件后将继续编辑下个元件。

(12) 元件外形及管脚位置再编辑调整。当我们根据“Symbol Wizard”向导设计完一个元件符号后，有时发现放在原理图元件库编辑器中的元件符号，其图形及管脚排列并不十分完美，个别管脚属性与图中要求也有所区别，还需要进一步编辑调整。我们用一个 JK 触发器为例，说明调整过程。图 5-16 所示为用“Symbol Wizard”向导完成的 JK 触发器元件符号。

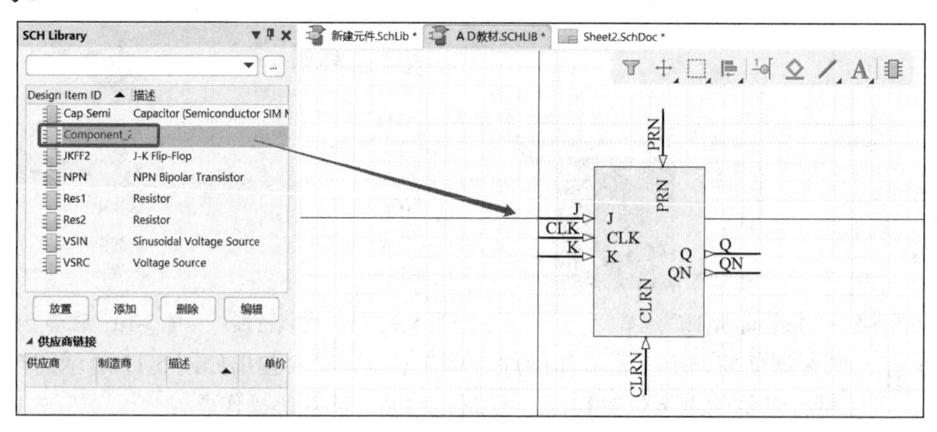


图 5-16　根据“Symbol Wizard”向导完成的元件符号

① 用鼠标拖动管脚调整管脚位置。删除图 5-16 中的“PRN”“CLRN”两个管脚。

② 单击图 5-16 左侧的【编辑】按钮，弹出元件属性对话框，如图 5-17 所示，在 General 选项卡中设置元件名称、标号、注释及描述等信息。

单击 Pins 选项卡，弹出如图 5-18 所示的元件管脚及名称是否显示设置，按图 5-6(f)进行设置。

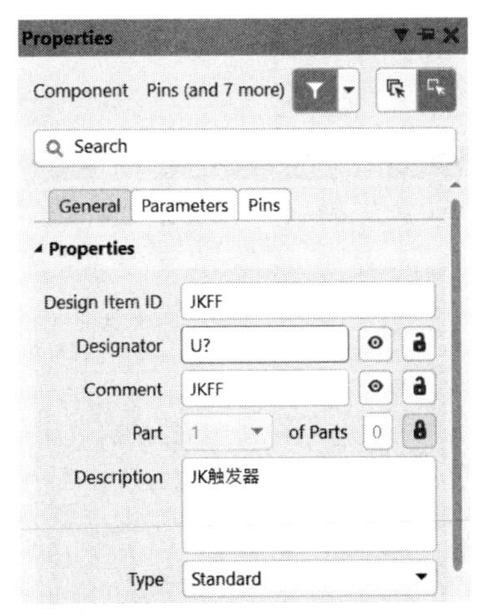


图 5-17　元件属性对话框

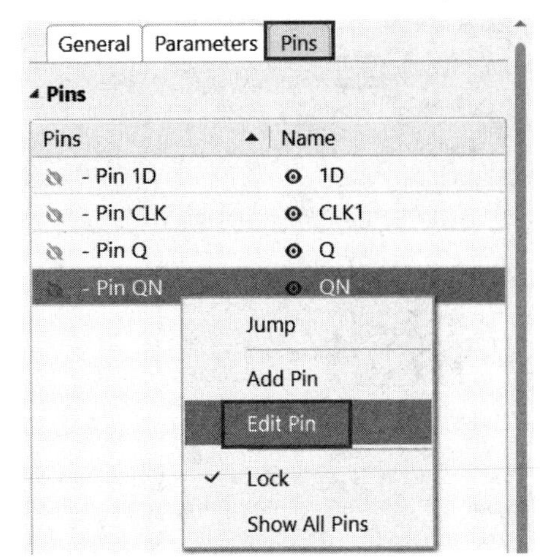


图 5-18　元件管脚属性设置

③ 单击鼠标右键，在弹出的快捷菜单中选择 Edit Pin，如图 5-18 所示，弹出如图 5-19 所示的元件管脚编辑器对话框。将"CLK"的名称及标号都改为"CLK1"，在"Symbols"区域将 Inside Edge 设置为"Clock"。

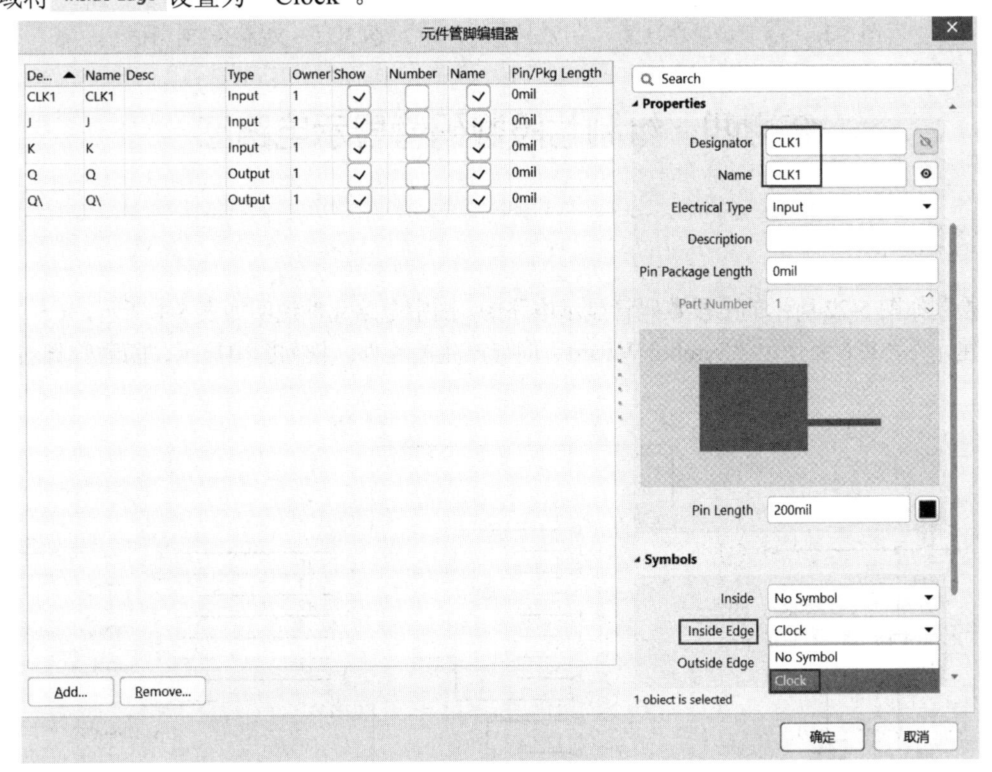


图 5-19　元件管脚编辑器对话框

④ 将 QN 的 Outside Edge 设置为"Dot"，在"Name"及"Designator"后将"QN"改为"Q\"，使"QN"管脚显示为"$\overline{Q}$"，如图 5-20 所示。单击【确定】按钮退出。

(13) 需要放置文字时，可单击窗口菜单中的 A，再单击【Tab】键，在弹出的如图 5-21 所示的文字修改对话框中进行修改。

(14) 根据以上提示依次设计所有元件，保存即可。

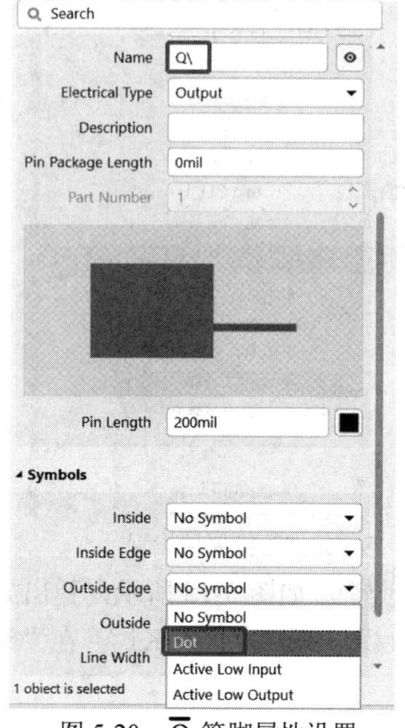


图 5-20　$\overline{Q}$ 管脚属性设置

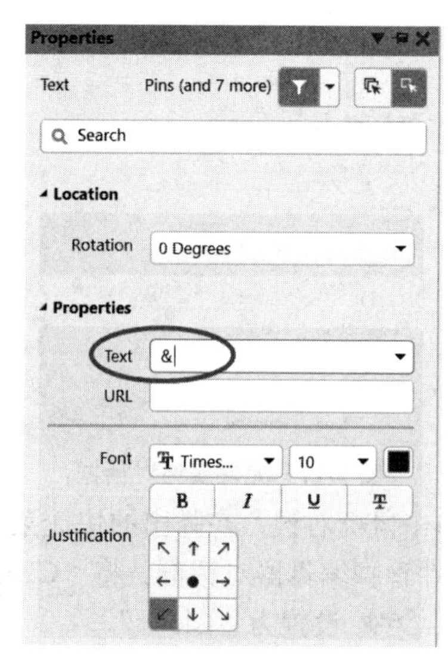


图 5-21　文字修改对话框

# 练习四　绘制七段数码管显示电路图

## ⊠ 实训内容

绘制如图 5-22 所示的七段数码管显示电路图。图中电路元件说明如表 5-1 所示，IC5 为手工新建元件，IC6 为使用“Symbol Wizard”向导产生的元件。依据图中显示、隐藏管脚名称。

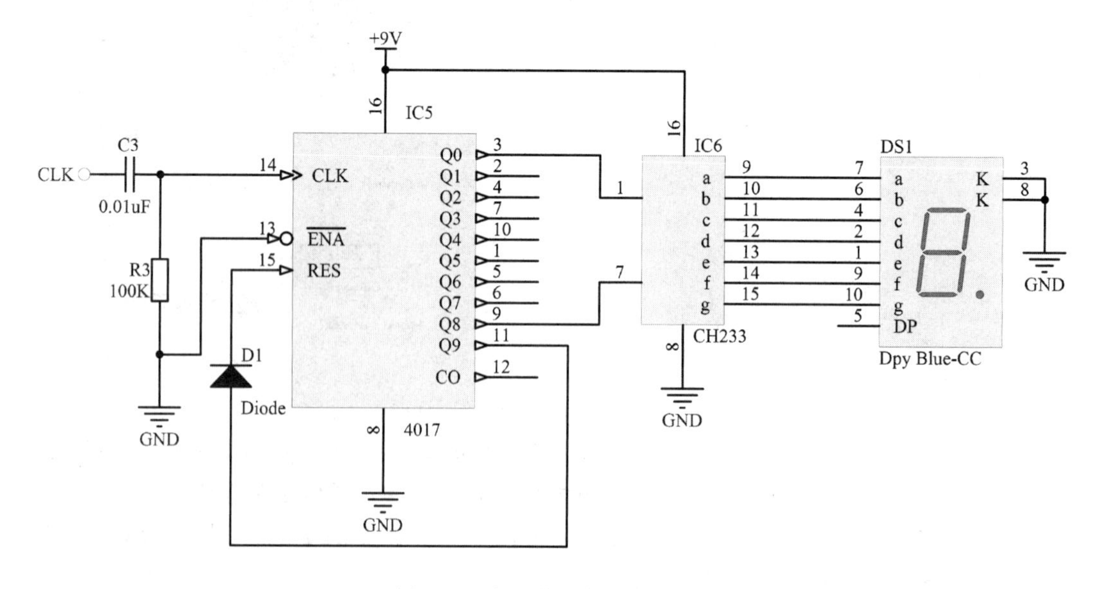


图 5-22　七段数码管显示电路

表 5-1　电路元件明细表

| 元件在库中的名称 | 元件在图中的标号(Designator) | 元件类别或标示值 | 元件在库中的名称 | 元件在图中的标号(Designator) | 元件类别或标示值 |
|---|---|---|---|---|---|
| Cap | C3 | 0.01 μF | CH233 | IC6 | CH233 |
| Res2 | R3 | 100 kΩ | Diode | D1 | Diode |
| 4017 | IC5 | 4017 | Dpy Blue-CC | DS1 | Dpy Blue-CC |

## ⊠ 操作提示

(1) 新建工程项目，添加原理图文件。

(2) 放置电阻、电容、二极管、Dpy Blue-CC 元件。

(3) 在建立的原理图元件库文件(如 Schlib1.SchLib)中绘制 IC5 元件。其中“非”标志的输入有两种方法。

方法一：在“Name”中输入 E\N\A\，可参考图 5-20。

方法二：在原理图优选项对话框中单击“Graphical Editing”标签，弹出“Schematic-Graphical Editing”标签页面，如图 5-23 所示。选中“单一‘\’符号代表负信号”项，表示在对象(如字母)前面加上斜线后，显示时带有“非”符号，即在对象上面有一横线，表示低电平有效。放置一个网络标签 ENA，在其第一个字母前加一个“\”(\ENA)，则显示 $\overline{\text{ENA}}$。如果不选中此项，则要在每个字母后面都加上一个“\”(E\N\A\)，才能显示 $\overline{\text{ENA}}$。

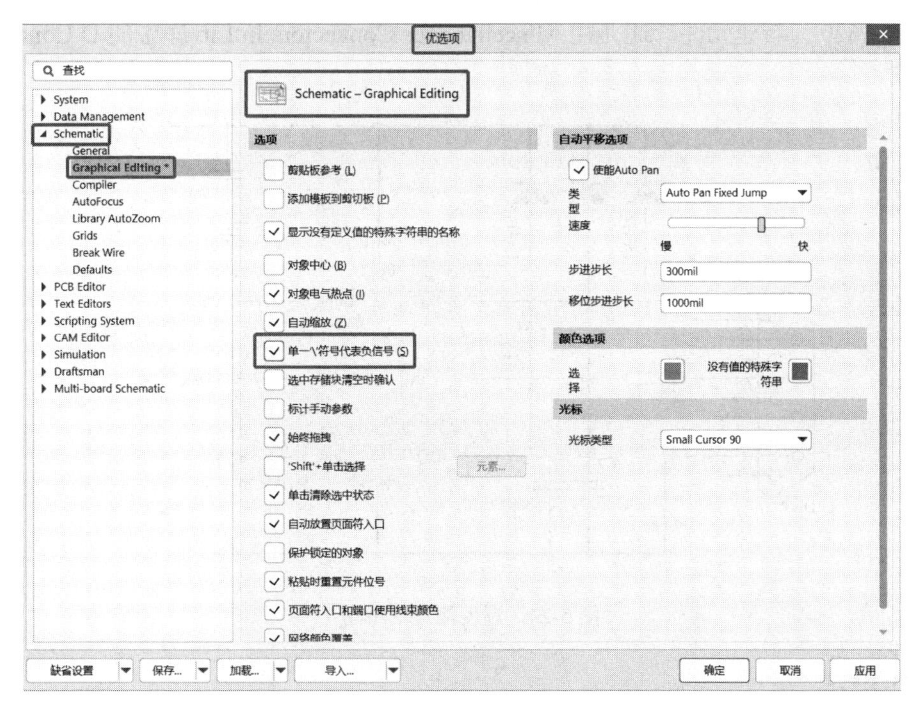


图 5-23　“Schematic-Graphical Editing”标签页面

各引脚的电气特性如表 5-2 所示。

(4) 用“Symbol Wizard”向导产生的元件设计 IC6，并调整元件外形及管脚于合适位置。

表 5-2　4017 元件管脚属性

| Name<br>(管脚名) | Designator<br>(管脚标号) | Inside Edge<br>(内部边沿符号) | Outside Edge<br>(外部边沿符号) | Electrical Type<br>(管脚电气特性) | Name<br>是否可见 | Designator<br>是否可见 | Pin Length<br>(管脚长度) |
|---|---|---|---|---|---|---|---|
| Q0～Q9、CO | 3、2、4、7、10、1、5、6、9、11、12 | | | Output | ◉ | ◉ | 300 |
| $\overline{\text{ENA}}$ | 13 | | Dot | Input | ◉ | ◉ | 300 |
| CLK | 14 | Clock | | Input | ◉ | ◉ | 300 |
| RES | 15 | | | Input | ◉ | ◉ | 300 |
| VCC | 16 | | | Power | ⊘ | ◉ | 300 |
| GND | 8 | | | Power | ⊘ | ◉ | 300 |

(5) 放置电源及时钟端口，依照图 5-22 用导线连接元件并保存即可。

# 练习五　绘制温度测量电路图

## ⊠ 实训内容

绘制如图 5-24 所示的温度测量电路图。图中电路元件属性如图 5-24 所示，其中温度传感器 DS1620 为新建元件，J1 是由 Miscellaneous Connectors.IntLib 库中的 D Connector 9 修改而成。

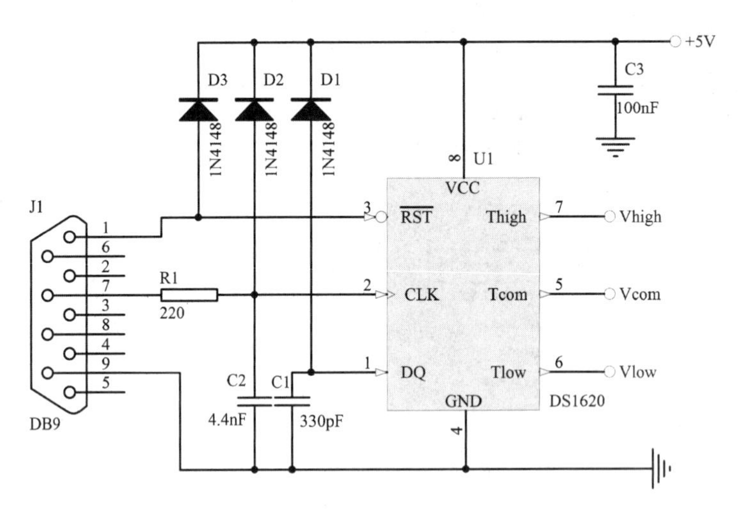


图 5-24　温度测量电路图

## ⊠ 操作提示

(1) 绘制新元件 DS1620 的方法同练习一、练习三。既可手工绘制也可用“Symbol Wizard”向导绘制，各管脚的电气特性如表 5-3 所示。

**表 5-3　DS1620 元件管脚属性**

| Name (管脚名) | Designator (管脚标号) | Outside Edg(外部边沿符号) | Inside Edge (内部边沿符号) | Electrical Type(管脚电气特征) | Name 是否可见 | Designator 是否可见 | Pin Length (管脚长度) |
|---|---|---|---|---|---|---|---|
| Tcom、Tlow、Thigh | 5、6、7 | | | Output | ◉ | ◉ | 20 |
| $\overline{RST}$ | 3 | √ | | Input | ◉ | ◉ | 20 |
| CLK | 2 | | √ | Input | ◉ | ◉ | 20 |
| DQ | 1 | | | Input | ◉ | ◉ | 20 |
| VCC | 8 | | | Power | ⊘ | ◉ | 20 |
| GND | 4 | | | Power | ⊘ | ◉ | 20 |

(2) 为了不改变 Altium Designer 系统自带元件库的元件符号，我们不直接在原理图中修改 D Connector 9，而是将其生成原理图库，修改后将其放在原理图中作为一个新元件来使用。

① 首先在原理图中放置 D Connector 9。

② 执行菜单命令“设计”→“生成原理图库”，确认后即可在原理图元件库编辑器中看到所生成的元件，如图 5-25 所示。

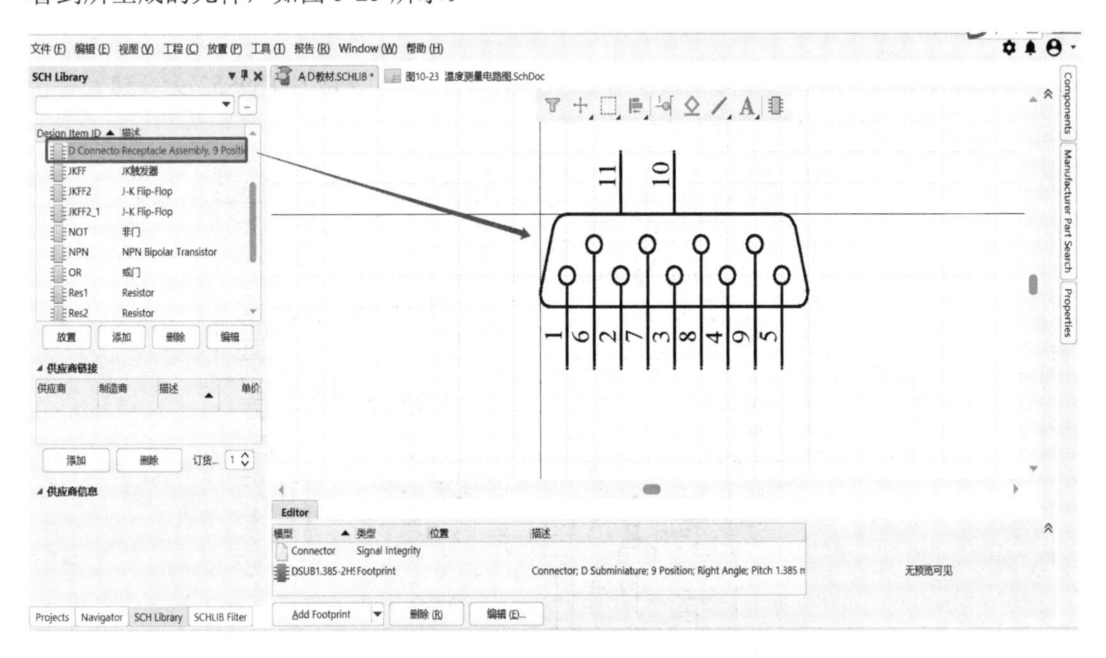


图 5-25　元件库编辑器中的 D Connector 9

③ 在编辑器中直接将“10”“11”号管脚删除即可。

④ 单击编辑器左侧的【编辑】按钮，弹出元件属性对话框，如图 5-26 所示，修改元件属性。

⑤ 单击编辑器左侧的【放置】按钮，即可将所修改元件放在原理图中。

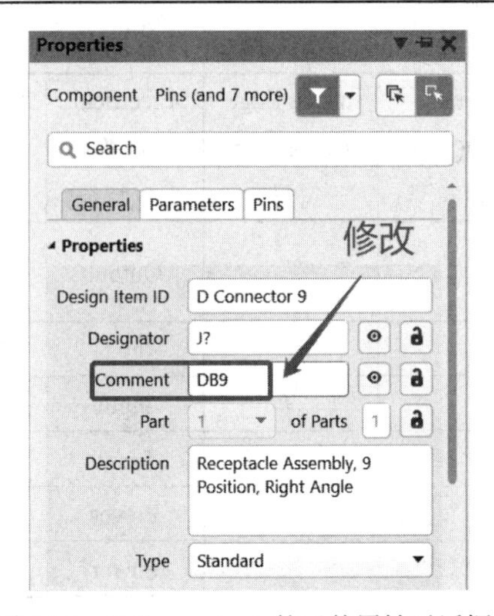


图 5-26　D Connector 9 的元件属性对话框

(3) 调整元件位置，用导线连接各元件即可。

# 练习六　流水灯与单片机的连接电路图

## ⊠ 实训内容

绘制如图 5-27 所示的流水灯与单片机的连接电路图。其中 U1(AT89S52)为新建元件，D1～D8 为发光二极管 LED0 修改而成的元件。

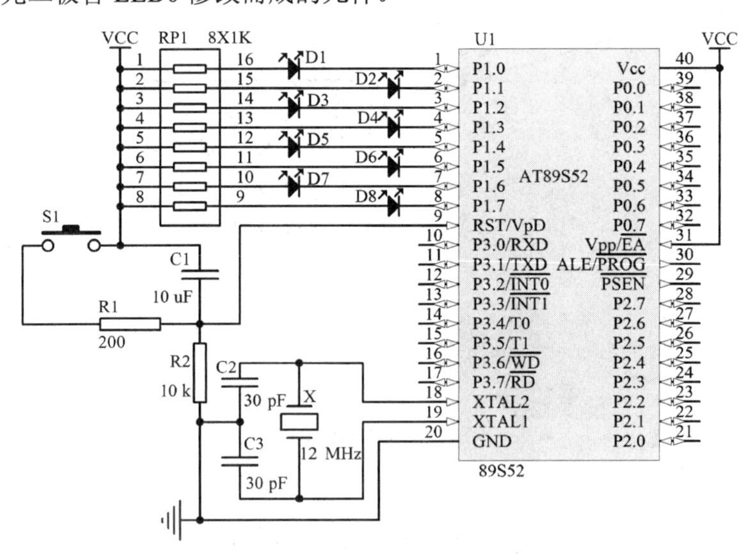


图 5-27　流水灯与单片机的连接电路图

## ⊠ 操作提示

(1) 绘制新元件 U1(AT89S52)的方法可参照练习三用“Symbol Wizard”向导产生元件

的方法。管脚电气特性：20、40 号管脚为电源(Power)，29、30 号管脚为输出(Output)，9、18、19、31 号管脚为输入(Input)，其余为输入输出双向管脚(I/O)，管脚名称如图 5-27 所示，引脚长度设为“200 mil”，并显示所有管脚名称及序号。

(2) 编辑发光二极管元件 D1～D8。将元件库中发光二极管 LED 尺寸缩小一半，管脚长度改为“100 mil”，调整箭头到合适位置。

① 在项目工程中添加原理图文件，在 Miscellaneous Devices.IntLib 库中找到 LED0 元件，将其放到原理图文件中。

② 执行菜单命令“设计”→“生成原理图库”，确认后即可在原理图元件库编辑器中看到所生成的元件，如图 5-28 所示。

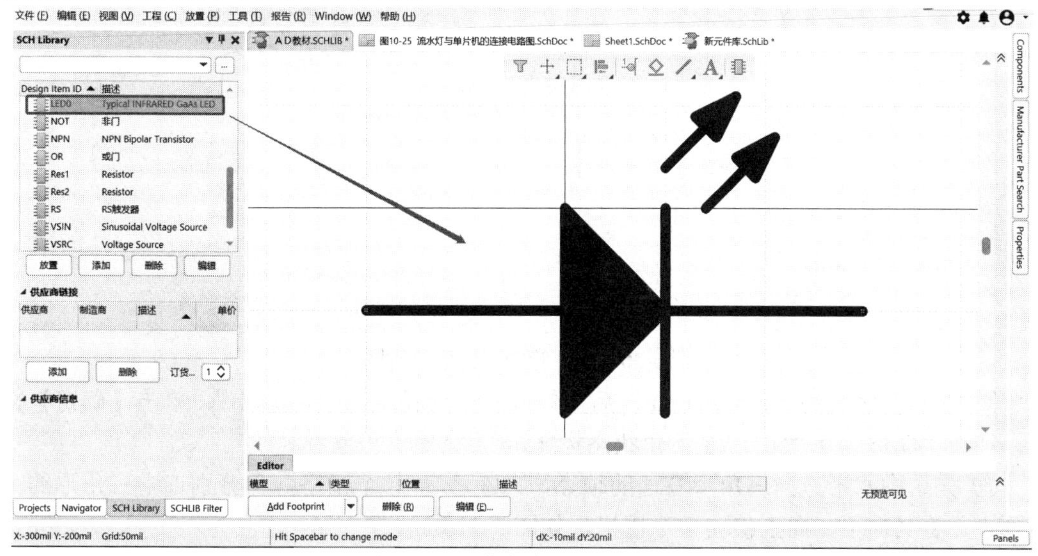


图 5-28　元件库中的 LED0 元件

③ 双击某一管脚，弹出如图 5-29 所示的管脚属性对话框，在管脚区域单击鼠标右键，选中“Edit Pin”菜单，弹出如图 5-30 所示的元件管脚编辑器对话框。

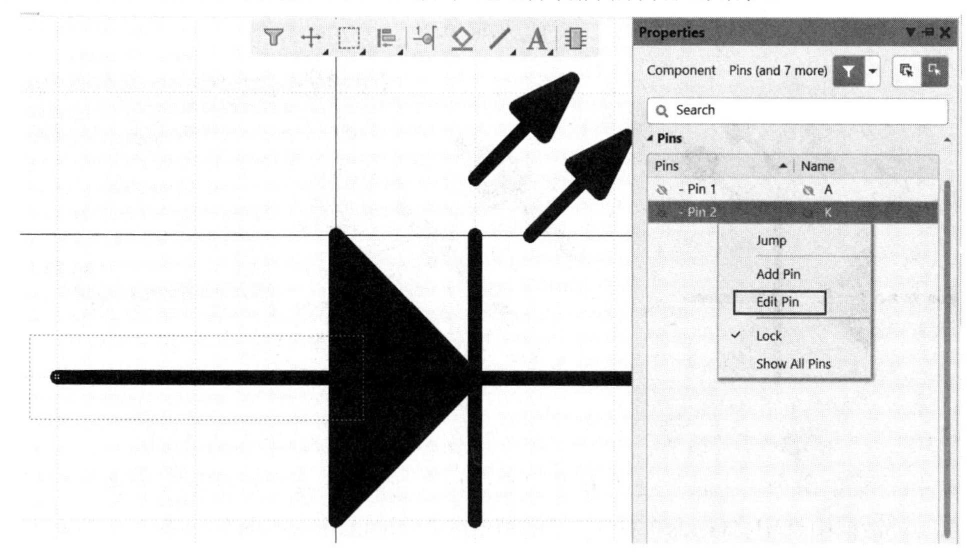


图 5-29　管脚属性对话框

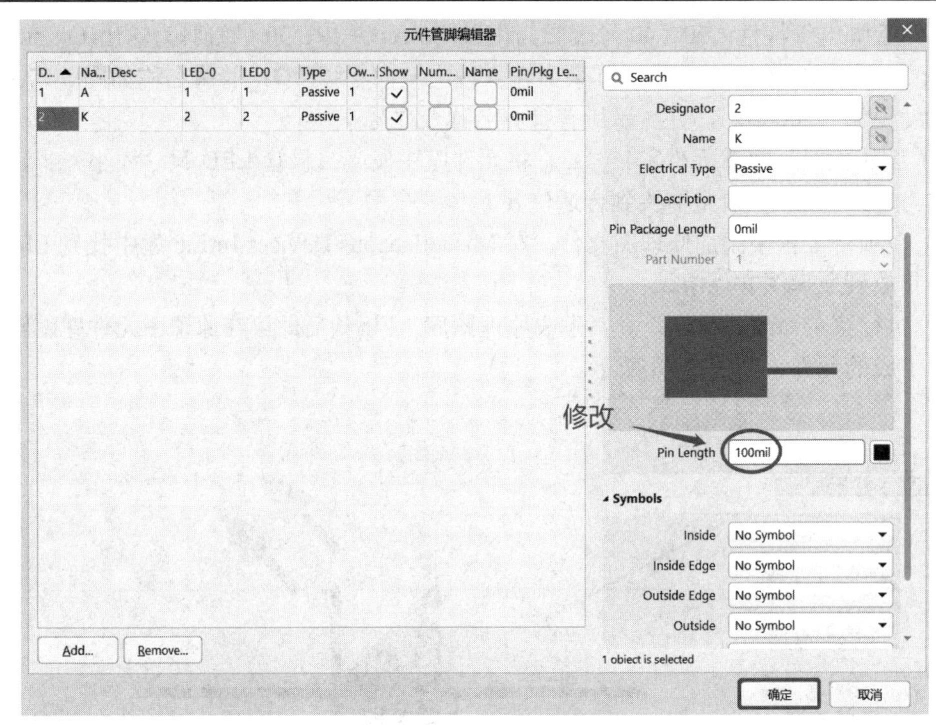


图 5-30　元件管脚编辑器对话框

④ 在右侧区域的“Pin Length”后面修改管脚的长度为“100 mil”，单击【确定】按钮。切换“Grid”为“50”，左下角状态栏显示 Grid:50mil 。

⑤ 先选中水平方向三角形右边的顶点，向左移动 1 个栅格，再分别选中三角形的上下顶点，将其向下、向上移动 1 个栅格，如图 5-31 所示。

⑥ 移动竖直线对象到三角形右顶点位置，并将其上下缩短 1 个栅格。

⑦ 移动右侧管脚与三角形顶点相连。

⑧ 双击发光标志箭头，出现如图 5-32 所示的多边形属性设置对话框，单击 “Border”后面的倒三角形▾，选中“Smallest”将箭头缩小。

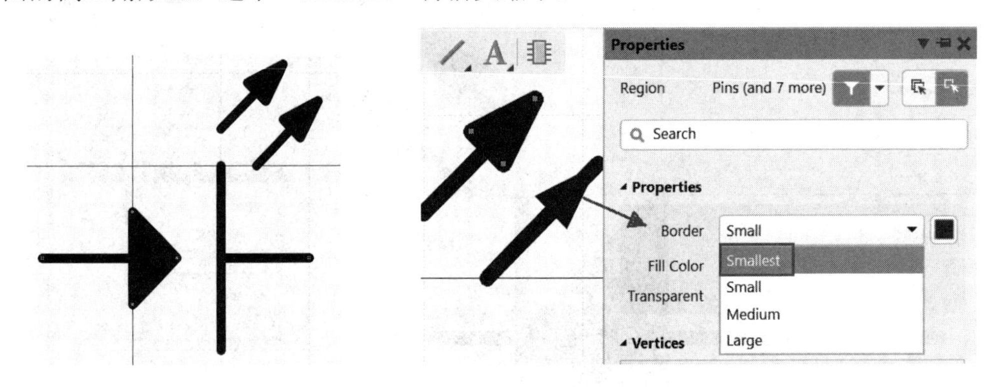


图 5-31　三角形修改后的结果　　　　　　　　图 5-32　多边形属性设置对话框

⑨ 执行菜单命令“工具”→“原理图优选项”，弹出优选项对话框，如图 5-33 所示。在优选项对话框中选中“Grids”标签，在弹出的“Schematic-Grids”标签页面中单击右侧“捕捉栅格”下面的“√”复选框，将捕捉功能关闭。单击【确定】按钮退出。

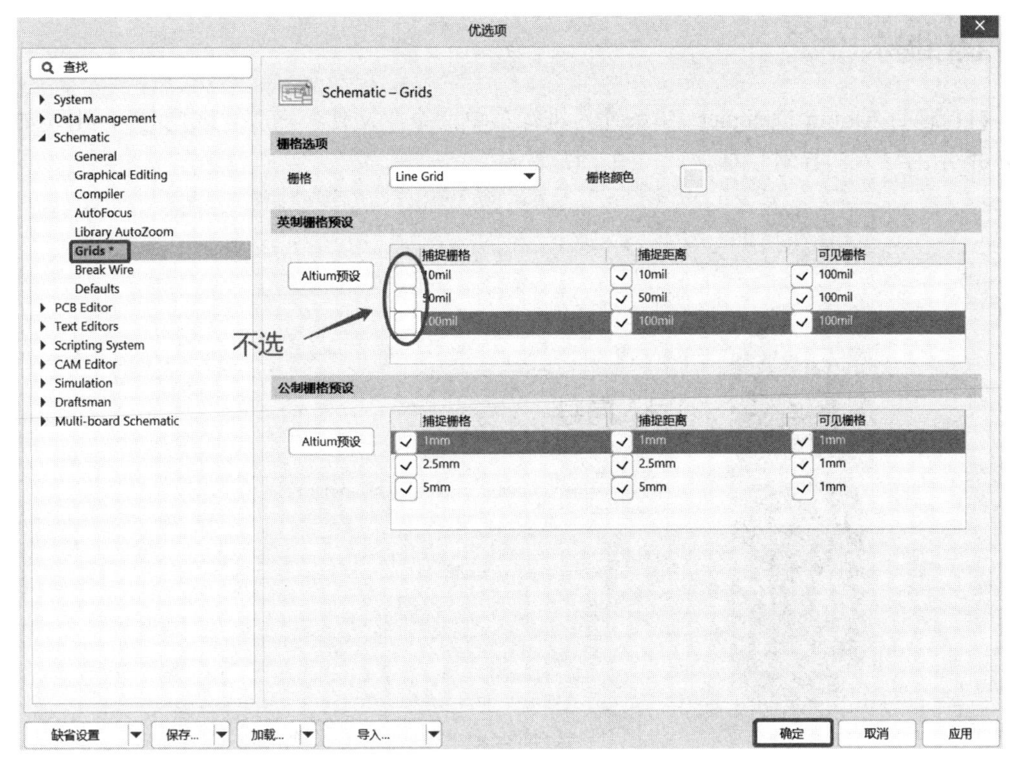


图 5-33　优选项对话框

⑩ 调整发光标志后尾线，并移动到合适位置。修改后的发光二极管的图形如图 5-34 所示。

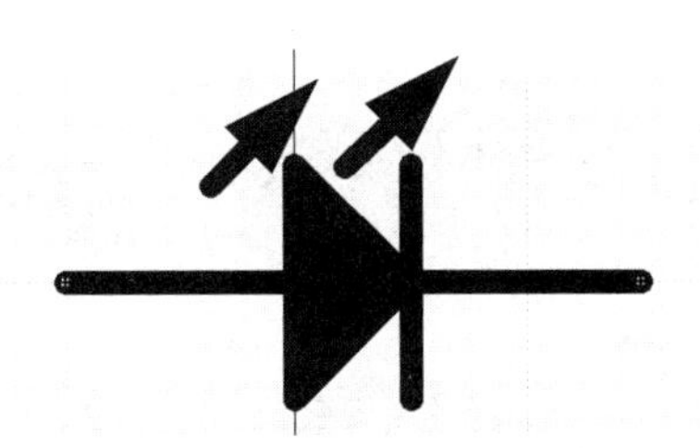

图 5-34　修改后的发光二极管图形

⑪ 单击编辑器左侧的【编辑】按钮，在弹出的元件属性对话框中修改元件属性，参考图 5-26。

⑫ 单击编辑器左侧的【放置】按钮，即可将所修改的元件放在原理图中。

(3) 放置图中其他元件，调整元件位置，用导线连接各元件即可。

# 练习七　导入 Protel 99 SE 元件库

## ☒ 实训内容

将 Protel 99 SE 中的原理图库元件和 PCB 元件封装库，导入 Altium Designer 19 系统中。

## ☒ 操作提示

(1) 启动 Altium Designer 19 系统，执行菜单命令“文件”→“导入向导”，出现如图 5-35 所示的导入向导对话框。

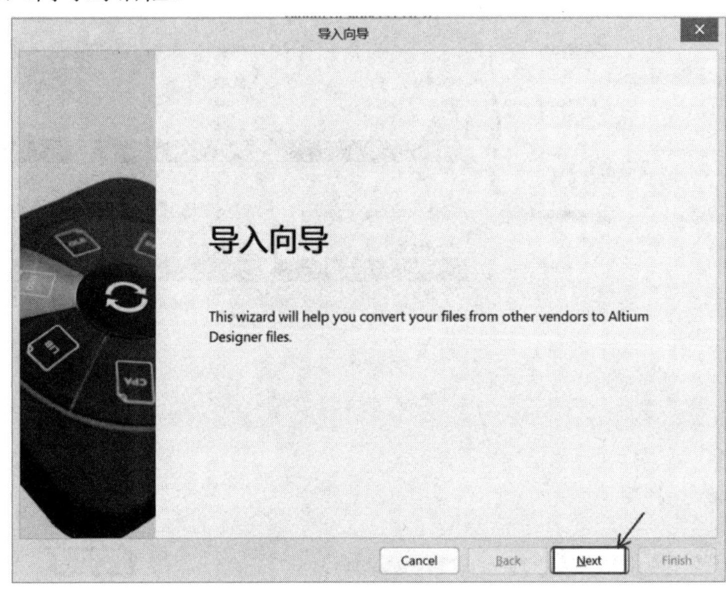


图 5-35　导入向导对话框

(2) 单击图 5-35 中的【Next】按钮，弹出如图 5-36 所示的选择导入文件类型对话框，这里选择“99 SE DDB Files”。

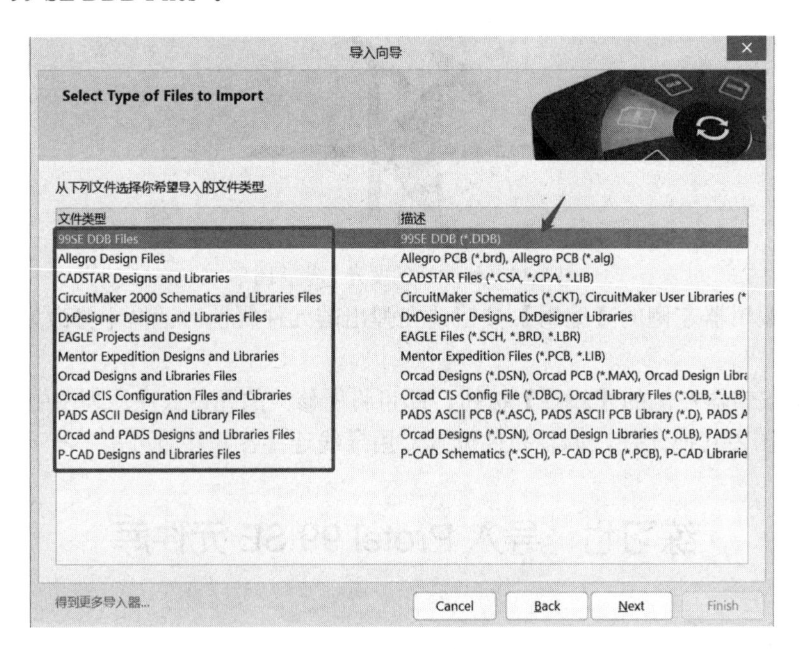


图 5-36　选择导入文件类型对话框

(3) 单击图 5-36 中的【Next】按钮，弹出如图 5-37 所示的选择导入文件对话框。

图 5-37　添加文件对话框

(4) 单击【添加】按钮，弹出打开“Protel 99 SE 设计文件”对话框，如图 5-38 所示。查找需要转换的 99 SE DDB Files。

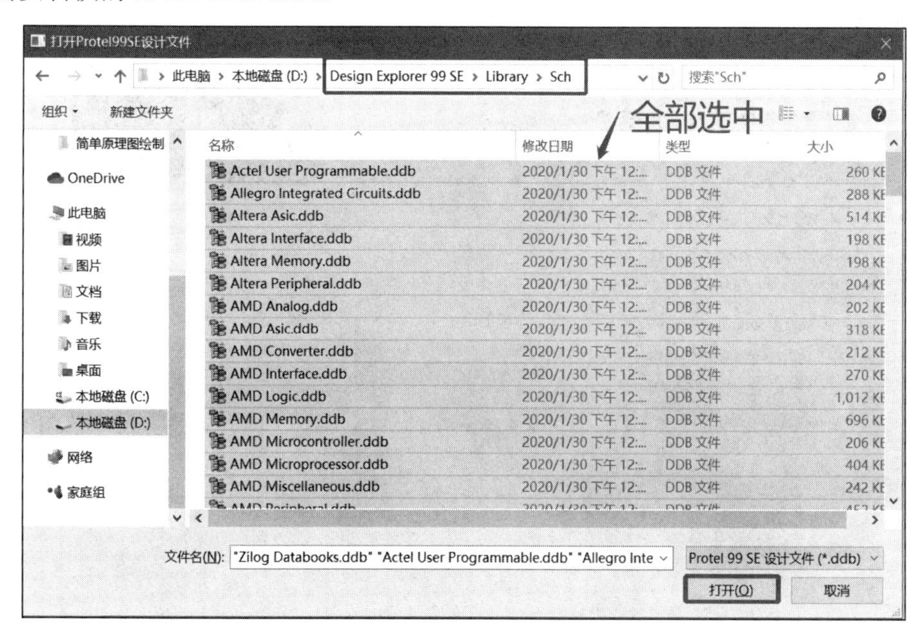


图 5-38　打开“Protel 99 SE 设计文件”对话框

(5) 选中 Protel 99 SE(Sch)库中所有文件，单击【打开】按钮，则图 5-37 右侧“待处理文件”下面就添加了所选中的库文件。

(6) 单击图 5-37 中的【Next】按钮，弹出如图 5-39 所示的选择输出文件路径对话框，找到目标路径。

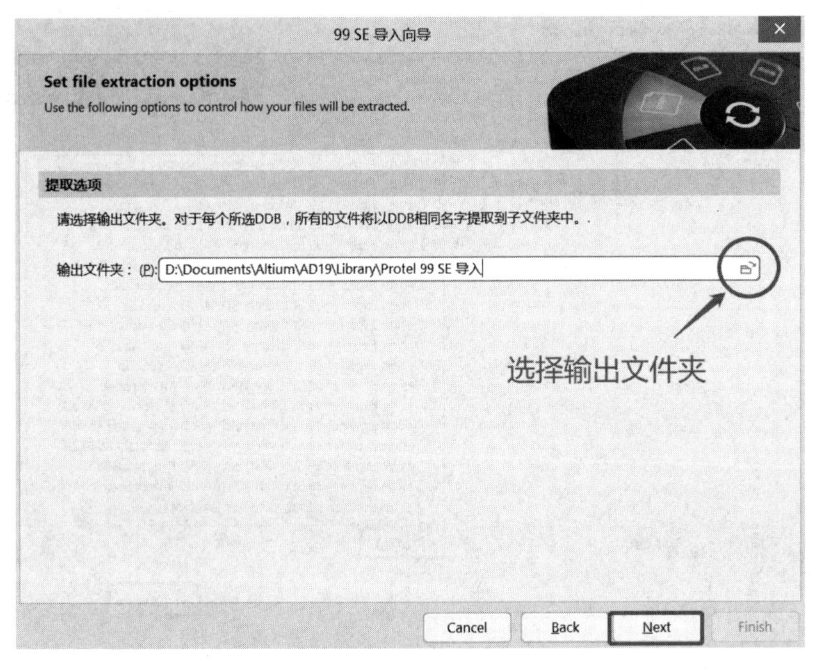


图 5-39　选择输出文件路径对话框

(7) 单击图 5-39 中的【Next】按钮，弹出如图 5-40 所示的设置转换选项对话框。选择“Lock All Auto-Junctions” (锁定所有自动添加的结点)。

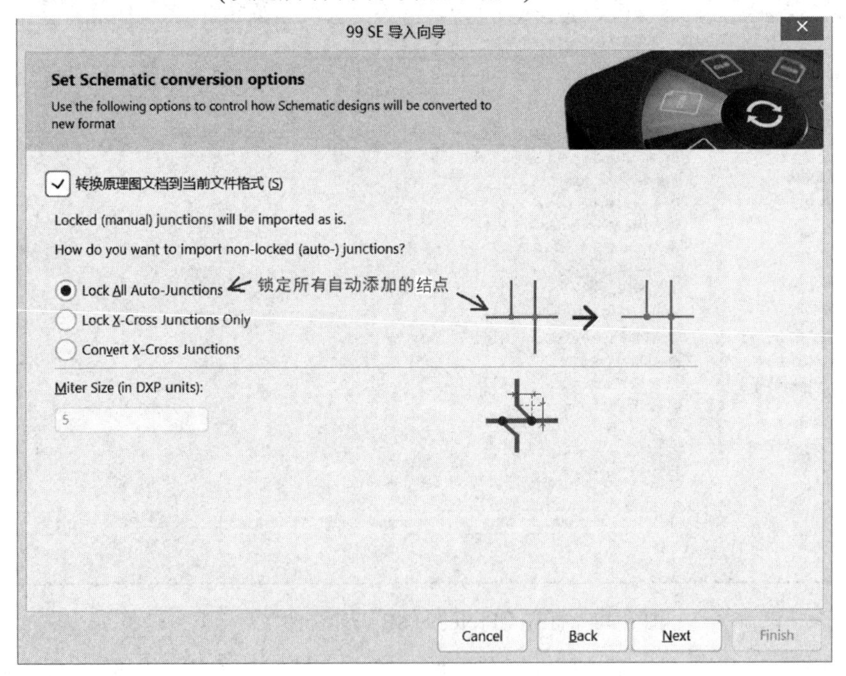


图 5-40　设置转换选项对话框

(8) 单击图 5-40 中的【Next】按钮，弹出如图 5-41 所示的设置导入选项对话框。这里选择“为每个 DDB 文件夹创建一个 Altium Designer 工程”。

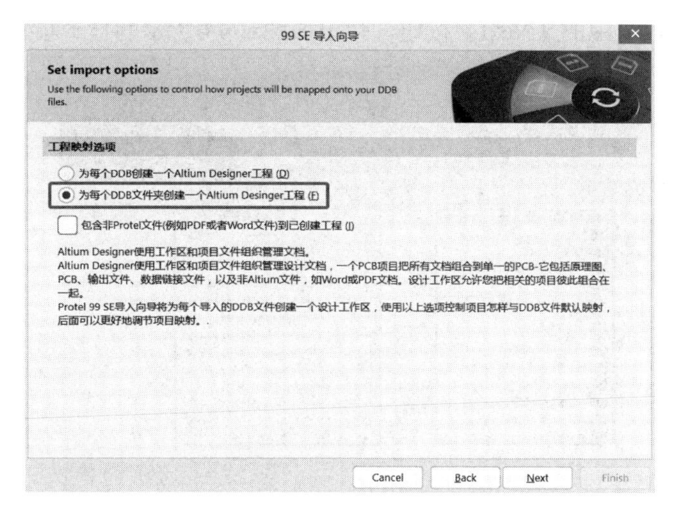


图 5-41　设置导入选项对话框

(9) 单击图 5-41 中的【Next】按钮，弹出“Analyzing DDBs”对话框，如图 5-42 所示。

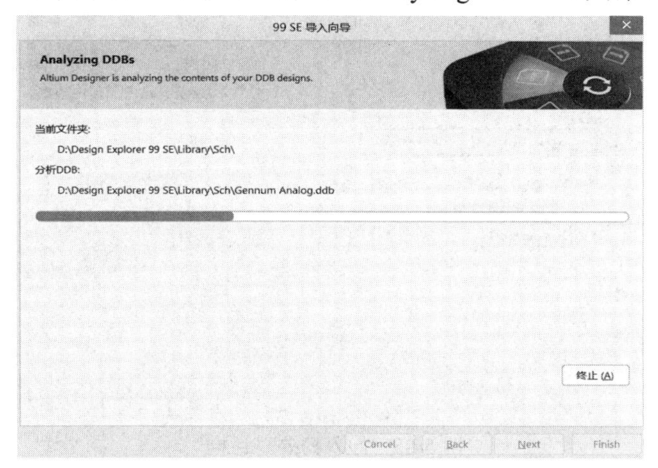


图 5-42　“Analyzing DDBs”对话框

(10) 分析完成，弹出选择导入文件选项对话框，如图 5-43 所示。这里选择【全部导入】按钮。

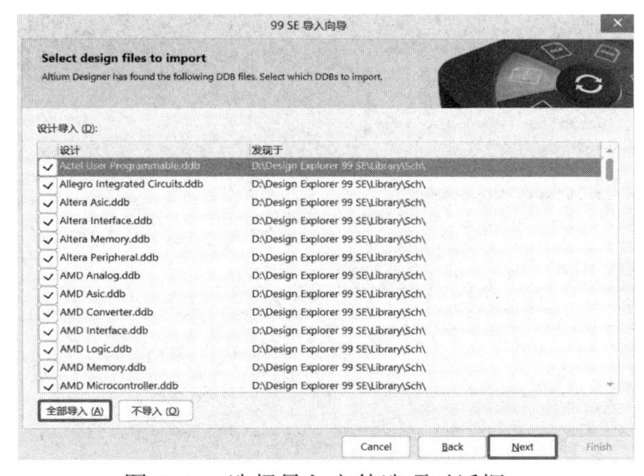


图 5-43　选择导入文件选项对话框

(11) 单击图 5-43 中的【Next】按钮，弹出如图 5-44 所示的检查项目创建对话框，进行再次确认。

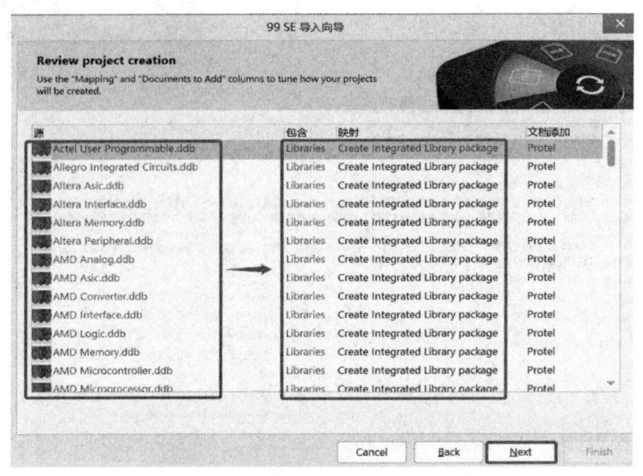

图 5-44　检查项目创建对话框

(12) 单击图 5-44 中的【Next】按钮，弹出如图 5-45 所示的导入摘要对话框。

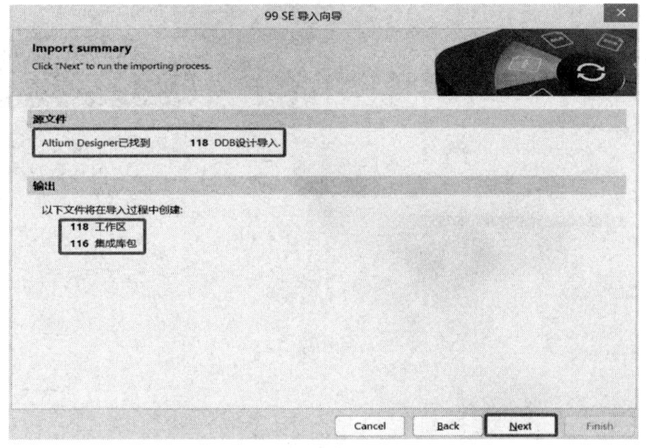

图 5-45　导入摘要对话框

(13) 单击图 5-45 中的【Next】按钮，弹出如图 5-46 所示的导入进行中窗口。此时可单击【终止】按钮，停止导入。

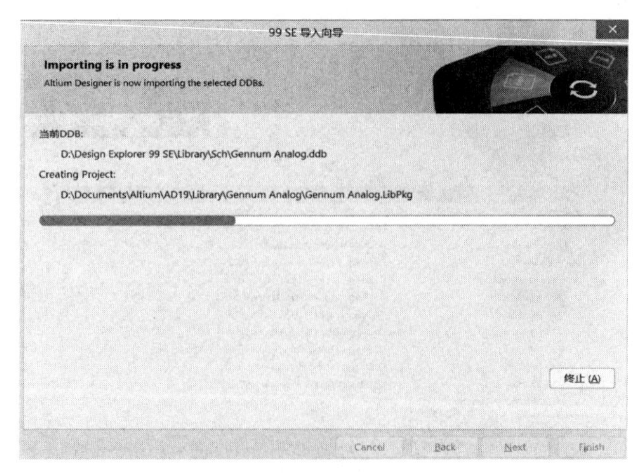

图 5-46　导入进行中窗口

(14) 等待数秒，导入完成，弹出如图 5-47 所示的选择工作区是否打开对话框。这里选择打开“选中工作区”。

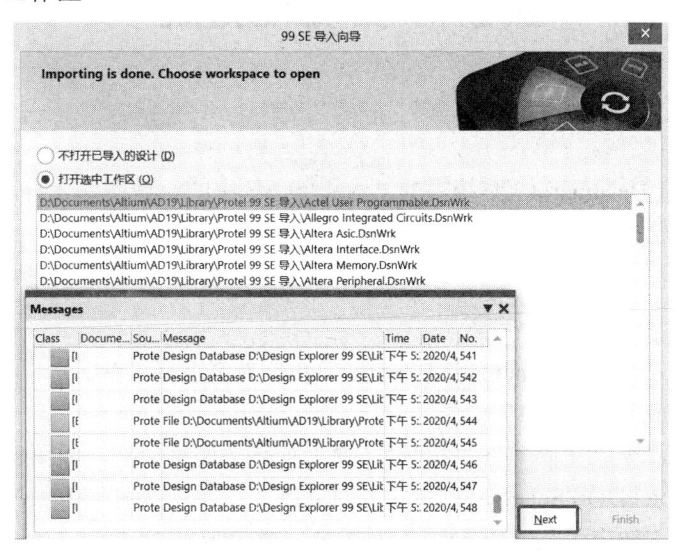


图 5-47　选择工作区是否打开对话框

(15) 单击图 5-47 中的【Next】按钮，弹出如图 5-48 所示的导入向导完成对话框。单击【Finish】按钮，完成导入过程。工作区面板系统会自动打开导入后生成的原理图库元件，如图 5-49 所示。

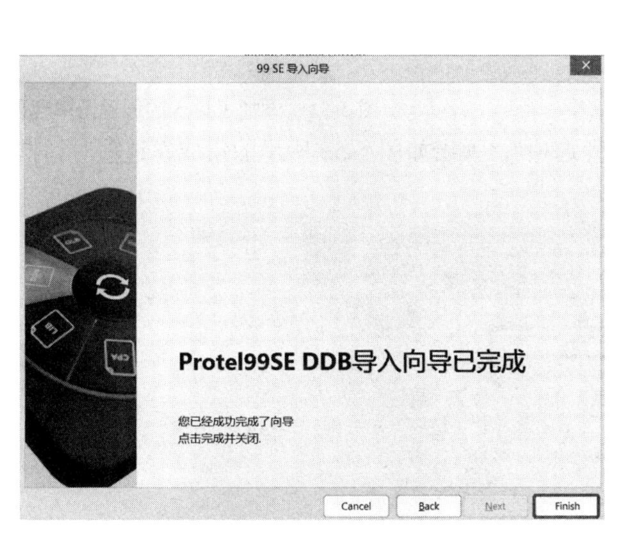


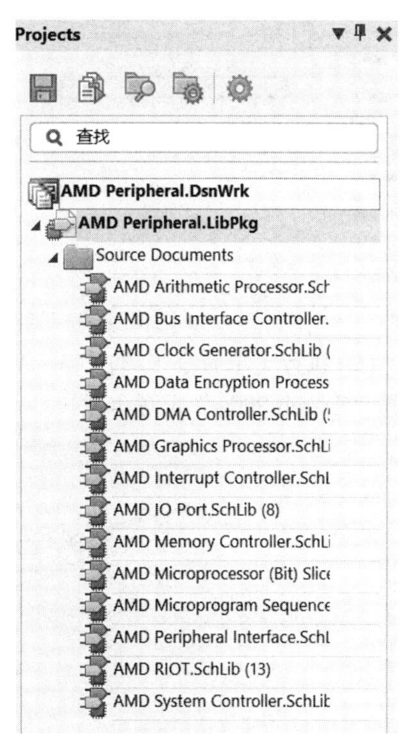

图 5-48　导入向导完成对话框　　　　图 5-49　导入的原理图库元件

(16) 重复以上步骤，将 Protel 99 SE 中的 PCB 元件封装库也导入 Altium Designer 19 中。

# 练习八　集成库的创建

## ⌧ 实训内容

将导入 Altium Designer 19 系统中的 Protel 99 SE 中的原理图库元件和 PCB 元件封装库生成集成库元件，使元件符号与元件封装集成为一体。

## ⌧ 操作提示

以导入的“Protel DOS Schematic Libraries.ddb”为例进行讲解。

(1) 启动 Altium Designer 19 系统。

(2) 执行菜单命令“文件”→“打开”，弹出打开文件对话框，如图 5-50 所示。

(3) 选中“Protel DOS Schematic Libraries.LibPkg”，单击【打开】按钮。

(4) 被选中的文件出现在“Projects”面板中，如图 5-51 所示。

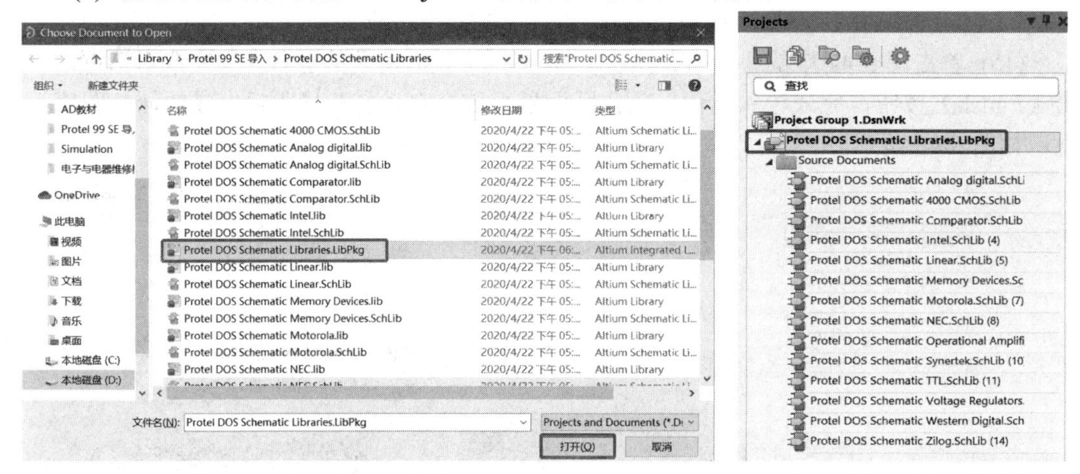


图 5-50　打开文件对话框　　　　图 5-51　添加了导入的原理图库元件

(5) 执行菜单命令“项目”→“工程选项”，弹出如图 5-52 所示的集成库选项对话框，选择“Search Paths”选项卡。

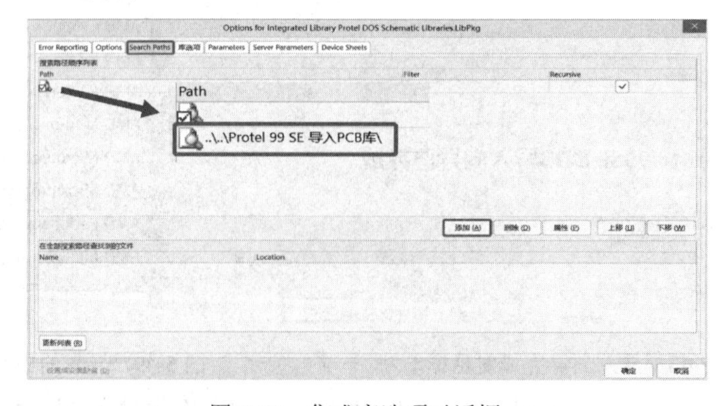


图 5-52　集成库选项对话框

(6) 单击【添加】按钮，弹出如图 5-53 所示的搜索路径对话框，点击图中【···】按钮，在弹出的对话框中选择“.PCBLIB”所在的文件夹，再单击【更新列表】按钮，所添加的“PCB Library Documents”即出现在“Name”下的列表中。

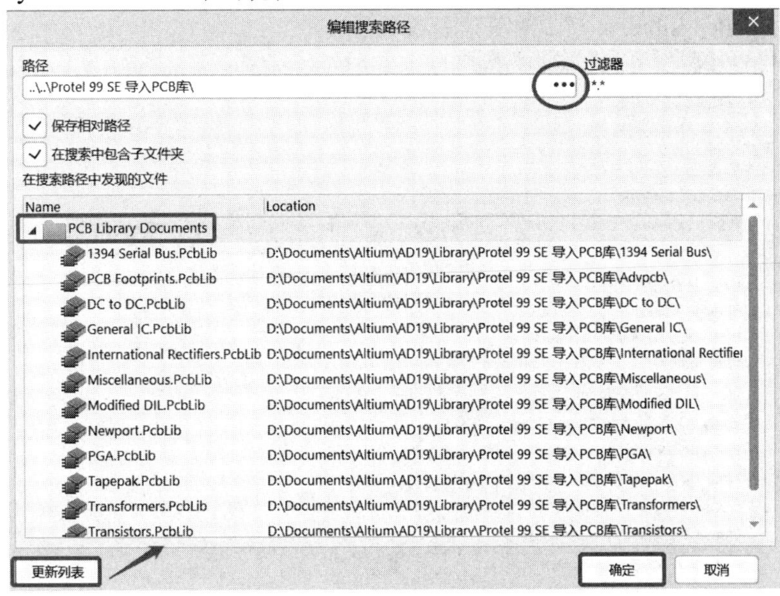


图 5-53　搜索路径对话框

(7) 单击图 5-53 中的【确定】按钮，关闭对话框，返回到图 5-52 中。此时可以看出在“搜索路径顺序列表”中多了一项 ..\..\Protel 99 SE 导入PCB库\ 。再单击左下方的【更新列表】按钮，所添加的“PCB Library Documents”即出现在“Name”下的列表中，如图 5-54 所示。

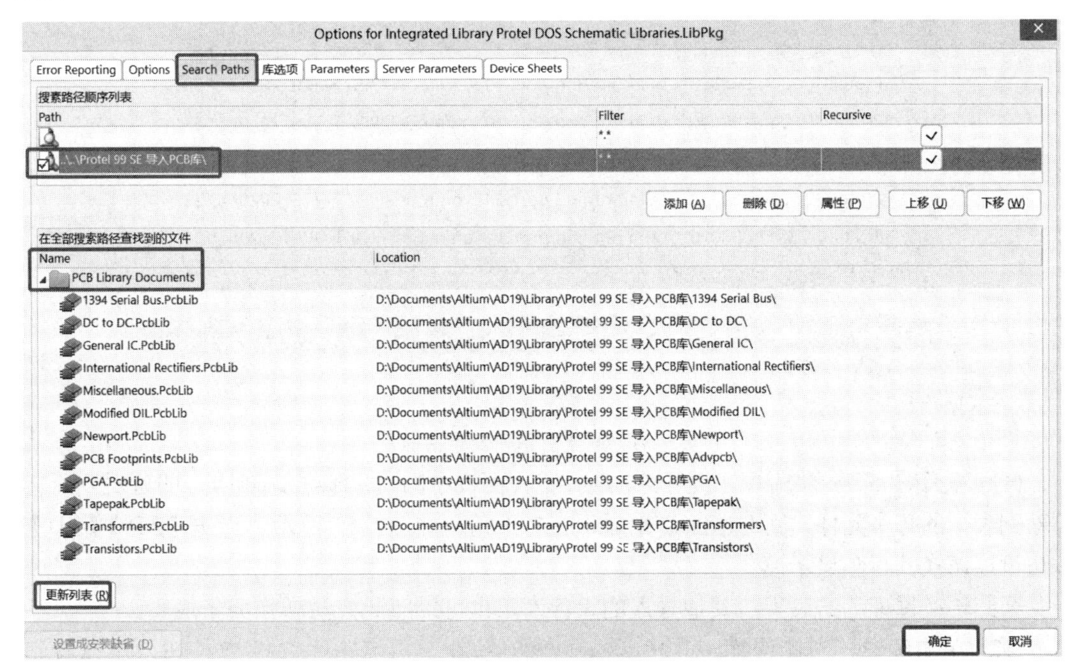


图 5-54　添加“PCB Library Documents”的对话框

(8) 单击图 5-54 中的【确定】按钮，返回图 5-51 所示界面中。

(9) 执行菜单命令“工程”→“Compile Integrated Library Protel DOS Schematic Libraries.LibPkg”，如图 5-55 所示，或在项目面板工程项目文件上单击鼠标右键，选择“Compile Integrated Library…”，对其进行编译。

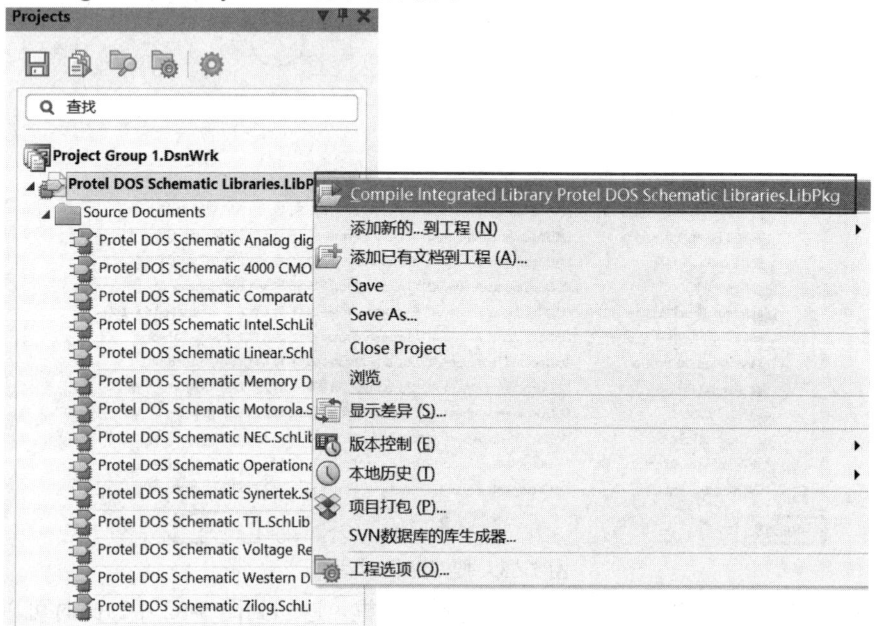


图 5-55　编译菜单

(10) 大约十几秒，编译结束，弹出如图 5-56 所示的编译信息列表对话框。

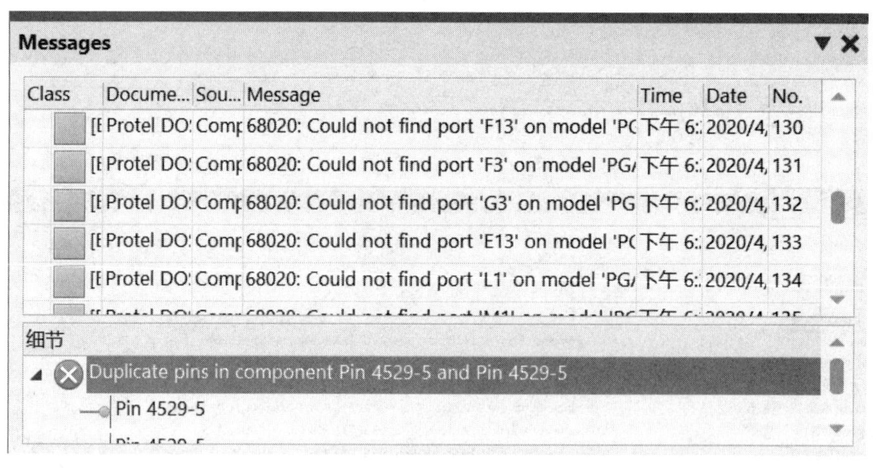


图 5-56　编译信息列表对话框

(11) 关闭图 5-56 的编译信息列表，选择工程面板中的 SCH Library 选项卡，即可看到所转换库列表下的每个元件，其对应封装也显示在右下角，如图 5-57 所示。点击【2D】【3D】按钮可以切换其封装显示模式。

至此转换过程就结束了，其他导入的元件库，也可以照此方法转换成集成库。

(12) 单击编辑器右侧伸缩工具栏 Components 按钮，再点击库选择 ▾ 按钮，可以看到被转换的库都已经加载到列表中了，如图 5-58 所示。

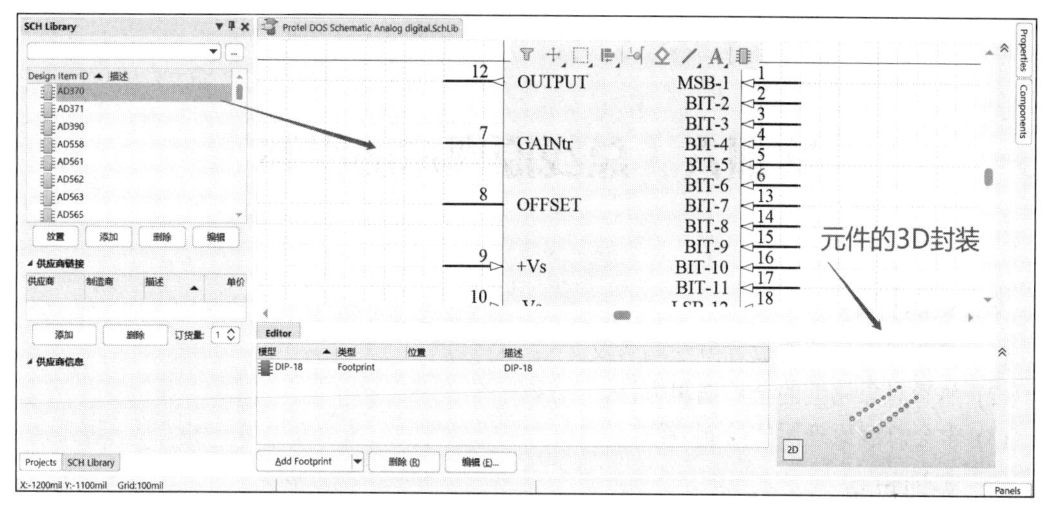


图 5-57　Protel 99 SE 库元件转换的集成库

(13) 打开原理图或 PCB 编辑器，单击编辑器右侧伸缩工具栏 Components 按钮，再点击库选择 ▼，可以看到被转换的库以集成库的形式出现，库中的元件数显示在列表下面，如图 5-59 所示。

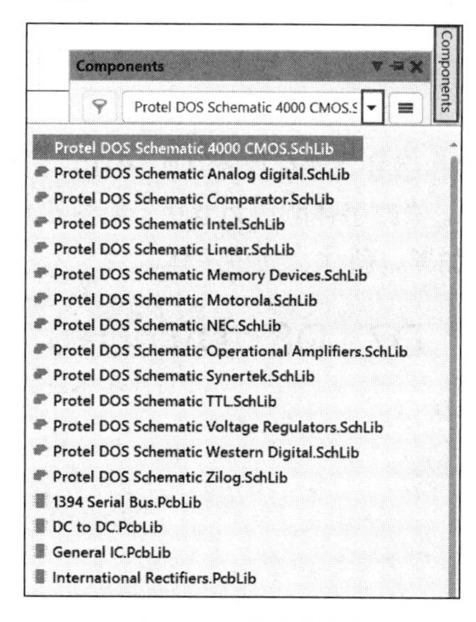


图 5-58　库列表选项

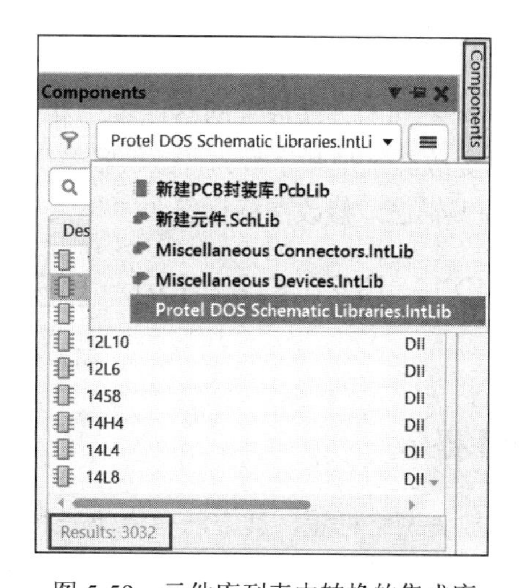


图 5-59　元件库列表中转换的集成库

# 实训六　总线原理图的绘制

### ◇ 实训目的

(1) 掌握网络标签的放置方法与含义。

(2) 熟悉对象属性的全局编辑方法。

(3) 学会总线原理图的绘制方法。

### ◇ 实训设备

Altium Designer 19 软件、PC。

## 练习一　网络标签的放置及属性设置

### ⊠ 实训内容

练习用不同的方法放置网络标签，并更改字型和字号。连续放置 D1～D10 十个网络标签，并更改其字型和字号为“微软雅黑”“24”号，修改字体颜色为蓝色，如图 6-1 所示。利用全局编辑法，修改网络标签为“华文中宋”、加黑、斜体、红色字体。

D1　D2　D3　D4　D5　D6　D7　D8　D9　D10

图 6-1　网络标签

### ⊠ 操作提示

(1) 放置网络标签，其方法有以下三种：

方法一：右键单击窗口工具栏中的 ≈ 图标，在其下拉子菜单中选择 Net 网络标签 (N)。

方法二：执行菜单命令“放置”→“网络标签”。

方法三：在英文输入状态下依次单击快捷键 P、N。

(2) 执行上述命令后光标变成十字形，并带着一个网络标签随光标浮动，此时按空格键、X 键、Y 键可改变其方向。

(3) 在网络标签处于悬浮状态时按下键盘上的 Tab 键，弹出网络标签属性对话框，如图 6-2 所示，在“Net Name”右侧输入“D1”，在“Font”区域更改字型和字号为“微软雅黑”“24”，并修改字体颜色为蓝色。然后用鼠标按顺序放置网络标签。

(4) 全局编辑，修改网络标签的字体属性。用鼠标右键单击放置好的网络标签，在弹出的快捷菜单中选择“查找相似对象”，如图 6-3 所示。

图 6-2　网络标签属性对话框

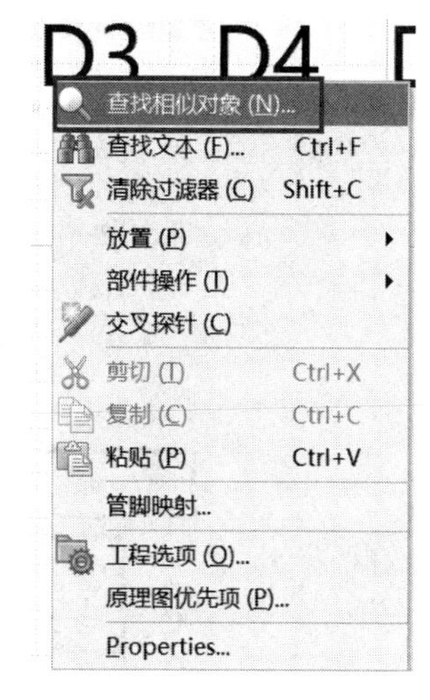


图 6-3　全局编辑

(5) 弹出“查找相似对象”对话框，如图 6-4 所示。

(6) 单击“Font”区域右侧栏，选中“Same”。

(7) 其他选项按图 6-4 中设置，单击【应用】按钮，则所有相同属性的网络标签处于选中状态，如图 6-5 所示。

图 6-4　“查找相似对象”对话框

D1　D2　D3　D4　D5　D6　D7　D8　D9　D10

图 6-5　处于选中状态的网络标签

(8) 单击【确定】按钮，打开网络属性设置对话框，如图 6-6 所示。按要求在图示“Font”区域设置字体、颜色等。

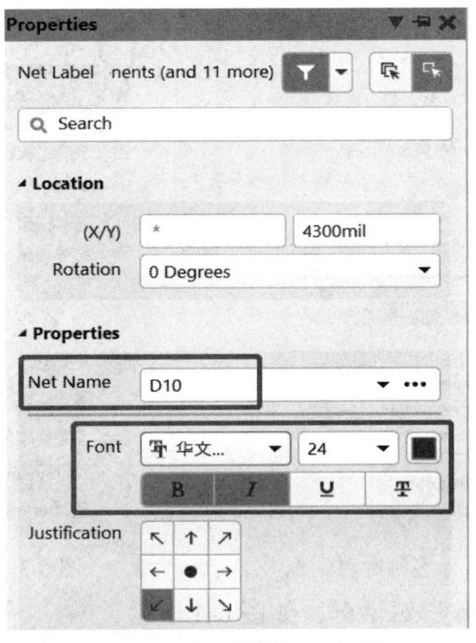


图 6-6　网络属性设置对话框

(9) 修改结束，用鼠标在设计区域空白处单击，取消选中状态，结果如图 6-7 所示。

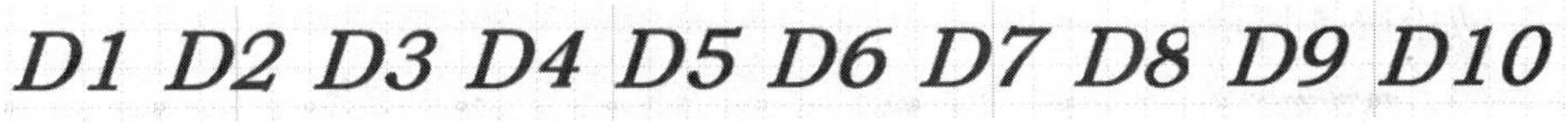

***D1 D2 D3 D4 D5 D6 D7 D8 D9 D10***

图 6-7　全局修改结果

# 练习二　简单总线原理图的绘制(一)

## ⊠ 实训内容

从 Altium Designer 09 版本中的 Texas Instruments、TI Logic Flip-Flop.IntLib 元件库中取出 SN74LS273N 和 SN74LS374N 元件，按照图 6-8 所示电路放置总线和网络标签。

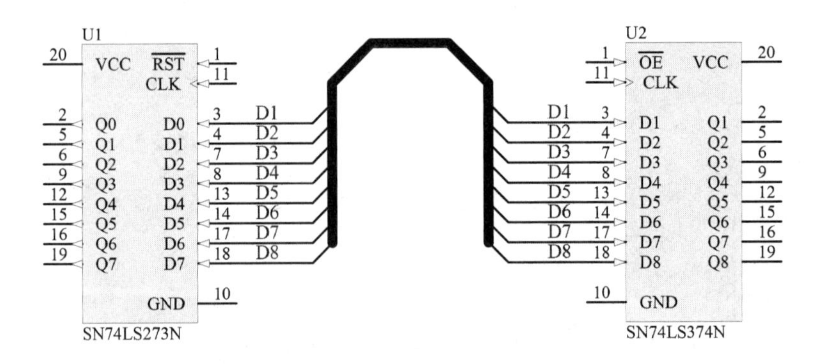


图 6-8　总线原理图

## ☒ 操作提示

(1) 查找元件，加载元件库。打开“Components”面板，单击☰按钮，在弹出的菜单中选择“File-based Libraries Search…”，如图 6-9 所示。

(2) 弹出“File-based Libraries Search”对话框，如图 6-10 所示。在“范围”选项区选中◉ 搜索路径中的库文件 。

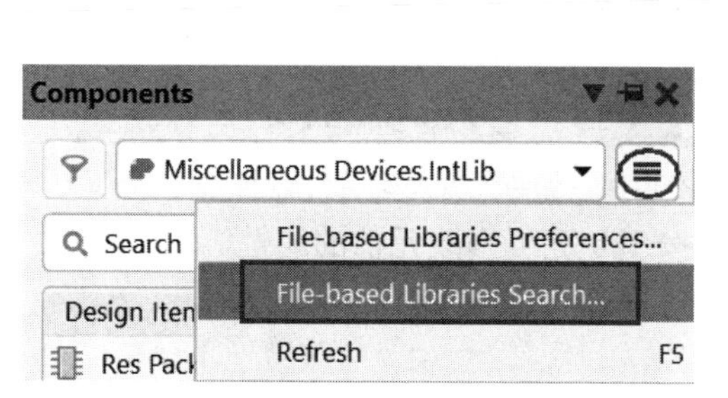


图 6-9　“File-based Libraries Search…”查找元件菜单

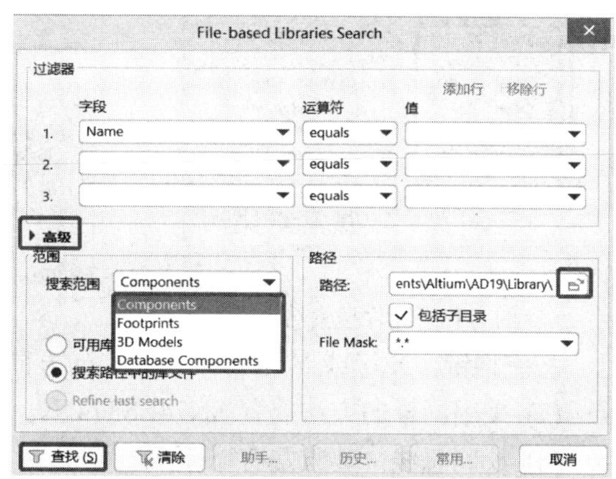


图 6-10　“File-based Libraries Search”对话框

(3) 单击“路径”右侧的按钮，系统弹出“浏览文件夹”对话框，设置搜索路径，如图 6-11 所示。如果在图 6-10 中勾选了“包括子目录”复选框，则包含在指定目录中的子目录也会被搜索。

(4) 单击“高级”选项，弹出高级查询对话框，如图 6-12 所示，在文本框中输入“SN74LS273”。

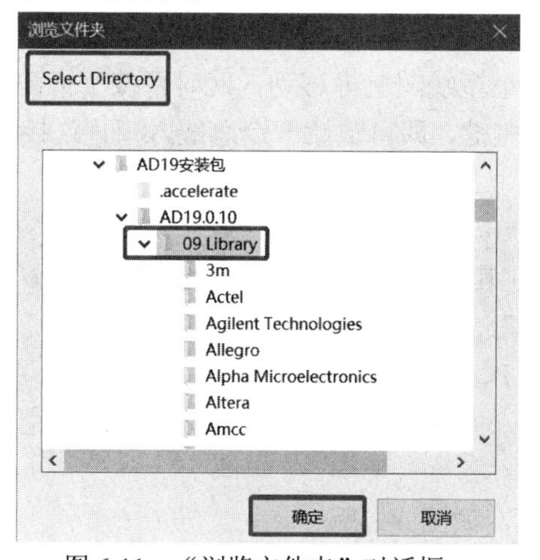


图 6-11　“浏览文件夹”对话框

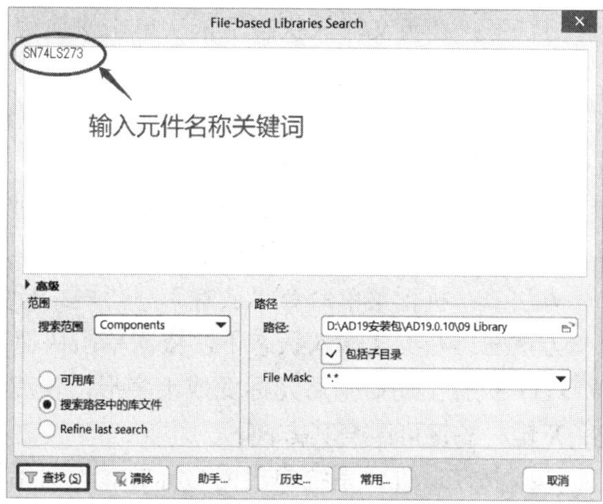


图 6-12　高级查询对话框

(5) 单击【查找】按钮，系统开始搜索。搜索结果显示在“Components” 面板“File Search”元件列表中，如图 6-13 所示。在列表中可以看出，与查找元件名称关键词相同的元件都被列出。

(6) 加载找到的元件所在的元件库，放置元件。双击“SN74LS273N”，或右键单击，在弹出的菜单中选择“Place SN74LS273N”，系统均弹出加载元件库确认对话框，如图 6-14 所示。单击【Yes】按钮，该元件库即可被安装，并且鼠标带着该元件在设计区域移动，单击放置即可。

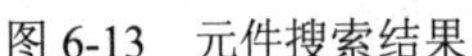
图 6-13　元件搜索结果

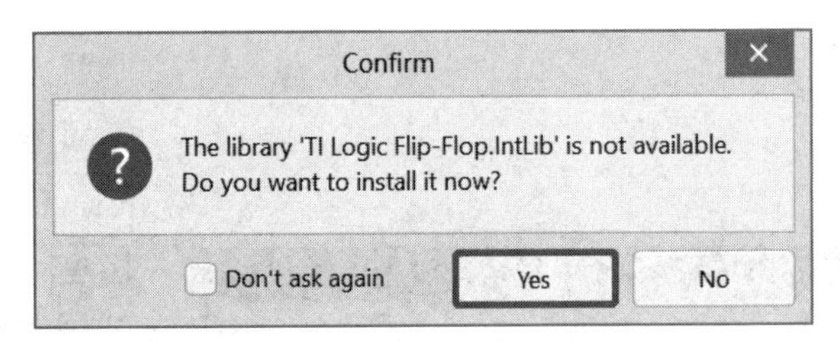


图 6-14　加载元件库确认对话框

按空格键、X 键或 Y 键可改变元件的方向，按 Tab 键可修改元件的属性。

(7) 采用同样的方法放置 SN74LS374N。

(8) 绘制总线，其方法有以下三种。

方法一：右键单击窗口工具栏中的图标，在其下拉子菜单中选择 总线 (B)。

方法二：执行菜单命令“放置”→“总线”。

方法三：在英文输入状态下依次单击快捷键 P、B。

总线的绘制方法同导线的绘制，这里不再赘述。

(9) 绘制总线入口，其绘制方法有以下三种。

方法一：右键单击窗口主工具栏中的图标，在其下拉子菜单中选择 总线入口 (U)。

方法二：执行菜单命令“放置”→“总线入口”。

方法三：在英文输入状态下依次单击快捷键 P、U。

执行上述命令后光标变成十字形，并带着一个小短线随鼠标移动，此时可按空格键、X 键、Y 键改变其方向，在总线合适位置单击鼠标左键，即可放置一个总线入口，连接好的总线入口在总线上出现热点。

(10) 放置网络标签，其放置方法有以下三种。

方法一：右键单击窗口主工具栏中的图标，在其下拉子菜单中选择 Net 网络标签 (N)。

方法二：执行菜单命令“放置”→“网络标签”。

方法三：在英文输入状态下，依次单击快捷键 P、N。

(11) 执行上述命令后光标变成十字形，并带着一个网络标签随光标浮动，此时按空格键、X 键、Y 键可改变其方向。

(12) 按 Tab 键，系统弹出网络标签属性对话框，如图 6-2 所示，设置网络标签的属性。

**注意：**① 网络标签不能直接放在元件的管脚上，一定要放置在连接管脚与总线入口的连线上，当出现红色的电气连接点“×”时，单击鼠标左键放置，如图 6-15 所示。

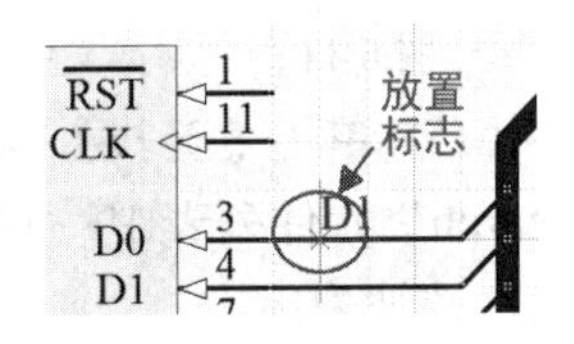


图 6-15　网络标签放置

② 如果定义的网络标签的最后一位是数字，则在下一次放置

时，网络标签的数字将自动加 1。

③ 网络标签是有电气意义的，千万不能用任何字符串代替。

# 练习三　简单总线原理图的绘制(二)

## ⊠ 实训内容

按照图 6-16 所示电路，绘制带有总线的电路原理图，并练习放置总线接口、总线和网络标签。图中电路元件说明如表 6-1 所示。

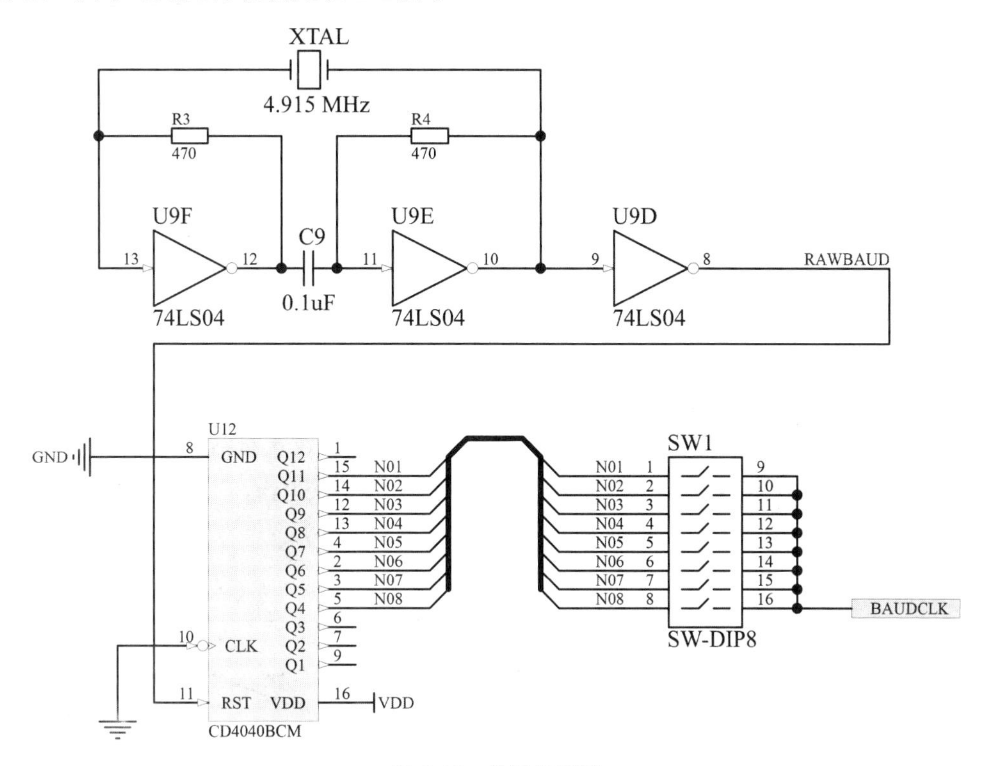


图 6-16　总线原理图

**表 6-1　电路元件明细表**

| 元件在库中的名称 | 元件在图中的标号(Designator) | 元件类别或标示值 |
|---|---|---|
| Cap | C9 | 0.1 μF |
| XTAL | XTAL | 4.915 MHz |
| 74LS04 | U9 | 74LS04 |
| Res2 | R3 | 470Ω |
| Res2 | R4 | 470Ω |
| CD4040BCM | U12 | CD4040BCM |
| SW DIP-8 | SW1 | SW-DIP8 |

## ☒ 操作提示

(1) 放置元件并连线。放置总线、总线入口和网络标签的操作同练习二的操作提示。

(2) CD4040BCM 元件在导入的 Protel DOS Schematic Libraries.IntLib 元件库中，用户可以自己创建，也可参考练习二在库中搜索。

(3) 放置端口。

① 单击窗口工具栏中的 图标，或执行菜单命令“放置”→“端口”，或依次按下快捷键 P、R，都可以启动放置端口命令。

② 光标变成十字形，且有一个浮动的端口随光标移动。如图 6-17(a)所示，按空格键、X 键、Y 键改变端口方向，单击鼠标左键，确定端口的左边界，拖动鼠标，在合适位置单击鼠标左键，确定端口右边界，如图 6-17(b)所示。

此时仍为放置端口状态，单击鼠标左键继续放置，单击鼠标右键退出放置状态。

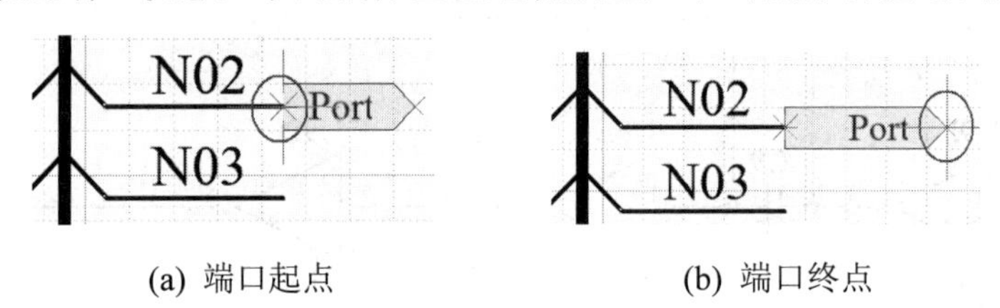


(a) 端口起点　　(b) 端口终点

图 6-17　放置端口

(4) 编辑端口属性。在放置过程中按下 Tab 键，系统弹出端口属性设置对话框，如图 6-18 所示。双击已放置好的端口，也会弹出同样的端口属性设置对话框。

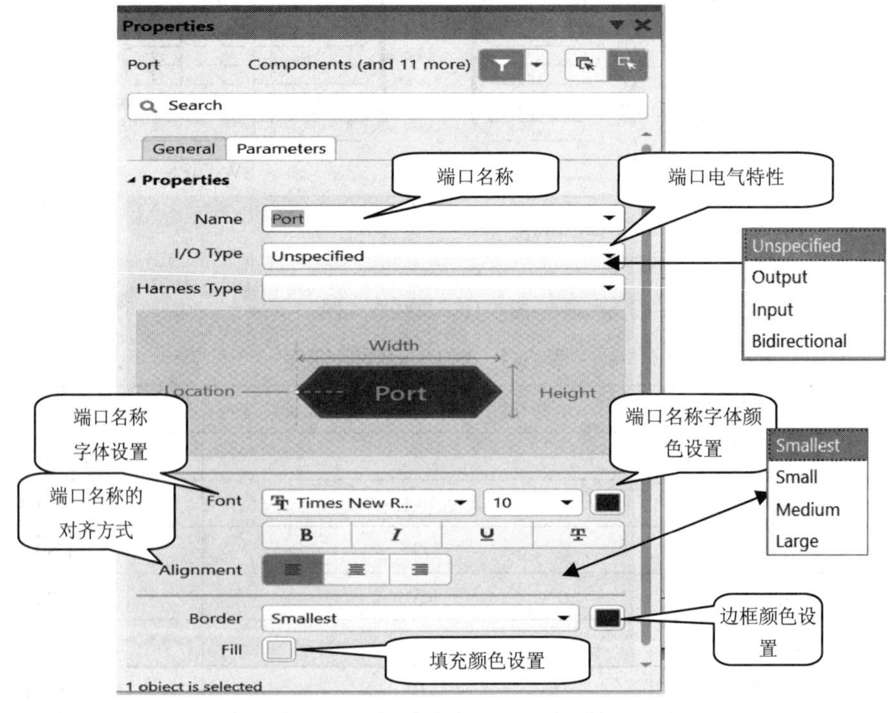


图 6-18　端口属性设置对话框

端口属性设置对话框中各项的含义如下：

① Name：I/O 端口名称。

② I/O Type：I/O 端口的电气特性，有 Unspecified、Output、Input、Bidirectional 等 4 种电气特性。各电气特征的含义如下：

- Unspecified：无指定端口；
- Output：输出端口；
- Input：输入端口；
- Bidirectional：双向端口。

③ Font：端口名称字体设置，包括字体、字号及颜色。

④ Alignment：端口名称在端口框中的显示位置。有 3 种对齐方式。

：中心对齐；

：左对齐；

：右对齐。

⑤ Border：端口边界宽度及颜色设置。端口边界宽度有 Smallest(最细)、Small(细)、Medium(中粗)、Large(粗)等 4 种。

⑥ Fill：端口内的填充颜色。

设置完毕，在设计窗口单击鼠标左键放置端口。

(5) 改变已放置好的端口的大小。对于已经放置好的端口，也可以不通过端口属性对话框而改变其大小，操作是：单击已放置好的端口，端口周围出现绿色的控制点，拖动控制点，即可改变其大小，如图 6-19 所示。

图 6-19　改变端口大小的操作

# 练习四　简单总线原理图的绘制(三)

## 实训内容

按照图 6-20 所示的 MCS-51 和 EEPROM 连接电路图，绘制带有总线的电路原理图，并练习放置总线接口、总线和网络标签。图中电路元件说明如表 6-2 所示。

**表 6-2　电路元件明细表**

| 元件在库中的名称 | 元件在图中的标号 (Designator) | 元件类别或标示值 |
|---|---|---|
| 8051 | U1 | 8051 |
| 74LS373 | U2 | 74LS373 |
| AM2864A20DC(28) | U3 | AM2864A20DC(28) |
| 74LS08 | U4 | 74LS08 |

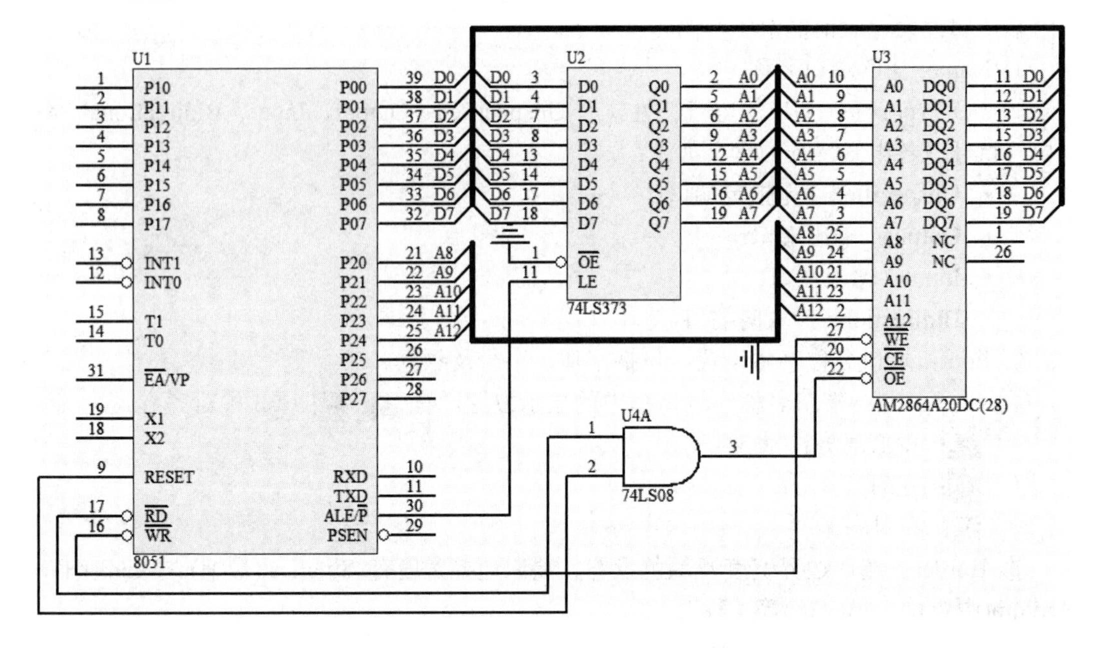


图 6-20　MCS-51 和 EEPROM 连接图

## ⌧ 操作提示

同本实训练习二的操作提示。

**注意：**

① U1、U2、U4 在导入的 Protel DOS Schematic Libraries.IntLib 中；

② U3 在导入的 AMD Memory.IntLib 中，参照实训五练习八，将其生成集成库，再放置元件。

大家也可以参照实训五，利用创建新元件的方法创建图中的元件，在此不再一一赘述。

# 实训七　原理图的高级操作技巧

## ◈ 实训目的

(1) 掌握原理图中对象属性的编辑与修改方法。

(2) 学会对象的删除与复制方法。

(3) 掌握导线的绘制模式。

(4) 掌握对象的阵列粘贴方法。

## ◈ 实训设备

Altium Designer 19 软件、PC。

## 练习一　元件的删除与复制

### ☒ 实训内容

在原理图中放置如图 7-1 所示的元件，然后对这些元件进行删除、剪切与复制操作。将复制粘贴的元件放到新建的原理图中，新建原理图命名为“复制.SchDoc”。进行如下操作：

(1) 选择阻值为 1 kΩ 的电阻，复制并粘贴该电阻，然后取消选择。

(2) 删除二极管，然后用恢复按钮将二极管恢复。

(3) 删除三极管。

(4) 剪切电容，然后粘贴该电容。

(5) 用鼠标选择几个元件，然后删除这些被选择的元件。

(6) 将选中的元件作为文本复制。

(7) 将该电路图存盘。

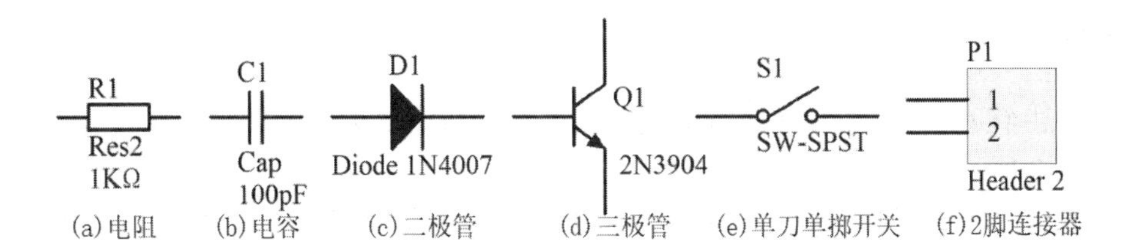


图 7-1　元件类型

## ⌧ 操作提示

(1) 复制：首先选择阻值为 1 kΩ 的电阻，然后执行菜单命令“编辑”→“复制”，当光标变成十字形时，单击电阻。

粘贴：执行菜单命令“编辑”→“粘贴”，将电阻粘贴在新建的“复制.SchDoc”原理图中。

(2) 删除：执行菜单命令“编辑”→“删除”，用变成十字光标的鼠标单击要删除的二极管。

恢复：执行菜单命令“编辑”→“Undo”。

(3) 使用菜单命令“编辑”→“删除”，用变成十字光标的鼠标单击要删除的三极管。

(4) 选择电容，执行菜单命令“编辑”→“剪切”，用变成十字光标的鼠标单击电容，然后使用菜单命令“编辑”→“粘贴”，将电容粘贴到“复制.SchDoc”原理图中。

(5) 用鼠标选择要删除的元件，然后执行菜单命令“编辑”→“删除”。

(6) 选择电阻、电容元件，执行菜单命令“编辑”→“作为文本复制”，打开一个 Word 文件，执行粘贴命令，即可将复制的元件以文本的形式“R1”“C1”粘贴。

(7) 单击工具条上标有磁盘的按钮 ，可将该电路存盘。

# 练习二　元件属性的全局编辑

## ⌧ 实训内容

将练习一中的元件标号利用全局编辑的方法统一修改其字体为“宋体”“14”号、粗斜体，如图 7-2 所示。

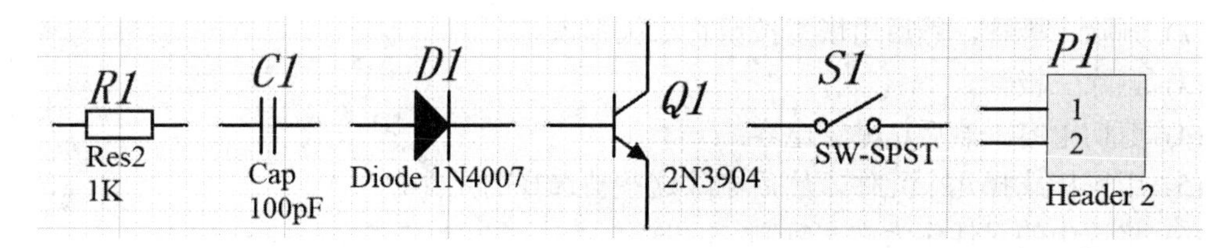


图 7-2　元件标号

## ⌧ 操作提示

(1) 在某个元件标号上单击鼠标右键，在弹出的快捷菜单中选择“查找相似对象”命令，如图 7-3 所示。

(2) 弹出“查找相似对象”对话框，如图 7-4 所示。“Kind”区域显示对象类型为“Designator”，最后一栏已经显示为“Same”。

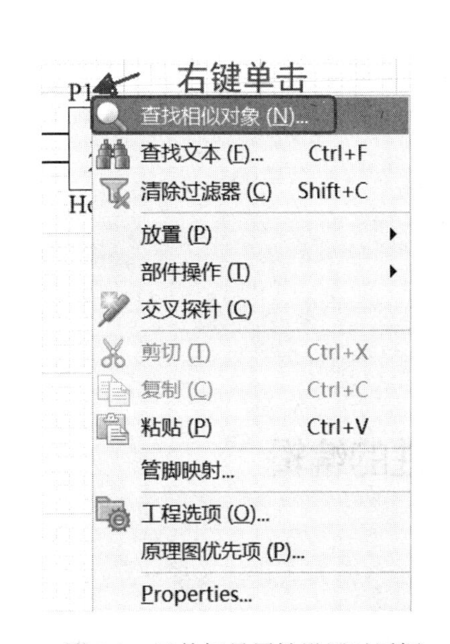


图 7-3　元件标号属性设置对话框

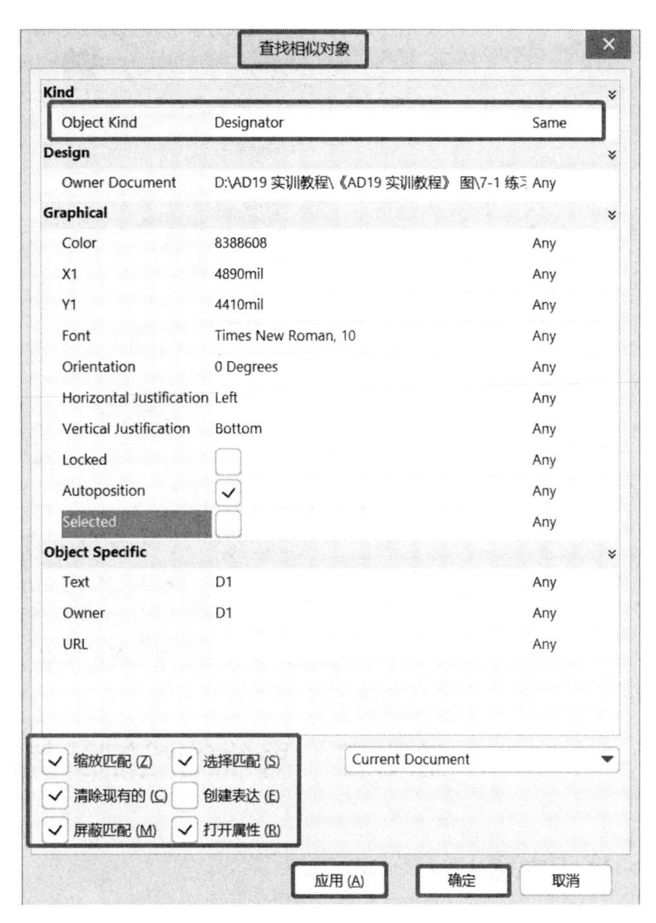


图 7-4　“查找相似对象”对话框

(3) 其他选项选择系统默认设置。

(4) 单击【应用】按钮，则所有相同属性的元件标号都处于选中状态，并高亮显示，如图 7-5 所示。

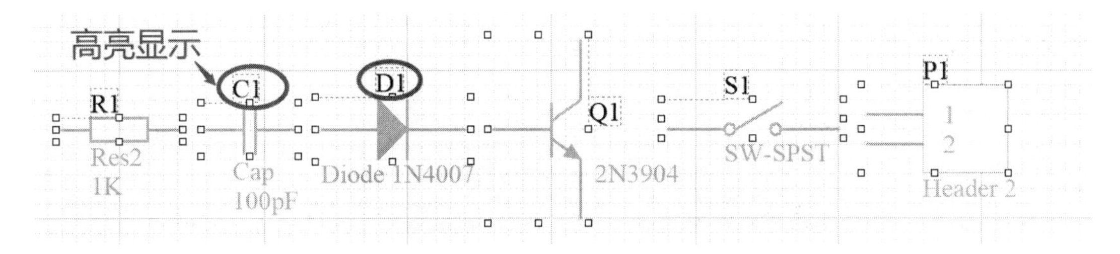


图 7-5　处于选中状态的元件标号

(5) 单击【确定】按钮，弹出元件标号属性设置对话框，如图 7-6 所示。在对话框“Font”区域设置字体为“宋体”，字号选择“14”，单击■按钮，在弹出的颜色选项中选择红色。单击 B 、 I 按钮，将字体加黑并设置成斜体，即可将所有元件标号进行统一修改。

(6) 在设计区域空白处单击，并在图 7-3 中单击“清除过滤器”，或单击标准工具栏中的按钮，即可显示如图 7-2 所示状态。

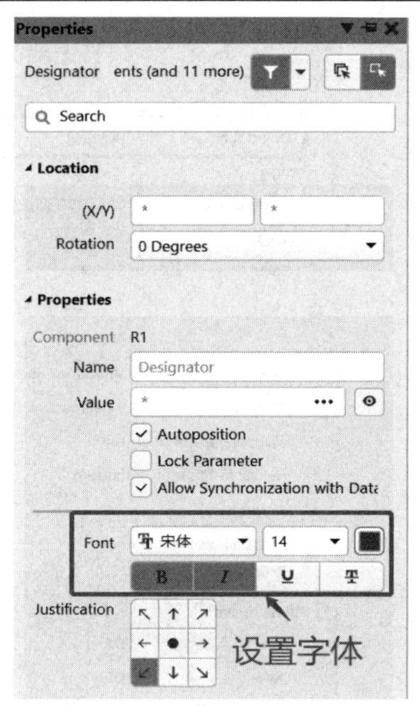


图 7-6　元件标号属性设置对话框

# 练习三　导线的绘制及其属性的编辑

## 实训内容

(1) 在电路图中将导线分别设置成 45°转角模式、90°转角模式、任意角度模式等 3 种模式，如图 7-7 所示，并将其修改成不同粗细及不同颜色。

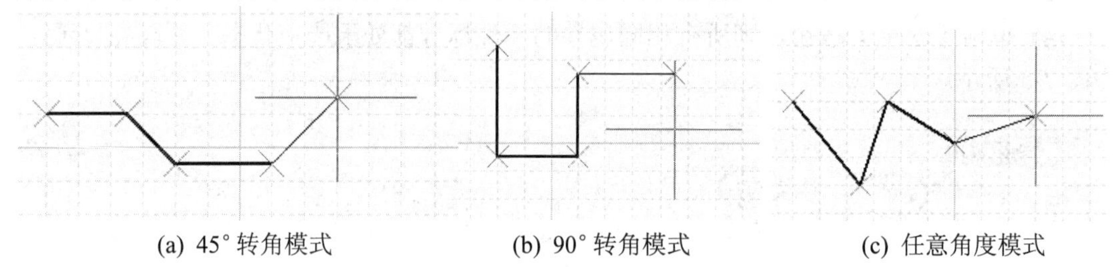

(a) 45°转角模式　　(b) 90°转角模式　　(c) 任意角度模式

图 7-7　导线的走线模式

(2) 关闭和选中电气连接点，观察画“T”形连线时的区别，如图 7-8 所示。

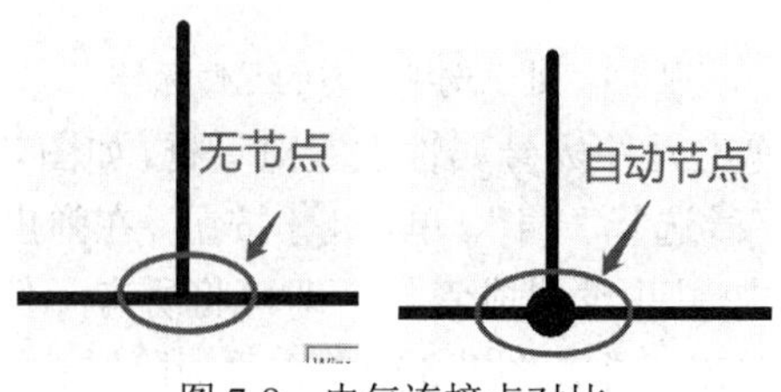


图 7-8　电气连接点对比

## ⊠ 操作提示

(1) 绘制导线：单击窗口工具栏中的≈图标，或执行菜单命令“放置”→“线”。

(2) 改变导线的走线模式(即拐弯样式)：光标处于画线状态时，在英文输入状态下按下Shift + 空格键可自动转换导线的拐弯样式，如图 7-9(a)所示。

(3) 改变已画导线的长短：单击已画好的导线，导线两端出现两个绿色的小方块，即控制点，拖动控制点可改变导线的长短，如图 7-9(b)所示。

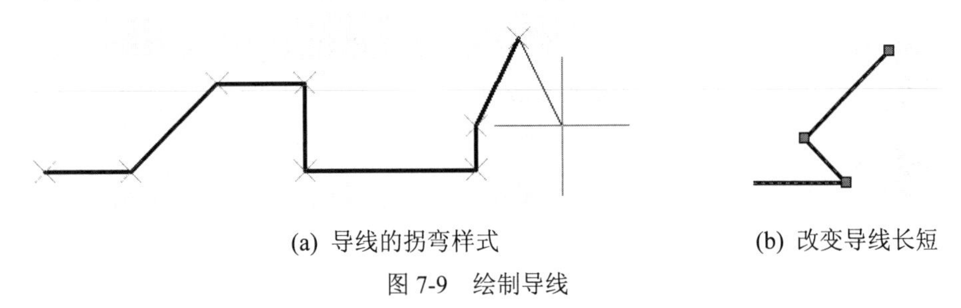

(a) 导线的拐弯样式　　(b) 改变导线长短

图 7-9 绘制导线

(4) 导线的属性修改。

方法一：当系统处于画导线状态时按下 Tab 键，系统弹出导线属性设置对话框，如图 7-10(a)所示。

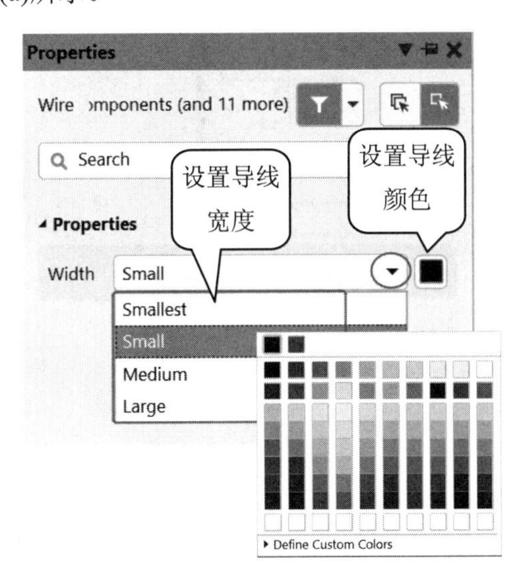

(a) 按下 Tab 键　　(b) 双击绘制好的导线

图 7-10 导线属性设置对话框

方法二：双击已经画好的导线，也可弹出导线属性设置对话框，如图 7-10(b)所示。

(5) 单击 Width 列表框右边的下拉箭头▼设置导线的宽度，出现导线宽度选项，可以在“Smallest”“Small”“Medium”“Large”中选择，系统默认“Small”，如图 7-10(a)所示。

(6) 单击■按钮，在弹出的颜色对话框中选择对应的颜色。

(7) 执行菜单命令“工具”→“原理图优选项”，在弹出的窗口中选择“Compiler”标签，弹出“Compiler”标签页面，如图 4-13 所示。在“自动结点”选项中选中 显示在线上 ☑ 或关闭 显示在线上 ☐ 选项，观察导线 T 形连接处显示的区别。

# 练习四　导线、总线分支、网络标签的阵列式粘贴

## ⌧ 实训内容

(1) 在原理图中放置一根长为 30 mil 的导线，并在导线一端连接一根总线入口，在导线上放置一个网络标签 D0，对导线、总线入口、网络标签等对象进行竖直阵列式粘贴。

(2) 设置粘贴对象的个数分别为 8 个、5 个；对象序号的递增步长分别为 1、2；垂直间距分别为 –100 mil、100 mil，观察粘贴结果。

## ⌧ 操作提示

(1) 放置一个总线入口并连接导线。

(2) 在导线上放置网络标签，如 D0，选中导线、总线入口及网络标签，如图 7-11(a)所示。

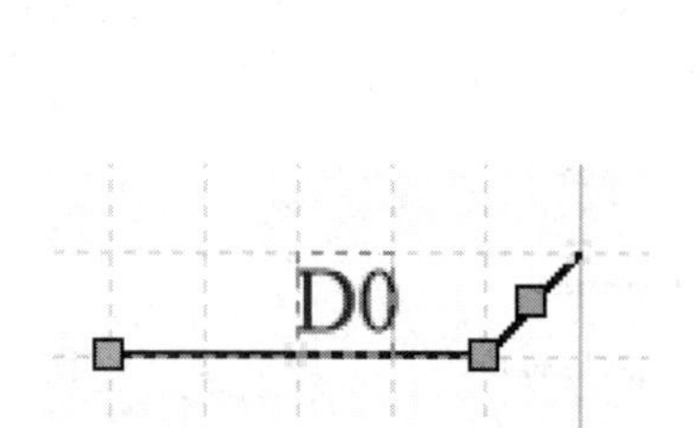


(a) 复制网络标签 D0、导线及总线入口

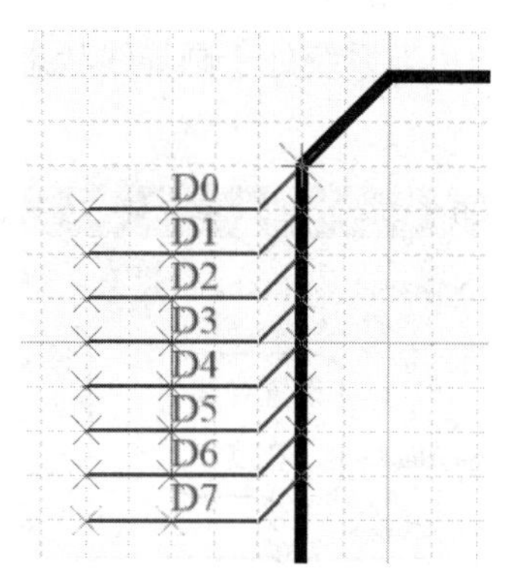


(b) 智能粘贴的结果

图 7-11　阵列式粘贴

(3) 执行菜单命令“编辑”→“智能粘贴”。

(4) 弹出如图 7-12 所示的“智能粘贴”对话框。

(5) 选中“选择粘贴操作”中的“Net Labels”。

(6) “粘贴阵列”中设置“列”的“数目”为“1”，“间距”为“0mil”。“行”的“数目”为“8”(依据网络标签个数)，“间距”为“–100 mil”。“文本增量”中设置“方向”为“Vertical First”，“首要的”设置为“1”。

(7) 其他参数采用系统默认设置，单击【确定】按钮。

(8) 此时光标变成十字形，并带着一串粘贴对象，在总线的合适位置单击鼠标左键，完成粘贴。结果如图 7-11(b)所示。

(9) 此时仍处于粘贴状态，可以继续粘贴，也可以单击鼠标右键结束命令。

(10) 将图 7-12 中的“粘贴阵列”设置“列”的“数目”为“1”，“间距”为“0 mil”。“行”的“数目”为“5”，“间距”为“100 mil”。“文本增量”中设置“方向”为“Vertical First”，“首要的”设置为“2”。

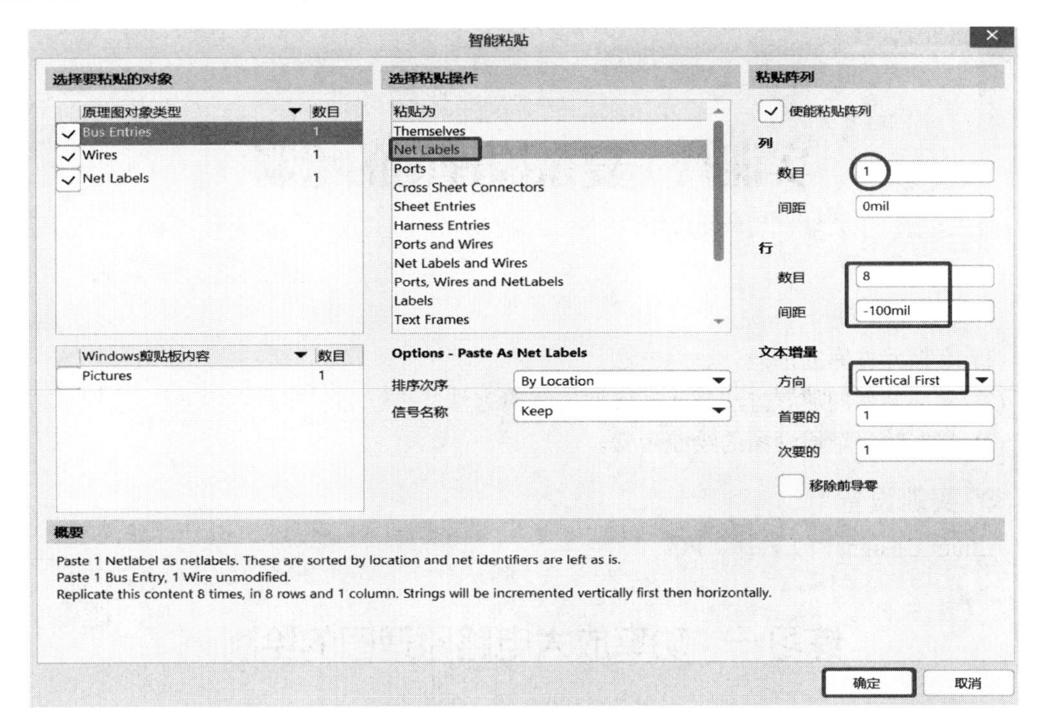


图 7-12　“智能粘贴”对话框

结果如图 7-13 所示。注意观察两种粘贴选项网络标签及排列顺序的变化。

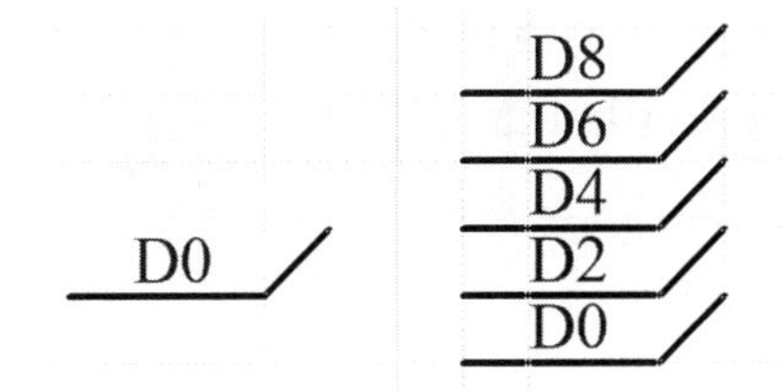


图 7-13　阵列式粘贴

# 实训八　复杂原理图的绘制

## ◈ 实训目的

(1) 掌握元件库的加载、删除方法。

(2) 学会元件的放置方法与元件属性的编辑方法。

(3) 掌握较复杂原理图的绘制步骤。

## ◈ 实训设备

Altium Designer 19 软件、PC。

## 练习一　功率放大电路原理图的绘制

### ⌧ 实训内容

绘制如图 8-1 所示的功率放大电路原理图。图 8-1 中电路元件说明如表 8-1 所示。所有元件都取自 Miscellaneous Devices.IntLib 元件库中。

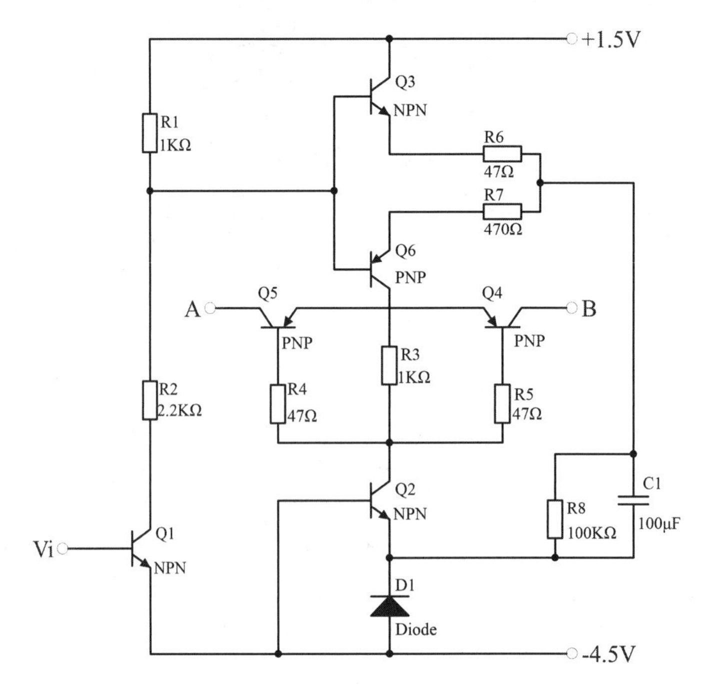


图 8-1　功率放大电路原理图

表 8-1　电路元件明细表

| 元件在库中的名称 | 元件在图中的标号(Designator) | 元件类别或标示值 | 元件在库中的名称 | 元件在图中的标号(Designator) | 元件类别或标示值 |
|---|---|---|---|---|---|
| Res2 | R1、R3 | 1 kΩ | Cap | C1 | 100 μF |
| Res2 | R2 | 2.2 kΩ | Diode | D1 | Diode |
| Res2 | R4 、R5、R6 | 47 Ω | NPN | Q1、Q2、Q3 | NPN |
| Res2 | R7 | 470 Ω | PNP | Q4、Q5、Q6 | PNP |
| Res2 | R8 | 100 kΩ | | | |

## ⌧ 操作提示

(1) 在“Components”面板选中“Miscellaneous Devices.IntLib”，放置元件。

(2) 单击窗口工具栏中的图标，光标变成十字形，放置导线。连线时一定要等鼠标被电气栅格捕捉到时再单击鼠标左键放线。当元件被电气栅格捕捉到时，会出现一个红色的“米”字(参见实训三中的图 3-6)。

(3) 放置电源(+4.5 V、−1.5 V)和输入、输出网络标签(Vi、A、B)：单击窗口工具栏中的图标。在电源/接地符号处于浮动状态时，按 Tab 键，弹出 Power Port 属性对话框，在该对话框中修改端口名称及形状，如图 3-4 所示。

(4) 单击 G 按键，改变栅格大小，调整元件标号与注释的位置，最后单击按钮保存即可。

# 练习二　红外线遥控电风扇发射电路的绘制

## ⌧ 实训内容

绘制如图 8-2 所示的红外线遥控电风扇发射电路原理图。图中电路元件说明如表 8-2 所示。

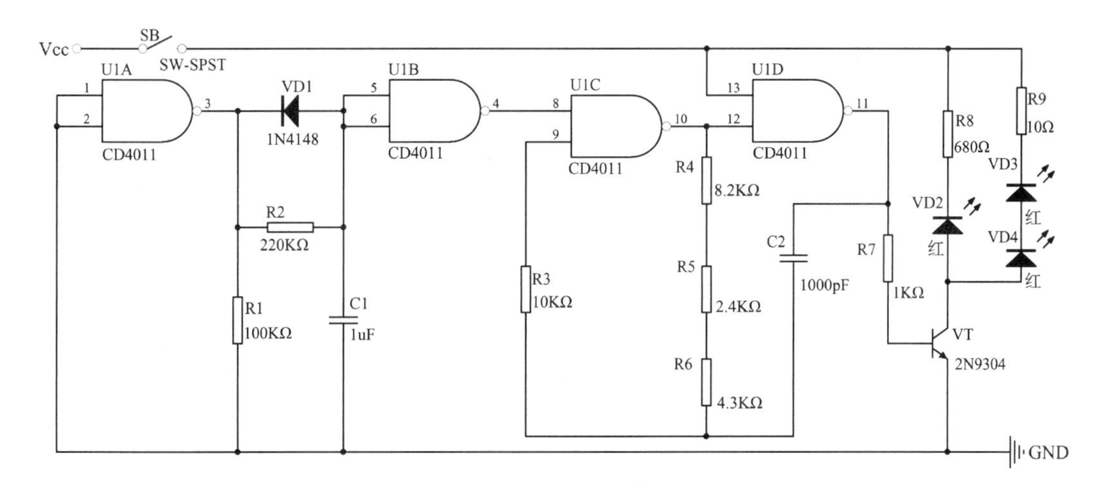


图 8-2　红外线遥控电风扇发射电路原理图

表 8-2　电路元件明细表

| 元件在库中的名称 | 元件在图中的标号(Designator) | 元件类别或标示值 | 元件在库中的名称 | 元件在图中的标号(Designator) | 元件类别或标示值 |
| --- | --- | --- | --- | --- | --- |
| Res2 | R1 | 100 kΩ | Res2 | R9 | 10 Ω |
| Res2 | R2 | 220 kΩ | Cap | C1 | 1 μF |
| Res2 | R3 | 10 kΩ | Cap | C2 | 1000 pF |
| Res2 | R4 | 8.2 kΩ | 2N9304 | VT | 2N9304 |
| Res2 | R5 | 2.4 kΩ | 1N4148 | VD1 | 1N4148 |
| Res2 | R6 | 4.3 kΩ | LED0 | VD2、VD3、VD4 | 红 |
| Res2 | R7 | 1 kΩ | CD4011 | U1 | CD4011 |
| Res2 | R8 | 680 Ω | | | |

注：1N4148 在 Sim.IntLib 元件库中；CD4011 在 NSC Databooks.IntLib 元件库中；其余元件均在 Miscellaneous Devices.IntLib 元件库中。

## ☒ 操作提示

(1) 加载元件库。NSC Databooks.IntLib、Sim.IntLib 元件库为 Protel 99 SE 导入库，参照实训四练习一加载 NSC Databooks.IntLib、Sim.IntLib 元件库，放置元件。

(2) 连接导线的操作同本实训练习一的操作提示(2)。

(3) 单击窗口工具栏中的 图标放置电源、地线。

(4) 单击 G 按键，改变栅格大小，调整元件标号与注释的位置，最后单击 按钮保存即可。

# 练习三　无级调速吸尘器电路原理图的绘制

## ☒ 实训内容

绘制如图 8-3 所示的无级调速吸尘器电路原理图，图中电路元件说明如表 8-3 所示。

表 8-3　电路元件明细表

| 元件在库中的名称 | 元件在图中的标号(Designator) | 元件类别或标示值 | 元件在库中的名称 | 元件在图中的标号(Designator) | 元件类别或标示值 |
| --- | --- | --- | --- | --- | --- |
| Res2 | R1、R3 | 100 Ω | Cap Pol2 | C3 | 10μF/25V |
| Res2 | R2 | 4.7 kΩ | Bridge1 | D1 | Bridge1 |
| Res2 | R4 | 5.1 kΩ | Diode | D2 | Diode |
| Res2 | R5 | 30 Ω | Trans Ideal | T1 | Trans Ideal |
| Rpot | RP1 | 100 kΩ | Trans Cupl | T2 | Trans Cupl |
| Rpot | RP2 | 220 kΩ | Triac | VTH | Triac |
| Cap Pol2 | C1 | 100 μF/25 V | 555 | U1 | 555 |
| Cap | C2 | 200 μF/100 V | Motor | B1 | Motor |

注：U1 在 Sim.IntLib 元件库中，其余元件在 Miscellaneous Devices.IntLib 元件库中。

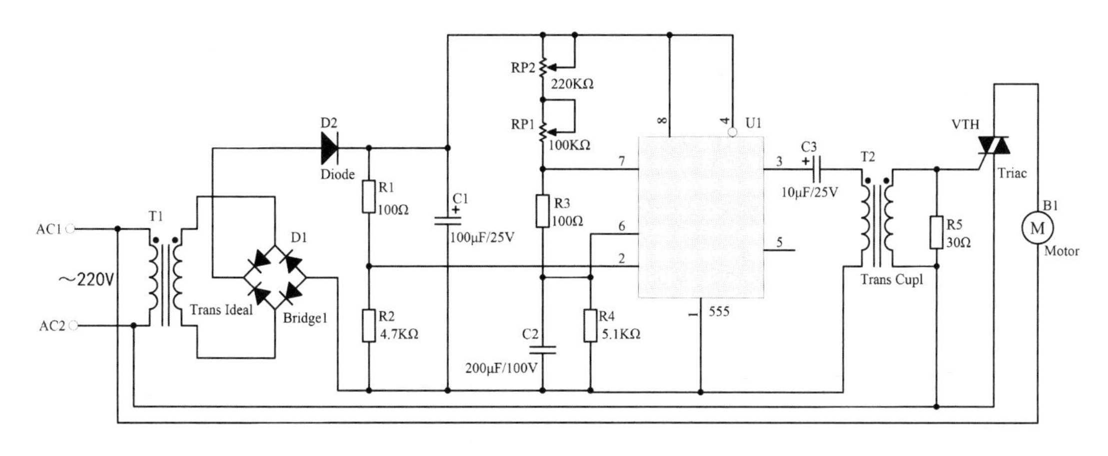


图 8-3　无级调速吸尘器电路原理图

## ⌧ 操作提示

(1) 编辑 555 元件。参照实训四练习一加载 Sim.IntLib 元件库，先放置一个 555 元件。

(2) 执行菜单命令“设计”→“生成原理图库”，如图 8-4 所示。

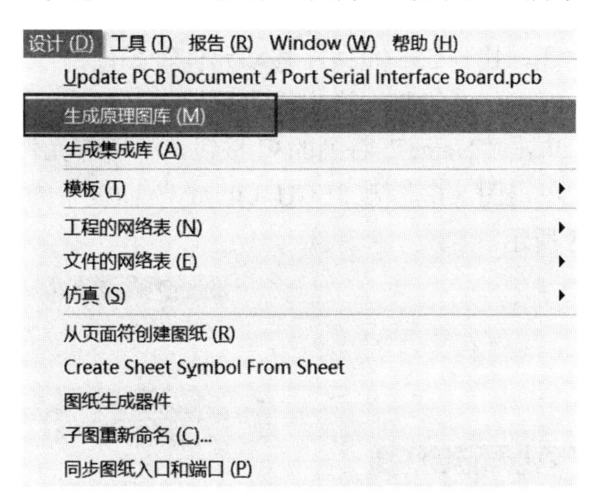


图 8-4　元件库的自动生成菜单

(3) 系统弹出新创建的元件库信息，如图 8-5 所示。

(4) 单击【OK】按钮，即可自动生成元件库，在“SCH Library”面板列出新增加的库元件名称，如图 8-6 所示。

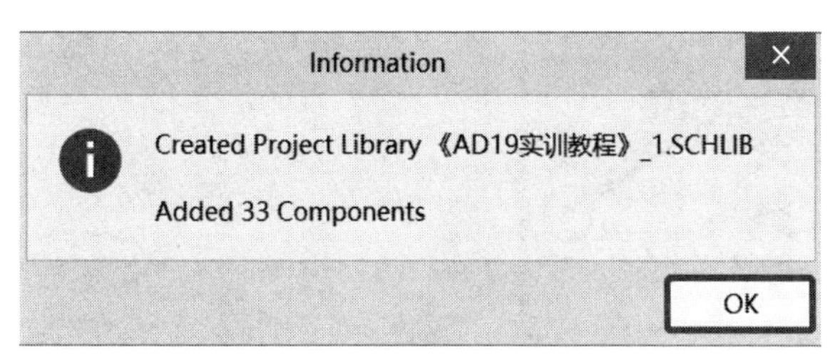


图 8-5　新创建的元件库信息

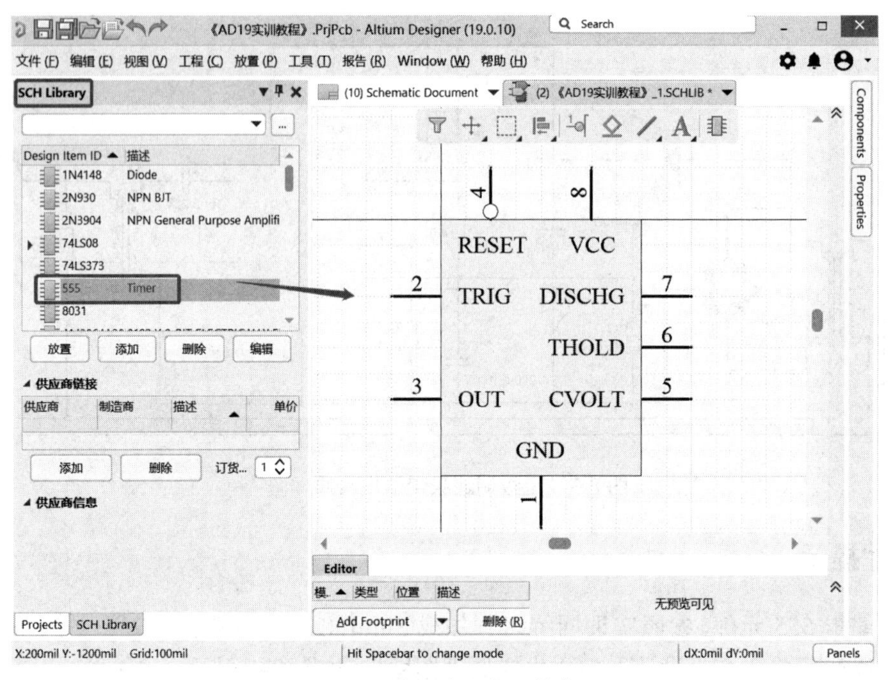


图 8-6　自动生成的元件库

(5) 调整 555 管脚位置。找到 555 元件，移动元件管脚位置，与原理图保持一致。

(6) 编辑管脚属性。双击任意管脚，弹出管脚属性对话框，如图 8-7 所示。

(7) 隐藏管脚名称。单击“Name”右侧的⊙按钮，将所有元件管脚名称隐藏。

(8) 添加元件封装。单击图 8-6 左侧“SCH Library”面板中的【编辑】按钮，弹出元件属性对话框，如图 8-8 所示。

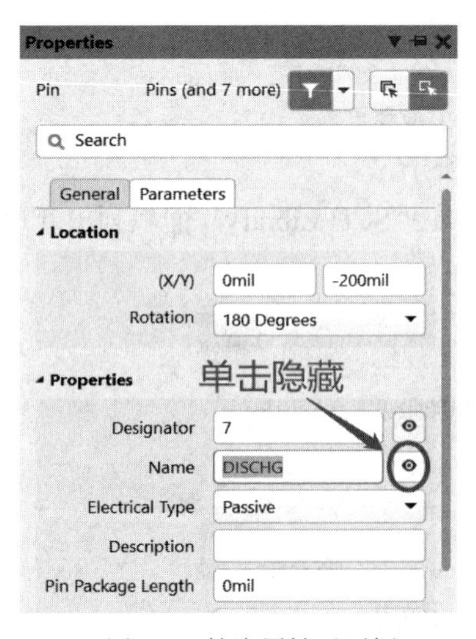


图 8-7　管脚属性对话框

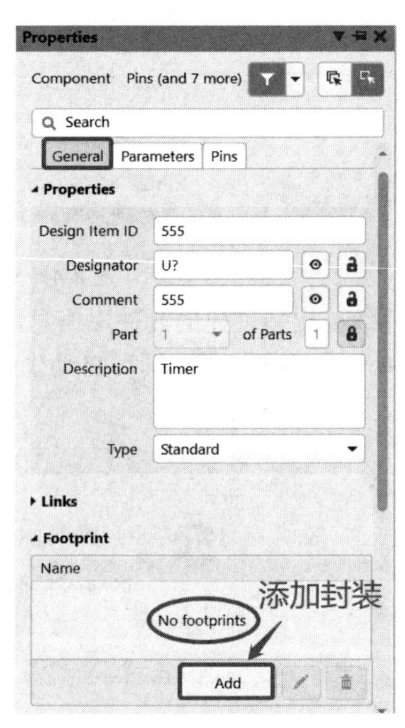


图 8-8　元件属性对话框

(9) 在“Footprint”区域单击【Add】按钮，弹出“PCB 模型”设置对话框，如图 8-9 所示。

(10) 在“封装模型”选项区中的“名称”右侧框输入“DIP8”。

(11) 在“PCB 元件库”选项区中选择“库路径”，单击【选择】按钮，查找 PCB 元件封装库路径。

(12) 如果所选元件库有对应名称的封装，则在“选择的封装”选项区中出现元件封装预览图形。

(13) 添加完成后，单击【确定】按钮，在元件属性对话框下面的“Footprint”选项区就会显示元件的封装，如图 8-10 所示。

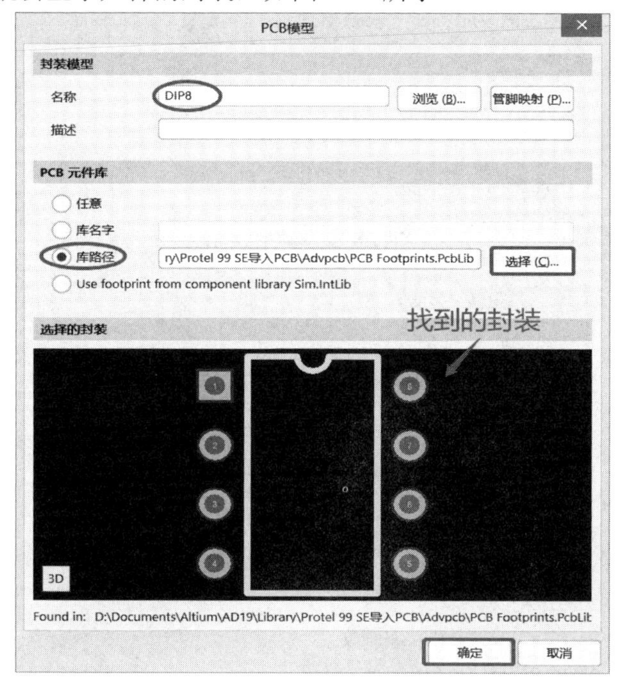


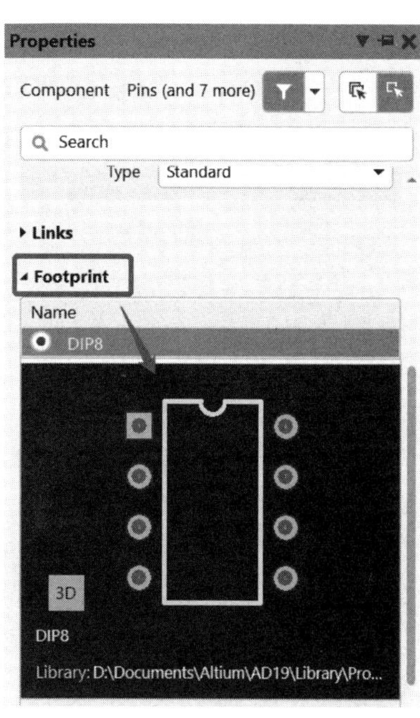


图 8-9　“PCB 模型”设置对话框　　　　图 8-10　添加的元件封装

(14) 更新原理图。在“SCH Library”面板中右键单击 555 元件，在弹出的快捷菜单中选择“更新原理图”，如图 8-11 所示，弹出确认更新信息对话框，如图 8-12 所示。

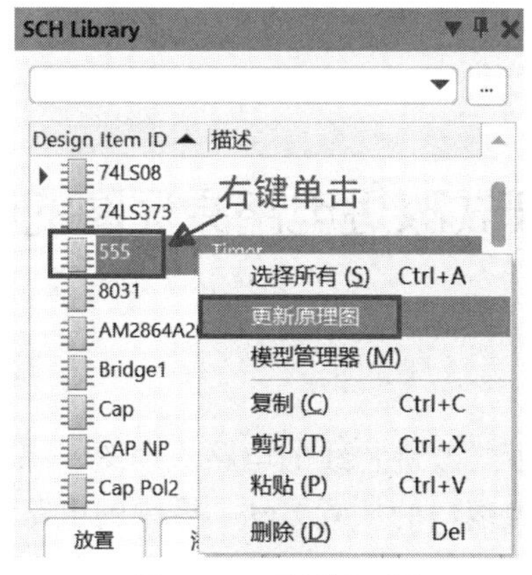


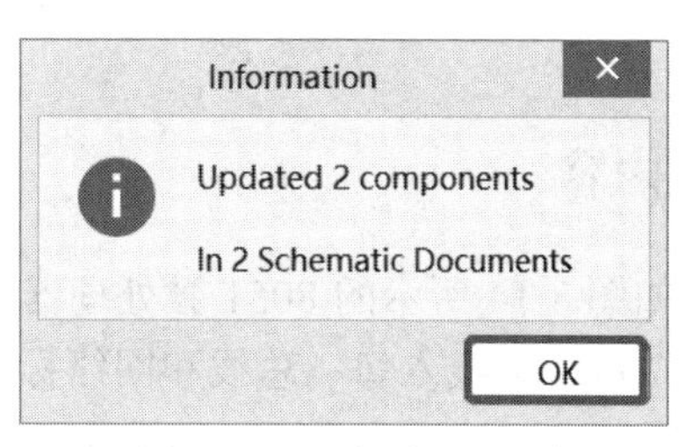


图 8-11　更新原理图　　　　图 8-12　更新确认对话框

(15) 单击【OK】按钮，即可将修改的元件同步到原理图编辑器中。

(16) 放置其他元件并调整元件到合适的位置。

(17) 连接导线的操作同本实训练习一的操作提示(2)。

(18) 放置输入端口 AC1、AC2。单击窗口工具栏中的图标，在端口属性对话框中输入端口名称。

(19) 单击窗口工具栏中的A图标，鼠标上粘贴一个 Text 文字随鼠标一起移动，如图 8-13(a)所示，单击 Tab 按键，弹出文本编辑属性对话框，如图 8-13(b)所示。

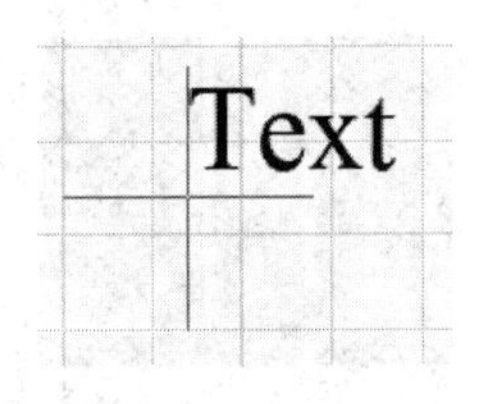


(a) 放置文字

(b) 编辑文字

图 8-13 文本放置及其编辑属性

(20) 在“Text”文本框中输入文本名称“～220V”，在“Font”区域修改文本字体到合适大小。

(21) 单击 G 按键，改变栅格大小，调整元件标号与注释的位置，最后单击按钮保存，即完成图 8-3 所示的原理图。

# 练习四 8051 微处理器低功耗模式改进电路原理图的绘制

## ⊠ 实训内容

绘制如图 8-14 所示的 8051 微处理器低功耗模式改进总线的电路原理图，练习用智能粘贴的方法放置总线入口、总线和网络标签；练习端口的放置方法。图中的电路元件说明如表 8-4 所示。

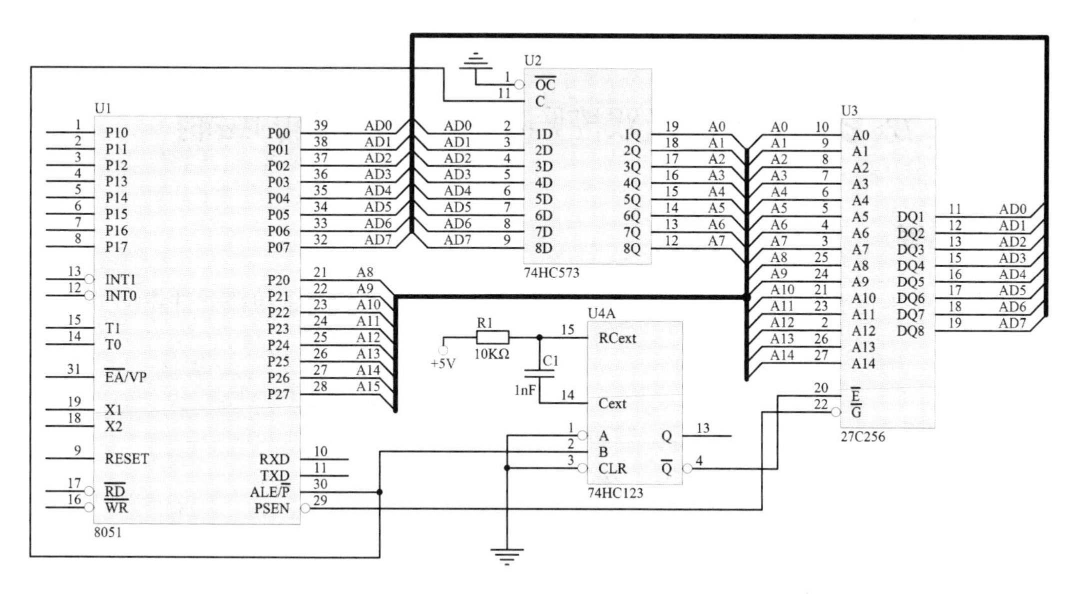


图 8-14　8051 微处理器低功耗模式的改进总线电路原理图

**表 8-4　电路元件明细表**

| 元件在库中的名称 | 元件在图中的标号 (Designator) | 元件类别或标示值 |
|---|---|---|
| Res2 | R1 | 10 kΩ |
| Cap | C1 | 1 nF |
| 8051 | U1 | 8051 |
| 74HC573 | U2 | 74HC573 |
| 27C256 | U3 | 27C256 |
| 74LS123 | U4 | 74LS123 |

注：U1、U2、U4 在 Protel 99 SE 导入的 Protel DOS Schematic Libraries.IntLib 元件库中；U3 在 Protel 99 SE 导入的 AMD Memory.IntLib 元件库中；其余元件在 Miscellaneous Devices.IntLib 元件库中。

## ☒ 操作提示

(1) 参照实训五练习八，将 AMD Memory.Lib 生成集成库 AMD Memory.IntLib，再放置元件。

(2) 参照实训四练习一加载 Protel DOS Schematic Libraries.IntLib、AMD Memory.IntLib 元件库，放置元件。

(3) 连接导线的操作同本实训练习一的操作提示(2)。

(4) 放置总线入口、网络标签，方法参考实训七练习四导线、总线入口、网络标签的智能阵列式粘贴。

(5) 放置电源、地线：右键单击窗口工具栏中的⏚图标，在弹出的下拉菜单中选择对应的电源图标，放置电源符号，注意修改符号的样式。

(6) 单击按钮，保存即可。

# 练习五　声、光双控照明延时灯电路的绘制

## ☒ 实训内容

绘制如图 8-15 所示的声、光双控照明延时灯电路原理图，图中电路元件说明如表 8-5 所示。

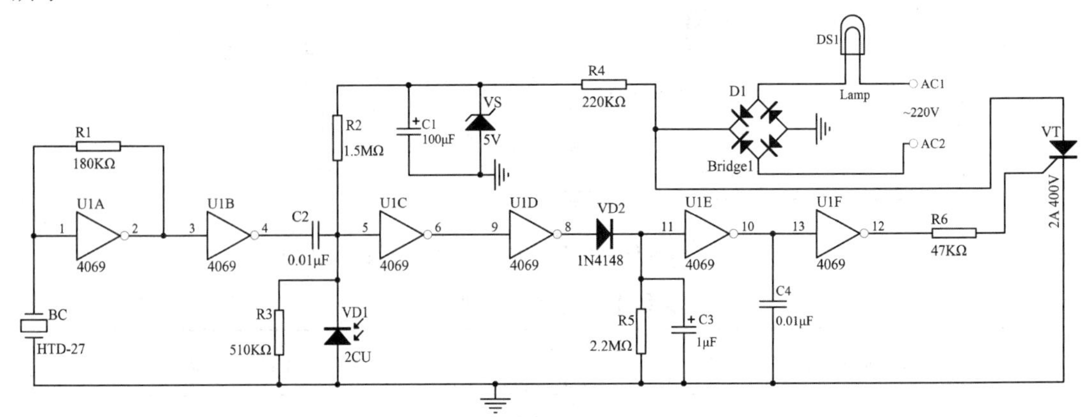


图 8-15　声、光双控照明延时灯电路原理图

表 8-5　电路元件明细表

| 元件在库中的名称 | 元件在图中的标号(Designator) | 元件类别或标示值 | 元件在库中的名称 | 元件在图中的标号(Designator) | 元件类别或标示值 |
|---|---|---|---|---|---|
| Res2 | R1、R2、R3 | 180 kΩ、1.5 MΩ、510 kΩ | Bridge1 | D1 | Bridge1 |
| Res2 | R4、R5、R6 | 220 kΩ、2.2 MΩ、47 kΩ | Photo Sen | VD1 | 2CU |
| Cap Pol2 | C1、C3 | 100 μF、1 μF | 1N4148 | VD2 | 1N4148 |
| Cap | C1、C4 | 0.01 μF | SCR | VT | 2A，400 V |
| 4069 | U1 | 4069 | D Zener | VS | 5 V |
| XTAL | BC | HTD-27 | LAMP | DS | LAMP |

注：U1 在 Protel 99 SE 导入的 Protel DOS Schematic Libraries.IntLib 元件库中；其余元件均在 Miscellaneous Devices.IntLib 元件库中。

## ☒ 操作提示

(1) 参照实训四练习一，加载 Protel DOS Schematic Libraries.IntLib 元件库，放置元件。

(2) 连接导线的操作同本实训练习一的操作提示(2)。

(3) 放置文字标注：单击窗口工具栏中的 A 图标，放置“～220 V”文字。

(4) 放置输入端口 AC1、AC2 及接地符号：单击窗口工具栏中的图标，在端口属

性对话框中输入端口名称。

(5) 单击 G 按键，改变栅格大小，调整元件标号与注释的位置，单击按钮，保存即可。

# 练习六　复杂总线原理图的绘制(一)

## ⊠ 实训内容

绘制如图 8-16 所示的带有总线的电路原理图，练习放置总线接口、总线、端口和网络标签。图中的电路元件说明如表 8-6 所示。

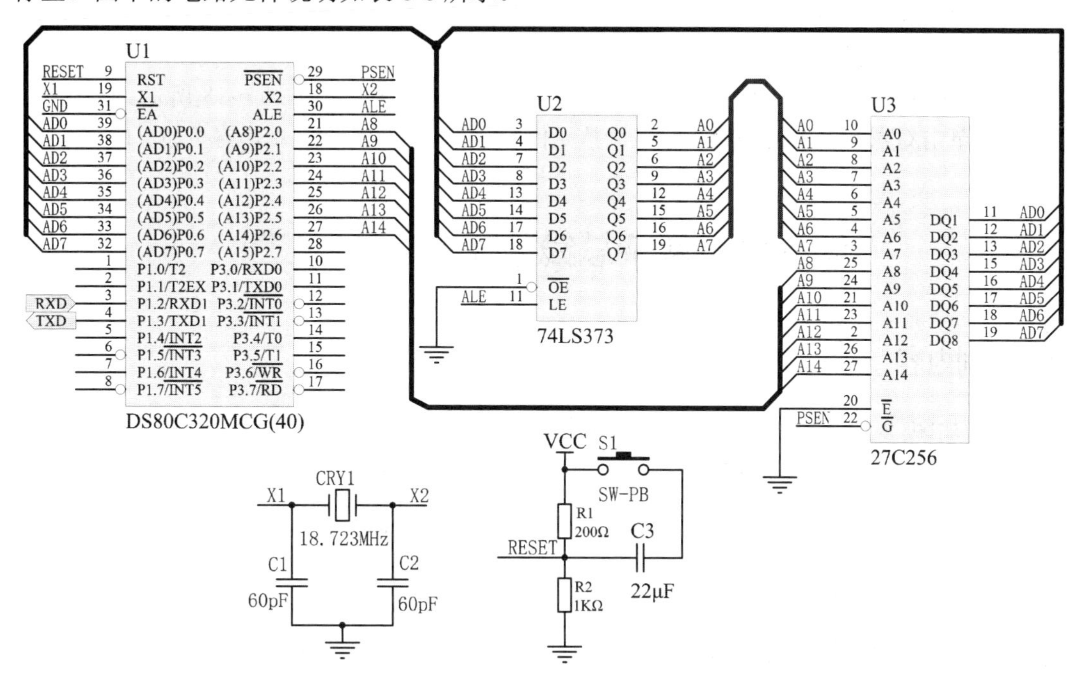


图 8-16　带有总线的电路原理图

**表 8-6　电路元件明细表**

| 元件在库中的名称 | 元件在图中的标号(Designator) | 元件类别或标示值 | 元件在库中的名称 | 元件在图中的标号(Designator) | 元件类别或标示值 |
|---|---|---|---|---|---|
| Res2 | R1 | 1 kΩ | DS80C320MCG(40) | U1 | DS80C320MCG(40) |
| Res2 | R2 | 1 kΩ | 74LS373 | U2 | 74LS373 |
| Cap | C1、C2 | 60 pF | 27C256 | U3 | 27C256 |
| Cap | C3 | 22 μF | SW-PB | S1 | SW-PB |
| XTAL | CRY1 | 18.723 MHz | | | |

注：U1 在 Protel 99 SE 导入的 Dallas Microprocessor.IntLib 元件库中；U2 在 Protel 99 SE 导入的 Protel DOS Schematic Libraries.IntLib 元件库中；U3 在 Protel 99 SE 导入的 Intel Databooks.IntLib 元件库中；其余元件在 Miscellaneous Devices.IntLib 元件库中。

## ⌧ 操作提示

(1) 参照实训四练习一，加载 Protel DOS Schematic Libraries.IntLib 元件库，放置元件。

(2) 连接导线。

(3) 放置网络标签“X1”“X2”“RESET”“PSEN”“ALE”“GND”“AD0”…“A1”…

① 右键单击窗口工具栏中的图标，在其下拉子菜单中选择 Net 网络标签 (N)，或执行菜单命令“放置”→“网络标签”。

② 单击 Tab 键，系统弹出网络标签属性对话框，如图 6-2 所示，设置网络标签的属性。

(4) 右键单击窗口工具栏中的图标放置电源和接地符号。

(5) 单击窗口工具栏中的图标，或执行菜单命令“放置”→“端口”，或依次单击 P、R 键，都可以启动放置端口命令。在放置过程中按下 Tab 键，设置 Port(端口)属性，或双击已放置好的端口，在弹出的端口属性设置对话框中进行设置，如图 6-18 所示。

(6) 单击 G 按键，改变栅格大小，调整元件标号与注释的位置，单击按钮，保存即可。

# 练习七　复杂总线原理图的绘制(二)

## ⌧ 实训内容

绘制如图 8-17 所示的数字电压表电路原理图，练习采用智能粘贴的方式放置总线入口、总线和网络标签；练习端口的放置方法。图中的电路元件说明如表 8-7 所示。

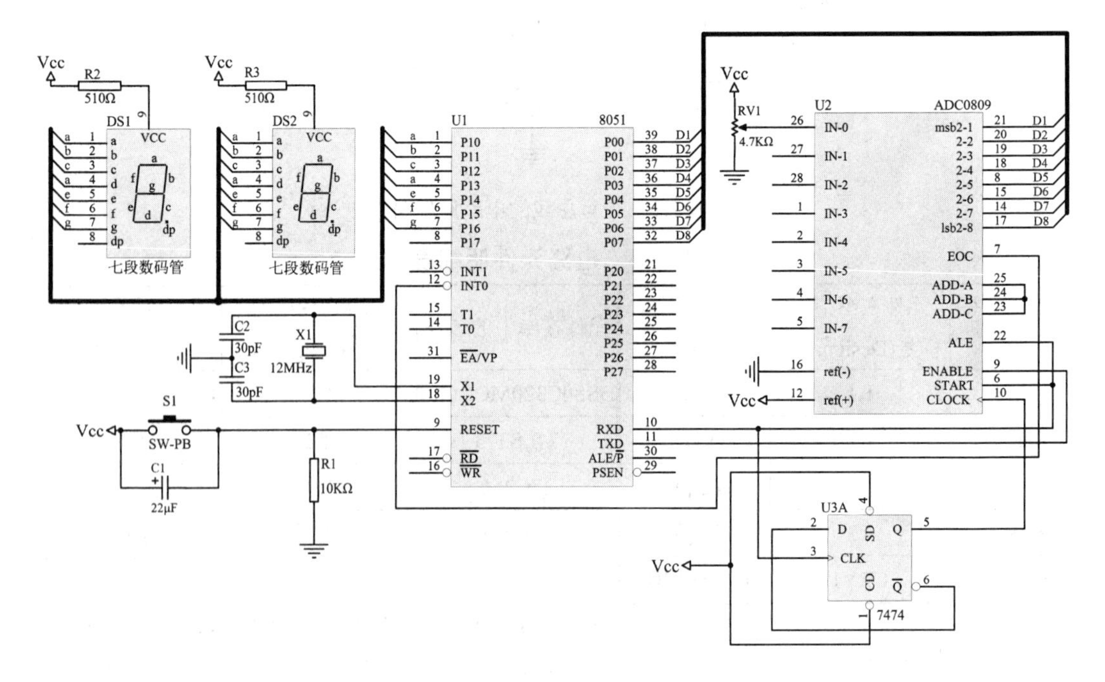


图 8-17　数字电压表电路原理图

表 8-7　电路元件明细表

| 元件在库中的名称 | 元件在图中的标号(Designator) | 元件类别或标示值 |
|---|---|---|
| 8051 | U1 | 8051 |
| ADC0808 | U2 | ADC0808 |
| 74LS74 | U3 | 7474 |
| AMBERCA | DS1 | 七段数码管 |
| AMBERCA | DS2 | 七段数码管 |
| Res2 | R1 | 10 kΩ |
| Res2 | R2、R3 | 510 Ω |
| Cap Pol2 | C1 | 22 μF |
| Cap | C1、C3 | 30 pF |
| XTAL | X1 | 12 MHz |
| RPot | RV1 | 4.7 kΩ |
| SW-PB | S1 | SW-PB |

注：U1、U2、U3 在 Protel 99 SE 导入的 Protel DOS Schematic Libraries.IntLib 元件库中；DS1、DS2 在 Protel 99 SE 导入的 Sim. IntLib 元件库中；其余元件在 Miscellaneous Devices. IntLib 元件库中。

## ⊠ 操作提示

(1) 参照实训四练习一，加载 Protel DOS Schematic Libraries.IntLib、Sim. IntLib 元件库。

(2) 放置元件。

(3) 连接导线。

(4) 放置总线、总线入口及网络标签。

(5) 右键单击窗口工具栏中的⏚图标放置电源和接地符号。

(6) 单击 G 按键，改变栅格大小，调整元件标号与注释到合适的位置，单击💾按钮保存即可。

# 实训九　层次原理图的绘制

### ◈ 实训目的

(1) 掌握层次原理图的查看方法。

(2) 掌握层次原理图的绘制方法。

### ◈ 实训设备

Altium Designer 19 软件、PC。

## 练习一　层次原理图的切换操作

### ⌧ 实训内容

将 Z80 Microprocessor.Ddb 导入 Altium Designer 19 系统中，打开 Z80 Processor.PrjPcb 项目文件，练习在方块图和子电路图之间相互切换的方法。

### ⌧ 操作提示

(1) 启动 Altium Designer 19 系统，执行菜单命令“文件”→“导入向导”，出现如图 9-1 所示的“导入向导”对话框。

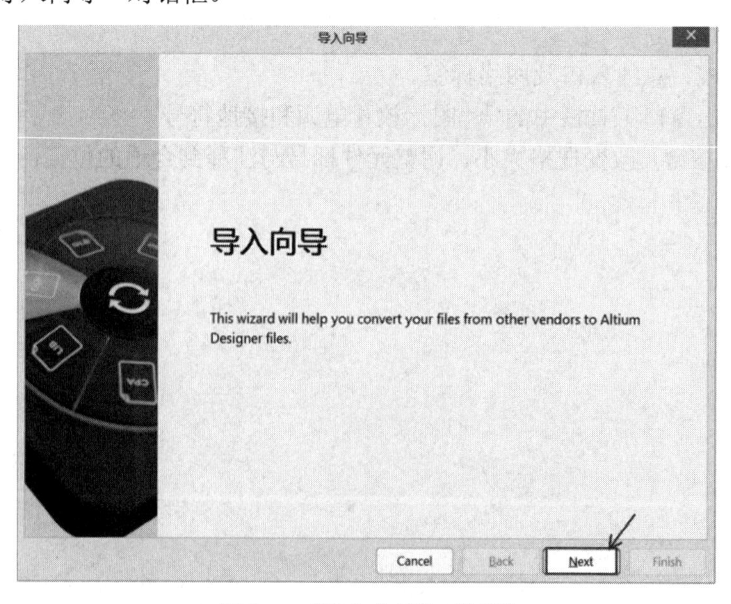


图 9-1　“导入向导”对话框

(2) 单击图 9-1 中的【Next】按钮，弹出如图 9-2 所示的选择导入文件类型对话框，这里选择“99 SE DDB Files”。

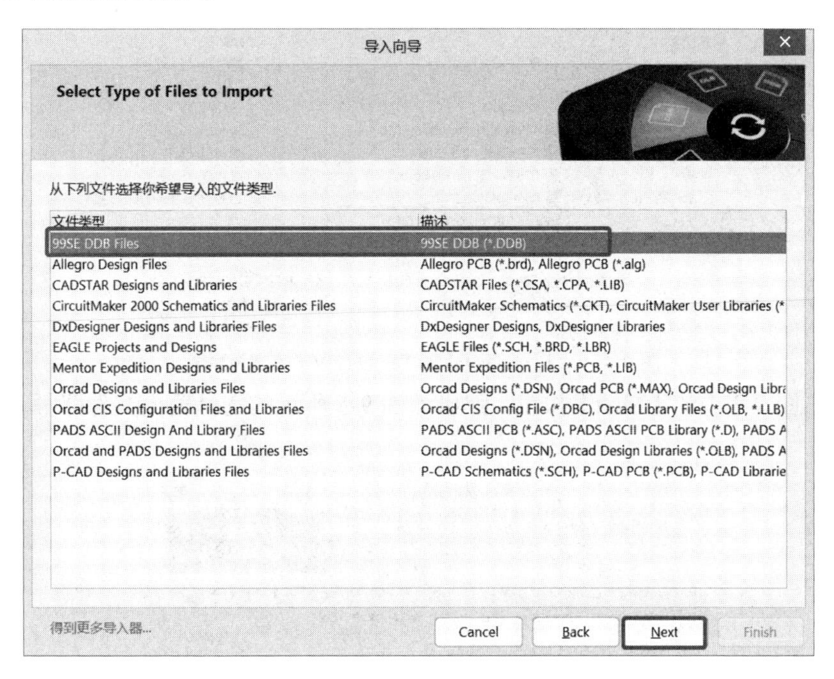


图 9-2　选择导入文件类型对话框

(3) 单击图 9-2 中的【Next】按钮，弹出如图 9-3 所示的“99 SE 导入向导”对话框。

(4) 单击【添加】按钮，弹出“打开 Protel 99 SE 设计文件”对话框，如图 9-4 所示。查找需要转换的 99 SE DDB Files。

(5) 选中“Z80 Microprocessor.Ddb”，单击【打开】按钮，则图 9-3 右侧“待处理文件”下面就添加了所选中的库文件。

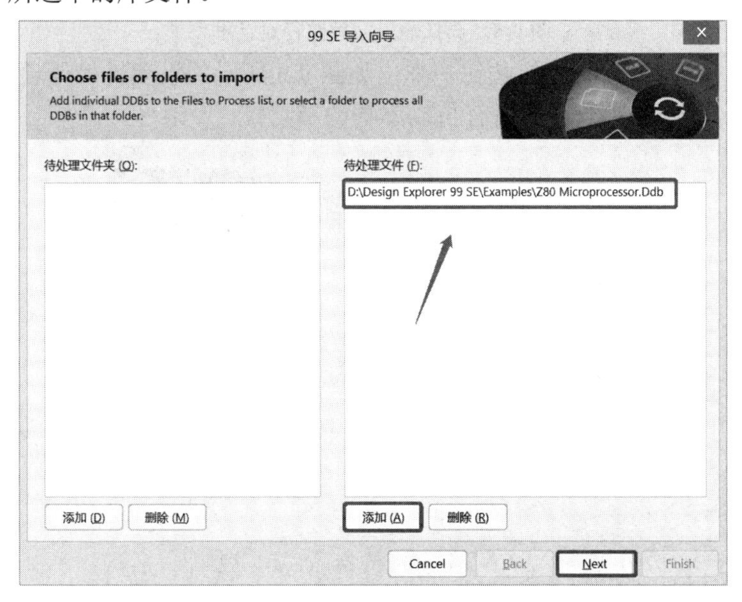


图 9-3　“99 SE 导入向导”对话框

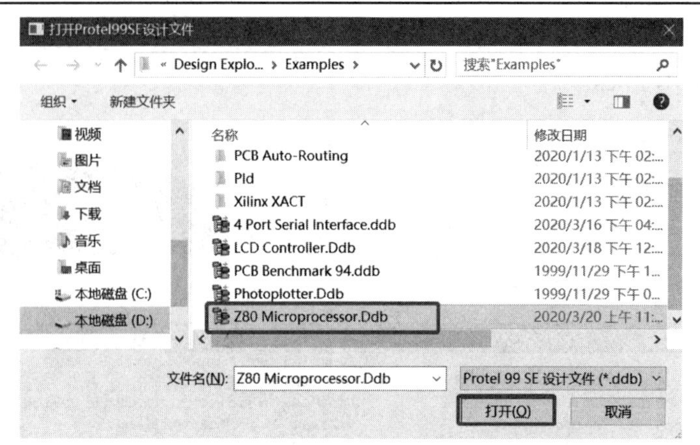


图 9-4　“打开 Protel 99 SE 设计文件”对话框

(6) 单击图 9-3 中的【Next】按钮，弹出如图 9-5 所示的选择输出文件路径对话框，找到目标路径。

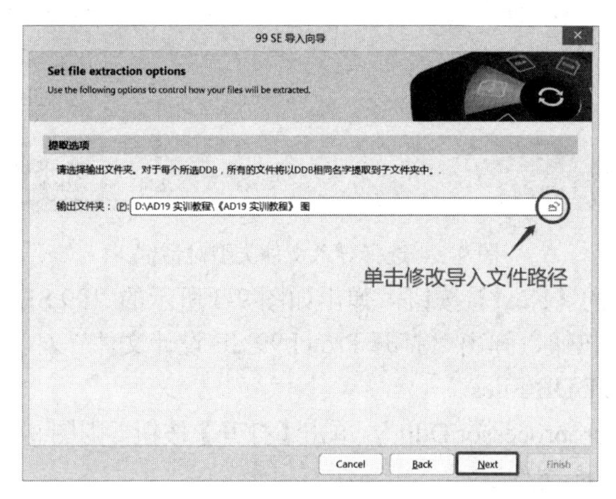


图 9-5　选择输出文件路径对话框

(7) 单击图 9-5 中的【Next】按钮，弹出如图 9-6 所示的设置转换选项对话框。选择“Lock All Auto-Junctions”(锁定所有自动添加的节点)。

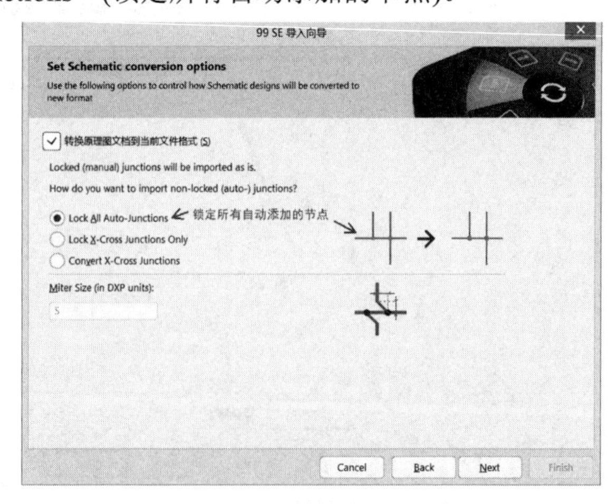


图 9-6　设置转换选项对话框

(8) 单击图 9-6 中的【Next】按钮，弹出如图 9-7 所示的设置导入选项对话框。这里选择“为每个 DDB 文件夹创建一个 Altium Designer 工程”。

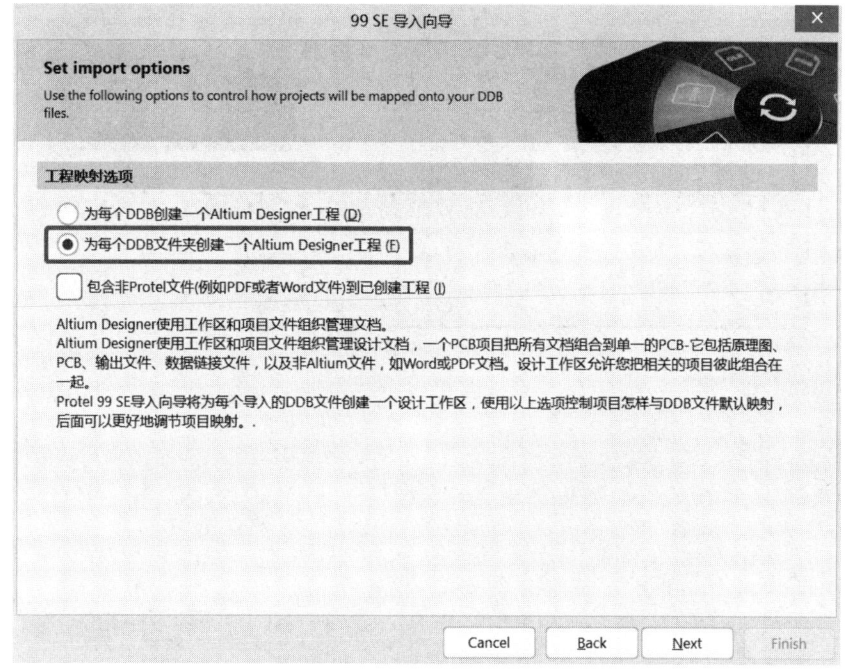


图 9-7　设置导入选项对话框

(9) 单击图 9-7 中的【Next】按钮，稍等片刻，弹出选择导入文件对话框，如图 9-8 所示。

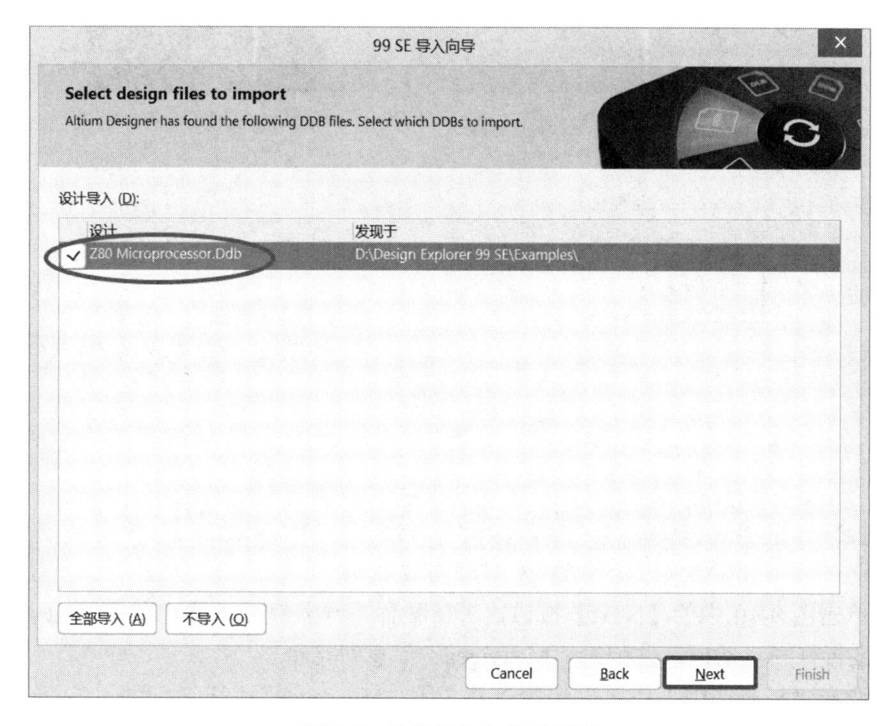


图 9-8　选择导入文件对话框

(10) 单击图 9-8 中的【Next】按钮，弹出如图 9-9 所示的检查项目创建对话框，进行再次确认。

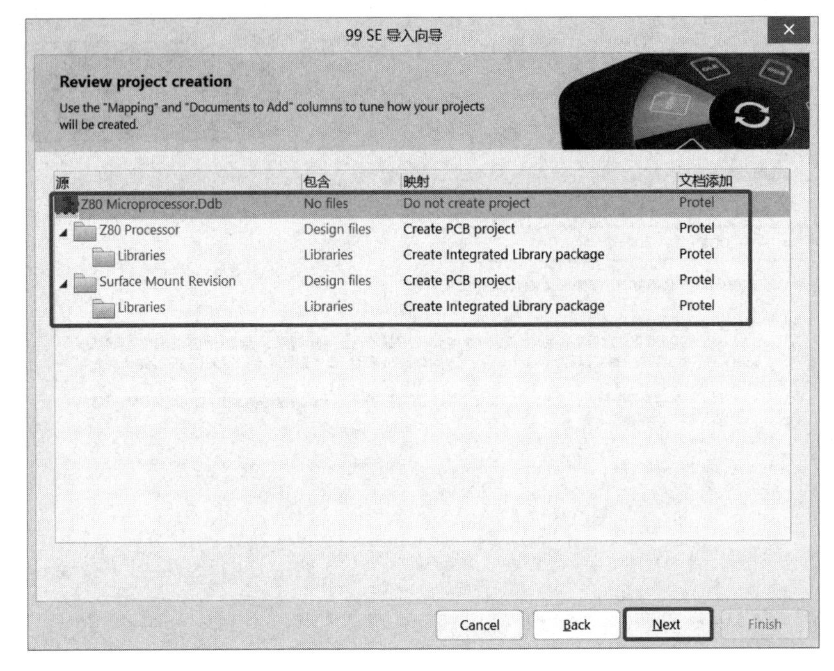


图 9-9　检查项目创建对话框

(11) 单击图 9-9 中的【Next】按钮，弹出如图 9-10 所示的导入摘要对话框。

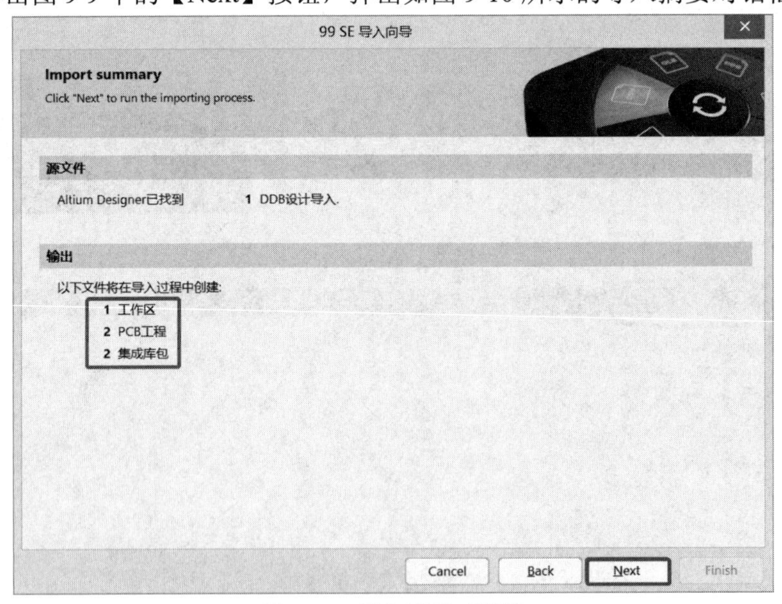


图 9-10　导入摘要对话框

(12) 单击图 9-10 中的【Next】按钮，等待数秒，导入完成，弹出如图 9-11 所示的选择工作区是否打开对话框，并弹出“Messages”信息对话框。

(13) 选择“打开选中工作区”选项，并关闭“Messages”信息对话框，单击【Next】按钮，弹出如图 9-12 所示的导入向导完成选项对话框。

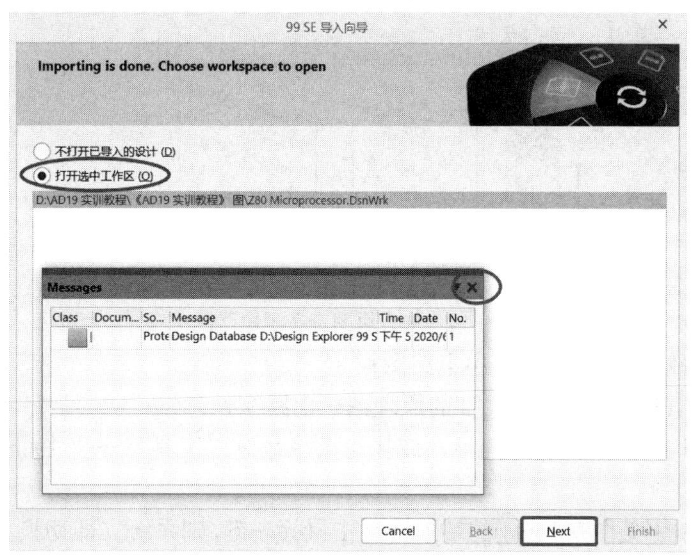


图 9-11　选择工作区是否打开对话框

(14) 单击图 9-12 中的【Finish】按钮，完成导入过程。在工作区面板系统会自动打开导入后生成的设计数据库文件，如图 9-13 所示。

图 9-12　导入向导完成选项对话框

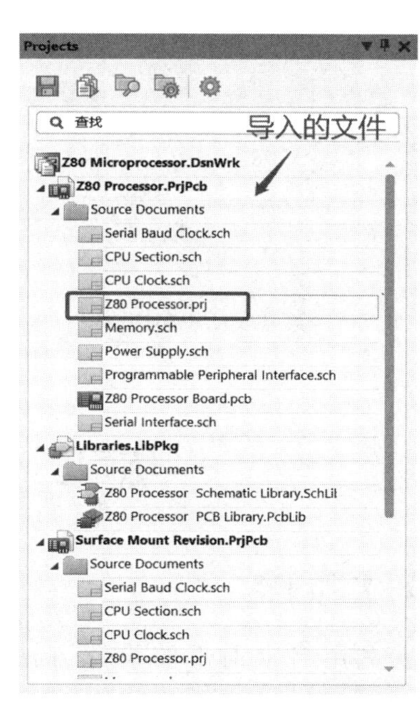


图 9-13　导入的设计数据库文件

(15) 由方块图查看子电路图。

① 双击打开图 9-13 中的方块图电路文件“Z80 Processor.prj”。

② 单击窗口工具栏上的图标，或执行菜单命令“工具”→“上/下层次”，光标变成十字形。

③ 在准备查看的方块图(见图 9-14(a))上单击鼠标左键，则系统立即切换到该方块图对应的子电路图上，如图 9-14(b)所示。

此时光标仍然是十字形，单击右键结束命令。

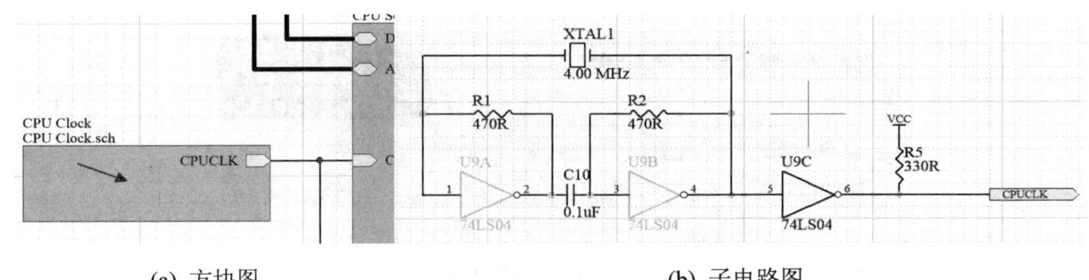


(a) 方块图　　　　(b) 子电路图

图 9-14　从方块图查看子电路图

(16) 由子电路图查看方块图(主电路图)。

① 单击图 9-13 所示的导入文件的原理图子电路文件。

② 单击窗口工具栏上的图标，或执行菜单命令“工具”→“上/下层次”，光标变成十字形。

③ 在子电路图(见图 9-15(a))的端口上单击鼠标左键，则系统立即切换到该原理图对应的主电路图，如图 9-15(b)所示。该子电路图所对应的方块图位于编辑窗口中央，且鼠标左键单击过的端口处于高亮显示状态。单击鼠标右键结束命令。

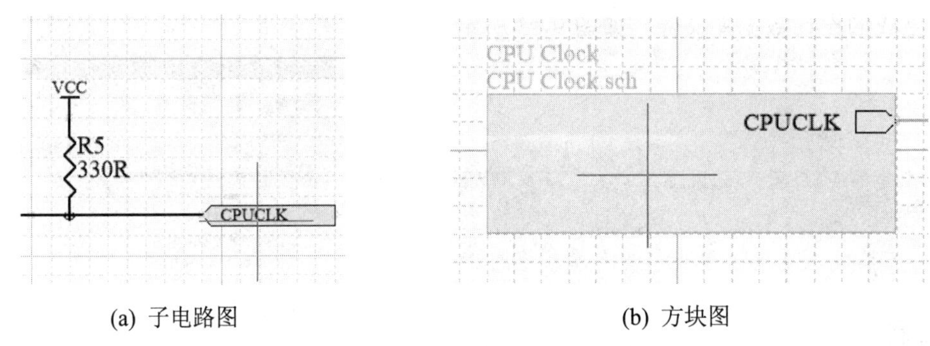


(a) 子电路图　　　　(b) 方块图

图 9-15　从子电路图查看方块图

# 练习二　层次原理图的绘制(一)

## 实训内容

利用自上而下的设计方法，绘制 Z80 Microprocessor.PrjPcb 中的方块图 Z80 Processor.prj，并绘制其中的一个子电路图 CPU Clock.SchDoc。

## 操作提示

(1) 执行菜单命令“文件”→“新的...”→“项目”，或在“Projects”面板中的“Project Group1.DsnWrk”上单击鼠标右键，在弹出的快捷菜单中选中“Add New Project...”，创建项目文件，命名为“层次原理图”。

(2) 添加原理图文件，并保存为“Z80.SchDoc”。

(3) 绘制方块电路图。

① 单击窗口工具栏中的图标或执行菜单命令“放置”→“页面符”，光标变成十字形，且十字光标上带着一个方块图形状，随鼠标一起移动。

② 在合适的位置单击鼠标左键，确定方块图的左上角；移动光标，当方块图的大小合适时，在右下角单击鼠标左键，则放置好一个方块图，如图 9-16 所示。

图 9-16　放置方块图

③ 此时仍处于放置方块图状态，可重复以上操作继续放置，也可单击鼠标右键退出放置状态。

④ 在放置过程中，按 Tab 键，系统弹出 Sheet Symbol 属性设置对话框。双击已放置好的方块图，也可弹出 Sheet Symbol 属性设置对话框，如图 9-17 所示。

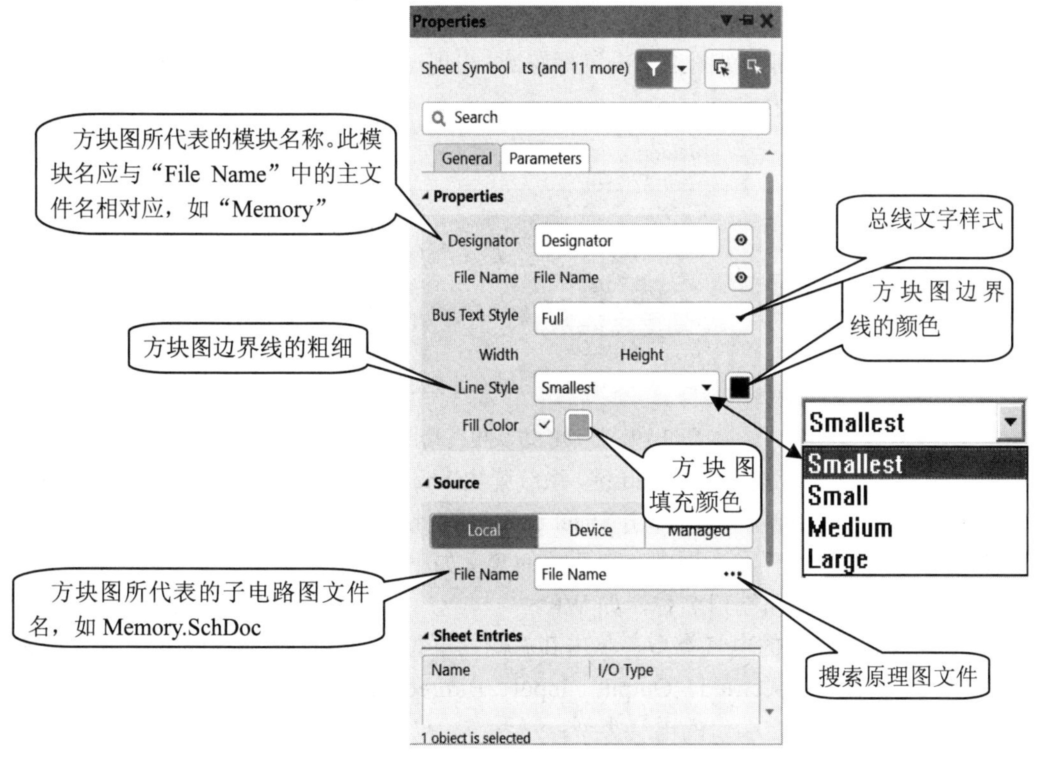


图 9-17　Sheet Symbol 属性设置对话框

① 在“File Name”后填入该方块图所代表的子电路图文件名，如 Memory.SchDoc。

② 在“Designator”后填入该方块图所代表的模块名称。此模块名应与“File Name”中的主文件名相对应，如 Memory。

设置好后，在设计区域单击鼠标左键确认。放好的方块图如图 9-18 所示。

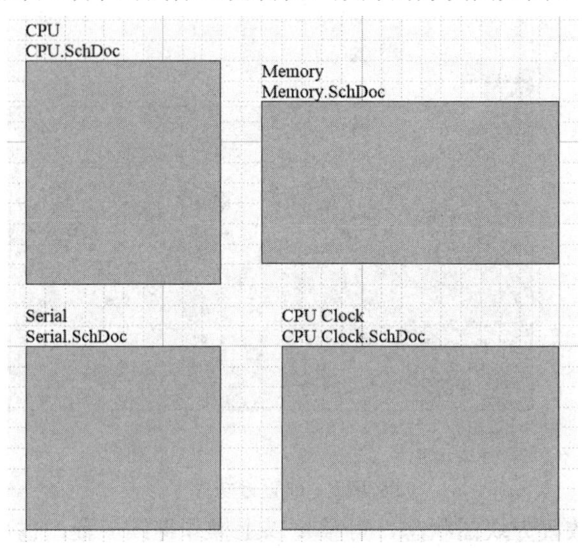


图 9-18　方块图

(4) 放置方块电路端口。

① 右键单击窗口工具栏中的图标，在其下拉子菜单中选择 添加图纸入口 (A)，或执行菜单命令“放置”→“添加图纸入口”，光标变成十字形。

② 将十字光标移到方块图上单击鼠标左键，出现一个浮动的方块电路端口，如图 9-19 所示，此端口随光标的移动而移动。

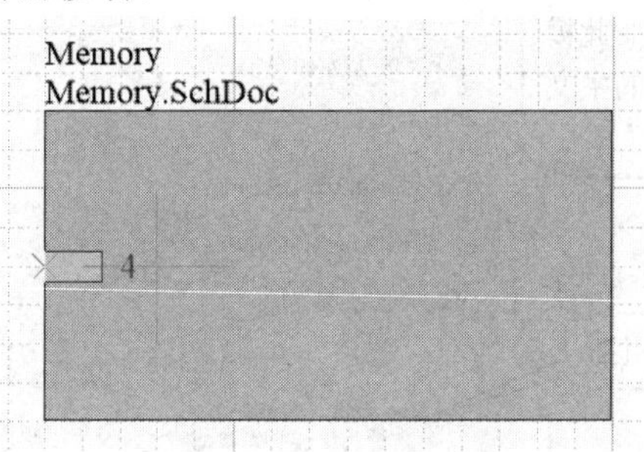


图 9-19　浮动的方块电路端口图形

③ 端口处于悬浮状态时，按 Tab 键，系统弹出 Sheet Entry 属性设置对话框，如图 9-20 所示。双击已放置好的端口也可弹出 Sheet Entry 属性设置对话框。

Sheet Entry 属性设置对话框中有关选项的含义如下：

- Name：方块电路端口名称，如 WR。
- I/O Type：端口的电气类型。单击其右侧的下拉按钮▾，出现端口电气类型选项。

其端口类型有 Unspecified、Output、Input、Bidirectional 等 4 种。

Unspecified：不指定端口的电气类型；

Output：输出端口；

Input：输入端口；

Bidirectional：双向端口。

因为 WR(写读)信号是双向信号，所以选择“Bidirectional”。

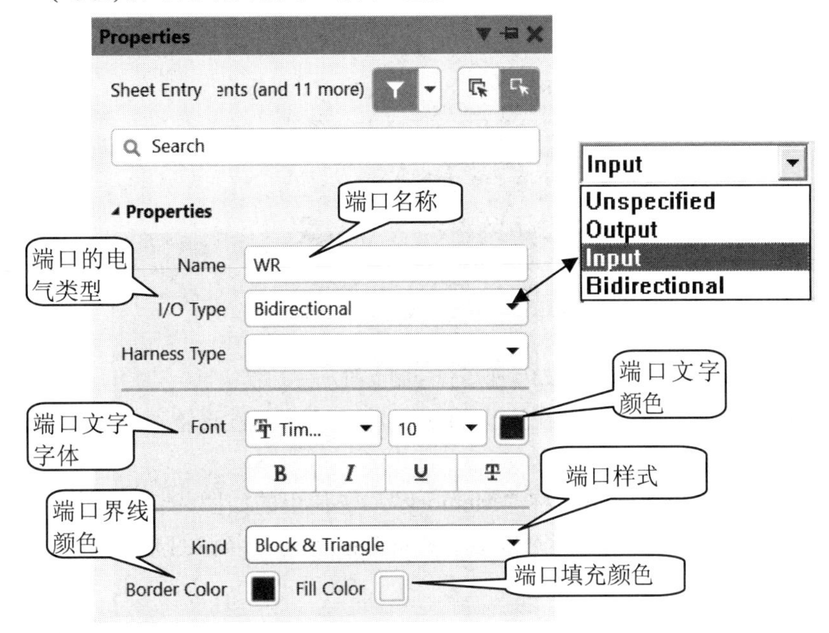


图 9-20　Sheet Entry 属性设置对话框

• Kind：单击右侧的下拉按钮▼，弹出样式选项，如图 9-21(a)所示，其对应的样式如图 9-21(b)所示。需要说明的是：这些外形样式要结合“I/O”端口电气类型来设置。当“I/O Type”选择“Unspecified”时，其对应样式如图 9-21(c)所示。

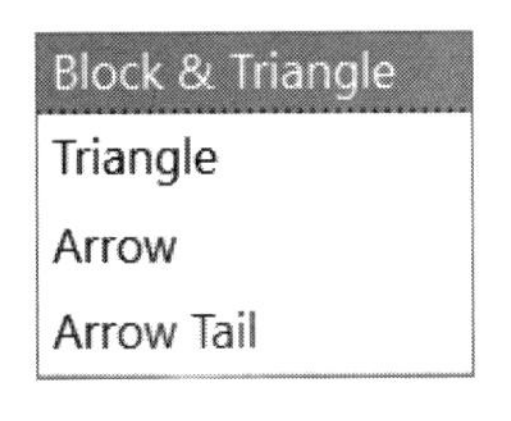


(a) 端口类别

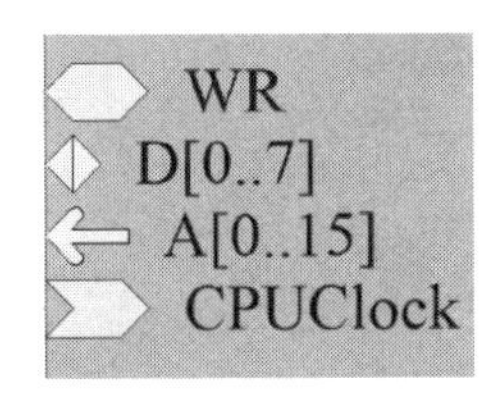


(b) 端口类别对应符号

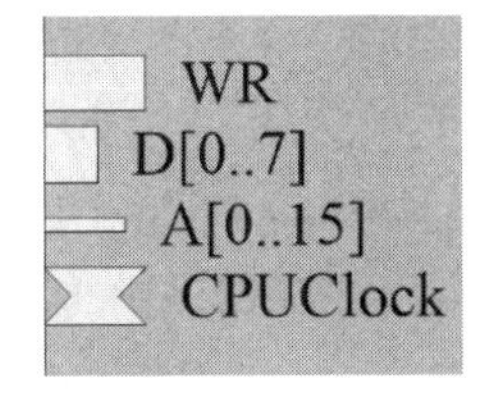


(c) “Unspecified”端口类别对应符号

图 9-21　端口样式

设置完毕，在设计窗口单击鼠标左键，即可确认。

④ 系统仍处于放置方块电路端口的状态，重复以上操作可放置方块电路的其他端口，单击鼠标右键，可退出放置状态。

放置好端口的方块电路如图 9-22 所示。

**注意**：此端口必须在方块图上放置，在其他位置是放不上端口的。

Memory
Memory.SchDoc
MEM0SEL
MEM1SEL
MEM2SEL
MEM3SEL
WR
I D[0']
A[0..15]

图 9-22　放置好端口的方块电路

(5) 编辑已放置好的方块电路图和方块电路端口。

① 在方块电路上按住鼠标左键并拖动，可改变方块电路的位置。

② 在方块电路上单击鼠标左键，则在方块电路四周出现绿色的控制点，如图 9-23 所示，用鼠标左键拖动其中的控制点可改变方块电路的大小。

**注意：** 拖动时尽量拖动右下侧来改变方块电路的大小，因为拖动左上侧时，其名称不会一起移动，会造成修改麻烦。

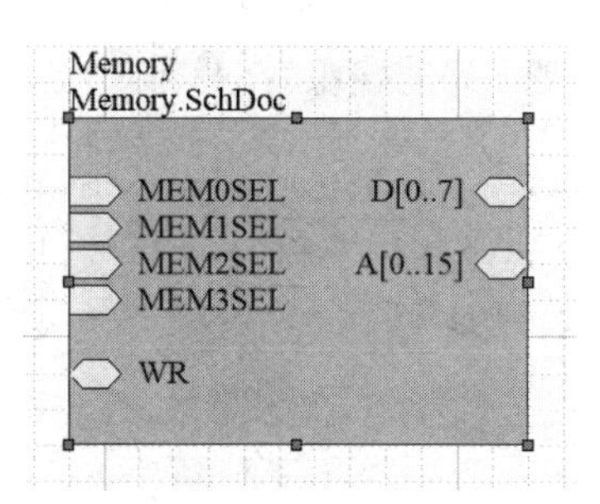


图 9-23　四周有控制点的方块电路

(6) 鼠标左键双击方块电路，在弹出的 Sheet Symbol 属性设置对话框中编辑方块电路的属性。

(7) 鼠标左键双击方块电路名称“Memory”，在弹出的如图 9-24(a)所示的 Parameter 对话框中编辑方块电路的名称。同时修改名称的显示方向，名称的显示颜色，名称的显示字体、字号等内容。

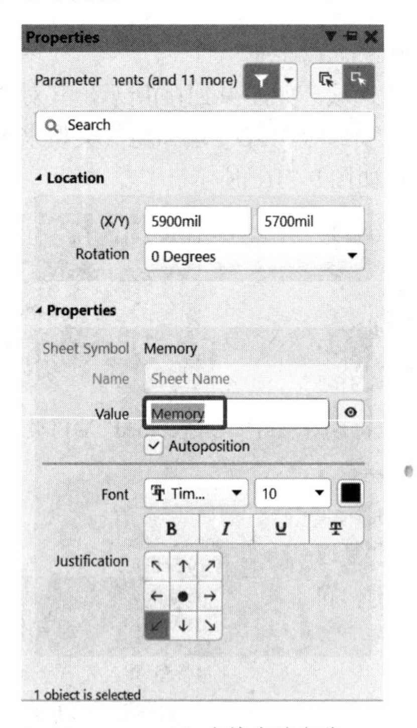


Properties
Parameter ıents (and 11 more)
Search
Location
(X/Y) 5900mil 5600mil
Rotation 0 Degrees
Properties
Sheet Symbol Memory
Name Sheet File Name
Value Memory.SchDoc
Autoposition
Font Tim... 10
Justification
1 object is selected

(a) 方块电路名称　　　　(b) 子电路图文件名

图 9-24　Parameter 对话框

(8) 在方块电路上，用鼠标左键双击“Memory.SchDoc”，在弹出的如图 9-24(b)所示的 Parameter 对话框中编辑方块电路对应的子电路图文件名，同时修改名称的显示方向，名称的显示颜色，名称的显示字体、字号等内容。

(9) 在方块电路的端口上按住鼠标左键并拖动，可改变端口在方块电路上的位置。

(10) 鼠标左键双击方块电路上已放置好的端口，在弹出的图 9-20 所示的 Sheet Entry 属性设置对话框中编辑方块电路端口的属性。

(11) 为了节约放置端口的时间，系统提供了方块图端口的复制粘贴功能，具有相同名称及电气特性的端口，在不同方块图之间可以进行复制粘贴，从而提高了工作效率。将多余的端口选中，按 Delete 键即可删除。

(12) 在所有的方块电路及端口都放置好以后，用导线(Wire)或总线(Bus) 连接各方块电路。图 9-25 为完成电路连接的主电路图。

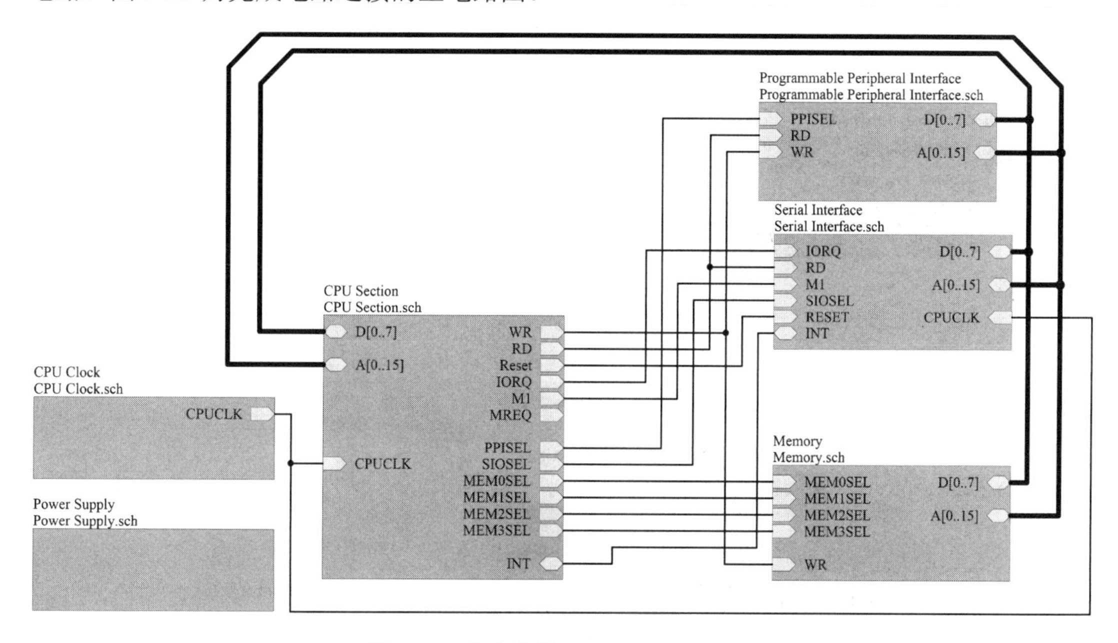


图 9-25　主电路图(Z80 Processor.prj)

(13) 设计子电路图。子电路图是根据主电路图中的方块电路，利用有关命令自动建立的，不能用建立新文件的方法建立。

① 在主电路图中执行菜单命令“设计”→“从页面符创建图纸”，如图 9-26 所示，光标变成十字形。

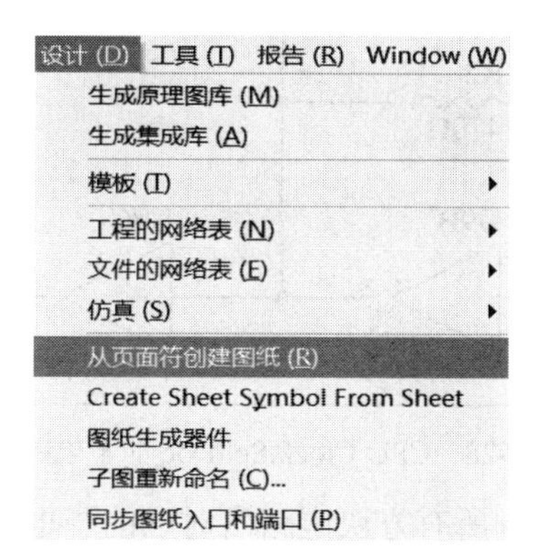


图 9-26　由主电路产生子电路的命令

② 将十字光标移到名为 CPU Clock 的方块电路上，单击鼠标左键。

③ 系统自动生成名为 CPU Clock 的子电路图，且自动切换并打开 CPU Clock.SchDoc 子电路图，如图 9-27 所示。

④ 单击窗口工具栏上的图标，或执行菜单命令“工具”→“上/下层次”，光标变成十字形，进行主电路与子电路之间的切换。此时，在“Projects”面板“层次原理图.PrjPcb”项目导航树中“Z80.SchDoc”下面多了一个 CPU Clock.SchDoc 原理图文档，与“Z80.SchDoc”形成层次关系，如图 9-27 所示。

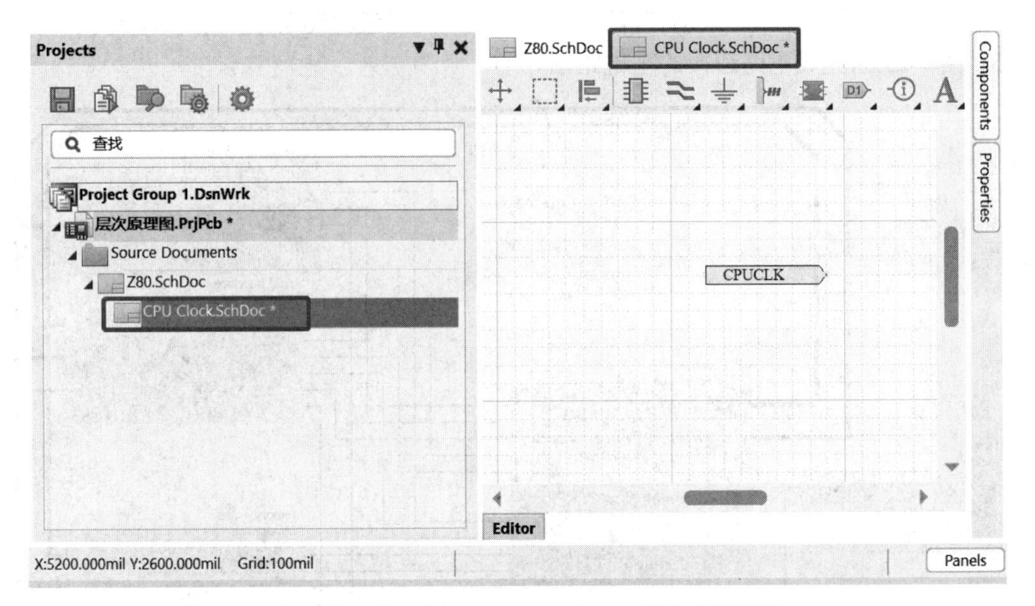


图 9-27　自动生成的 CPU Clock.SchDoc 子电路图的端口

从图 9-27 中可以看出，子电路图中包含了 CPU Clock 方块电路中的所有端口，并且其电气特性与方块图完全对应，无须自己再单独放置 I / O 端口。

⑤ 绘制 CPU Clock.SchDoc 的子电路图，如图 9-28 所示。绘制完后将端口移到电路图中相应的位置即可，无须再放置端口。

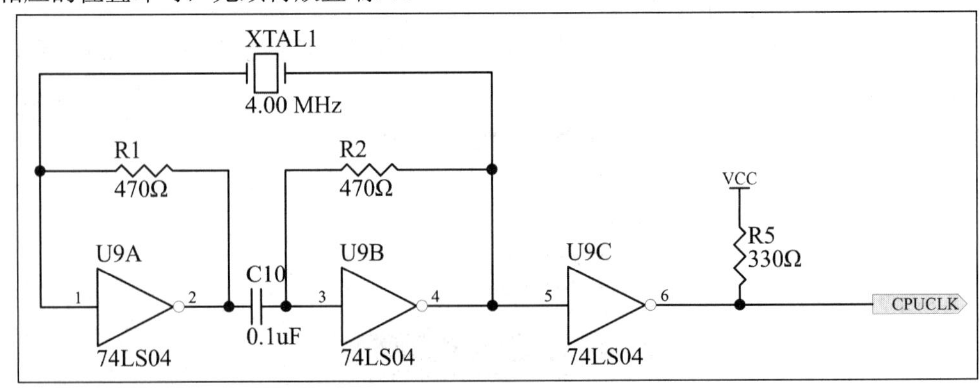


图 9-28　CPU Clock.SchDoc 的子电路图

重复以上操作，生成并绘制所有方块电路所对应的子电路图，即完成了一个完整的层次电路图的设计。

# 练习三　层次原理图的绘制(二)

## ☒ 实训内容

绘制如图 9-29 所示的方块电路图，并绘制该方块图下面的一个子电路图 Dianyuan.SchDoc，如图 9-30 所示。图 9-30 中电路元件说明如表 9-1 所示。

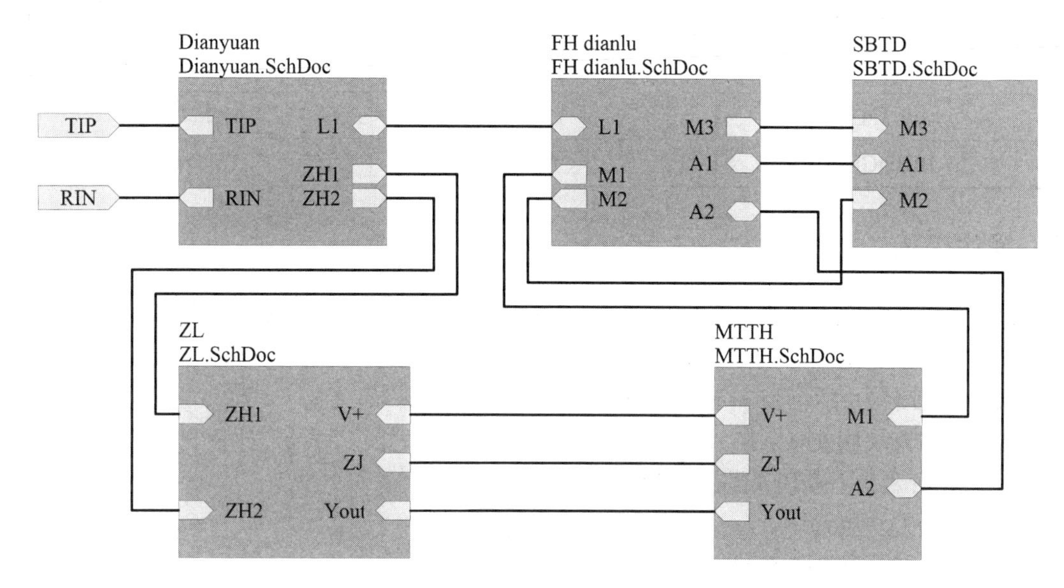


图 9-29　方块电路图

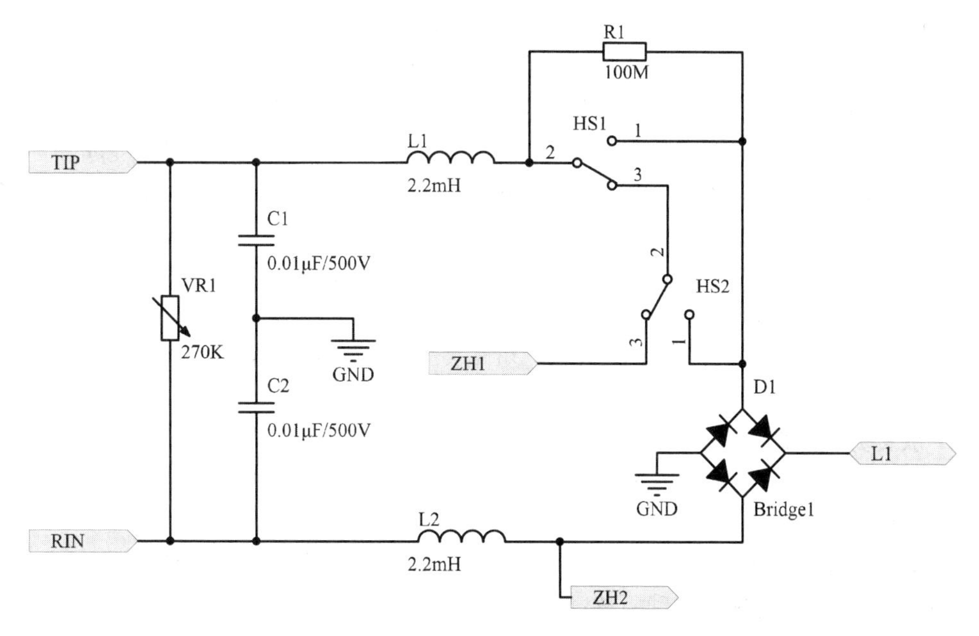


图 9-30　Dianyuan.SchDoc 子电路图

表 9-1　Dianyuan.SchDoc 子电路元件明细表

| 元件在库中的名称 | 元件在图中的标号(Designator) | 元件类别或标示值 |
|---|---|---|
| Cap | C1 | 0.01 μF/500 V |
| Cap | C2 | 0.01 μF/500 V |
| Res2 | R1 | 100 MΩ |
| Res Adj2 | VR1 | 270 kΩ |
| INDUCTOR | L1 | 2.2 mH |
| INDUCTOR | L2 | 2.2 mH |
| SW SPDT | HS1 | HS1 |
| SW SPDT | HS2 | HS2 |
| BRIDGE1 | D1 | Bridge1 |

## ☒ 操作提示

(1) 执行菜单命令“文件”→“新的...”→“项目”，或在 Projects 面板中的“Project Group1.DsnWrk”上单击鼠标右键，在弹出的快捷菜单中选中“Add New Project...”，创建项目文件，命名为“实训 9　整流电路层次原理图.PrjPcb”。

(2) 建立方块图文件。在“实训 9　整流电路层次原理图.PrjPcb”项目文件中添加原理图文件，并命名为“整流电路.SchDoc”。

(3) 绘制方块电路图。

① 打开“整流电路.SchDoc”。

② 单击窗口工具栏中的图标或执行菜单命令“放置”→“页面符”，光标变成十字形，且十字光标上带着一个与前次绘制相同的方块图形状。

③ 设置方块图属性：按 Tab 键，系统弹出 Sheet Symbol 属性设置对话框，如图 9-17 所示。双击已放置好的方块图，也可弹出 Sheet Symbol 属性设置对话框。在“File Name”后填入该方块图所代表的子电路图文件名，如“Dianyuan.SchDoc”。在“Designator”后填入该方块图所代表的模块名称，如“Dianyuan”。设置好后，单击【OK】按钮确认，此时光标仍为十字形。

④ 确定方块图的位置和大小：在适当的位置单击鼠标左键，确定方块图的左上角，移动光标，当方块图的大小合适时在右下角单击鼠标左键，则放置好一个方块图。

⑤ 此时系统仍处于放置方块图状态，可重复以上操作继续放置，也可单击鼠标右键退出放置状态。

(4) 放置方块电路端口。

① 右键单击窗口工具栏中的图标，在其下拉子菜单中选择 添加图纸入口 (A)，或执行菜单命令“放置”→“添加图纸入口”，光标变成十字形。

② 将十字光标移到方块图上单击鼠标左键，出现一个浮动的方块图电路端口，如图 9-31 所示，此端口随光标的移动而移动。

③ 设置方块图电路端口属性：按 Tab 键，系统弹出 Sheet Entry 属性设置对话框；双

击已放置好的端口，也可弹出属性设置对话框，如图9-20所示。设置完毕后，单击【OK】按钮确定。

④ 此时方块图电路端口仍处于浮动状态，并随光标的移动而移动。在合适位置单击鼠标左键，则完成了一个方块电路端口的放置。

⑤ 系统仍处于放置方块电路端口的状态，重复以上操作可放置方块电路的其他端口。单击鼠标右键，可退出放置状态。

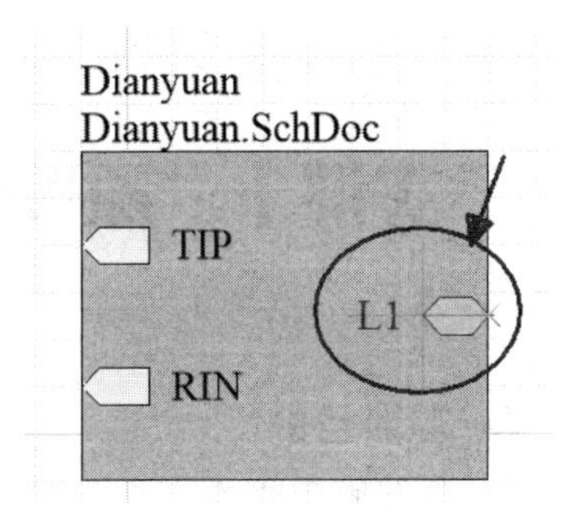


图 9-31　端口放置

(5) 连接各方块图电路：在所有的方块电路及端口都放置好以后，用导线(Wire)或总线(Bus)进行连接。图9-29为完成电路连接关系的方块图。

(6) 设计子电路图。

① 在方块图中执行菜单命令“设计”→“从页面符创建图纸”，光标变成十字形。

② 将十字光标移到名为Dianyuan的方块电路上，单击鼠标左键，系统自动生成名为Dianyuan的子电路图，且自动切换并打开Dianyuan.SchDoc子电路图，如图9-32所示。图中自动生成了与主电路完全一致的端口。

③ 单击窗口工具栏上的图标，或执行菜单命令“工具”→“上/下层次”，光标变成十字形，进行主电路与子电路之间的切换，此时，在“Projects”面板“实训9　整流电路层次原理图.PrjPcb”项目导航树中，“整流电路.SchDoc”下面多了一个Dianyuan.SchDoc原理图文档，与“整流电路.SchDoc”形成层次关系，如图9-32所示。

④ 绘制模块的内部电路，如图9-30所示。

⑤ 绘制完子电路原理图后，将各端口移到对应的位置上即可，不需要另外放置端口。

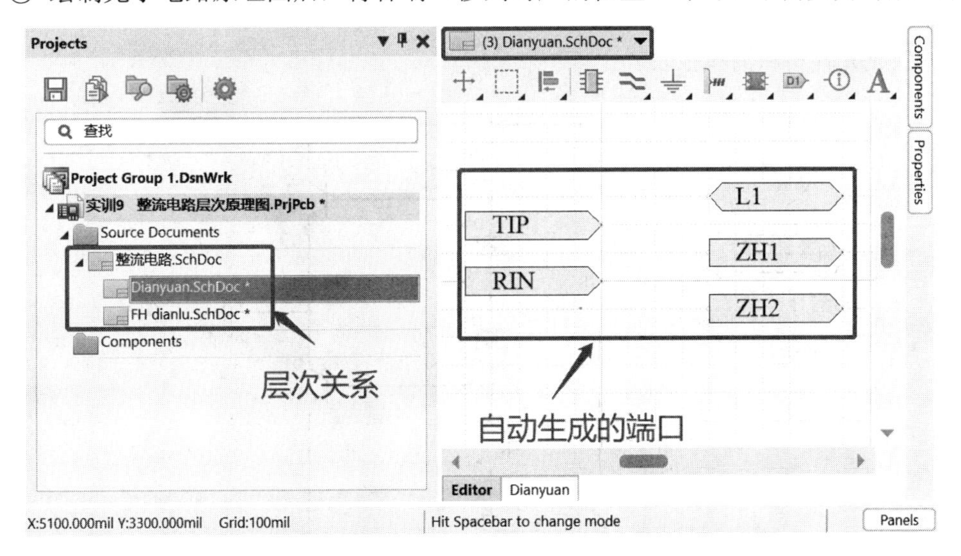


图 9-32　子电路图

# 实训十　原理图的编译与报表文件的生成

### ◇ 实训目的

(1) 掌握原理图的编译检查方法。

(2) 掌握网络表的生成方法与网络表的作用。

(3) 掌握元件清单及其他文件的生成步骤。

### ◇ 实训设备

Altium Designer 19 软件、PC。

## 练习一　甲乙类放大电路的编译检查与报表文件的生成

### ⌧ 实训内容

绘制如图 10-1 所示的甲乙类放大电路原理图。图中电路元件说明如表 10-1 所示。画好图后，进行以下练习：

(1) 进行原理图的编译检查。

(2) 产生网络表。

(3) 生成元件材料清单报表。

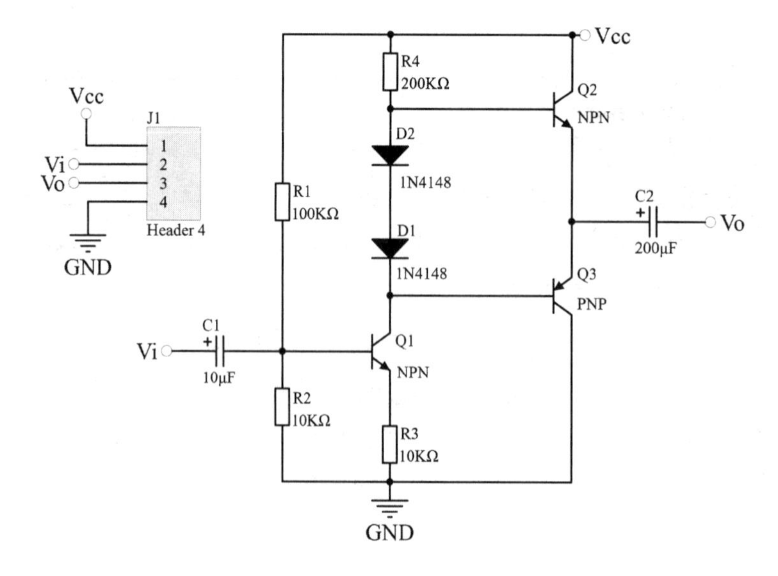


图 10-1　甲乙类放大电路原理图

表 10-1　电路元件明细表

| 元件在库中的名称 | 元件在图中的标号(Designator) | 元件类别或标示值 |
|---|---|---|
| Diode 1N4148 | D1、D2 | 1N4148 |
| Cap Pol2 | C1 | 10 μF |
| Cap Pol2 | C2 | 200 μF |
| Header 4 | J1 | Header 4 |
| NPN | Q1、Q3 | NPN |
| PNP | Q2 | PNP |
| Res2 | R1、R2、R3、R4 | 100 kΩ、10kΩ、10 kΩ、200 kΩ |

注：元件在 Miscellaneous Devices.IntLib 元件库中。

## ⌧ 操作提示

(1) 创建新的项目文件，添加原理图，绘制电路图，保证一个项目文件只包含一个原理图文件。

(2) 执行菜单命令“工程”→“工程选项”，或在“Projects”面板工程项目名称上单击鼠标右键，在弹出的菜单中选择“工程选项”，如图 10-2 所示。

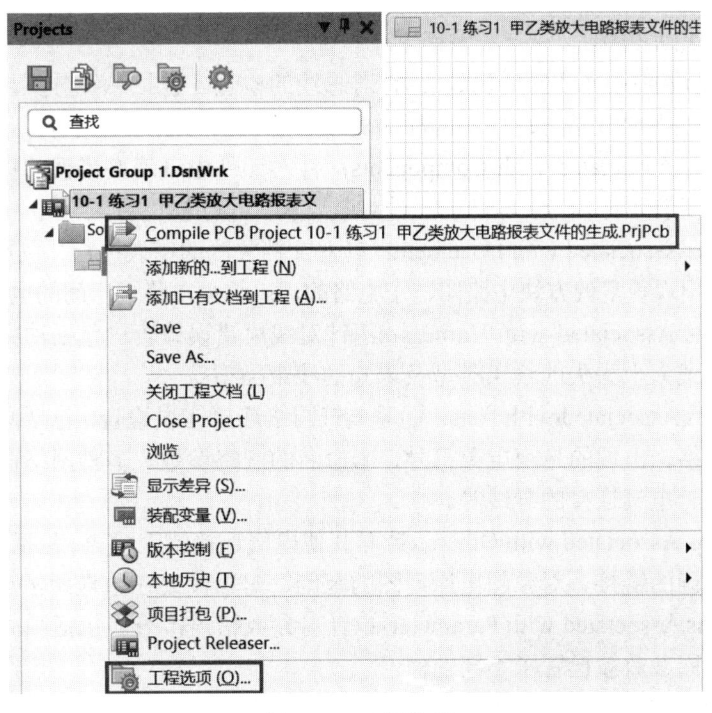


图 10-2　工程选项

(3) 系统弹出针对该项目的选项对话框，如图 10-3 所示。所有与工程有关的选项都可以在此对话框中设置。

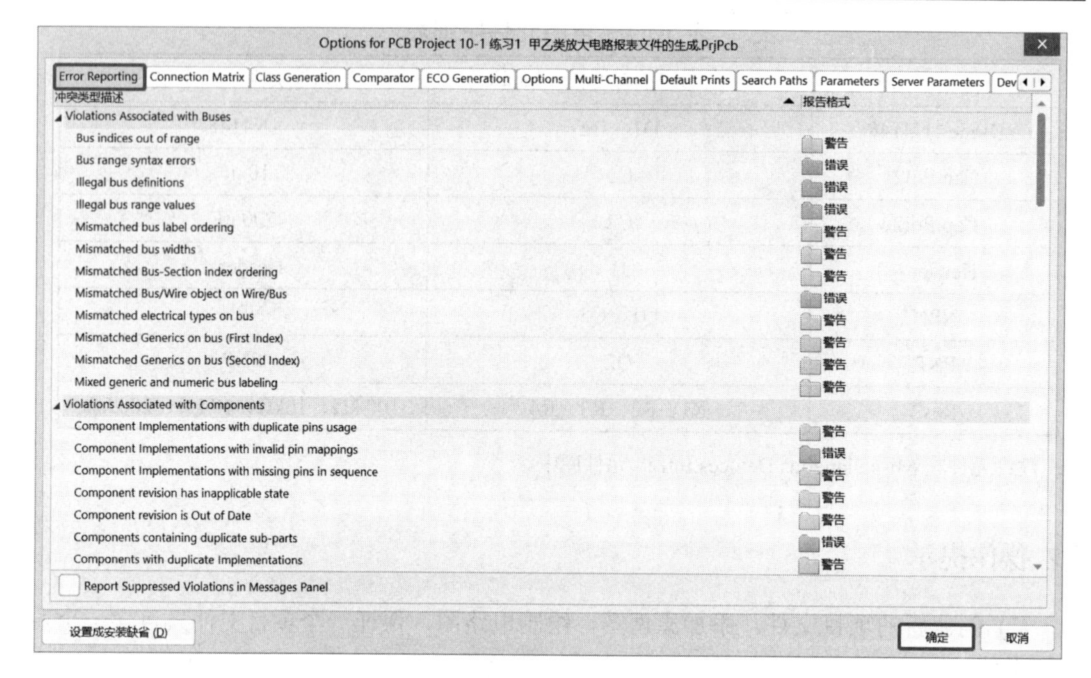


图 10-3　Error Reporting 选项卡

(4) 单击“Error Reporting”(错误报告)选项卡，在该选项卡中可以对各种电气连接错误的等级进行设置，如错误、警告、致命错误及不报告等，用不同的颜色来表示。错误检查主要包括以下几大类别：

① Violations Associated with Buses：针对总线的检查。包括总线分支超出范围、非法的总线定义、总线上放置了与总线不匹配的对象、总线网络名称出错等。

② Violations Associated with Components：针对元件电气连接错误的检查。包括重复的元件管脚、重复的元件标号、非法的元件封装管脚、元件模型参数错误、重复的端口等。

③ Violations Associated with Document：针对文档关联的错误检查。包括重复的图纸标号、层次原理图出现重复的方块电路图、子电路的端口与主电路端口间的电气连接错误等。

④ Violations Associated with Harnesses：针对线束错误检查。包括冲突的线束定义、线束连接错误、线束上丢失的线束类型及未知的线束类型等。

⑤ Violations Associated with Nets：针对电气网络连接错误检查。包括原理图中隐藏的网络、重复的网络、出现的悬空电源符号、未命名的网络参数、多种网络命名、信号没有驱动源、存在没有电气连接的导线等。

⑥ Violations Associated with Others：针对其他电气连接错误检查。包括未添加备用项、项目变量有不正确的链接、对象超出原理图的范围、对象没处在原理图格点位置上等。

⑦ Violations Associated with Parameters：针对参数错误检查。包括相同参数被设置了不同的类型、相同参数被设置了不同的值。

Error Reporting(错误报告)选项设置一般采用系统默认设置。

(5) 单击图 10-3 所示的“Connection Matrix”(连接矩阵)选项卡，弹出如图 10-4 所示的对话框。

该选项卡主要用来定义各种管脚、输入输出端口、图纸出入口彼此间的连接状态，是否已构成错误(Error)或警告(Warning)等级的电气冲突。用不同颜色表示，便于在设计中应用电气规则检查电气连接。

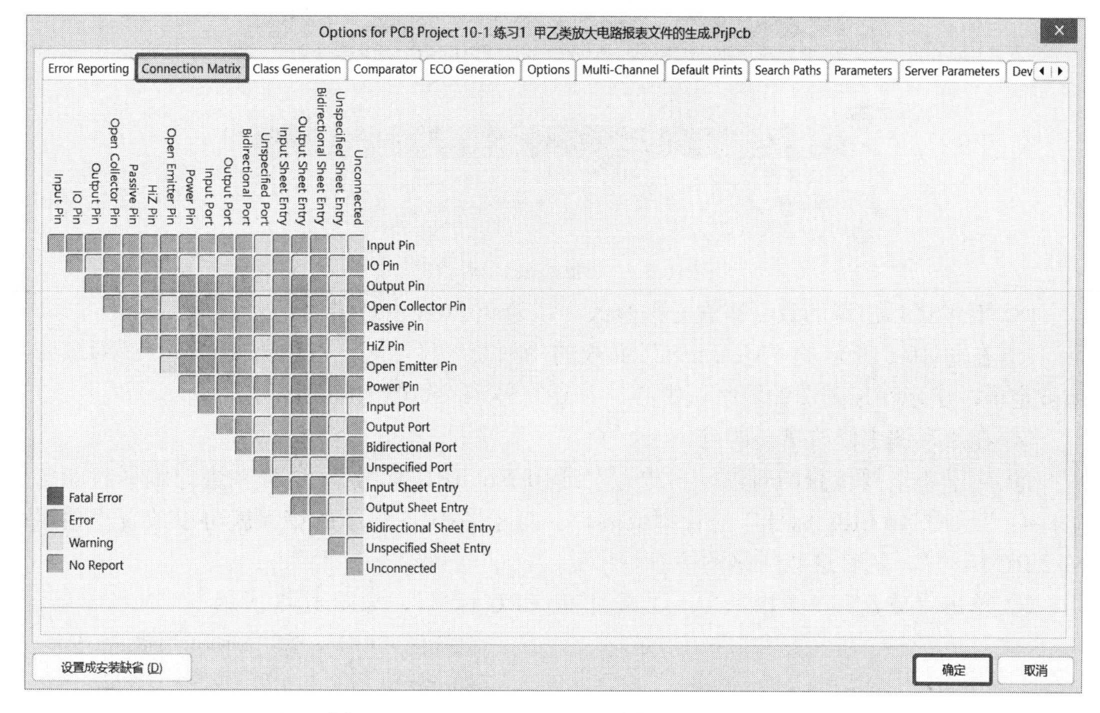


图 10-4　Connection Matrix(连接矩阵)选项卡

矩阵中以彩色方块表示检查结果。

① 绿色方块：表示这种连接方式不会产生错误或警告信息(如某一输入管脚连接到某一输出管脚上)。

② 黄色方块：表示这种连接方式会产生警告信息(如未连接的输入管脚)。

③ 橘色方块：表示这种连接方式会产生错误信息(如两个输出管脚连接在一起)。

④ 红色方块：表示这种连接方式会产生致命错误，指电路中有严重违反电气规则的连线情况，如 VCC 和 GND 短路等。

警告是指某些轻微违反电路原理的连线情况，由于系统不能确定它们是否真正有误，所以用警告表示。

这个矩阵是以交叉接触的形式读入的。如要查看输入管脚接到输出管脚的检查条件，就观察矩阵右边的“Input Pin”这一行和矩阵上方的“Output Pin”这一列之间的交叉点即可，交叉点以彩色方块来表示检查结果。

交叉点的检查条件可由用户自行修改，在矩阵方块上单击鼠标左键，即可在不同颜色的彩色方块之间进行切换，一般选择默认。

(6) 执行菜单命令“工程”→“Compile PCB Project…”，或在“Projects”面板工程项目名称上单击鼠标右键，在弹出的菜单中选择“Compile PCB Project…”，如图 10-2 所示，即可对原理图进行编译。

(7) 如果系统发现有违反电气设计规则的地方，就会弹出“Messages”对话框，如图 10-5 所示。图中列出错误发生的具体部位及数量，以便提醒设计者对症修改。

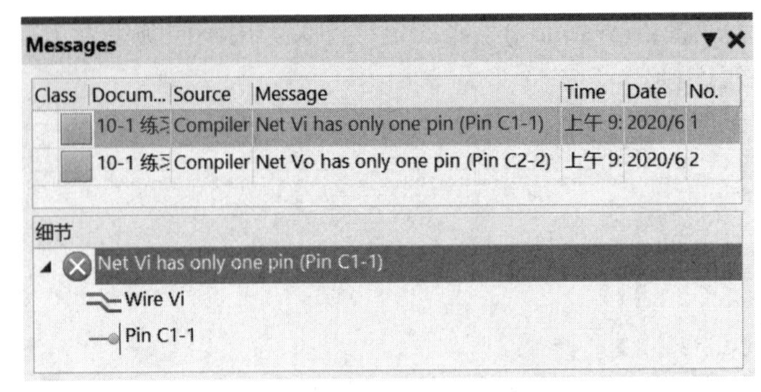


图 10-5　“Messages”对话框

(8) 对编译后出现的致命错误必须修改，以避免 PCB 出现错误。

① 在图 10-5 所示的“Messages”面板的“细节”显示区，双击错误对象，该对象即刻被定位，出现在原理图编辑区域中心，并高亮显示，如图 10-6 所示。

② 在原理图中修改错误即可。

③ 对于不需要检查的对象，可放置“通用 No ERC 标号”。这样在进行编译时就忽略标有“通用 No ERC 标号”的管脚或端口。对于图 10-5 显示的错误就可以放置“通用 No ERC 标号”，忽略这些网络的检查。

④ 单击“放置”→“指示”→“通用 No ERC 标号”，如图 10-7 所示。

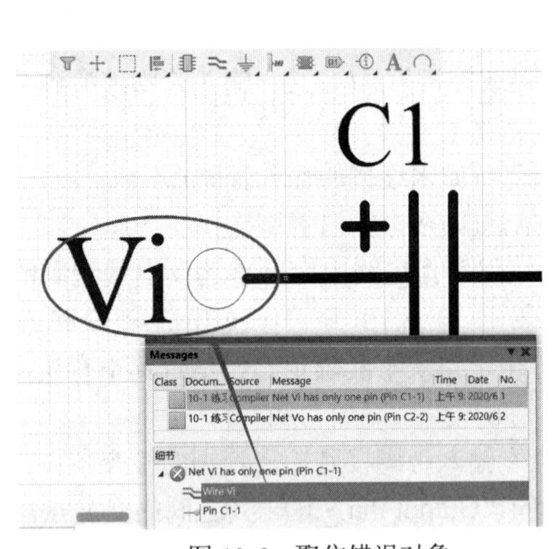


图 10-6　聚焦错误对象

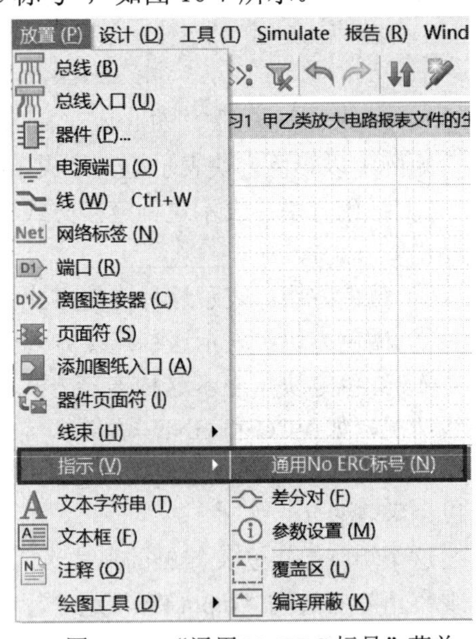


图 10-7　“通用 No ERC 标号”菜单

⑤ 光标变成十字形，并带有一个“×”随光标移动。移动鼠标到 Vi 的连线上管脚端点，红色的“×”变成“米”字形，如图 10-8 所示，即可单击鼠标左键放置一个 No ERC 标号。继续移动鼠标到 Vo 连线上，单击鼠标左键继续放置，单击鼠标右键退出放置状态。放置结果如图 10-9 所示。

⑥ 修改完成后，再次进行编译，直到不再弹出“Messages”面板为止。

(9) 生成网络表。执行菜单命令“设计”→“文件的网络表”，弹出如图 10-10 所示的工程网络表的格式选择菜单。

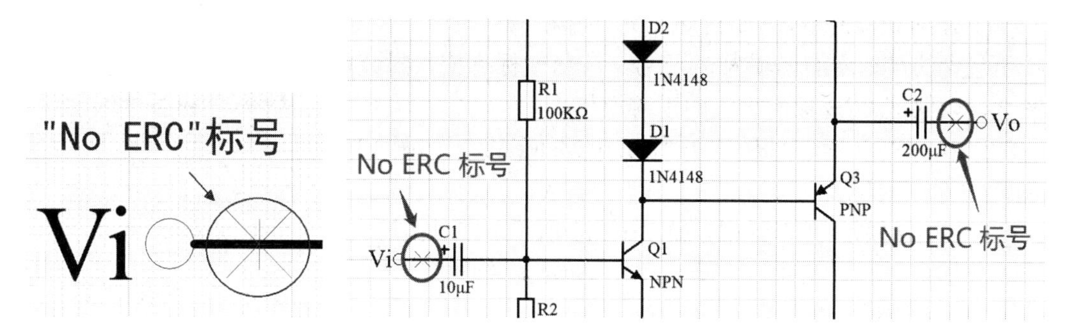


图 10-8　通用 No ERC 标号　　　　图 10-9　Vi、Vo 网络上放置的 No ERC 标号

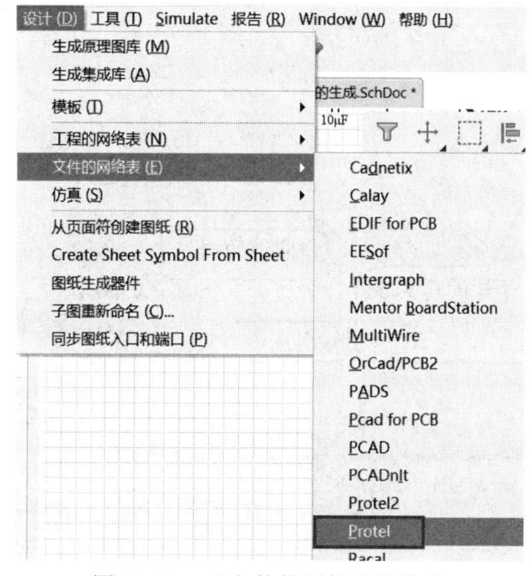


图 10-10　“文件的网络表”格式

(10) 选中“Protel”格式，则在“Projects”面板的工程项目中增加了“Generated”项，单击“Generated”前面的 ◢，将其展开，可以看到产生的网络表文件，其扩展名为“.NET”。双击“*.NET”文件，即可将其打开，如图 10-11 所示。

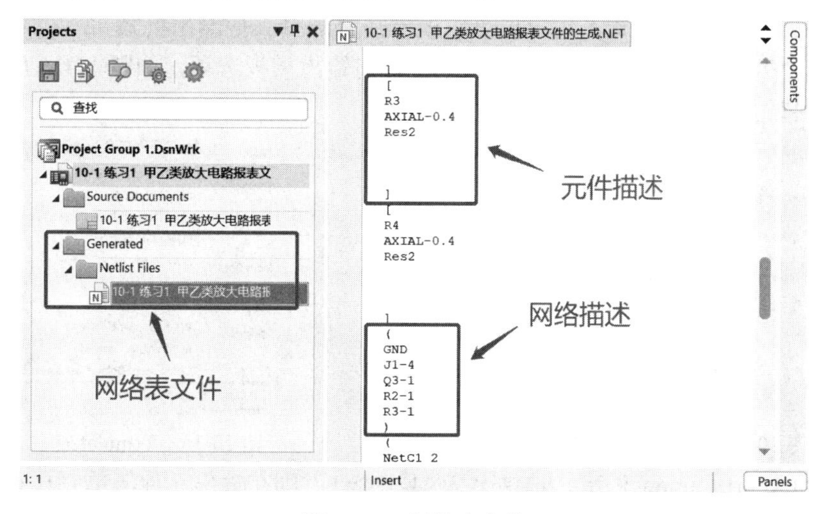


图 10-11　网络表文件

(11) 仔细观察网络表，保证每个元件都在网络表中，且每个元件所包含的最基本的三项内容(标号、注释或标称值、封装)必须齐全，以保证 PCB 板网络表的正常加载。

(12) 执行菜单命令“报告”→“Bill of Materials”，如图 10-12 所示。

图 10-12　“报告”菜单

(13) 弹出材料清单对话框，如图 10-13 所示。在对话框左侧列出了原理图中所有元件的注释、描述、标号封装形式、所在库中的名称、数量等信息。

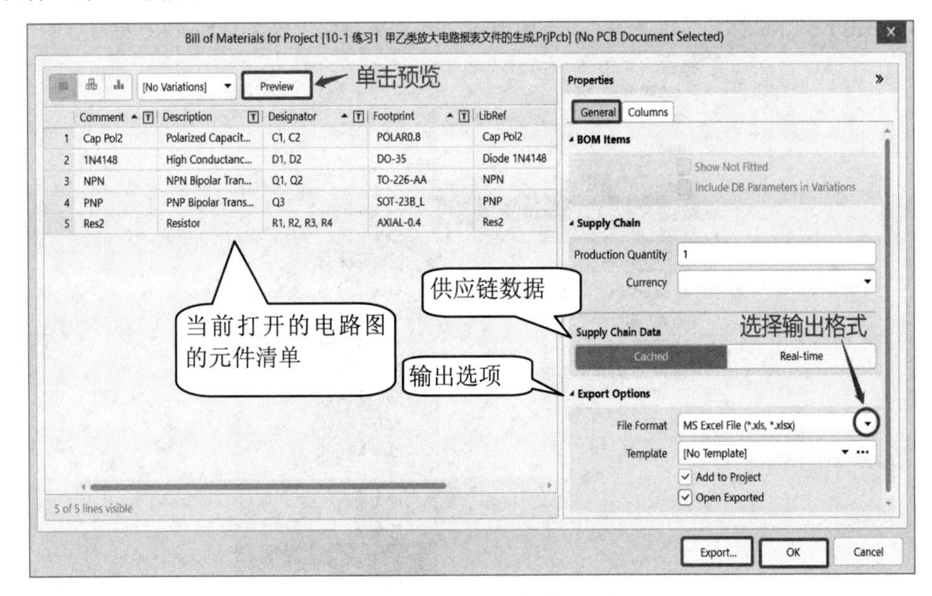


图 10-13　元件材料清单对话框

(14) 右侧“Properties”中的“General”选项下面，可进行输出选项“Export Options”设置。

① 单击“File Format”右侧的下拉箭头▾，弹出输出格式选项，如图 10-14 所示，系统默认“MS Excel File”格式，用户也可以根据需要选择其他输出格式。

② 单击“Template”右侧的下拉箭头▾，弹出输出模板选项，如图 10-15 所示，用户可以选择各种输出模板。系统默认“No Template。”

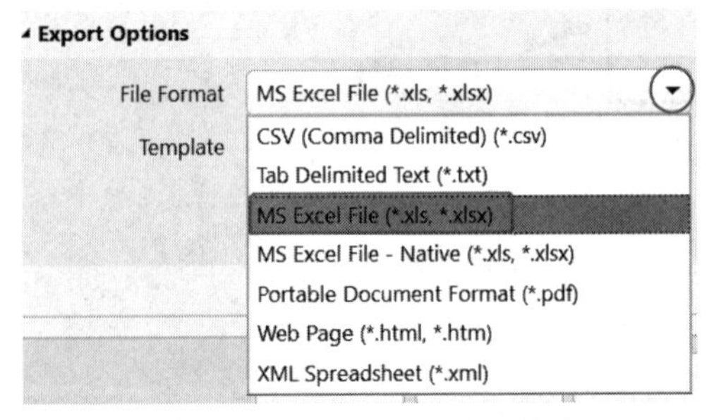


图 10-14　File Format(输出格式)

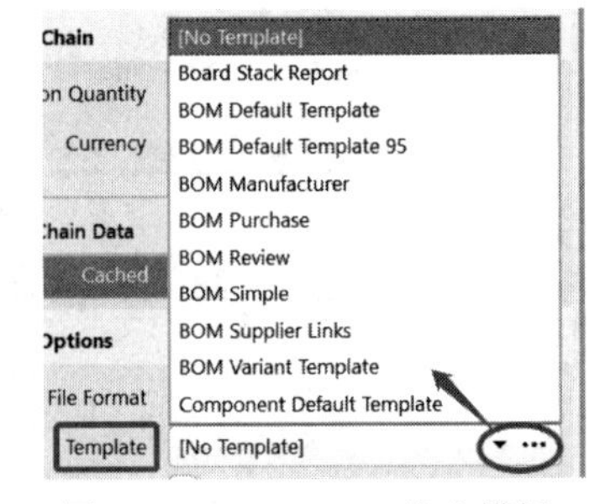


图 10-15　Template(输出模板)

③ 在“Export Options”下，选中☑ Add to Project，则在输出元件清单时自动添加到项目文件中。

④ 在“Export Options”下，选中 ☑ Open Exported ，则在输出元件清单时自动打开清单文件。

(15) 右侧“Properties”中的“Columns”选项，可以设置元件清单输出列表类别，如图 10-16 所示。

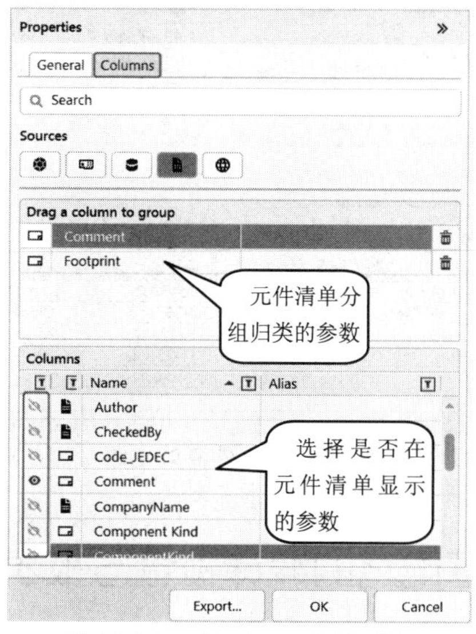


图 10-16　“Columns”选项卡

① “Drag a column to group”设置是否将元件清单中具有相同参数的元件进行归类显示。目前显示“Comment”“Footprint”两项，意味着有相同注释或封装的元件会合并分组归类显示，如图 10-13 左侧列表中的“C1，C2”和“R1，R2，R3，R4”等。

② “Columns”设置列表中的参数是否显示在元件清单中，◉ 即显示，⊘ 即不显示。单击 ◉ ⊘ 可以进行切换。可以拖放某个参数到“Drag a column to group”区，进行分组归类显示。

(16) 单击【Export】按钮，弹出输出路径对话框，如图 10-17 所示。可以修改文件名称进行保存。

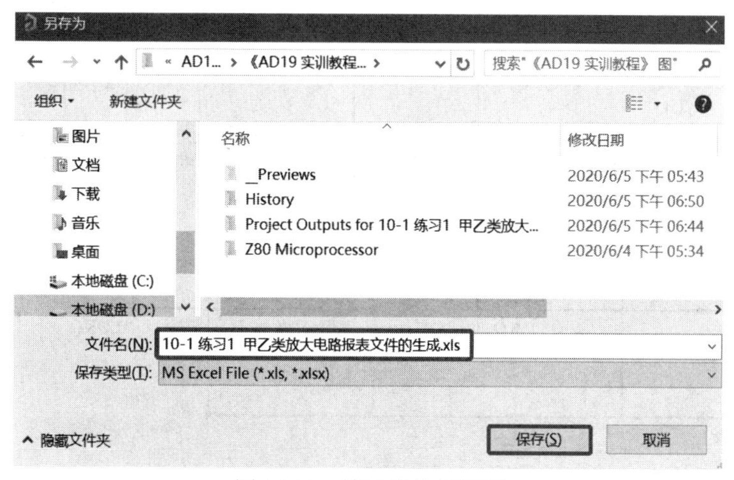


图 10-17　输出路径对话框

(17) 单击图 10-13 左侧的【Preview】按钮，可以打开保存的 Excel 文件，如图 10-18

所示，可以预览文件。

(18) 在“Export Options”下选中 Open Exported，单击【Export】按钮时，也自动打开图 10-18 所示的元件清单文件。

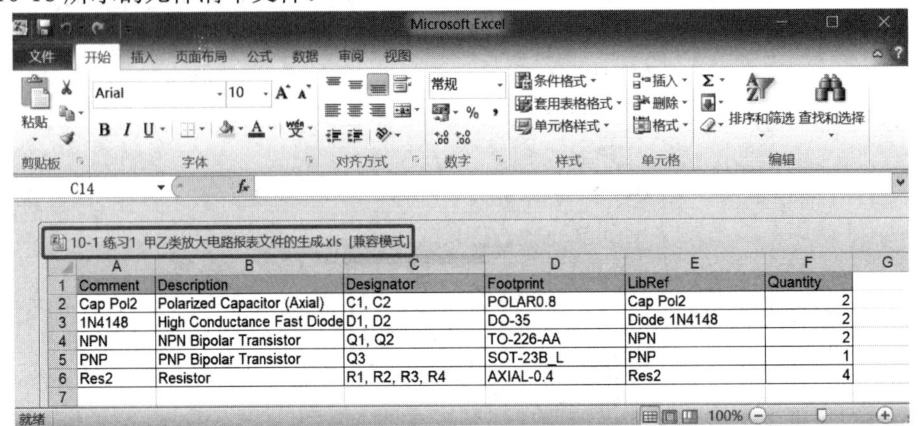

| | A | B | C | D | E | F |
|---|---|---|---|---|---|---|
| 1 | Comment | Description | Designator | Footprint | LibRef | Quantity |
| 2 | Cap Pol2 | Polarized Capacitor (Axial) | C1, C2 | POLAR0.8 | Cap Pol2 | 2 |
| 3 | 1N4148 | High Conductance Fast Diode | D1, D2 | DO-35 | Diode 1N4148 | 2 |
| 4 | NPN | NPN Bipolar Transistor | Q1, Q2 | TO-226-AA | NPN | 2 |
| 5 | PNP | PNP Bipolar Transistor | Q3 | SOT-23B_L | PNP | 1 |
| 6 | Res2 | Resistor | R1, R2, R3, R4 | AXIAL-0.4 | Res2 | 4 |

图 10-18　元件清单文件

# 练习二　时基电路的编译检查与报表文件的生成

## ⊠ 实训内容

绘制如图 10-19 所示的时基电路原理图。图中电路元件说明如表 10-2 所示。画好图后，进行以下练习：

(1) 进行原理图的编译检查。

(2) 产生网络表。

(3) 生成元件材料清单报表。

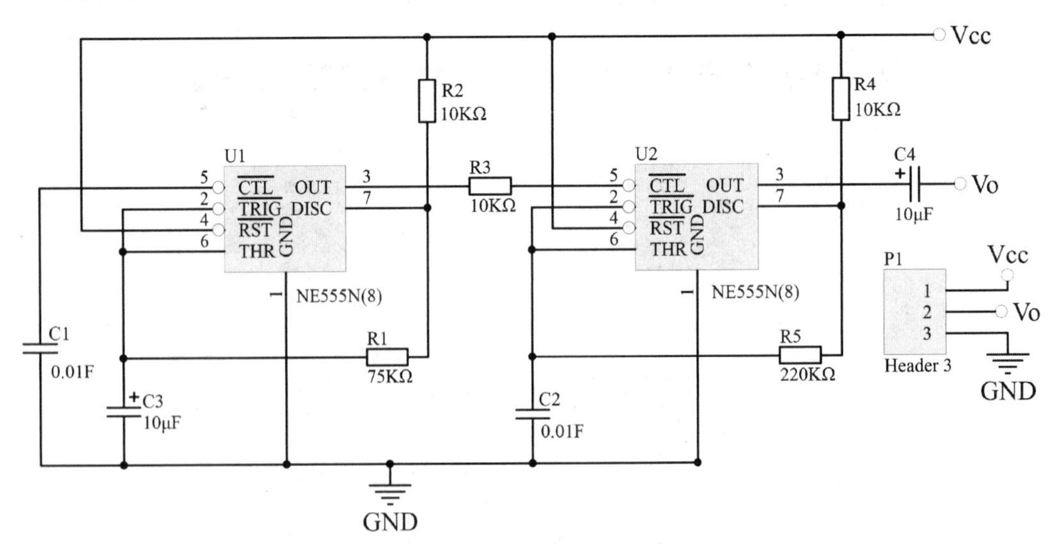


图 10-19　时基电路原理图

表 10-2　电路元件明细表

| 元件在库中的名称 | 元件在图中的标号(Designator) | 元件类别或标示值 | 元件在库中的名称 | 元件在图中的标号(Designator) | 元件类别或标示值 |
|---|---|---|---|---|---|
| Cap | C1、C2 | 0.01 F | Res2 | R5 | 220 kΩ |
| Cap Pol2 | C3、C4 | 10 μF | Header 3 | P1 | Header 3 |
| Res2 | R1 | 75 kΩ | NE555N(8) | U1、U2 | NE555N(8) |
| Res2 | R2、R3、R4 | 10 kΩ | | | |

注：U1、U2 时基元件 NE555N(8)在导入的 Protel 99 SE Motorola 公司的 Analog.IntLib 元件库中；J1、J2 在 Miscellaneous Connectors.IntLib 元件库中；其余元件在 MiscellaneousDevices.IntLib 元件库中。

## ⊠ 操作提示

(1) 参考实训五练习八集成库的创建，将导入的 Motorola Analog.LibPkg 创建集成库，也可以参照实训五自己创建 NE555N(8)元件符号。

(2) 其他操作同本实训练习一的操作提示。

# 练习三　信号源电路的编译与报表文件的生成

## ⊠ 实训内容

绘制如图 10-20 所示的信号源电路原理图。图中电路元件说明如表 10-3 所示。画好图后，进行以下练习：

(1) 进行原理图的编译检查。

(2) 产生网络表。

(3) 生成元件材料清单报表。

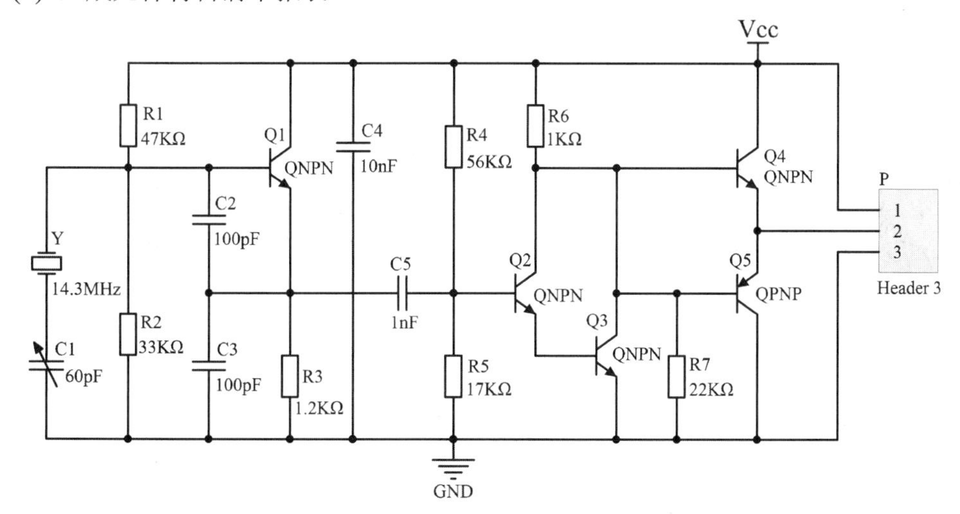


图 10-20　信号源电路原理图

表 10-3　电路元件明细表

| 元件在库中的名称 | 元件在图中的标号(Designator) | 元件类别或标示值 | 元件在库中的名称 | 元件在图中的标号(Designator) | 元件类别或标示值 |
|---|---|---|---|---|---|
| Res2 | R1 | 47 kΩ | Cap | C2、C3 | 100 pF |
| Res2 | R2 | 33 kΩ | Cap | C4 | 10 nF |
| Res2 | R3 | 1.2 kΩ | Cap | C5 | 1 nF |
| Res2 | R4 | 56 kΩ | Header 3 | JP1 | Header 3 |
| Res2 | R5 | 17 kΩ | XTAL | Y | 14.3 MHz |
| Res2 | R6 | 1 kΩ | QNPN | Q1、Q2、Q3、Q4 | QNPN |
| Res2 | R7 | 22 kΩ | PNP | Q5 | QPNP |
| Cap Var | C1 | 60 pF | | | |

注：P 在 Miscellaneous Connectors.IntLib 元件库中；其余元件均在 Miscellaneous Devices.IntLib 元件库中。

## ⊠ 操作提示

同本实训练习一的操作提示。

# 练习四　光控延时照明灯电路的编译与报表文件的生成

## ⊠ 实训内容

绘制如图 10-21 所示的光控延时照明灯电路原理图。图中电路元件说明如表 10-4 所示。

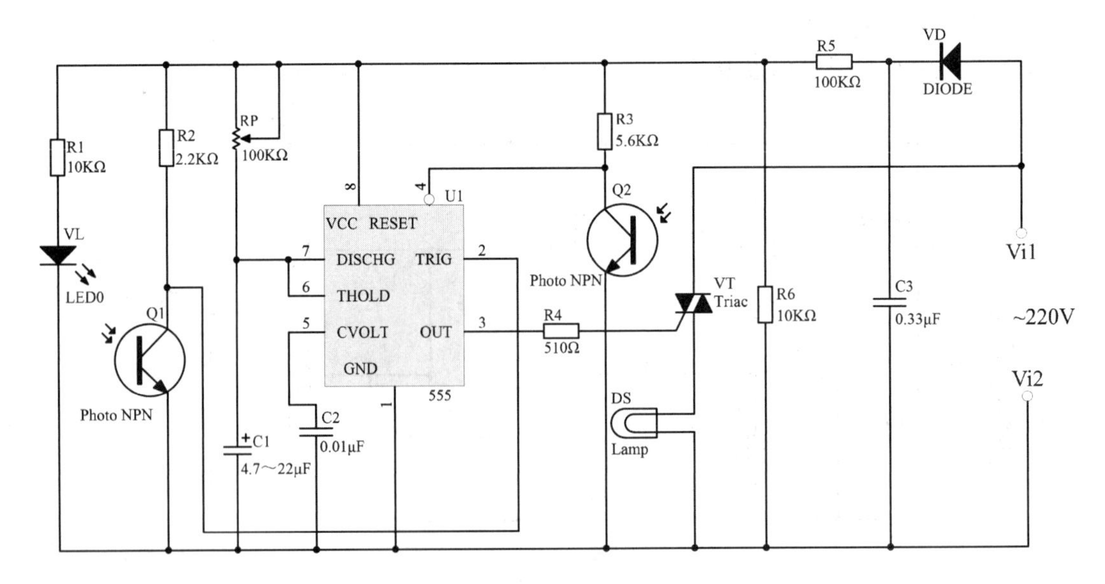


图 10-21　光控延时照明灯电路原理图

画好图后，进行以下练习：

(1) 进行原理图的编译检查。

(2) 产生网络表。

(3) 生成元件材料清单报表。

表 10-4　电路元件明细表

| 元件在库中的名称 | 元件在图中的标号(Designator) | 元件类别或标示值 |
|---|---|---|
| Cap Pol2 | C1 | 4.7～22 μF |
| Cap | C2 | 0.01 F |
| Cap | C3 | 0.33 μF |
| Res2 | R1、R6 | 10 kΩ |
| Res2 | R2 | 2.2 kΩ |
| Res2 | R3 | 5.6 kΩ |
| Res2 | R4 | 510 Ω |
| Res2 | R5 | 100 kΩ |
| RPot | RP | 100 kΩ |
| 555 | U1 | 555 |
| Lamp | DS | Lamp |
| Triac | VT | Triac |
| LED0 | VL | LED0 |
| Photo NPN | Q1、Q2 | Photo NPN |
| DIODE | VD | Diode |

注：555 元件在导入的 Protel 99 SE Sim.IntLib 元件库中；其余元件在 Miscellaneous Devices.IntLib 元件库中。

## ⌧ 操作提示

同本实训练习一的操作提示。

# 练习五　稻草人电路的编译与报表文件的生成

## ⌧ 实训内容

绘制如图 10-22 所示的稻草人电路原理图。图中电路元件说明如表 10-5 所示。画好图后，进行以下练习：

(1) 进行原理图的编译检查。

(2) 产生网络表。

(3) 生成元件材料清单报表。

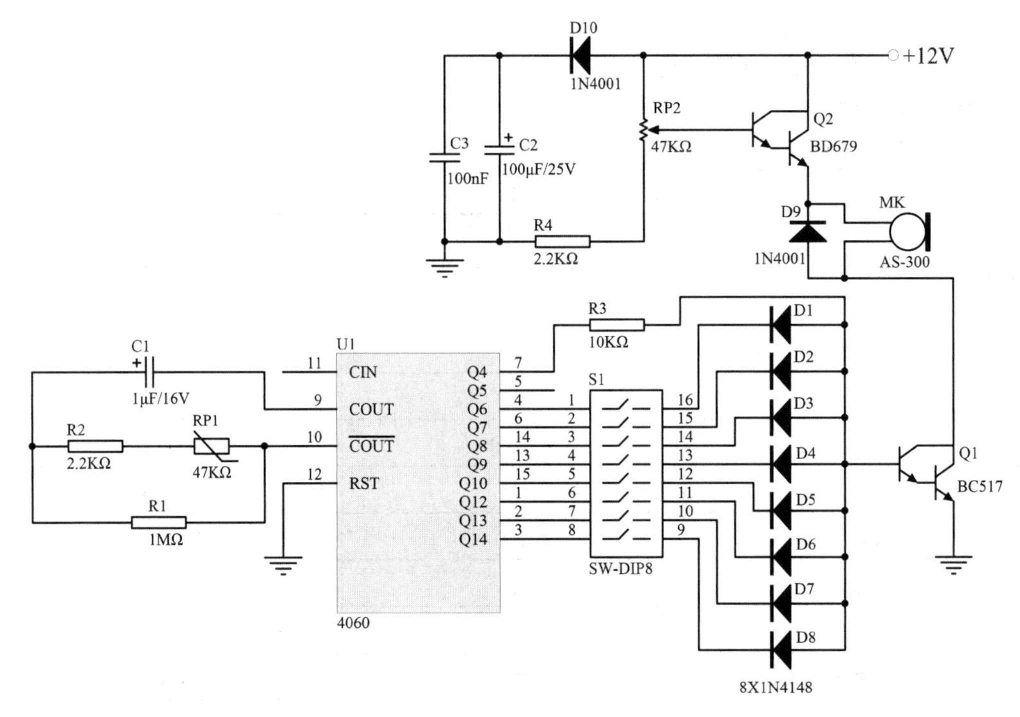


图 10-22　稻草人电路原理图

**表 10-5　电路元件明细表**

| 元件在库中的名称 | 元件在图中的标号(Designator) | 元件类别或标示值 |
|---|---|---|
| Res2 | R1 | 1 MΩ |
| Res2 | R2、R4 | 2.2 kΩ |
| Res2 | R3 | 10 kΩ |
| Res Varistor | PR1 | 47 kΩ |
| RPot | RP2 | 47 kΩ |
| Cap Pol2 | C1 | 1μF |
| Cap Pol2 | C2 | 100μF |
| Cap | C3 | 100nF |
| 1N4148 | D1～D8 | 1N4148 |
| 1N4001 | D9、D10 | 1N4001 |
| NPN1 | T1 | BC517 |
| NPN1 | T2 | BD679 |
| Mic2 | MK | AS-300 |
| 4060 | U1 | 4060 |
| SW-DIP8 | S1 | SW-DIP8 |

注：U1 在导入的 Protel 99 SE Protel DOS Schematic Libraries.IntLib 元件库中；其余元件在 Miscellaneous Devices.IntLib 元件库中。

## ⊠ 操作提示

同本实训练习一的操作提示。

# 练习六 微波传感自动灯电路的编译与报表文件的生成

## ⊠ 实训内容

绘制如图 10-23 所示的微波传感自动灯电路原理图。图中电路元件说明如表 10-6 所示。画好图后，进行以下练习：

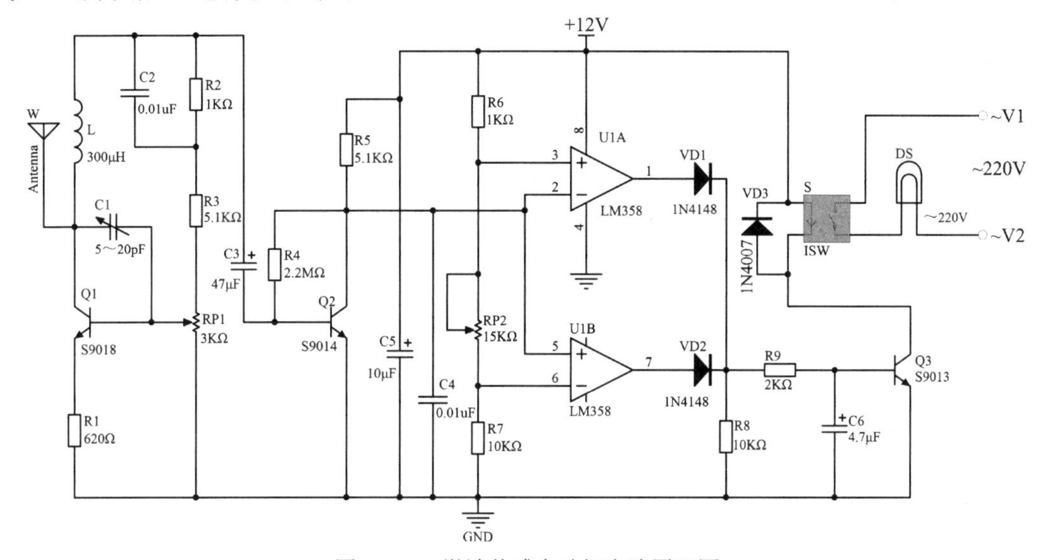


图 10-23 微波传感自动灯电路原理图

(1) 进行原理图的编译检查。

(2) 生成元件材料清单报表。

(3) 产生网络表。

**表 10-6 电路元件明细表**

| 元件在库中的名称 | 元件在图中的标号(Designator) | 元件类别或标示值 | 元件在库中的名称 | 元件在图中的标号(Designator) | 元件类别或标示值 |
|---|---|---|---|---|---|
| Res2 | R1 | 620 Ω | RPot | RP1 | 3 kΩ |
| Res2 | R2 | 1 kΩ | RPot | RP2 | 15 kΩ |
| Res2 | R3、R5 | 5.1 kΩ | Cap Var | C1 | 5～20 pF |
| Res2 | R4 | 2.2 MΩ | CAP | C2、C4 | 0.01 μF |
| Res2 | R6 | 1 kΩ | Cap Pol2 | C3 | 47 μF |
| Res2 | R7、R8 | 10 kΩ | Cap Pol2 | C5 | 10 μF |
| Res2 | R9 | 2 kΩ | Cap Pol2 | C6 | 4.7 μF |

续表

| 元件在库中的名称 | 元件在图中的标号(Designator) | 元件类别或标示值 | 元件在库中的名称 | 元件在图中的标号(Designator) | 元件类别或标示值 |
|---|---|---|---|---|---|
| INDUCTOR | L | 300 μH | NPN | V2 | S9014 |
| LAMP | DS | ～220 V | NPN | V3 | S9013 |
| 1N4148 | VD1、VD2 | 1N4148 | LM358 | U1 | LM358 |
| 1N4007 | VD3 | 1N4007 | ISW | S | ISW |
| NPN | V1 | S9018 | Antenna | W | Antenna |

注：S 在系统自带的 Simulation Special Function.IntLib 元件库中；U1 在导入的 Protel 99 SE Protel DOS Schematic Libraries.IntLib 元件库中；其余元件在 MiscellaneousDevices.IntLib 元件库中。

## ☒ 操作提示

同本实训练习一的操作提示。

# 练习七　PC 并行口连接的 A/D 转换电路的编译与报表文件的生成

## ☒ 实训内容

绘制如图 10-24 所示的 PC 并行口连接的 A/D 转换电路原理图。图中电路元件说明如表 10-7 所示。画好图后，进行以下练习：

(1) 进行原理图的编译检查。

(2) 产生网络表。

(3) 生成元件材料清单报表。

表 10-7　电路元件明细表

| 元件在库中的名称 | 元件在图中的标号(Designator) | 元件类别或标示值 | 元件在库中的名称 | 元件在图中的标号(Designator) | 元件类别或标示值 |
|---|---|---|---|---|---|
| Diode 1N4001 | D1～D4 | 1N4001 | Header 2 | J2 | Header 2 |
| Header 4 | JP1、JP2 | 4 HEADER | SW-SPST | S1 | SW-SPST |
| Res2 | R1 | 10 kΩ | ADC0804 | U1 | ADC0804 |
| Cap | C1 | 150 pF | SN74HC157 | U2 | SN74HC157 |
| Cap Pol2 | C2、C3 | 100 μF | UA7805KC | U3 | uA7805 |
| D Connector 25 | J1 | D Connector 25 | | | |

注：U1、U2、U3 在导入的 Protel 99 SE Protel DOS Schematic Libraries.IntLib 元件库中；J1、J2、JP1、JP2 在 Miscellaneous Connectors.IntLib 元件库中；其余元件在 Miscellaneous Devices.IntLib 元件库中。

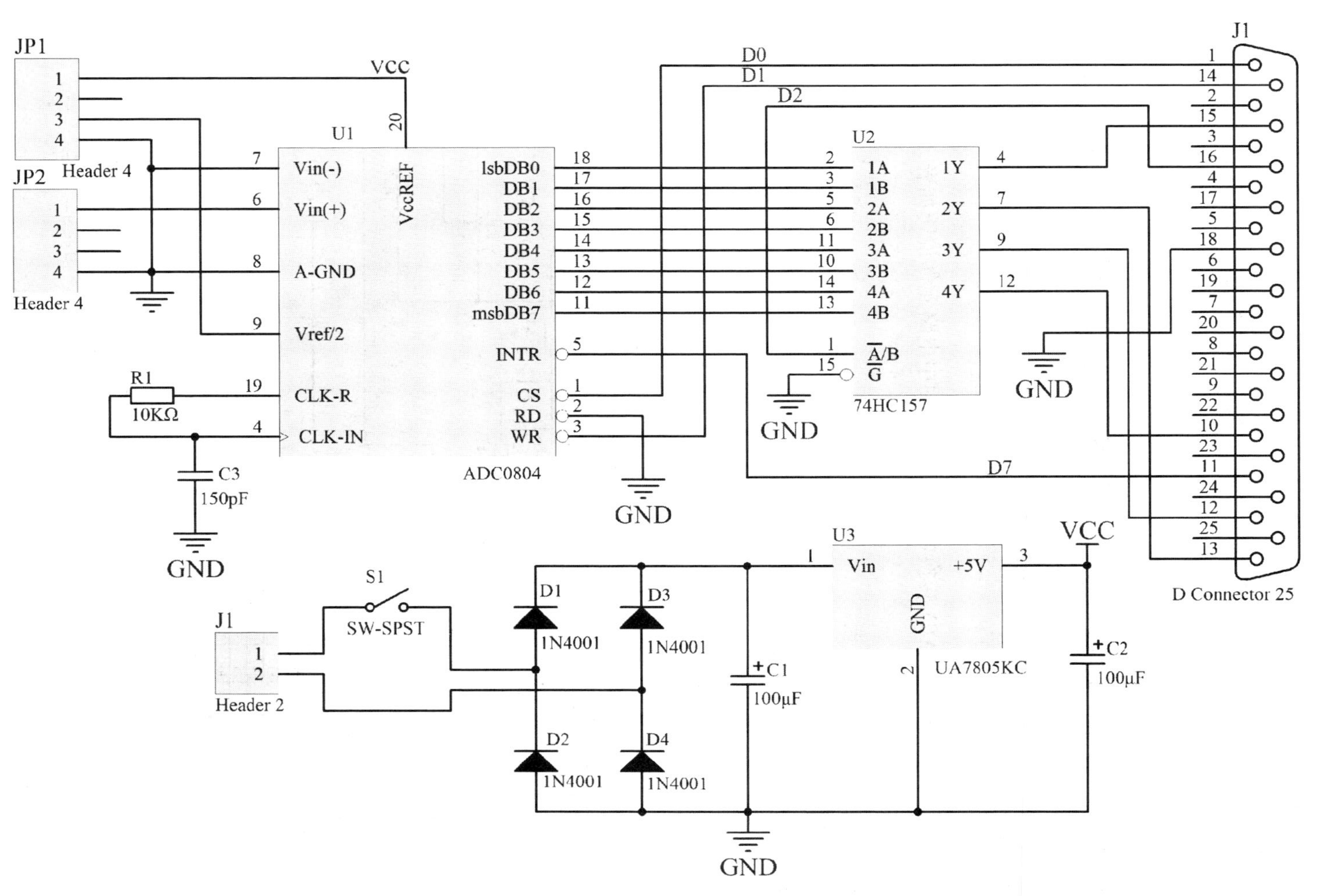


图 10-24　PC 并行口连接的 A/D 转换电路原理图

## ⊠ 操作提示

同本实训练习一的操作提示(导线上的标记“D0”“D1”“D2”“D7”“VCC”等为网络标签)。

# 练习八 A/D 转换电路原理图的编译与报表文件的生成

## ⊠ 实训内容

绘制如图 10-25 所示的 A/D 转换电路原理图。图中电路元件说明如表 10-8 所示。画好图后，进行以下练习：

(1) 进行原理图的编译检查。

(2) 产生网络表。

(3) 生成元件材料清单报表。

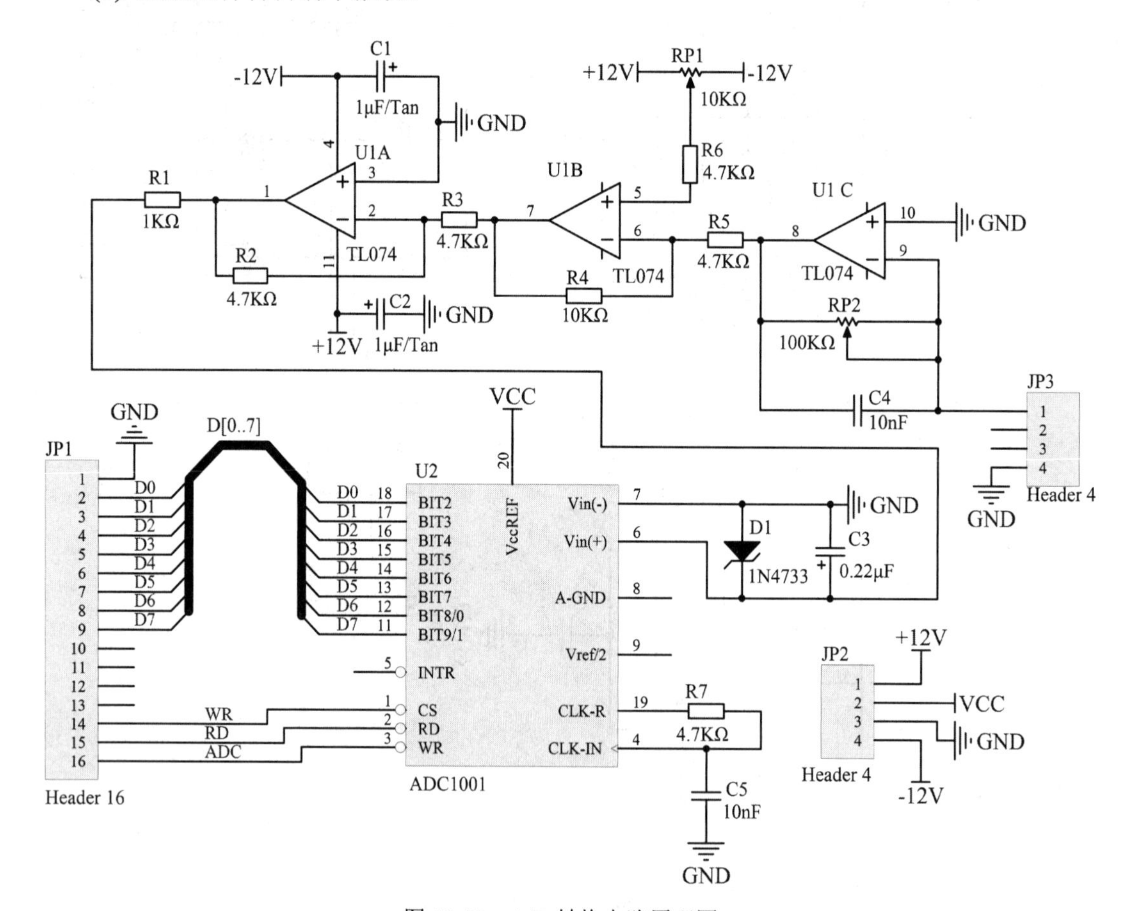


图 10-25 A/D 转换电路原理图

表 10-8　电路元件明细表

| 元件在库中的名称 | 元件在图中的标号(Designator) | 元件类别或标示值 | 元件在库中的名称 | 元件在图中的标号(Designator) | 元件类别或标示值 |
|---|---|---|---|---|---|
| Res2 | R1 | 1 kΩ | Cap Pol2 | C3 | 0.22 μF/Tan |
| Res2 | R2、R3、R5、R6、R7 | 4.7 kΩ | Cap | C4 | 10 nF |
| Res2 | R4 | 10 kΩ | Cap | C5 | 100 pF |
| RPot | RP1 | 10 kΩ | Header 16 | JP1 | Header 16 |
| RPot | RP2 | 100 kΩ | D Zener | D1 | 1N4733 |
| Header 4 | JP1、JP2 | Header 4 | TL074 | U1 | TL074 |
| Cap Pol2 | C1、C2 | 1 μF/Tan | ADC1001 | U2 | ADC1001 |

注：U1、U2 在导入的 Protel 99 SE Protel DOS Schematic Libraries.IntLib 元件库中；JP1、JP2、JP3 在 Miscellaneous Connectors.IntLib 元件库中；其余元件在 Miscellaneous Devices.IntLib 元件库中。

## ⊠ 操作提示

同本实训练习一的操作提示(导线上的标记为网络标签)。

# 练习九　汽车油量检测报警电路的编译与报表文件的生成

## ⊠ 实训内容

绘制如图 10-26 所示的汽车油量检测报警电路原理图。图中电路元件说明如表 10-9 所示。

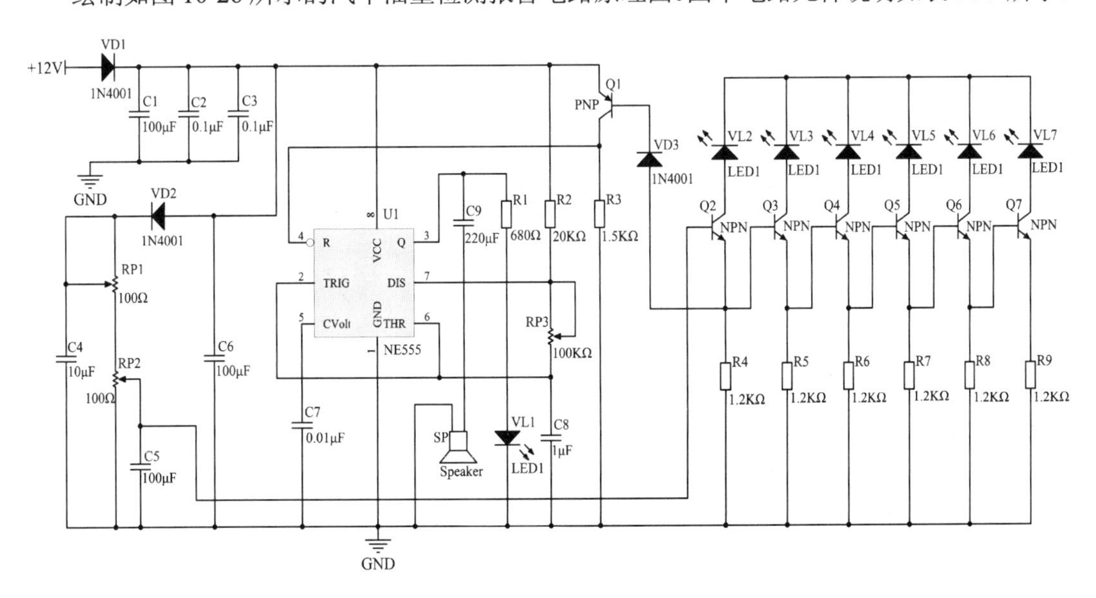


图 10-26　汽车油量检测报警电路原理图

画好图后，进行以下练习：

(1) 进行原理图的编译检查。

(2) 产生网络表。

(3) 生成元件材料清单报表。

## ⌧ 操作提示

同本实训练习一的操作提示。

表 10-9　电路元件明细表

| 元件在库中的名称 | 元件在图中的标号(Designator) | 元件类别或标示值 | 元件在库中的名称 | 元件在图中的标号(Designator) | 元件类别或标示值 |
|---|---|---|---|---|---|
| Cap | C1、C5、C6 | 100 μF | Res2 | R4～R9 | 1.2 kΩ |
| Cap | C2、C3 | 0.1 μF | RPot | RP1、RP2 | 100 Ω |
| Cap | C4 | 10 μF | RPot | RP3 | 100 kΩ |
| Cap | C7 | 0.01 μF | Diode 1N4001 | VD1、VD2、VD3 | 1N4001 |
| Cap | C8 | 1 μF | LED1 | VL1～VL7 | LED1 |
| Cap | C9 | 220 μF | NE555 | U1 | NE555 |
| Res2 | R1 | 680 Ω | NPN | Q2～Q7 | NPN |
| Res2 | R2 | 20 kΩ | PNP | Q1 | PNP |
| Res2 | R3 | 1.5 kΩ | Speaker | SP | Speaker |

注：U1 在导入的 Protel 99 SE Protel DOS Schematic Libraries.IntLib 元件库中；其余元件在 Miscellaneous Devices.IntLib 元件库中。

# 练习十　单片机电路的编译与报表文件的生成

## ⌧ 实训内容

绘制如图 10-27 所示的单片机电路的原理图。图中电路元件说明如表 10-10 所示。画好图后，进行以下练习：

(1) 进行原理图的编译检查。

(2) 产生网络表。

(3) 生成元件材料清单报表。

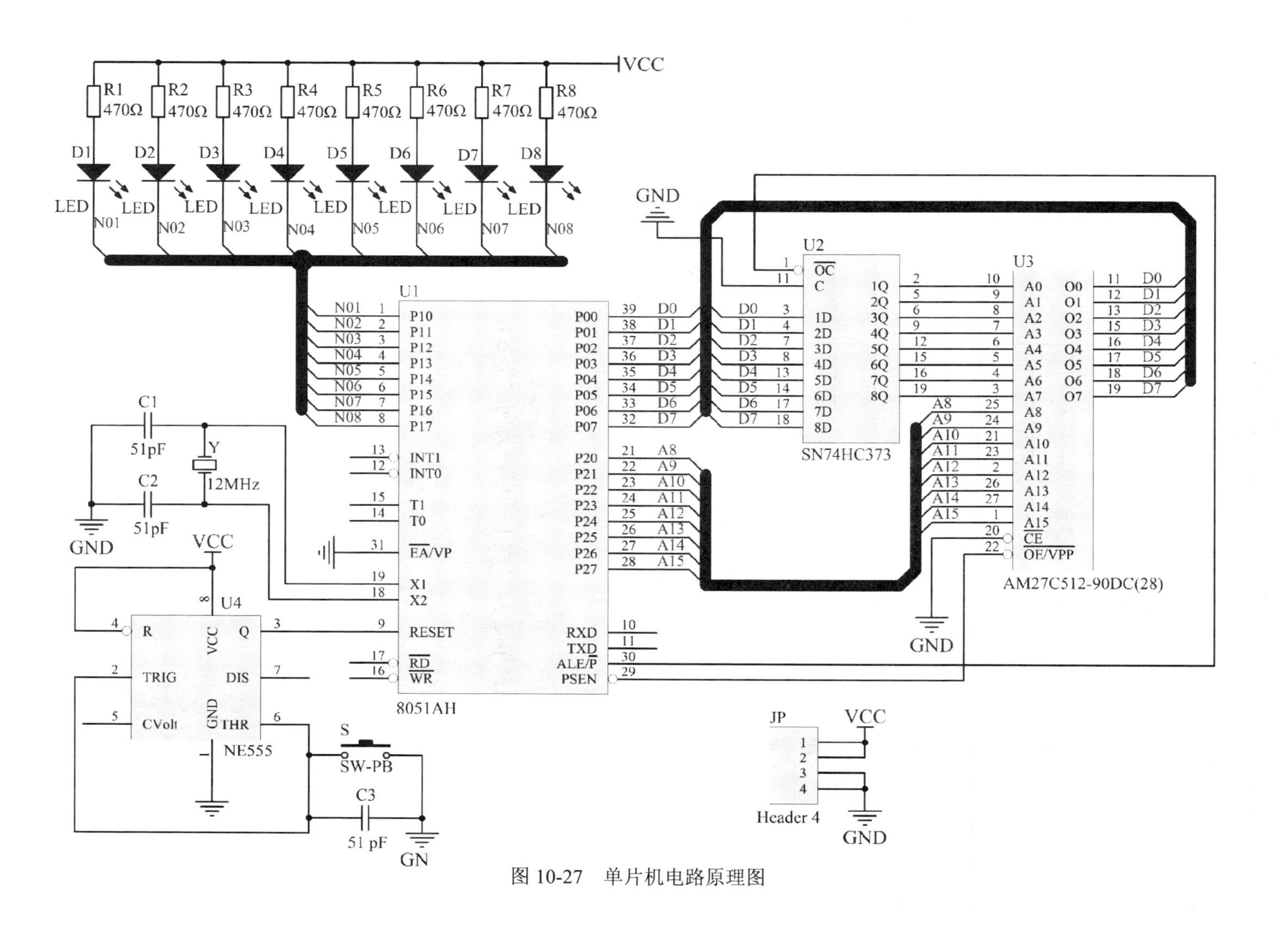


图 10-27　单片机电路原理图

表 10-10　电路元件明细表

| 元件在库中的名称 | 元件在图中的标号 (Designator) | 元件类别或标示值 |
|---|---|---|
| Header 4 | JP | Header 4 |
| XTAL | Y | 12 MHz |
| Res2 | R1～R8 | 470 Ω |
| 8051AH | U1 | 8051AH |
| SN74HC373 | U2 | SN74HC373 |
| AM27C512-90DC(28) | U3 | AM27C512-90DC(28) |
| NE555 | U4 | NE555 |
| LED0 | D1～D8 | LED |
| SW-PB | S | SW-PB |
| Cap | C1、C2 | 51 pF |
| Cap | C4 | Cap |

注：U1 在导入的 Protel 99 SE Intel Databooks.IntLib 元件库中；U2 在导入的 Protel 99 SE TI Databooks.IntLib 元件库中；U3 在导入的 Protel 99 SE AMD Memory.IntLib 元件库中；U4 在导入的 Protel 99 SE Protel DOS Schematic Libraries.IntLib 元件库中；JP 在 Miscellaneous Connectors.IntLib 元件库中；其余元件在 Miscellaneous Devices.IntLib 元件库中。

## ⌧ 操作提示

同本实训练习一的操作提示(导线上的标记为网络标签)。

# 第二篇

## 印制电路板(PCB)设计

# 实训十一　PCB 设计基础

### ◇ 实训目的

(1) 掌握 PCB 文档的添加方法。
(2) 掌握编辑窗口调整的各种操作。
(3) 掌握工作参数的设置方法。
(4) 学会栅格的设置方法。
(5) 掌握各板层的含义。
(6) 学会简单规划电路板的大小及其形状设置方法。

### ◇ 实训设备

Altium Designer 19 软件、PC。

## 练习一　建立 PCB 文档

### ⌧ 实训内容

创建工程项目文件，并添加 PCB 文件。

### ⌧ 操作提示

参照实训一中的练习二、练习四，创建工程项目，添加 PCB 文件。

## 练习二　编辑窗口调整

### ⌧ 实训内容

打开系统自带的范例 Bluetooth_Sentinel.PrjPcb 项目文件，再打开 Bluetooth _Sentinel.PcbDoc，练习画面管理的各种操作，并比较各命令执行的效果。

### ⌧ 操作提示

#### 1. 画面显示

(1) 画面的放大有以下三种方法。

方法一：执行菜单命令“视图”→ (放大)。

方法二：使用键盘上的Page Up键。

方法三：使用快捷键V + I。

在工作窗口中的某一点，单击鼠标右键，在弹出的快捷菜单中选择“Zoom In”，或直接按Page Up键，则画面以该点为中心进行放大。

(2) 画面的缩小有以下三种方法。

方法一：执行菜单命令“视图”→ (缩小)。

方法二：使用键盘上的Page Down键。

方法三：使用快捷键V + O。

在绘图工作区的某一点，单击鼠标右键，在弹出的快捷菜单中选择“Zoom Out”，或直接按下Page Down键，则画面以该点为中心进行缩小。

**注意**：有些笔记本电脑在用Page Up、Page Down键进行放大、缩小操作时，需要同时按下Fn(功能)键，才能达到操作效果。

(3) 对选定的区域放大有以下两种方法。

方法一：执行菜单命令“视图”→ (图标)。

方法二：执行菜单命令“视图”→“点周围”，以单击点为中心，单击放大。

(4) 显示整个电路板/整个图形文件。

显示整个电路板：执行菜单命令“视图”→“适合板子”，在工作窗口将显示整个电路板，包括没有绘图的区域，且能显示整个板子在编辑区内的位置。

显示整个图形文件：执行菜单命令“视图”→“适合文件”，或单击图标，可将整个图形文件显示在工作窗口。如果电路板边框外有图形，则也会同时显示出来。

(5) 要采用上次显示的比例显示，可执行菜单命令“视图”→“上一次缩放”。

## 2. PCB的状态栏、命令栏和“Projects”面板的打开与关闭

(1) 状态栏与命令栏的打开与关闭。

执行菜单命令“视图”→“状态栏”，可打开和关闭状态栏。在状态栏将显示出当前光标的坐标位置。如在窗口左下角显示 X:2870mil Y:3095mil Grid: 5mil (Flipped) 图标。

执行菜单命令“视图”→“命令栏”，可打开与关闭命令栏。在命令栏将显示当前正在执行的命令。如在窗口左下角显示 Idle state - ready for command 图标。

**注意**：在菜单命令前有“√”，表示该栏已被打开。

(2) “Projects”面板的打开与关闭有两种方法。

方法一：在屏幕右下角单击 Panels 图标，弹出对话框，选择“Projects”项，即可以打开“Projects”面板。

方法二：执行菜单命令“视图”→“面板”，选择Projects项，也可以打开“Projects”面板。可利用“Projects”面板的浏览功能实现快速查看PCB文件、查找和定位元件和网络等操作；关闭“Projects”面板，可以增加工作窗口的视图面积。

# 练习三　工作参数设置

## ☒ 实训内容

在本实训练习二的基础上，打开“优选项”对话框，在“PCB Editor” 选项中设置 PCB 的各种参数，并观察设置后的画面显示状态。

## ☒ 操作提示

“优选项”对话框有以下三种打开方法。

方法一：执行菜单命令“工具”→“优选项”。

方法二：在 PCB 编辑器窗口中，单击鼠标右键，在弹出的菜单中选择优选项。

方法三：单击主界面右上角的 图标。

在“优选项”对话框中，“PCB Editor”选项中有 12 个选项可供设计者设置，如图 11-1 所示。练习每种参数的设置和使用方法。

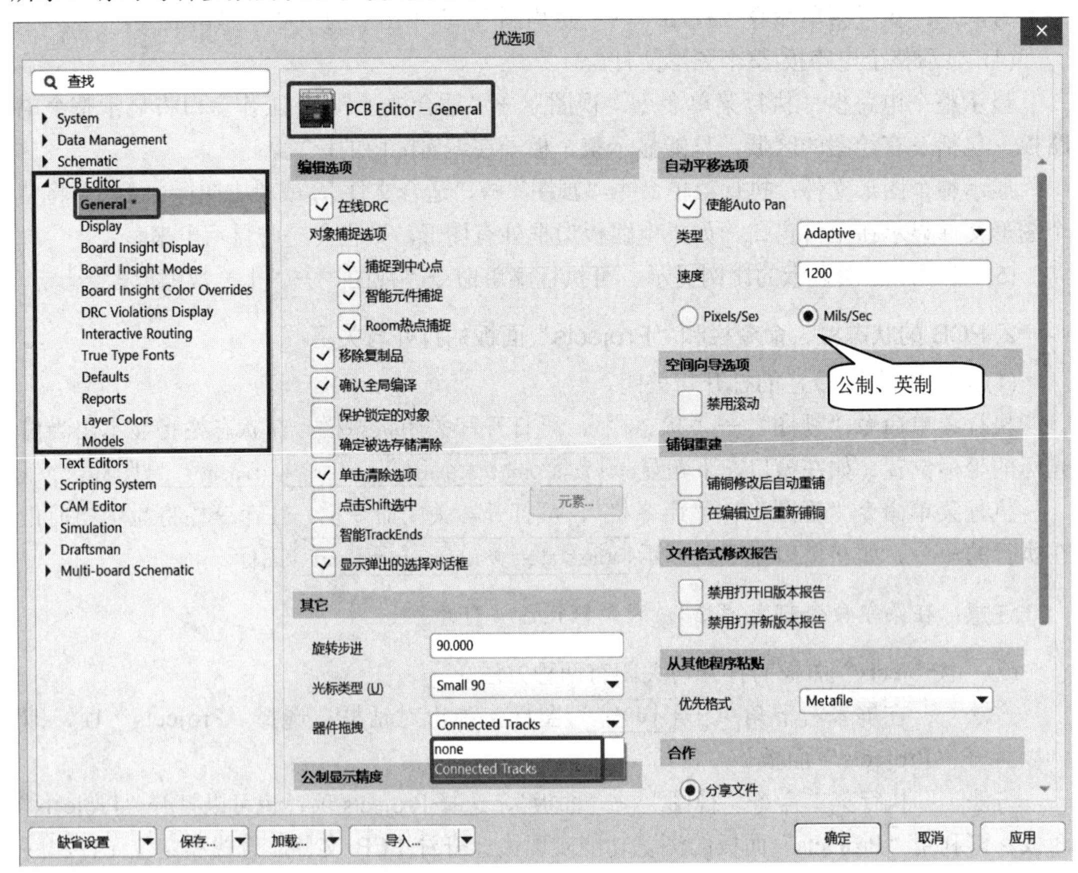


图 11-1　“PCB Editor”选项

# 练习四　栅格的设置

## 实训内容

(1) 设置捕捉栅格 X 为 100 mil，捕捉栅格 Y 为 50 mil，长方形线状栅格；
(2) 设置捕捉栅格 X 为 100 mil，捕捉栅格 Y 为 100 mil，矩形线状栅格；
(3) 将(1) (2)两种栅格再设置为点状栅格，并设置自己认为合适的栅格颜色。

## 操作提示

在英文输入状态下按下键盘上的 G 键，弹出栅格选择选项，如图 11-2 所示。可以直接选择所需的栅格。单击“栅格属性”，弹出“Cartesian Grid Editor(笛卡尔栅格编辑器)”对话框，如图 11-3 所示。使用快捷键 Ctrl + G，也能弹出图 11-3 的对话框。在图 11-3 中可进行栅格设置。

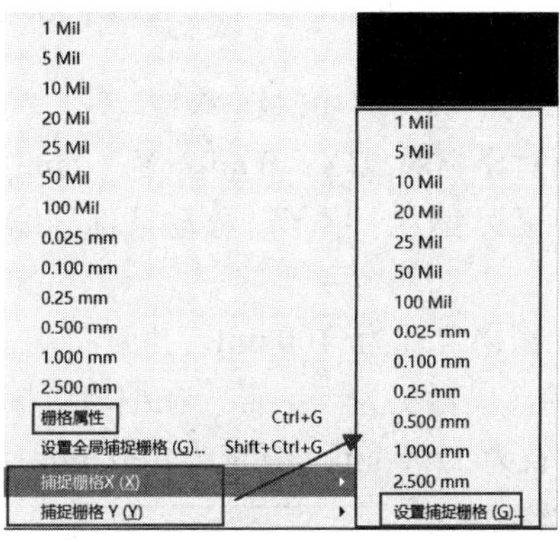


图 11-2　栅格选择选项

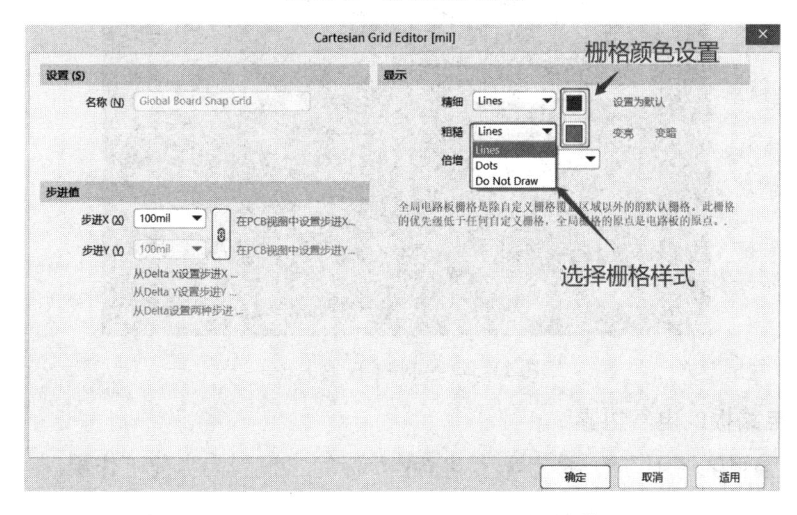


图 11-3　“Cartesian Grid Editor”对话框

# 练习五　电 路 板 规 划

## ⊠ 实训内容

创建一个新的工程项目文件，命名为“PCB 设计”，添加 PCB 文件，并命名为“我的电路板”。在工作窗口中绘制大小为 1200 mil × 700 mil，形状为矩形的电路板，设定其为 PCB 板的物理边界；在禁止布线层(Keep-Out Layer)设定 PCB 板的电气边界，大小为 1100 mil × 600 mil。

## ⊠ 操作提示

### 1. 设定电路板的物理边界

(1) 在 PCB 文档编辑器中，单击底部层标签中的“Mechanical 1”，使它成为当前工作层，如图 11-4 所示。

图 11-4　板层标签

(2) 放置原点，即确定相对坐标原点(X：0 mil；Y：0 mil)的位置。执行菜单命令“编辑”→“原点”→“设置”，鼠标变为十字形，移动鼠标到编辑区的合适位置，点击鼠标左键，放置 (原点)图标。

(3) 绘制板层大小。设置栅格尺寸为 100 mil，执行菜单命令“放置”→“线条”，或单击窗口工具栏中的 图标，鼠标变为十字形，在编辑区域绘制一个闭合的矩形区域，如图 11-5 所示。PCB 板的板长为 1200 mil，板宽为 700 mil，线条宽度设置为 10 mil。

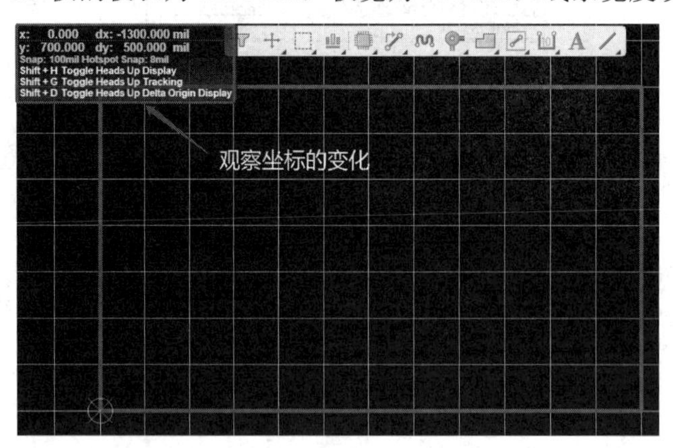


图 11-5　绘制 PCB 的大小

### 2. 设置电路板的电气边界

(1) 单击编辑区域下方的 Keep-Out Layer 标签，设置为当前工作层。

(2) 设置栅格尺寸为 50 mil，执行菜单命令“放置”→“Keepout”→“线径”，如图 11-6 所示。

(3) 鼠标变为十字形，在距物理边界 50 mil(X、Y 坐标分别为 50 mil)的位置单击鼠标左键，确定电气边界的起点，移动鼠标绘制一个闭合的区域(其长为 1100 mil，宽为 600 mil，线条宽度设置为 10 mil)。绘制完成的 PCB 尺寸如图 11-7 所示。

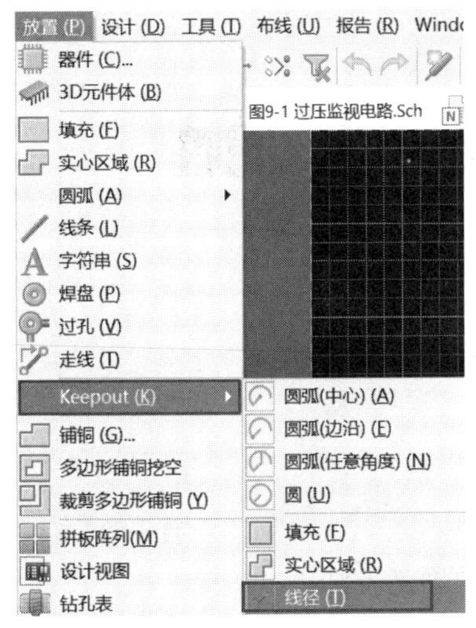


图 11-6　绘制电气边界的命令

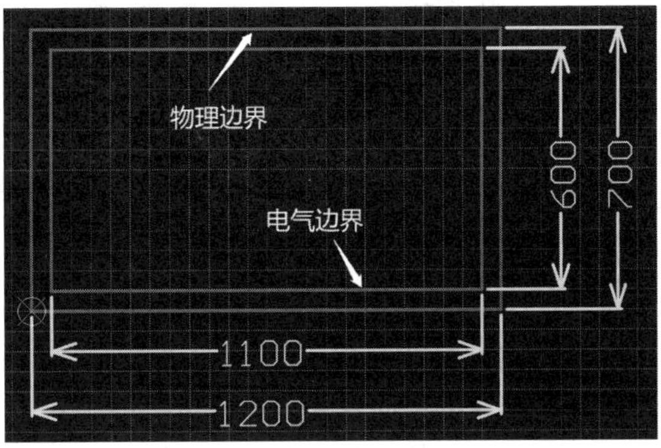

图 11-7　PCB 的物理边界与电气边界

### 3. 裁剪电路板

首先执行菜单命令“编辑”→“选择”→“全部”，选取整个电路板，再执行菜单命令“设计”→“板子形状”→“按照选择对象定义”，如图 11-8 所示，此时电路板裁剪效果如图 11-9 所示，板周围黑底色变为灰色，中间显示裁剪好的 PCB 板。

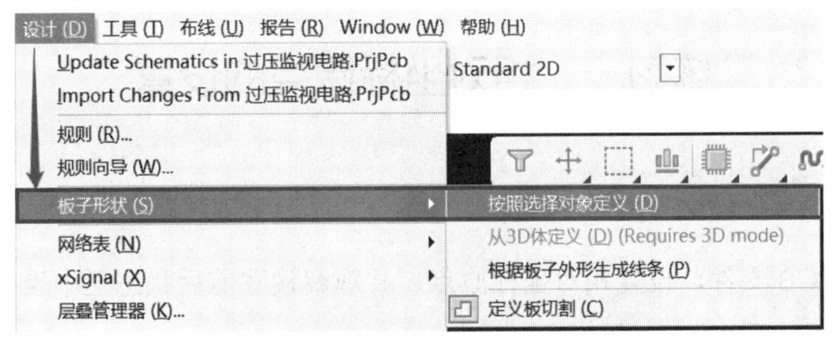


图 11-8　板子形状设置对话框

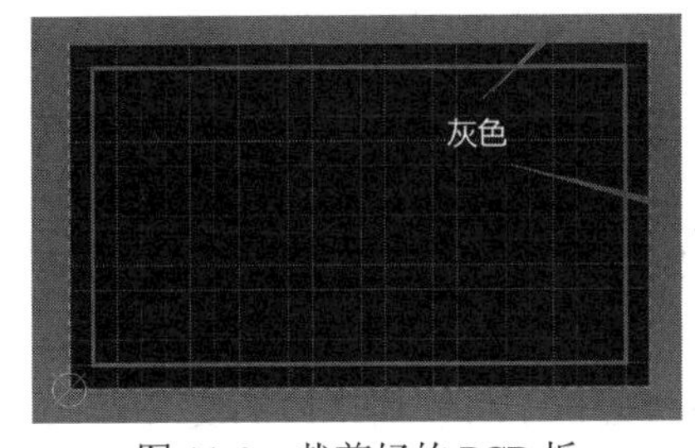


图 11-9　裁剪好的 PCB 板

# 实训十二　PCB 对象的放置、属性编辑与板层的设置

## ◇ 实训目的

(1) 掌握各种对象的放置方法。
(2) 掌握 PCB 板层的设置方法与电路板尺寸大小的确定方法。
(3) 学会 PCB 元件封装库的加载、卸载方法。
(4) 掌握 PCB 对象属性的编辑方法。

## ◇ 实训设备

Altium Designer 19 软件、PC。

## 练习一　相对坐标原点的设置

### ⌧ 实训内容

新建一个 PCB 文件，设置相对坐标原点，并观察设置前后状态栏中坐标值的变化。

### ⌧ 操作提示

(1) 创建新的工程项目，然后执行菜单命令“文件”→“新的…”→“PCB”，或在新建的工程项目文件上单击鼠标右键，在弹出的快捷菜单中选择“添加新的…到工程”，在弹出的下拉菜单中选择“PCB”。

(2) 执行菜单命令“编辑”→“原点”→“设置”，当光标变成十字形时，将光标移到要设为相对坐标原点的位置(最好位于可视栅格线的交叉点上)，单击鼠标左键，即将该点设为用户自定义的坐标原点，并显示坐标原点符号，设置完成后，观察状态栏的坐标值有无变化。

(3) 若要恢复原来的坐标系，执行菜单命令“编辑”→“原点”→“复位”即可。系统默认左下角为坐标原点。

# 练习二　元件封装的放置与属性编辑

## ⊠ 实训内容

在 PCB 文件中，放置电阻、电容、二极管、三极管、集成电路等元件，并设置它们的属性。

集成电路的封装：DIP8、DIP14、DIP16、PGA52X9、PLCC20。

电阻元件的封装：AXIAL-0.3～AXIAL-1.0。

电容元件的封装：RAD-0.1～RAD-0.4。

二极管元件的封装：DIODE-0.4、DIODE-0.7、DO-41。

三极管元件的封装：TO-46、TO-92、TO126、TO220。

## ⊠ 操作提示

(1) 元件封装库的加载。执行菜单命令“放置”→“器件”，或左键单击窗口工具栏中的图标，弹出元器件对话框，如图 4-1 所示。此后的过程与原理图元件库加载方法一样，可参考实训四练习一，加载元件封装库。

(2) 元件封装放置的方法有以下三种。

方法一：执行菜单命令“放置”→“器件”，屏幕弹出如图 12-1 所示的放置元件对话框。

方法二：PCB 工作窗口中单击鼠标右键，在弹出的快捷菜单中选择“放置”→“器件”，屏幕弹出如图 12-1 所示的放置元件对话框。

方法三：在布线窗口工具栏单击图标，屏幕也会弹出如图 12-1 所示的放置元件对话框。

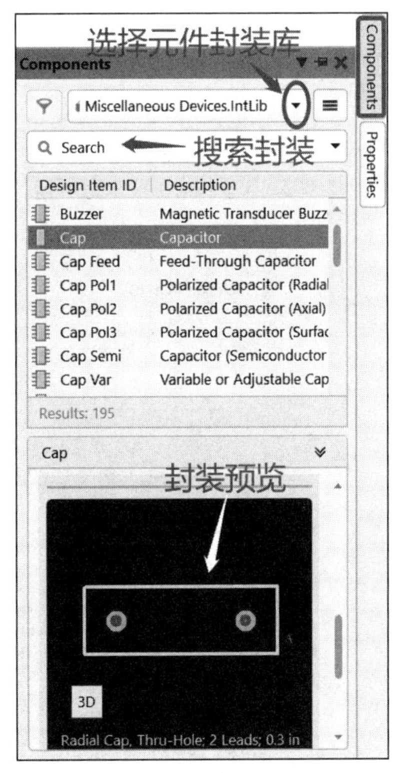


图 12-1　放置元件对话框

选择元件封装库，再放置元件封装。放置元件封装的方法与原理图放置元件符号的方法相同。可以直接在“Search”栏搜索元件封装。在放置过程中，按空格键可以进行旋转，按 X 键可以左右翻转，按 Y 键可以上下翻转，按 L 键可以转换元件放置的板层。

放置元件对话框包含的内容较多，可以显示元器件模型、元器件 2D 或 3D 形状。

(3) 调出元件属性对话框的方法有以下三种。

方法一：元器件处于放置命令状态时，按下 Tab 键。

方法二：用鼠标左键双击已经放好的元器件。

方法三：用鼠标右键单击某元器件，在弹出的快捷菜单中单击“Properties”。

弹出的元器件属性对话框，如图 12-2 所示。可以设置元件封装放置的板层，标号或标称值是否可视，元件封装显示的类型，元件、字符串图形对象能否锁定等信息。单击“Footprint”区域中“Footprint Name”右侧的【…】按钮，弹出“浏览库”对话框，如图 12-3 所示。可以进行浏览元件封装、选择元件库、添加元件库、查找元件等操作。找到所需元件封装，单击【确定】按钮，即可对其进行放置。

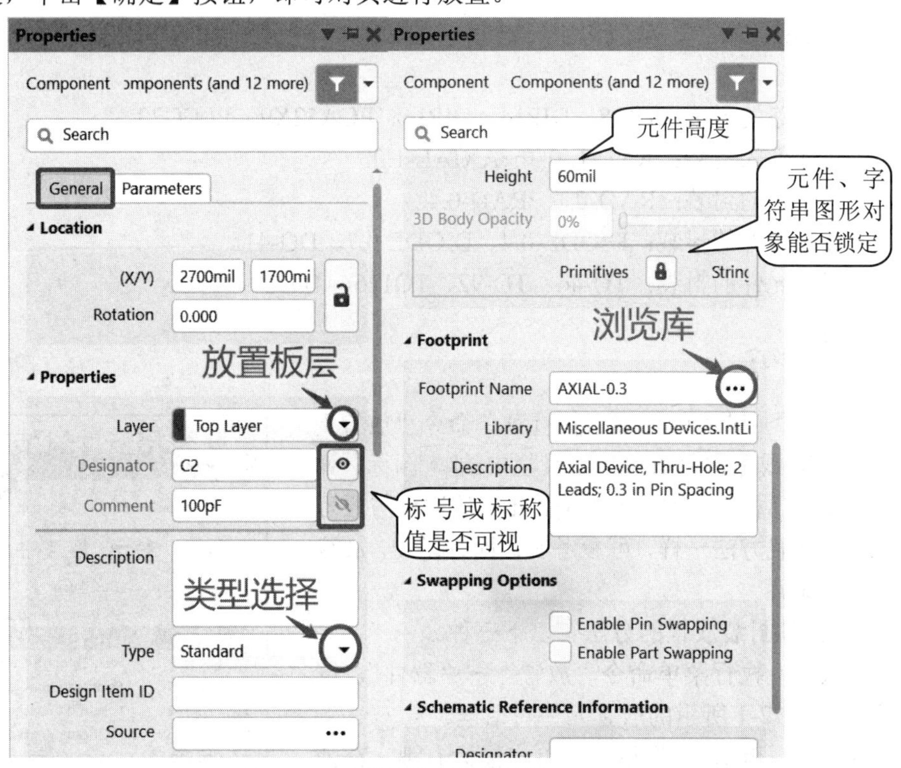


图 12-2　元件属性设置对话框

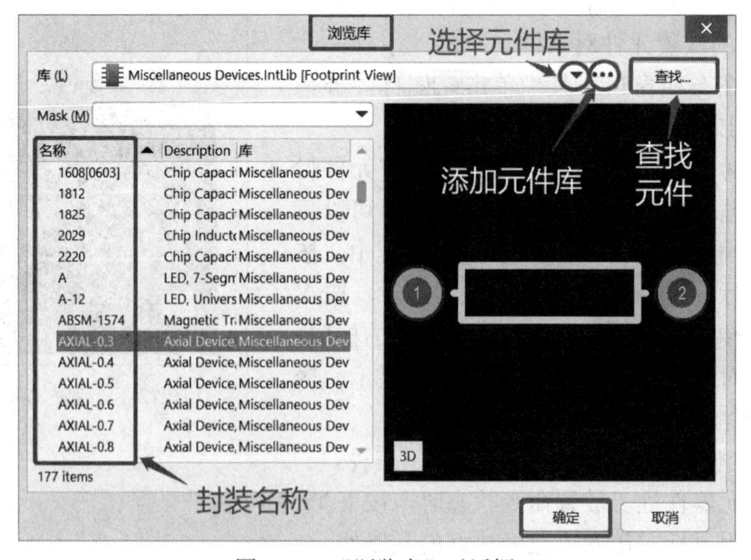


图 12-3　“浏览库”对话框

# 练习三　焊盘的放置与属性编辑

## ☒ 实训内容

放置焊盘，注意焊盘编号的变化，并设置焊盘的形状等属性，如放在 Multi Layer(多层)上的 Round(圆形)、Rectangle(正方形)、Octagonal(八边形)、Rounded Rectangle(圆角正方形)焊盘；放在顶层或底层的“金手指”焊盘。

## ☒ 操作提示

### 1. 放置焊盘的操作步骤

(1) 单击窗口工具栏中的 按钮，或执行菜单命令“放置”→“焊盘”，或在 PCB 编辑窗口单击右键，在弹出的快捷菜单中选择“放置”→“焊盘”。

(2) 光标变成十字形，光标中心带一个焊盘。将光标移到放置焊盘的位置，单击鼠标左键，便放置了一个焊盘。注意，焊盘中心有序号。

(3) 光标仍处于放置命令状态，可继续放置焊盘。单击鼠标右键可结束命令状态。

### 2. 设置焊盘的属性

在放置焊盘的过程中按下 Tab 键，或用鼠标左键双击放置好的焊盘，均可弹出焊盘属性对话框，如图 12-4 所示。可以设置焊盘的有关参数，如焊盘所在的板层、电气特性、内孔形状、焊盘尺寸及形状、焊盘样式等参数。

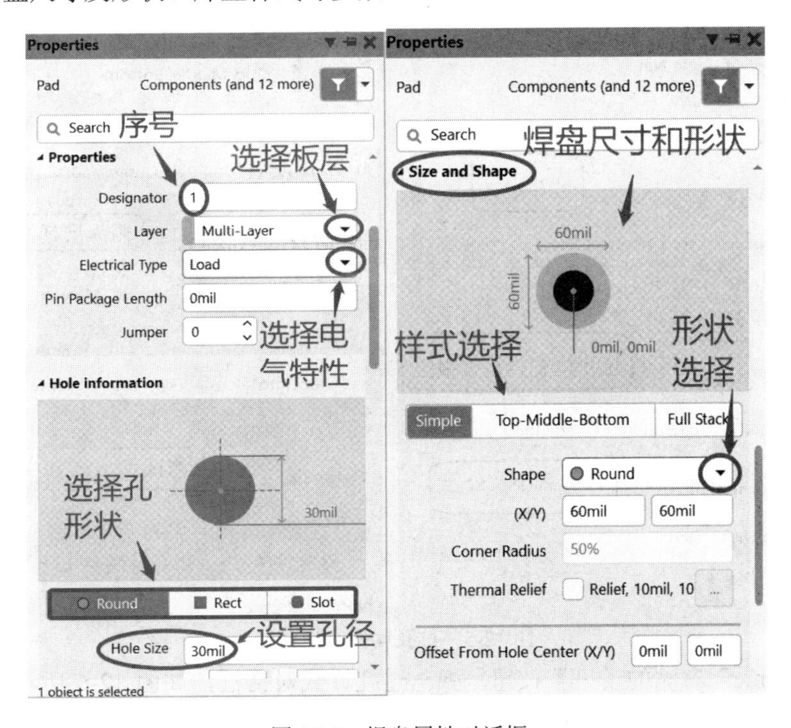


图 12-4　焊盘属性对话框

# 练习四　过孔的放置与属性编辑

## ⊠ 实训内容

放置过孔，仔细观察焊盘与过孔的区别，并注意过孔与焊盘所在层的区别。

## ⊠ 操作提示

### 1．放置过孔的操作步骤

(1) 单击窗口工具栏的 按钮，或执行菜单命令“放置”→“过孔”，或在 PCB 编辑窗口单击右键，选择“放置”→“过孔”。

(2) 光标变成十字形，将光标移到放置过孔的位置，单击鼠标左键，放置一个过孔。

(3) 此时可继续放置其他过孔，或单击鼠标右键，退出放置命令。

### 2．过孔属性的设置

在放置过孔过程中按下 Tab 键，或用鼠标左键双击已放置好的过孔，均可弹出过孔属性对话框，如图 12-5 所示，可设置过孔的有关参数。

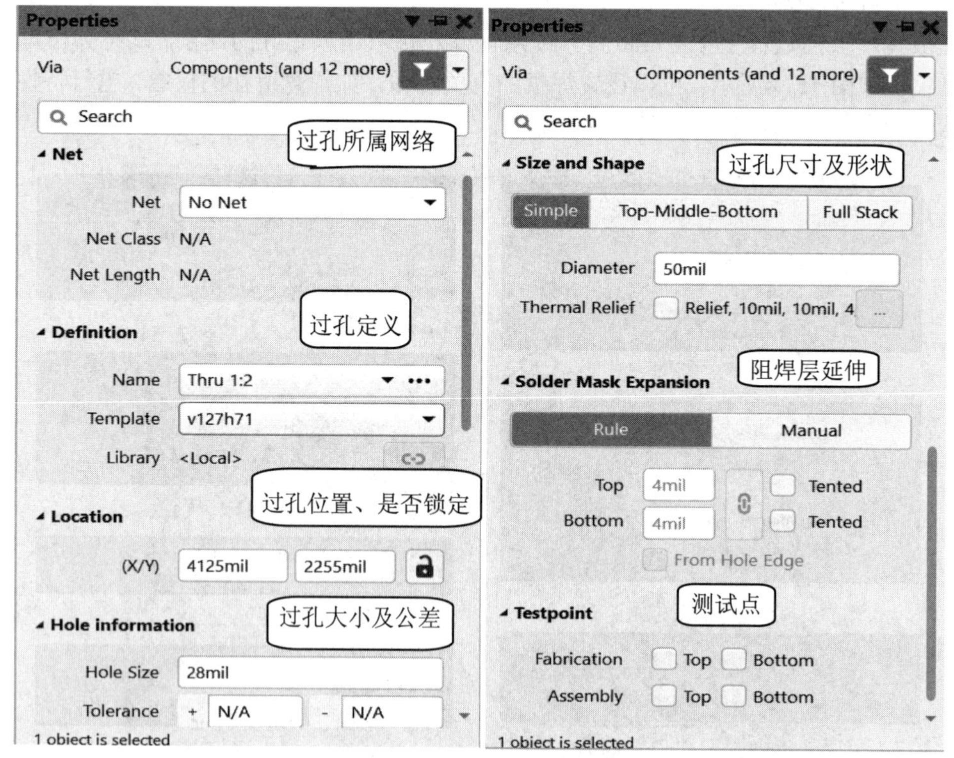


图 12-5　过孔属性对话框

单击“Name”右侧的【…】按钮，弹出过孔样式对话框，如图 12-6 所示。可以逐层设置过孔尺寸，也可以添加和删除过孔。

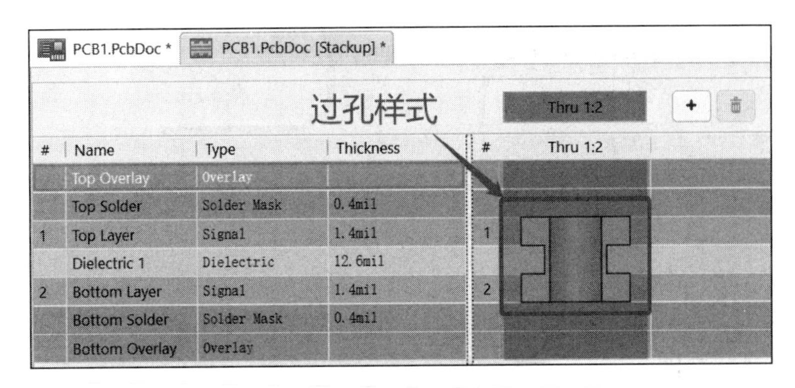


图 12-6　过孔样式对话框

# 练习五　导线的放置与属性编辑

## ⊠ 实训内容

(1) 放置导线，并在导线属性对话框中修改导线的宽度和所在的层，观察其变化情况。

(2) 对一条已放置好的导线进行移动和拆分操作。

(3) 将一条导线放置在顶层和底层，注意添加的过孔和导线颜色的变化。

## ⊠ 操作提示

### 1. 放置导线的操作步骤

(1) 单击窗口工具栏中的 按钮，或执行菜单命令“放置”→“走线”，或在 PCB 编辑窗口单击右键，选择“放置”→“走线”。

(2) 放置直导线：当光标变成十字形，将光标移到导线的起点，单击鼠标左键。然后将光标移到导线的终点，再单击鼠标左键，一条直导线被绘制出来。单击鼠标右键，结束本次操作。

(3) 放置折线：与放置直导线不同的是，当导线出现 90° 或 45° 转折时，在终点处要双击鼠标左键。或者在需要拐弯的地方单击鼠标左键，确定转折点，改变绘制方向，也可绘制折线。

(4) 另外系统提供了导线的 5 种放置模式，分别是 45° 转角、平滑圆弧、90° 转角、90° 圆弧转角、任意角，如图 12-7 所示。在绘制导线过程中，可以用 Shift + 空格键来切换导线的模式。另外，在放置导线过程中，使用空格键来切换导线的方向，如图 12-8 所示。

(a) 45° 转角　(b) 平滑圆弧　(c) 90° 转角　(d) 90° 圆弧转角　(e) 任意角

图 12-7　导线的 5 种放置模式

(a) 切换前　　　　(b) 切换后

图 12-8　导线的切换操作对比

(5) 放置完一条导线后，光标仍处于十字形，将光标移到其他位置，再放置其他导线。

(6) 单击鼠标右键，光标变成箭头形状，退出该命令状态。

### 2. 设置导线的属性

在放置导线过程中按下 Tab 键，弹出“Interactive Routing”(交互式布线)设置对话框，如图 12-9 所示。在该对话框中可以设置导线宽度、所在层、过孔直径及过孔孔径、布线模式、拐弯模式；同时还可以通过单击【Rules】按钮编辑布线宽度和过孔尺寸、单击【Help】按钮，查找帮助快捷键信息等操作。此设置将作为绘制下段导线的默认值。

在导线放置完毕后，用鼠标左键双击该导线，则弹出如图 12-10 所示导线属性对话框。

**注意**：放置过程中使用 Tab 键弹出的导线属性对话框，与双击放置好的导线弹出的属性对话框有明显的区别，这是不同于其他参数的。

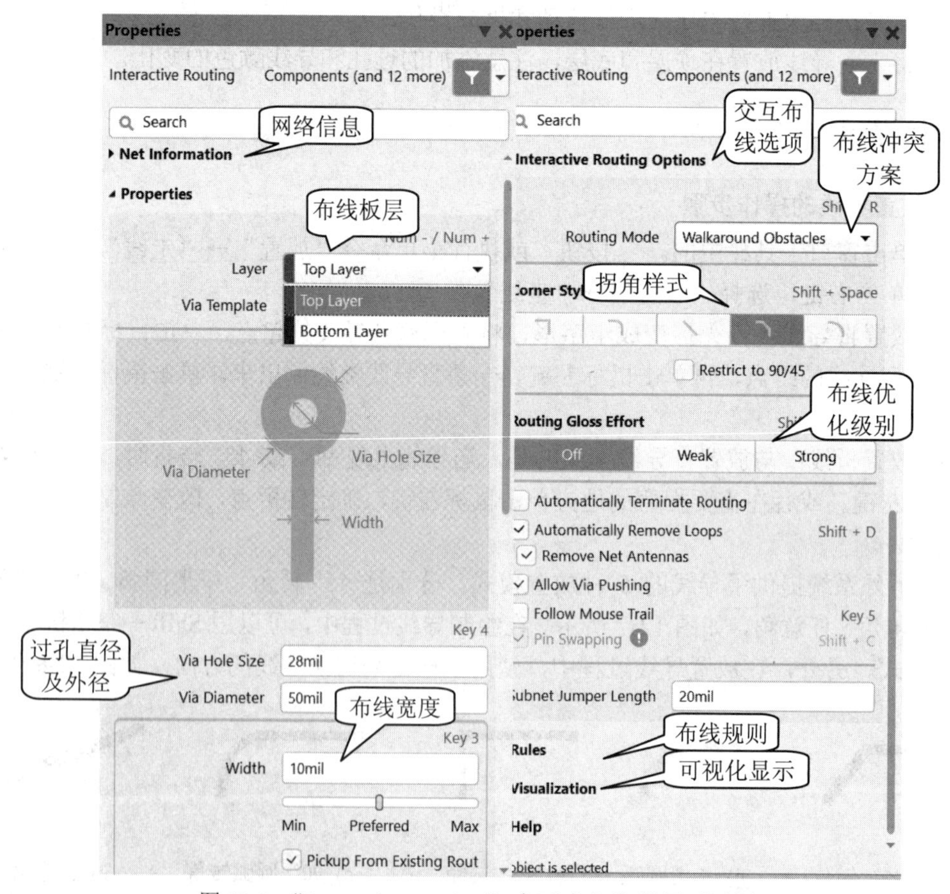


图 12-9　“Interactive Routing”(交互式布线)设置对话框

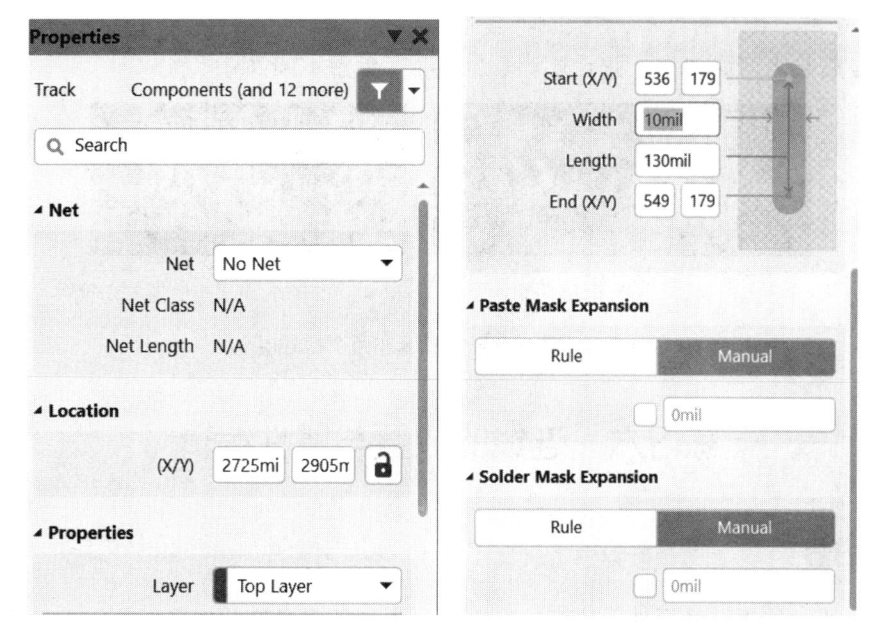


图 12-10　导线属性对话框

### 3. 对放置好的导线进行编辑

对放置好的导线，除了修改其属性外，还可以对它进行移动和拆分。操作步骤如下：

(1) 用鼠标左键单击已放置的导线，导线上有一条高亮线并带有三个高亮方块，如图 12-11(a)所示。

(2) 当鼠标放在导线上时，出现标志，可以按住鼠标，移动导线。

(3) 用鼠标左键单击导线两端任一高亮方块，光标变成十字形。移动光标可任意拖动导线的端点，导线的方向被改变。如图 12-11(b)所示。

(4) 用鼠标左键单击导线中间的高亮方块，光标变成十字形。按下鼠标左键移动光标可上下拖动导线，此时直导线变成了折线，并被分段，如图 12-11(c)所示。

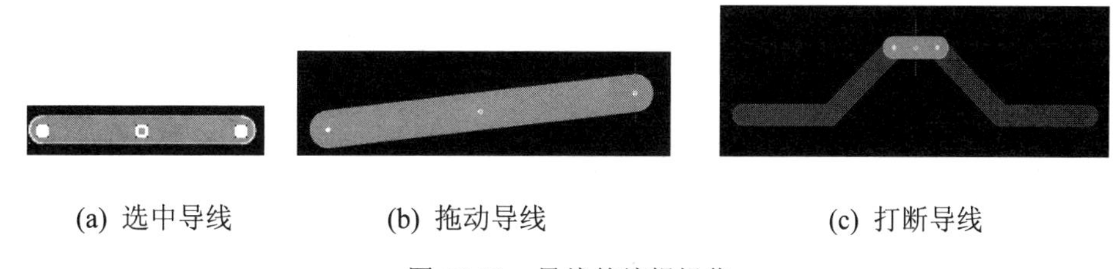

(a) 选中导线　(b) 拖动导线　(c) 打断导线

图 12-11　导线的编辑操作

### 4. 切换导线的层的操作步骤

(1) 在顶层放置一条导线，在默认状态下导线的颜色为红色。

(2) 在绘制导线过程中，按下数字 2 键，自动添加了一个过孔，如图 12-12(a)所示。移动鼠标，继续绘制导线时，发现只能在同一层绘制。

(3) 如果想切换布线层，可按下 Tab 键，选择另一个布线层，这样系统自动添加了一个过孔，并且在继续绘制导线时，导线的颜色发生了变化，从顶层切换到底层，或从底层切换到顶层，如图 12-12(b)所示。

**注意**：带有小键盘的键盘，在绘制导线过程中可以单击右侧小键盘中的 * 键或 +、– 键进行顶层与底层之间的切换，并且自动添加过孔，如图 12-12(b)所示。

(a) 同层的切换

(b) 顶层与底层的切换

图 12-12　将一条导线放置在两个信号层上

# 练习六　连线的放置与属性编辑

## ⌧ 实训内容

放置连线并编辑连线属性，注意连线在不同板层的颜色变化及各板层间的切换方法。掌握连线与导线命令的区别与含义。

## ⌧ 操作提示

(1) 单击“放置”工具栏里的 ⁄ 按钮，或执行菜单命令“放置”→“线条”。

(2) 在放置连线过程中按下 Tab 键，弹出连线属性设置对话框，如图 12-13 所示，设置连线属性。

图 12-13　连线属性设置对话框

(3) 在绘制过程中也可以使用小键盘的 * 键进行顶层与底层间的切换，使用 +、– 键可以在各板层之间进行切换，只是不会自动添加过孔而已。

**注意**：连线如果放在顶层或底层，也可以作为导线使用。

# 练习七　字符串的放置与属性编辑

## ☒ 实训内容

放置字符串，并对字符串的内容、大小、旋转角度等参数进行设置。放置特殊字符串，并查看特殊字符串解释后的内容。

## ☒ 操作提示

### 1. 放置字符串的操作步骤

(1) 单击窗口工具栏中的 A 按钮，或执行菜单命令“放置”→“字符串”。

(2) 光标变成十字形，且光标带有一字符串。此时按下 Tab 键，将弹出字符串属性设置对话框，如图 12-14 所示。

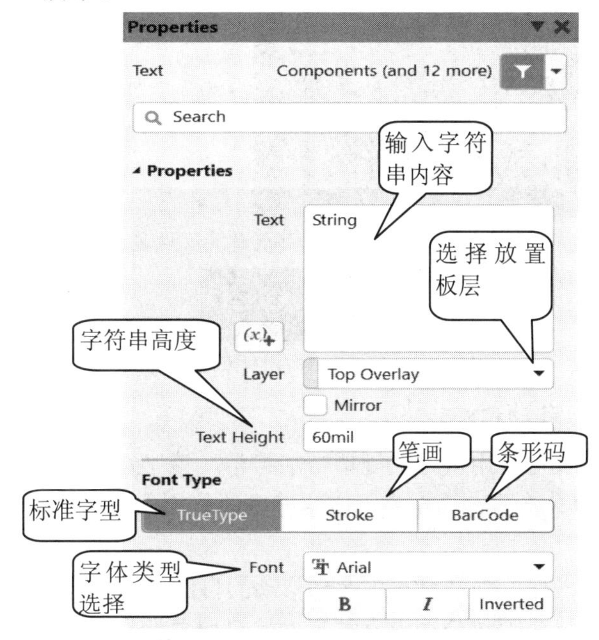


图 12-14　字符串属性设置对话框

(3) 直接在“Text”右侧文本框输入字符串即可。设置完毕后，关闭属性对话框，将光标移到相应的位置，单击鼠标左键确定，完成一次放置操作。

(4) 此时，光标还处于放置字符串的状态，可继续放置字符串或单击右键退出放置状态。

### 2. 字符串属性设置

放置字符串后，用鼠标左键双击字符串，也弹出如图 12-14 所示的字符串属性设置对话框。在对话框中可设置字符串的内容(Text)、所在层(Layer)、是否镜像(Mirror)、字体类型(Font Type)。

### 3. 字符串的输入

字符串的输入有以下两种方法。

方法一：在字符串属性设置对话框中的“Text”文本框中直接输入要在电路板上显示的字符串的内容(仅单行)，再选择显示的字型。

方法二：单击(x)按钮，在弹出的下拉列表框选择系统设定好的特殊字符串，如当选择“'.Pcb_File_Name_No_Path'”时，鼠标上就带着 PCB 文件的名称出现在编辑区域，即把特殊字符串转换成了具体的文字，如图 12-15 所示。如果选择“'.Print_Date'”，则鼠标上即带着当时的日期显示在设计区域，如图 12-16 所示。

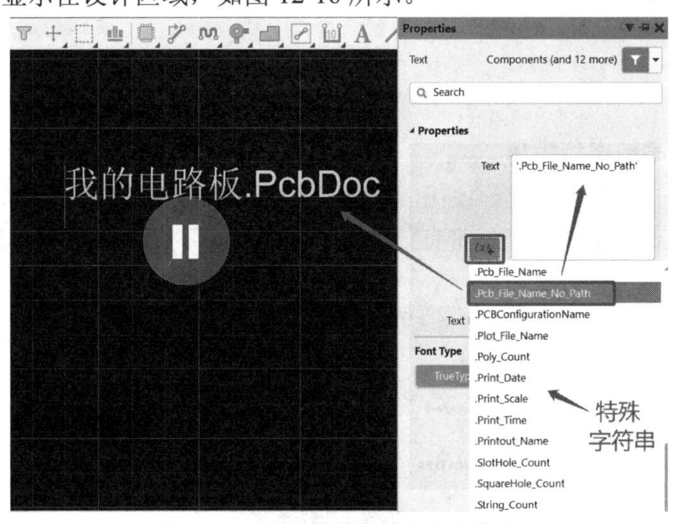


图 12-15　特殊字符串转化为文件名

图 12-16　特殊字符串转化为日期

### 4. 字符串的选取、移动和旋转

(1) 字符串的选取操作：用鼠标左键单击字符串，该字符串就处于选取状态，在字符串的左下方出现一个“×”号，而在右下方字符串的外侧出现一个小圆圈，如图 12-17(a)所示。

(2) 字符串的移动操作：拖动字符串达到移动的目的。

(3) 字符串的旋转操作：首先选取字符串，然后用鼠标左键单击右边的小圆圈，该字符串以左下角为中心，做任意角度的旋转，如图 12-17(b)所示。

另外，用鼠标左键按住字符串不放，同时按下键盘的 X 键，字符串将左右翻转；按下 Y 键，字符串将上下翻转；按下空格键，字符串将逆时针旋转。

(a) 字符串的选取

(b) 字符串的旋转

图 12-17　字符串的选取与旋转操作

# 练习八　矩形填充的放置与属性编辑

## ☒ 实训内容

放置矩形填充并编辑矩形填充的属性。对矩形填充进行移动、缩放和旋转等操作。

## ☒ 操作提示

### 1. 放置矩形填充的操作步骤

(1) 单击窗口工具栏中的 ▢ 按钮，或执行菜单命令“放置”→“填充”。

(2) 光标变为十字形，将光标移到放置矩形填充的位置，单击鼠标左键，确定矩形填充的第一个顶点，然后拖动鼠标，拉出一个矩形区域，再单击鼠标左键，完成一个矩形填充的放置。此时可继续放置矩形填充，或单击鼠标右键，结束矩形填充的放置状态。

### 2. 设置矩形填充的属性

在放置矩形填充的过程中按下 Tab 键，或双击放置好的矩形填充，弹出矩形填充的属性对话框，如图 12-18 所示。

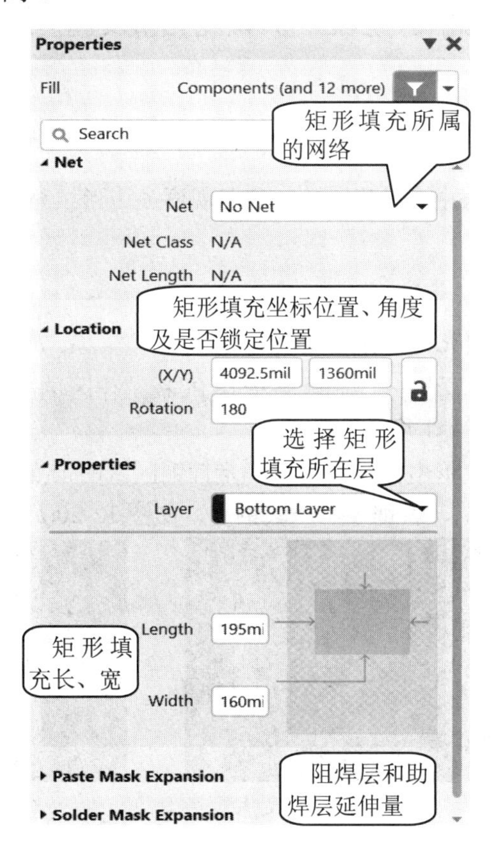


图 12-18　矩形填充对话框

#### 3. 矩形填充的选取、移动、缩放和旋转

(1) 矩形填充的选取：直接用鼠标左键单击放置好的矩形填充，使其处于选取状态。在矩形填充的周边出现控制点，中心出现一条直线和一个小圆圈。如图 12-19(a)所示。

(2) 矩形填充的移动：用鼠标左键直接拖动矩形填充，矩形填充可随鼠标任意移动。

(3) 矩形填充的缩放：在选取状态下，用鼠标左键单击四周某个控制点，光标变成十字形，再移动光标，可任意对矩形填充进行缩放，如图 12-19(b)所示。

(4) 矩形填充的旋转：在选取状态下，用鼠标左键单击小圆圈，光标变成十字形，再移动光标，矩形填充会绕中心点任意旋转。如图 12-19(c)所示。

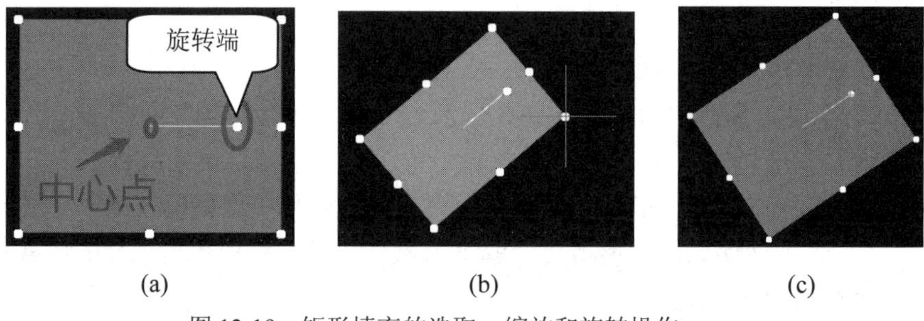


(a)　　(b)　　(c)

图 12-19　矩形填充的选取、缩放和旋转操作

## 练习九　铺铜(多边形填充)的放置与属性编辑

### ⌧ 实训内容

放置铺铜(多边形填充)并编辑其属性。注意观察多边形填充与矩形填充的区别。

### ⌧ 操作提示

#### 1. 放置铺铜(多边形填充)的操作步骤

(1) 执行菜单命令“放置”→“铺铜”，或在 PCB 工作区单击右键选择“放置”→“铺铜”，或在窗口工具栏单击 图标。

(2) 光标变成十字形，单击鼠标左键，确定铺铜区域的顶点。再移动光标到图形的对角顶点，单击鼠标左键确定，就铺设了一块铜皮，如图 12-20(a)所示。

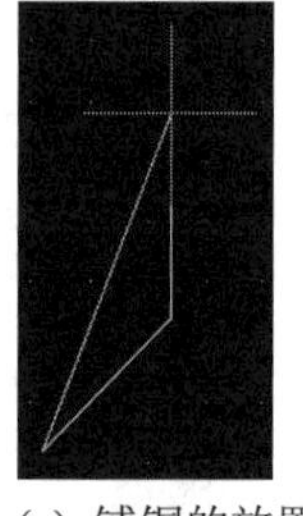

(a) 铺铜的放置

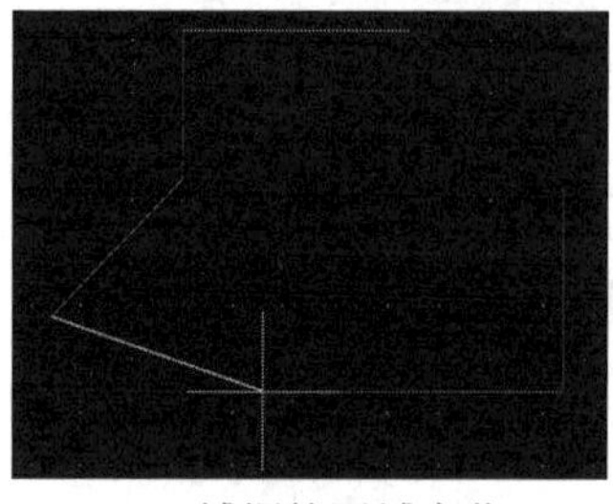

(b) 铺铜的区域变化

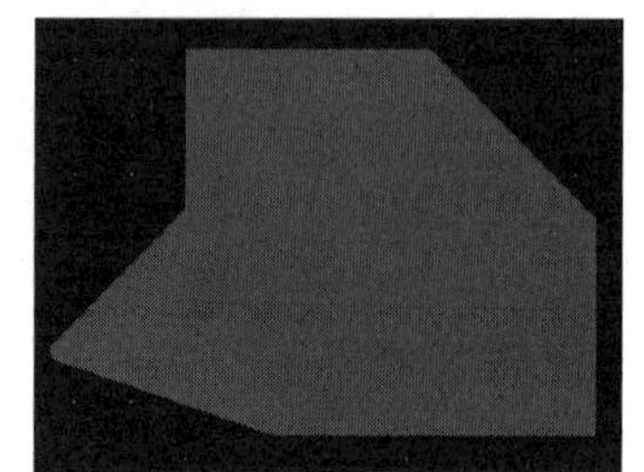

(c) 铺铜效果

图 12-20　铺铜操作

(3) 此时，可继续移动鼠标，铺铜区域将发生变化，如图 12-20(b)所示。如此下去，可以绘制不同形状的铺铜，单击鼠标右键，结束命令，结果如图 12-20(c)所示。

## 2. 铺铜属性的设置

在铺铜的过程中按下 Tab 键，或用鼠标左键双击放置好的铺铜，将弹出铺铜属性对话框，如图 12-21 所示。可以设置铺铜所在的网络、板层、类型等。

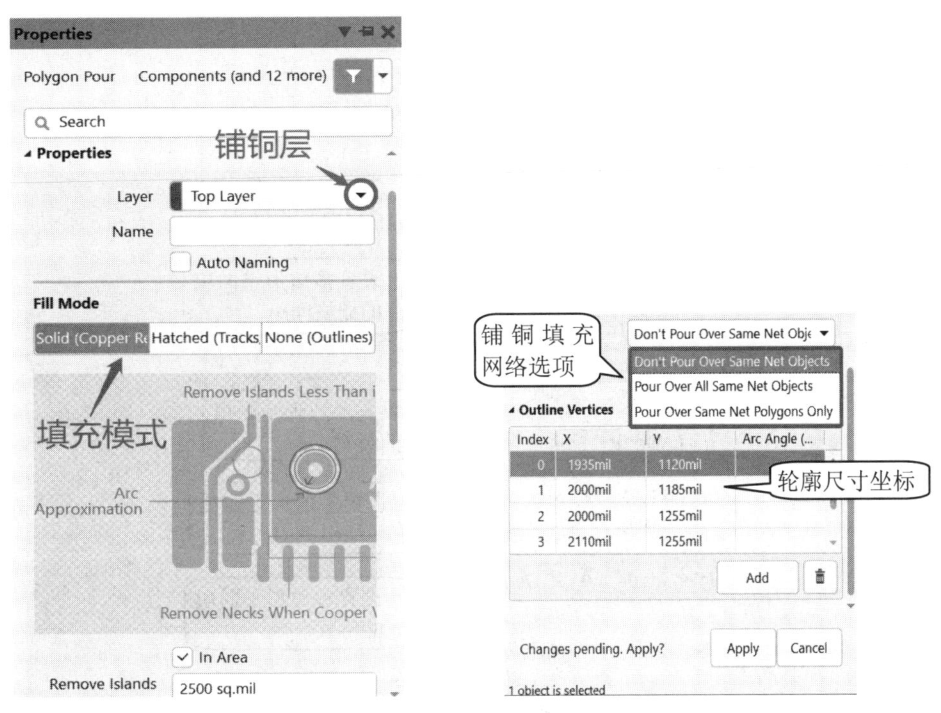


图 12-21　多边形铺铜属性设置对话框

## 3. 铺铜填充模式(Fill Mode)

铺铜有 Solid(Copper Regions)、Hatched(Tracks/Arcs)、None(Outlines)三种填充模式。

(1) Solid(Copper Regions) 固体实心区域：铺铜区由多边形边界内的一个或几个实心铜皮区域对象组成。铜皮区域的数量取决于铺铜区域内存在的网络所组成的独立区域的数量，比如导线和焊盘。如图 12-22 所示。

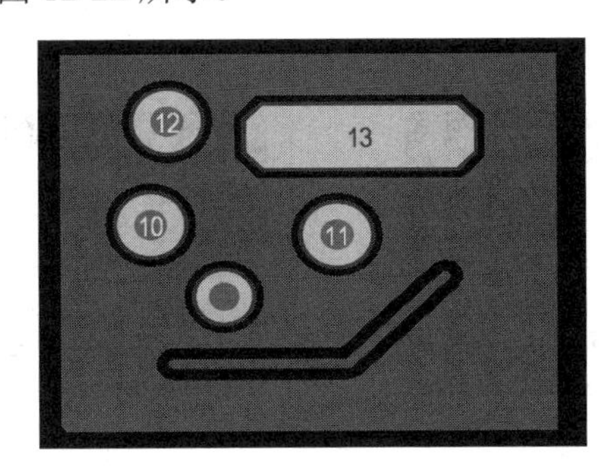


图 12-22　固体实心填充

(2) Hatched(Tracks/Arcs)网格填充：单击 Hatched (Tracks/Arcs) 按钮，弹出网格铺铜设置

对话框，如图 12-23 所示。区域由多边形边界内的网格状导线按水平、垂直或 45° 的形式组成，区域内的焊盘会被圆弧或线条包围。

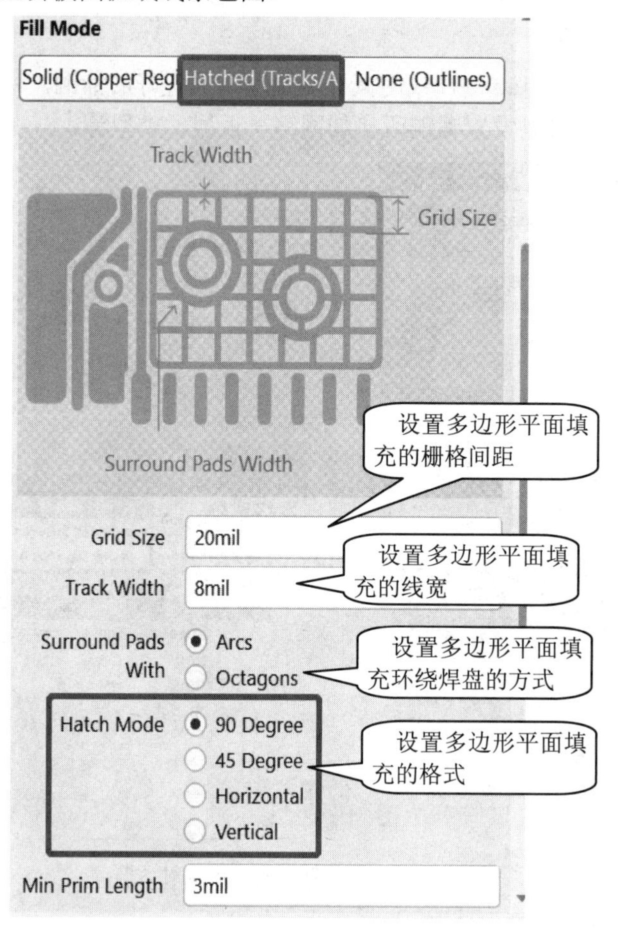


图 12-23　网格铺铜设置对话框

① Grid Size：设置多边形平面填充的栅格间距。

② Track Width：设置多边形平面填充的线宽。

③ Surround Pads Width：设置多边形平面填充环绕焊盘的方式。

多边形平面填充环绕焊盘在多边形填充属性对话框中提供两种方式，即圆弧(Arcs)方式和八边形(Octagons)方式，如图 12-24 所示。

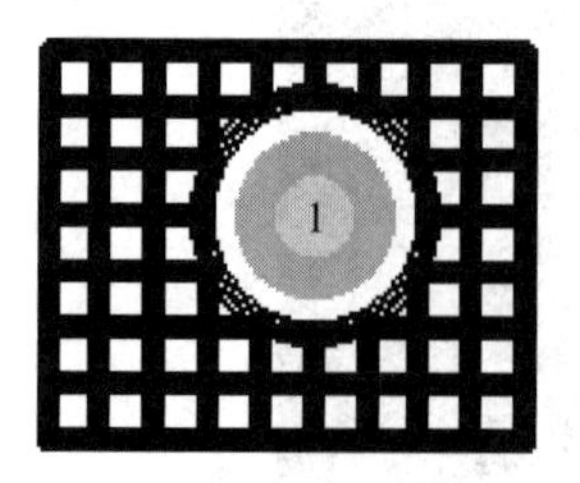


(a) 圆弧方式

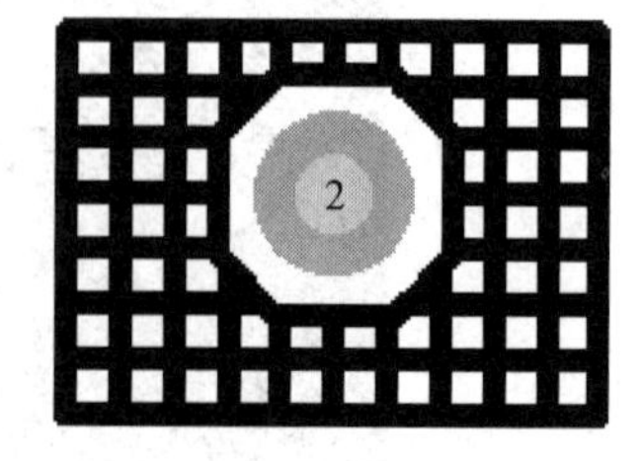


(b) 八边形方式

图 12-24　多边形填充环绕焊盘的方式

④ Hatch Mode：设置多边形平面填充的格式。

在多边形平面填充中，采用 4 种不同的填充格式，如图 12-25 所示。

(a) 90° 格子

(b) 45° 格子

(c) 水平格子

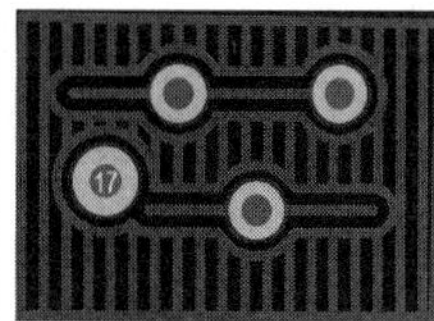


(d) 垂直格子

图 12-25　4 种不同的填充格式

⑤ Min Prim Length：设置多边形平面填充内最短的走线长度。

(3) None(Outlines)：只有铺铜区的外围轮廓会被显示，区域内部没有任何铺铜。如图 12-26 所示。

图 12-26　None(Outlines)模式

**注意：**矩形填充、实心填充与多边形平面填充是有区别的。矩形填充、实心填充将整个区域以覆铜全部填满，同时覆盖区域内所有导线、焊盘和过孔，使它们具有电气连接。而多边形平面填充用铜线填充，并可以设置绕过多边形区域内具有电气连接的对象，不改变它们原有的电气特性。另外，直接拖动多边形平面填充就可以调整其放置位置。

# 练习十　尺寸标注的放置与属性编辑

## ⊠ 实训内容

练习各种尺寸的放置方法，编辑尺寸属性。

## ⊠ 操作提示

执行菜单命令“放置”→“尺寸”；或鼠标右键单击窗口工具栏中的 图标；或在编辑区域单击右键，在弹出的快捷菜单中选择“放置”→“尺寸”，均可弹出放置尺寸菜单，如图 12-27 所示。可以放置线性尺寸、径向尺寸、角度尺寸、坐标尺寸、领导(引线)尺寸、标准尺寸等。

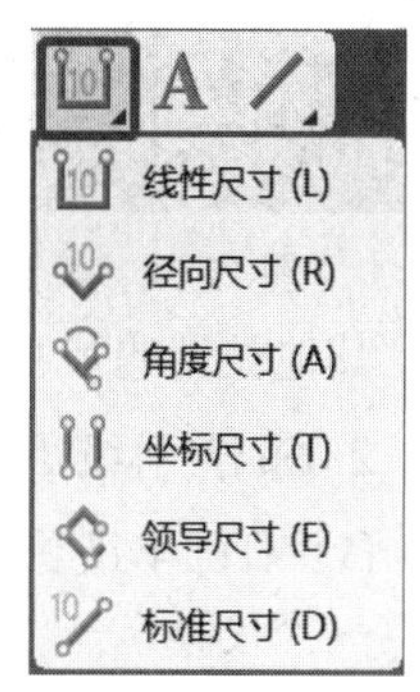


图 12-27　放置尺寸菜单

### 1. 线性尺寸放置及属性设置

(1) 单击窗口工具栏中的 按钮，或执行菜单命令“放置”→“尺寸”→“线性尺寸”。

(2) 光标变成十字形。移动光标到尺寸的起点，单击鼠标左键，确定标注尺寸起始位置。

(3) 向水平方向移动光标，中间显示的尺寸随光标的移动而不断变化，到终点位置单击鼠标左键，确定尺寸大小。然后上下移动鼠标，单击确定尺寸界线长短及尺寸数据标注位置。再单击鼠标左键，完成一次尺寸标注，如图 12-28 所示。

(4) 在放置尺寸的过程中，可以使用空格键旋转尺寸标注方向。如不再放置，单击鼠标右键，结束尺寸放置操作。

(5) 在放置标注尺寸命令状态下按下 Tab 键，或用鼠标左键双击已放置的标注尺寸，均可弹出线性尺寸属性对话框，如图 12-29 所示，可以设置尺寸样式、所在板层、文字及箭头位置、文字高度、字体样式、标注单位、数值等参数设置。

图 12-28　线性尺寸标注

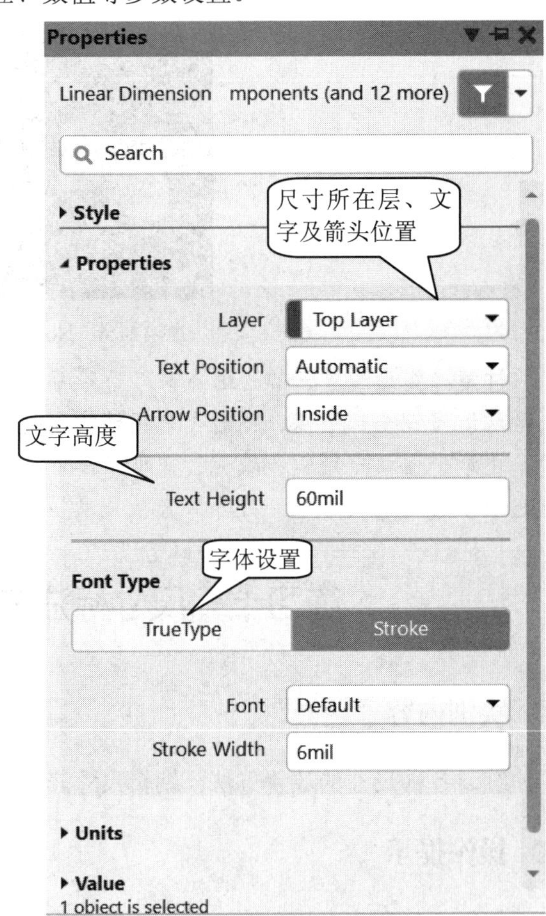


图 12-29　线性尺寸属性对话框

其他类型的尺寸标注方法与线性尺寸标注方法类似，用户可自行放置。

### 2. 领导(引线)尺寸的放置及属性设置

(1) 右键单击窗口工具栏中的，在下拉菜单中单击按钮，或执行菜单命令“放置”→“尺寸”→“引线尺寸”。

(2) 光标变成十字形。移动光标到尺寸的起点，单击鼠标左键，确定引线箭头起始位置。

(3) 向任意水平方向移动光标，在相应的位置单击鼠标左键，确定中间点，可以继续移动鼠标直到满意的位置。单击鼠标左键，再单击右键，完成一次引线标注，如图 12-30 所示。

(4) 在放置领导(引线)尺寸命令状态下按下 Tab 键，或用鼠标左键双击已放置的标注尺寸，均可弹出领导(引线)尺寸属性对话框，如图 12-31 所示，可以设置尺寸样式、标注的文字、所在板层、文字标注方向、文字高度、字体样式等参数设置。

图 12-30　领导(引线)尺寸标注

图 12-31　领导(引线)尺寸属性对话框

### 3. 坐标尺寸的放置与属性编辑

(1) 单击窗口工具栏中的按钮，或执行菜单命令“放置”→“尺寸”→“基准”。

(2) 光标变成十字形，且有一个坐标值 0.00 随光标移动，如图 12-32(a)所示，在适当位置单击鼠标左键确定基准位置。

(3) 移动鼠标，坐标随之发生变化，单击鼠标左键，确定第二个坐标位置。继续移动鼠标确定第三个坐标位置。如此继续，可以放置多个坐标。

(4) 单击鼠标右键，结束继续连续坐标放置，移动鼠标确认坐标数字显示位置后，再次单击鼠标左键完成坐标放置，如图 12-32(b)所示。

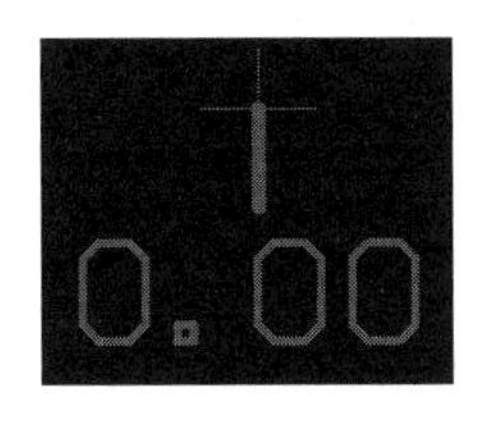


(a) 坐标基准的放置

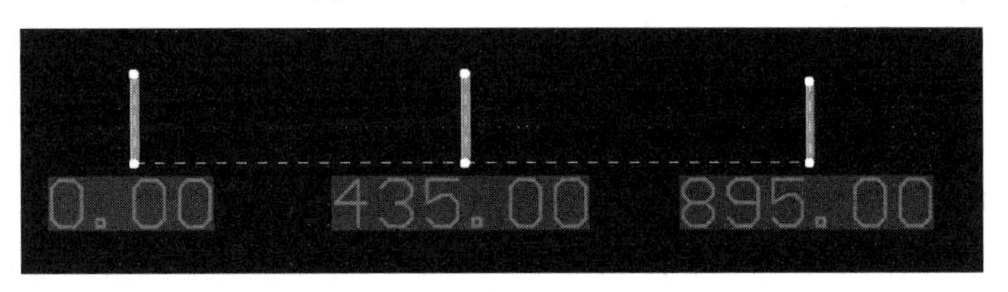


(b) 连续坐标的放置

图 12-32　坐标尺寸的放置

(5) 此时鼠标仍处于放置状态，单击鼠标右键，结束命令状态。

(6) 在命令状态下按 Tab 键，或在放置坐标后用鼠标左键双击坐标，系统弹出坐标属性对话框，如图 12-33 所示。可以设置坐标样式、所在板层、文字位置、文字高度、字体样式、标注单位、数值等参数设置。

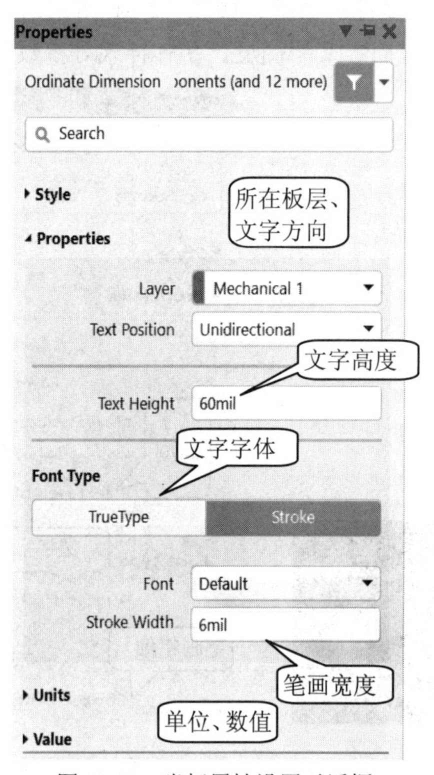


图 12-33　坐标属性设置对话框

# 练习十一　圆弧和圆的放置与属性编辑

## ☒ 实训内容

练习三种放置圆弧的方法和一种放置圆的方法，并对圆弧或圆的属性进行编辑。

## ☒ 操作提示

执行菜单命令“放置”→“圆弧”，或在 PCB 编辑窗口单击右键，选择“放置”→“圆弧”，或单击窗口工具栏中的按钮。

### 1. 中心法绘制圆弧

(1) 单击“放置”工具栏的按钮，或执行菜单命令“放置”→“圆弧”→“圆弧(中心)”。

(2) 光标变成十字形，单击鼠标左键，确定圆弧的中心。移动光标拉出一个圆形，单击鼠标左键，确定圆弧半径。

(3) 沿圆周移动光标，在合适位置单击鼠标左键，确定圆弧的起点和终点。

(4) 单击鼠标右键，结束圆弧绘制状态，完成一段圆弧的绘制，如图 12-34 所示。

### 2. 边缘法绘制圆弧

(1) 单击窗口工具栏中的 按钮，或执行菜单命令“放置”→“圆弧”→“圆弧(边沿)”。

(2) 光标变成十字形，单击鼠标左键，确定圆弧的起点；再移动光标到合适的位置，单击鼠标左键，确定圆弧的终点；单击鼠标右键，完成一段圆弧的绘制，如图 12-35 所示。

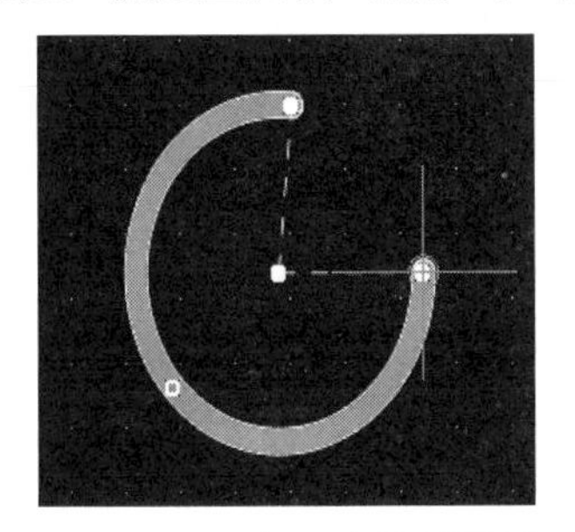

图 12-34 中心法绘制圆弧

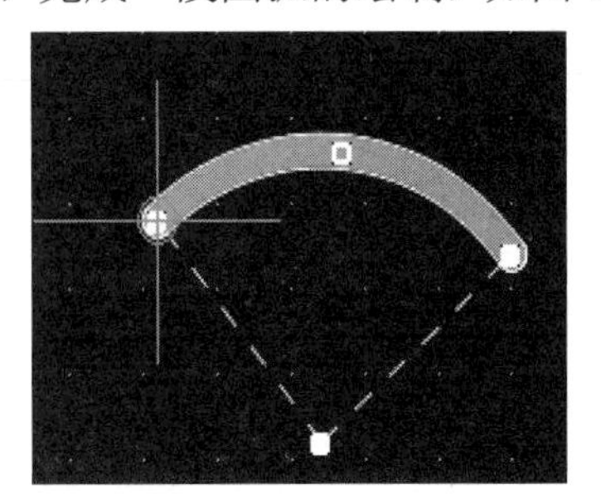

图 12-35 边缘法绘制圆弧

### 3. 角度旋转法绘制圆弧

(1) 单击窗口工具栏中的按钮，或执行菜单命令“放置”→“圆弧”→“圆弧(任意角度)”。

(2) 光标变成十字形，单击鼠标左键，确定圆弧的起点；再移动光标到合适的位置，单击鼠标左键，确定圆弧的圆心。这时光标跳到圆的右侧水平位置，沿圆弧移动光标，在圆弧的起点和终点处分别单击鼠标左键确定圆弧。

(3) 单击鼠标右键，结束圆弧绘制状态，完成一段圆弧的绘制，如图 12-36 所示。

### 4. 绘制圆

(1) 单击窗口工具栏中的按钮，或执行菜单命令“放置”→“圆弧”→“圆”。

(2) 光标变成十字形，单击鼠标左键，确定圆的圆心；再移动光标，拉出一个圆，单击鼠标左键确认。

(3) 单击鼠标右键，结束圆弧绘制状态，完成一个圆的绘制，如图 12-37 所示。

**注意：**单击鼠标左键选中圆，圆周上有控制点，单击鼠标拖动可以将圆分割，变为圆弧。

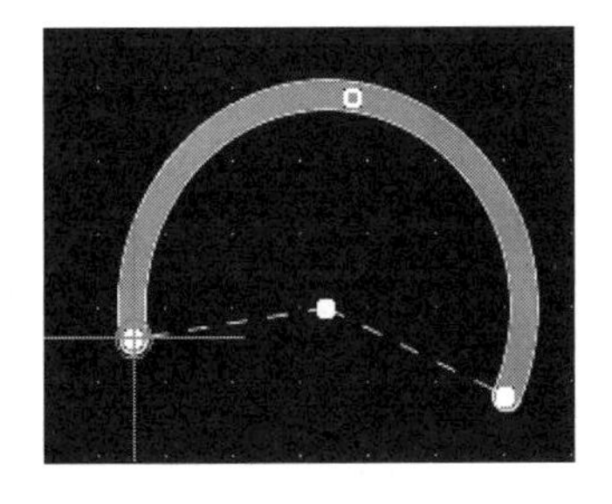

图 12-36 角度旋转法绘制圆弧

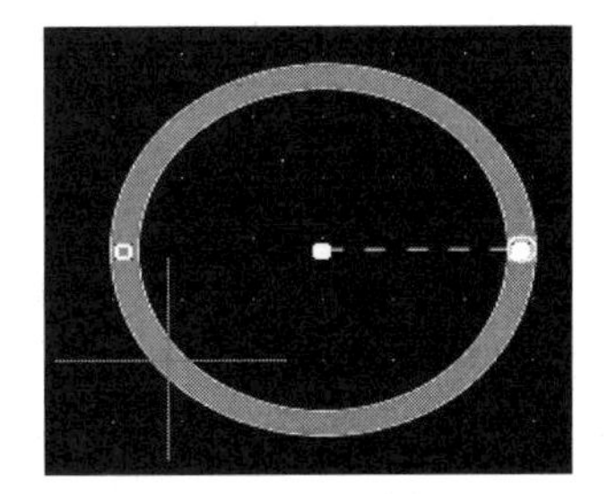

图 12-37 绘制圆

### 5．编辑圆弧属性

在绘制圆弧状态下，按 Tab 键，或用鼠标左键双击绘制好的圆弧，系统将弹出圆弧属性对话框，如图 12-38 所示。设置圆弧的主要参数有：

(1) Net：设置圆弧所连接的网络。

(2) Location：圆弧所在位置，可以锁定。

(3) Layer：设置圆弧所在板层。

(4) Width：设置圆弧的线宽。

(5) Radius：设置圆弧的半径。

(6) Start Angle 和 End Angle：设置圆弧的起始角度和终止角度。

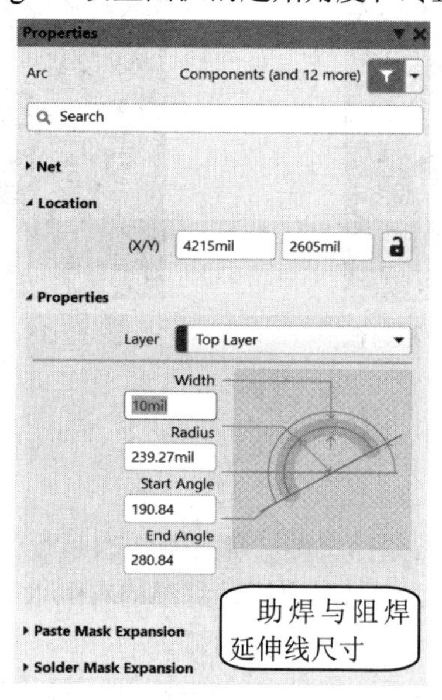


图 12-38　圆弧属性对话框

# 练习十二　阵 列 粘 贴

## ⊠ 实训内容

将八个电阻分别按照圆形和线性的方式均匀阵列粘贴到 PCB 编辑区域。

## ⊠ 操作提示

(1) 在图中放置一个电阻，选中该电阻，然后执行菜单命令“编辑”→“剪切”，或单击工具栏中的图标，将电阻放到剪贴板中。

(2) 执行菜单命令“编辑”→“特殊粘贴”，弹出如图 12-39 所示的“选择性粘贴”对话框，可以选择粘贴属性。

(3) 单击图中[粘贴阵列...]按钮，弹出如图 12-40 所示的“设置粘贴阵列”对话框。

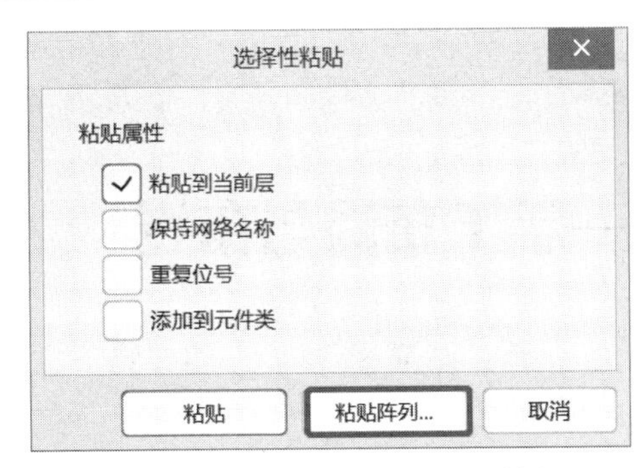


图 12-39　“选择性粘贴”对话框

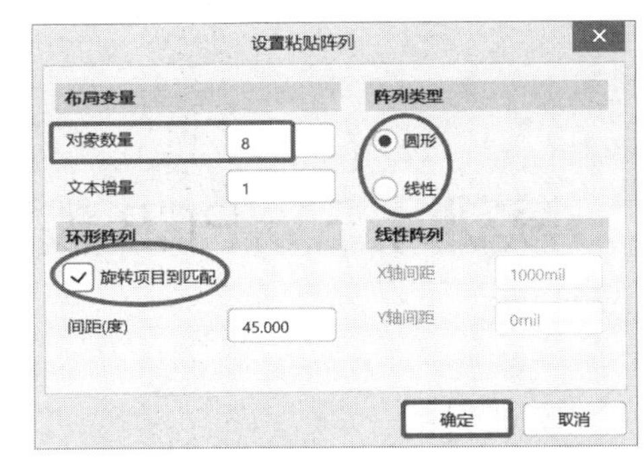


图 12-40　“设置粘贴阵列”对话框

(4) 在“布局变量”区域设置复制对象数量，以及文本增量。在“阵列类型”区域设置粘贴的方式(圆形或线性)。

① 圆形阵列：在粘贴的位置点击鼠标左键，确定阵列的圆心，移动鼠标确定阵列圆的半径。粘贴效果如图 12-41 所示。

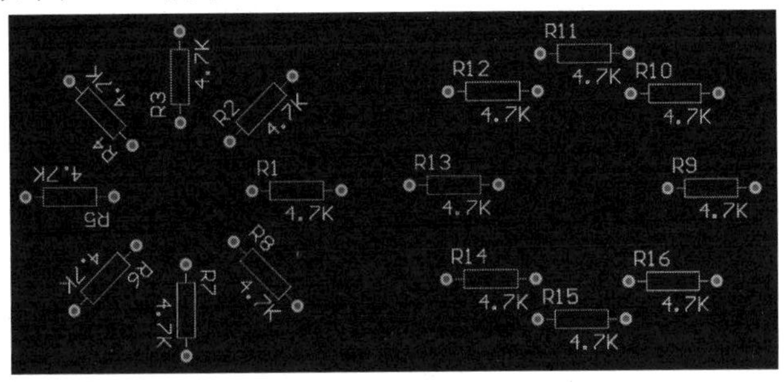

图 12-41　圆形阵列粘贴效果

② 线性阵列：选择“线性”，在“线性阵列”区域设置 X 轴、Y 轴的间距。在粘贴的位置点击鼠标左键确定粘贴起点。粘贴效果如图 12-42 所示。

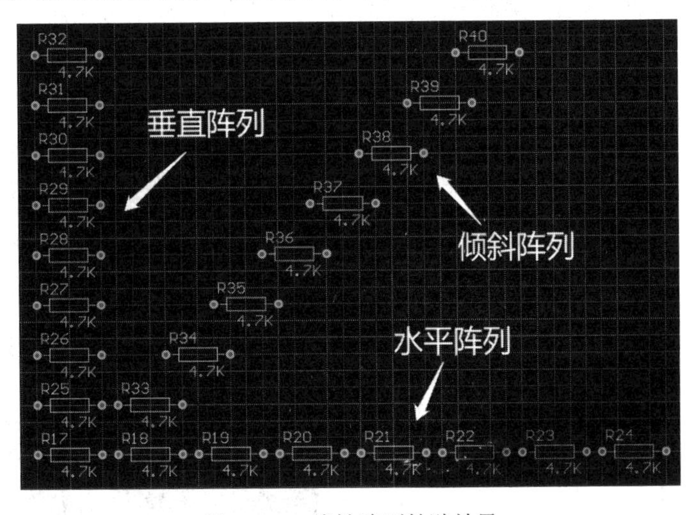


图 12-42　线性阵列粘贴效果

# 实训十三　PCB 设计——手工布局与布线

## ◇ 实训目的

(1) 掌握 PCB 板层的设置方法与电路板尺寸大小的确定方法。
(2) 学会 PCB 元件封装库的加载、卸载方法。
(3) 掌握元件的放置方法与手工布局要点。
(4) 掌握手工布线的方法。

## ◇ 实训设备

Altium Designer 19 软件、PC。

## 练习一　电风扇无级调速电路的 PCB 设计

### 实训内容

根据图 13-1(a)所示的电风扇无级调速电路的电气原理图，手工绘制一块单层电路板图。图中元件都取自 Miscellaneous Devices.IntLib 元器件封装库中。电路板长为 1600 mil，宽为 1300 mil。参照图 13-1(b)进行手工布局，其中交流输入要对外引线，需在电路板上放置焊盘。布局后在底层进行手工布线，布线宽度为 10 mil，且对全部焊盘进行补泪滴。布线结束后，进行元件标号及注释字符调整，并为电源输入的焊盘添加标识文字。

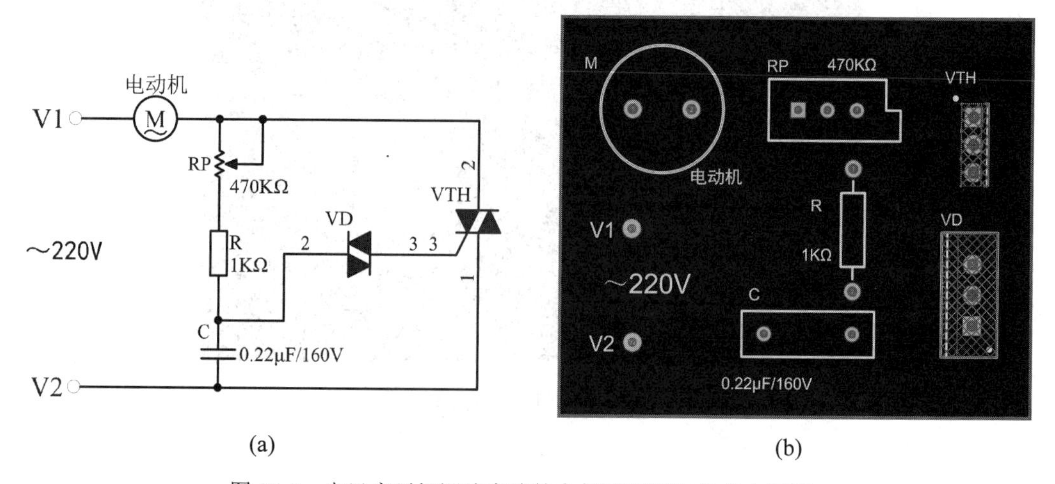


图 13-1　电风扇无级调速电路的电气原理图与参考布局图

## ⊠ 操作提示

(1) 创建工程项目文件，并命名为“PCB手工布局与布线.PrjPcb”。

(2) 添加PCB文件。在工程项目“PCB手工布局与布线.PrjPcb”中添加PCB文件，并将文件名称保存为“练习一 电风扇无级调速电路的PCB设计.PcbDoc”。

(3) 在PCB文档编辑器中，单击选中层标签中的“Mechanical 1”，使它成为当前工作层，如图11-4所示。

(4) 放置坐标原点。执行菜单命令“编辑”→“原点”→“设置”，放置原点图标。

(5) 设置栅格尺寸。在英文输入状态下，按下键盘上的G键，设置栅格为100 mil。

(6) 绘制板层大小。执行菜单命令“放置”→“线条”，或单击窗口工具栏中的图标，在编辑区域绘制一个闭合的矩形区域，即PCB板长为1600 mil，板宽为1300 mil，线条宽度为10 mil。

(7) 绘制布线范围。单击编辑区域下方的 **Keep-Out Layer** 标签，设置为当前工作层。设置栅格尺寸为50 mil，执行菜单命令“放置”→“Keepout”→“线径”，鼠标变为十字形，在距物理边界50 mil(X、Y坐标分别为50 mil)的位置单击鼠标左键，确定电气边界的起点，移动鼠标绘制一个闭合区域，其长为1500 mil，宽为1200 mil，线条宽度为10 mil。

(8) 选中Miscellaneous Devices.IntLib为当前元件库，按图13-1(a)所示放置元件并设置元件注释。

**注意：** 图中的双向触发二极管VD在库中的元件名称为“Diac-NPN”。

(9) 调整元件的布局。

① 移动元件。鼠标指针指向元器件，按住左键并保持，移动鼠标。

② 旋转元件。在放置元件的过程中按X、Y键或空格键，或选中放置好的元件，按住鼠标左键并保持，此时鼠标指针变为十字形。按空格键可以完成90°旋转；按X键可以完成左右翻转；按Y键可以完成上下翻转。

(10) 在底层连线。单击窗口工具栏中的按钮，或执行菜单命令“放置”→“走线”；或在PCB编辑窗口单击右键，选择“放置”→“走线”。参考实训十二的练习五。

**注意：** 双向二极管VD的1号焊盘不用连接，2、3号焊盘分别与电容的一个焊盘和VTH的3号焊盘相连。

(11) 放置电源焊盘并连线。单击窗口工具栏中的按钮，或执行菜单命令“放置”→“焊盘”，或在PCB编辑窗口单击右键，在弹出的快捷菜单中选择“放置”→“焊盘”，设置焊盘标号分别为V1、V2。参考实训十二的练习三。

(12) 放置文字标注(V1、V2、～220 V)。单击窗口工具栏中的A按钮，或执行菜单命令“放置”→“字符串”。参考实训十二的练习七。

(13) 焊盘补泪滴。执行菜单命令“工具”→“泪滴”，弹出“泪滴”属性对话框，如图13-2所示。

① 在“工作模式”选项区域中单击“添加”单选按钮，将进行补泪滴操作；单击“删除”单选按钮，将进行删除泪滴操作。

② 在“泪滴形式”选项中选择“Curved”或“Line”。

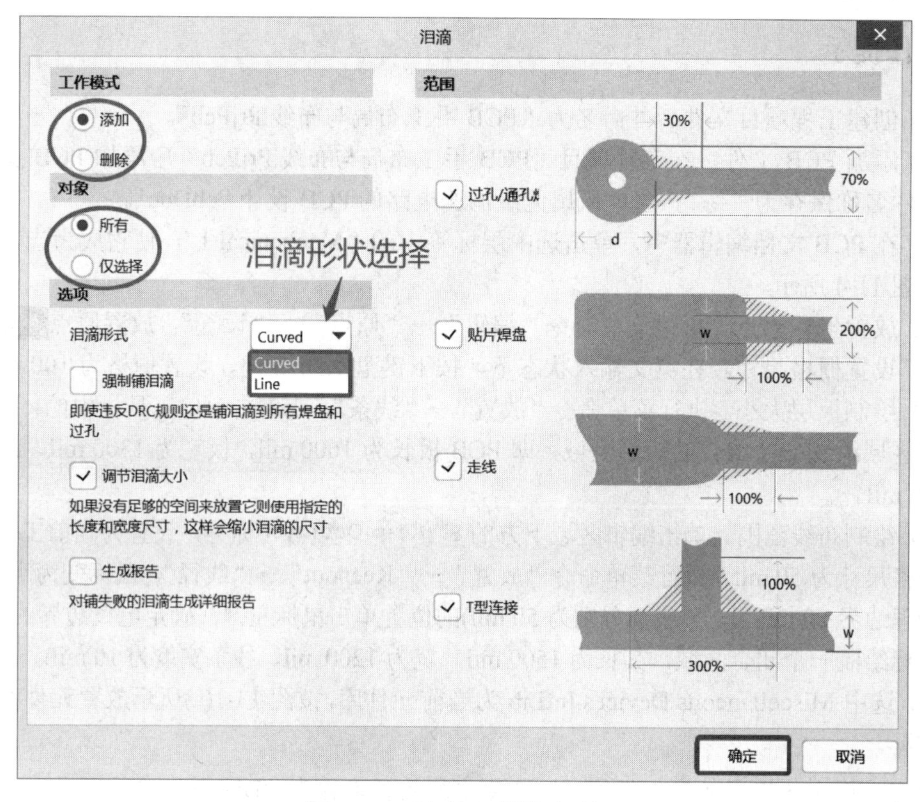


图 13-2　“泪滴”属性对话框

(14) 裁剪板子。执行菜单命令“编辑”→“选择”→“全部”，选取整个电路板，再执行菜单命令“设计”→“板子形状”→“按照选择对象定义”，板子剪裁效果为板周围黑底色变为灰色，中间显示剪裁好的 PCB 板。

(15) PCB 板的 3D 预览。执行菜单命令“视图”，弹出如图 13-3 所示的下拉菜单，可以选择板子的三种模式。选择“切换到 3 维模式”或直接按数字键 3，即切换到 3D 显示模式，此时可以观察元件之间的连线。

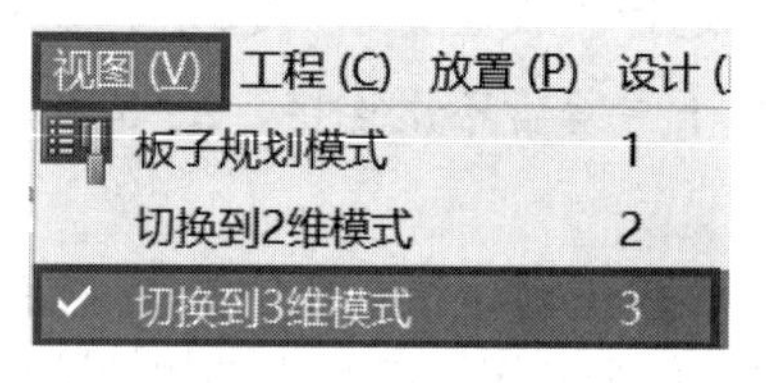


图 13-3　板子显示模式

**注意**：在 3D 显示过程中，按住 Shift 键，在 3D 图形上出现一个圆球形的旋转坐标，按住鼠标右键，鼠标变成小手，拖动就可以旋转各种角度来观察 3D 效果图。

(16) 对 PCB 的三维视图的其他操作。

使用窗口工具栏的放大按钮或按下 PageUp 键，可放大三维视图；使用窗口工具栏的缩小按钮或按下 PageDown 键，可缩小三维视图；按下 END 键，可刷新屏幕显示；在工作窗口按住鼠标右键，光标变成手形，可在屏幕上任意移动三维视图，以观察不同的部位。

# 练习二　门铃电路的 PCB 设计

## ⊠ 实训内容

根据图 13-4(a)所示的门铃电路的电气原理图，手工绘制一块单层电路板图。图中电路元件都取自 Miscellaneous Devices.IntLib 元器件封装库中。电路板长 1500 mil，宽 1190 mil。参照图 13-4(b)进行手工布局，布局后在顶层进行手工布线，布线宽度为 10 mil，且对全部焊盘进行补泪滴。布线结束后，进行元件标号及注释字符的调整。

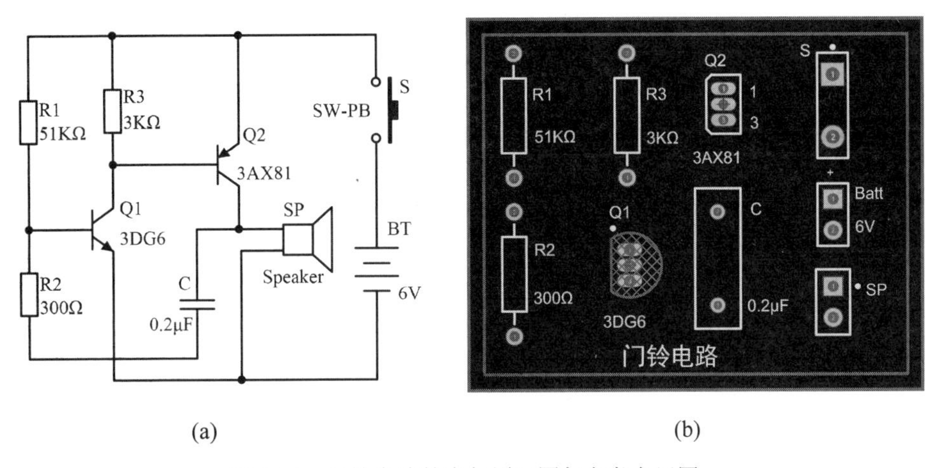


(a)　　　　　　　　(b)

图 13-4　门铃电路的电气原理图与参考布局图

## ⊠ 操作提示

(1)～(5) 同本实训练习一的操作提示(1)～(5)，只是将 PCB 文件名称保存为“练习二门铃电路的 PCB 设计.PcbDoc”。

(6) 绘制电路板的物理边界。选中“Mechanical 1”标签为当前工作层，在英文输入状态下依次按键盘上的 P-L(T)-J-L 键，弹出“Jump To Location”对话框，如图 13-5 所示，在“X-Location”和“Y-Location”右侧输入坐标(0, 0)、(1500, 0)、(1500, 1190)、(0, 1190)、(0, 0)，每输入一次，鼠标自动跳到指定的坐标位置，此时双击鼠标左键，确定该点的位置，画出电路板物理边界。

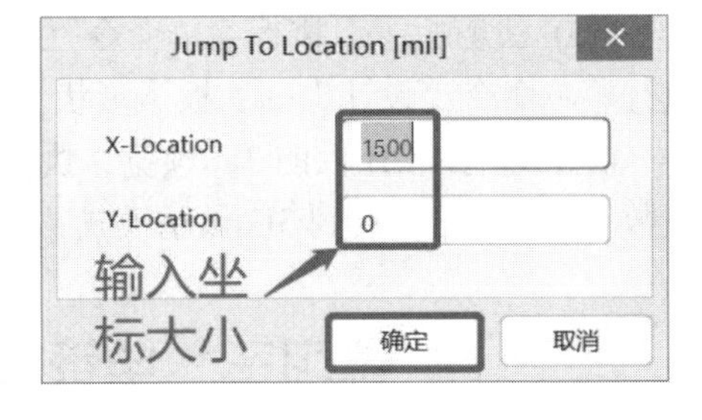


图 13-5　“Jump To Location”对话框

(7) 绘制布线范围。单击编辑区域下方的 **Keep-Out Layer** 标签，设置为当前工作层。设置栅格尺寸为 10 mil，执行菜单命名“放置”→“Keepout”→“线径”，在 X、Y 坐标分别为 50 mil 的位置单击鼠标左键，确定电气边界的起点，移动鼠标，在距离物理边界 50 mil 的地方单击鼠标左键，绘制一个闭合的区域，其长为 1400 mil，宽为 1090 mil，线条宽度为 10 mil。

(8) 放置元件。选中 Miscellaneous Devices.IntLib 为当前元件库，按图 13-4(a)所示放置元件并设置元件注释。

(9) 调整元件的布局。按图 13-4(b)所示移动、旋转元件，调整元件布局。按 X、Y 键或空格键旋转元件。

(10) 在顶层连线。单击窗口工具栏中的 按钮，或执行菜单命令“放置”→“走线”。参考实训十二的练习五。

(11) 对全部焊盘进行补泪滴。执行菜单命令“工具”→“泪滴”，如图 13-2 所示。

(12) 放置文字标注“门铃电路”。单击窗口工具栏中的A按钮，或执行菜单命令“放置”→“字符串”，弹出字符串属性对话框，如图 13-6 所示。在“Text”文本框中输入“门铃电路”，选择“Layer”为“Top Overlay”，设置字高度为“80 mil”，字体为“黑体”。

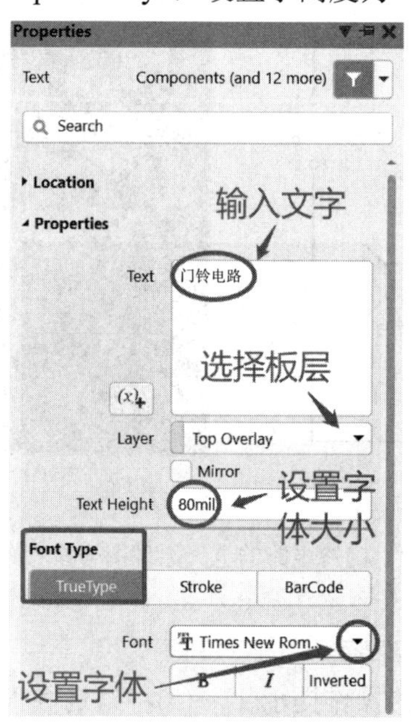


图 13-6　字符串属性对话框

(13) 裁剪板子。执行菜单命令“编辑”→“选择”→“全部”，选取整个电路板，再执行菜单命令“设计”→“板子形状”→“按照选择对象定义”。

(14) 进行 PCB 板的 3D 预览。执行菜单命令“视图”→“切换到 3 维模式”，或直接按数字键 3，即切换到 3D 显示模式。

# 练习三　单管放大器电路的 PCB 设计

## ⊠ 实训内容

根据图 13-7(a)所示的单管放大器电路的电气原理图，手工绘制一块单层电路板图。图中电路元件 JP 取自 Miscellaneous Connectors.IntLib 元件封装库中，其余元件都取自 Miscellaneous Devices.IntLib 元器件封装库中。电路板长为 2000 mil，宽为 1900 mil。参照

图 13-7(b)进行手工布局。调整布局后在底层进行手工布线，其中 +12 V 网络和 GND 网络布线宽度为 30 mil，其他布线宽度为 15 mil。对全部焊盘进行补泪滴。布线结束后，调整元件标注字符的位置，使其整齐美观，并在元件 JP 的 1、2、3、4 焊盘旁分别添加 +12 V、Vi、Vo 和 GND 四个字符串。

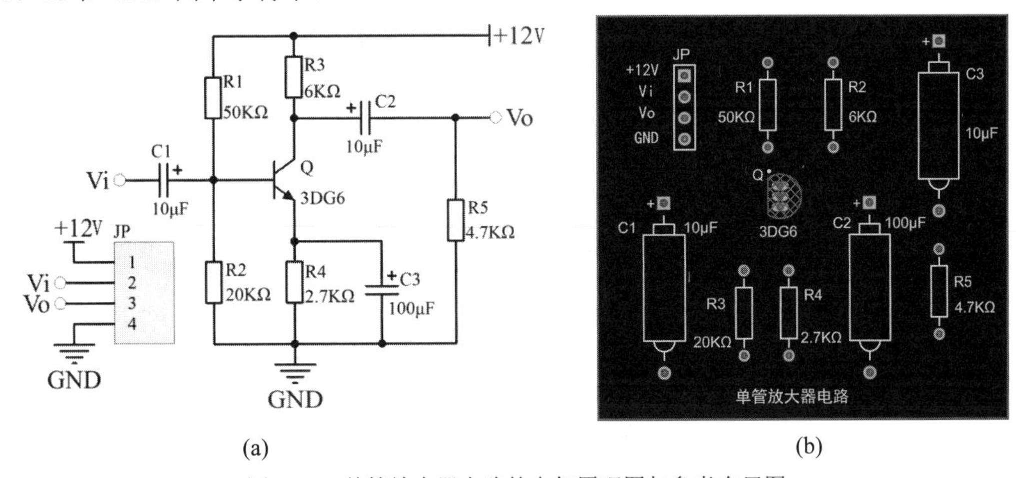


(a)　　　　(b)

图 13-7　单管放大器电路的电气原理图与参考布局图

## ☒ 操作提示

(1) 布线宽度设置。执行菜单命令“设计”→“规则”，弹出“PCB 规则及约束编辑器”对话框，如图 13-8 所示。

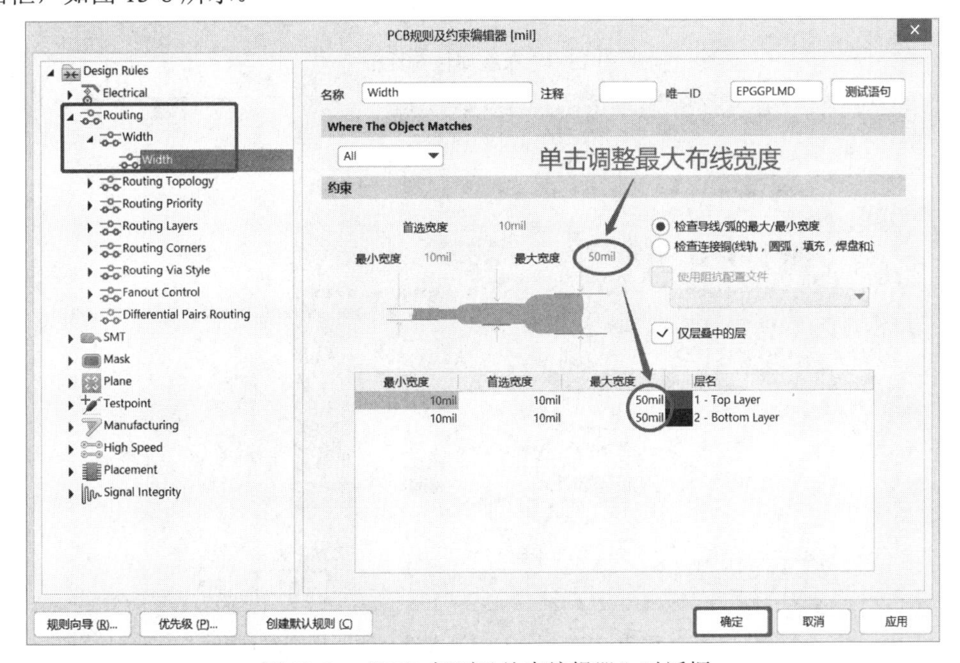


图 13-8　“PCB 规则及约束编辑器”对话框

(2) 单击 ◢ Design Rules，在◢ Routing 下面选择 Width，在右侧对话框的“约束”选项中将“最大宽度”设置为“50 mil”。

(3) 鼠标单击布线窗口工具栏中的 按钮，或者执行菜单命令“放置”→“走线”。在连线过程中，单击 Tab 键，弹出布线属性对话框，如图 13-9 所示，选择“Rules”选项，单击 Width Rule...10mil-10mil-10mil ，弹出“Edit PCB Rule-Max-Min Width Rule”对话框，如图 13-10 所示，修改“首选宽度”为“15 mil”，“最大宽度”为“50 mil”。

图 13-9　布线属性对话框

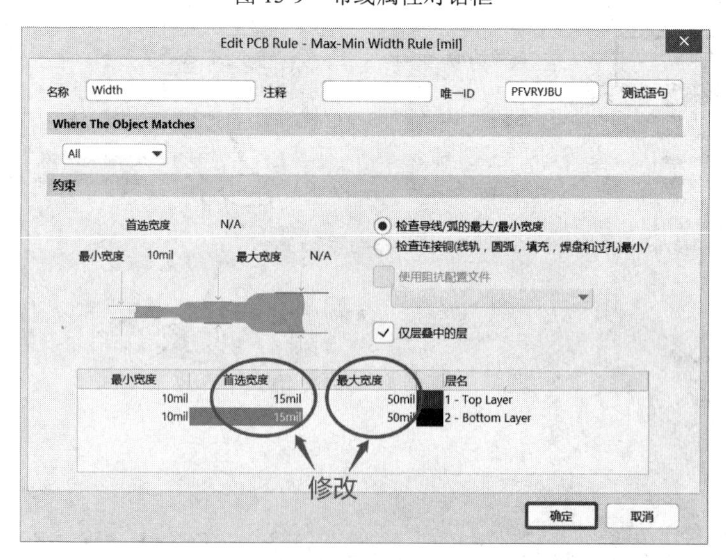


图 13-10　编辑 PCB 规则——最大最小线宽规则对话框

(4) 在连线过程中可以用 Shift + 空格键来切换导线的走线模式，或使用空格键来切换导线的方向。

(5) 其他操作同本实训练习一、练习二中的操作提示。

# 练习四　振荡电路的 PCB 设计

## ⊠ 实训内容

设计图 13-11(a)所示的振荡电路的电气原理图，手工绘制一块单层电路板图。图中电路元件 JP 取自 Miscellaneous Connectors.IntLib 元件封装库中，555 取自 Protel DOS Schematic Libraries.IntLib 元件封装库中，其余元件都取自 Miscellaneous Devices.IntLib 元器件封装库中。设计要求：

(1) 使用单层电路板，电路板尺寸为 2000 mil × 1500 mil。

(2) 电源、地线的铜膜线的宽度为 50 mil。

(3) 一般布线的宽度为 25 mil。

(4) 布线时考虑只能底层走线。

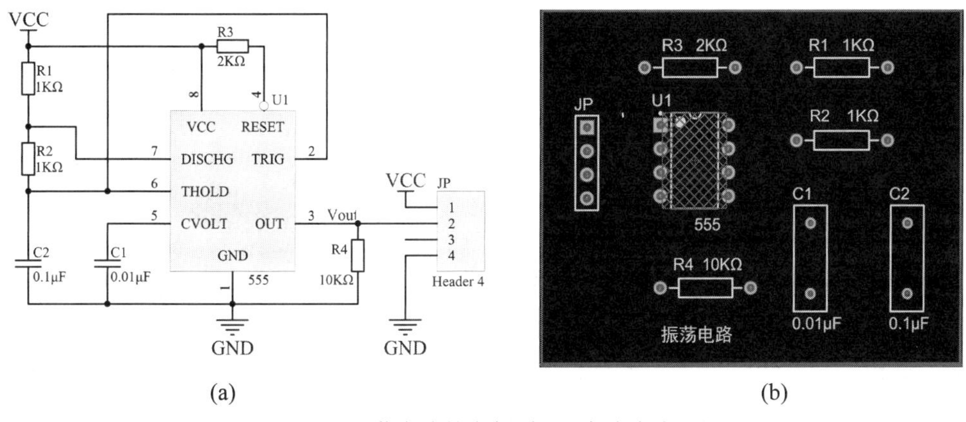


(a)　　　　(b)

图 13-11　振荡电路的电气原理图与参考布局图

## ⊠ 操作提示

(1) 加载元件封装库，放置元件。

(2) 更改最大线宽值参考本实训练习三的(2)。

(3) 更改首选线宽值为 25 mil，参考本实训练习三的(3)。

(4) 其他操作同本实训练习一、练习二的操作提示。

# 练习五　正负电源电路的 PCB 设计

## ⊠ 实训内容

正负电源电路如图 13-12 所示，设计该电路的电路板。图中电路元件 JP1、JP2 取自 Miscellaneous Connectors.IntLib 元件封装库中；1N4736 取自 Sim.IntLib 元件封装库中；其余元件都取自 Miscellaneous Devices.IntLib 元器件封装库中。设计要求：

(1) 使用单层电路板，电路板尺寸为 3000 mil × 2000 mil。

(2) 电源、地线的铜膜线宽度为 40 mil。

(3) 一般布线的宽度为 20 mil。

(4) 布线时只能单层走线。

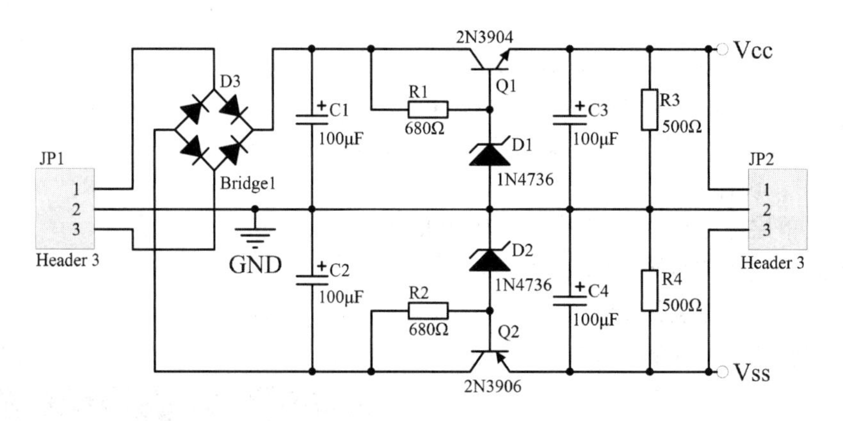


图 13-12 正负电源电路

## ⌧ 操作提示

(1) 加载元件库。

(2) 规划电路板参照实训十一练习五。

(3) 设置布线规则：执行菜单命令“设计”→“规则”，在弹出的“PCB 规则及约束编辑器”对话框中选择“Routing”选项，如图 13-8 所示。

(4) 选择 Width，在右侧对话框的“约束”选项中将“最大宽度”设置为“50 mil”。

(5) 在底层布线，参考本实训练习三的(3)，将“首选线宽”修改为“20 mil”。

(6) 其他操作同本实训练习一、练习二的操作提示。

# 练习六 车内灯延时电路的 PCB 设计

## ⌧ 实训内容

车内灯延时电路如图 13-13 所示，设计该电路的电路板。图中电路元件都取自 Miscellaneous Devices.IntLib 元器件封装库中。设计要求：

(1) 使用双层电路板，电路板尺寸为 2200 mil × 2000 mil。

(2) 电源、地线的铜膜线宽度为 25 mil。

(3) 一般布线的宽度为 20 mil。

(4) 手工放置元件封装，并布局美观。

(5) 手工连接铜膜线，电源、地线外接端口用焊盘表示。

(6) 布线时考虑顶层和底层都走线，顶层走水平线，底层走垂直线。

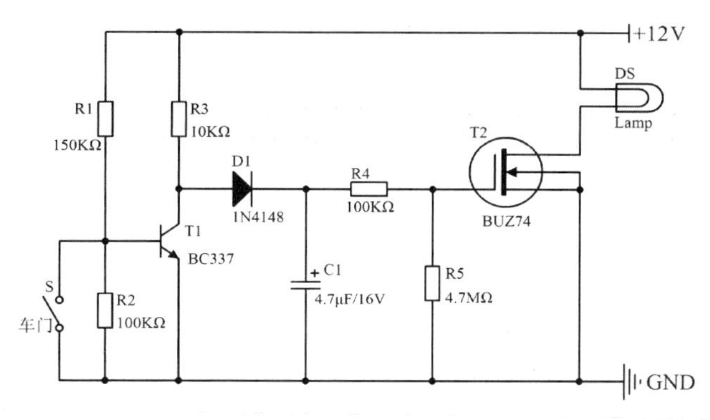


图 13-13　车内灯延时电路

## ⊠ 操作提示

(1)～(5)同本实训同练习五的操作提示(1)～(5)。

(6) 在连线过程中，可以用 Shift＋空格键来切换导线的走线模式，或使用空格键来切换导线的方向。顶层走水平线，底层走垂直线，利用小键盘上的＊或＋键切换上下层走线。

(7) 放置电源 +12 V 及 GND 焊盘。单击窗口工具栏中的 按钮；或执行菜单命令“放置”→“焊盘”；或在 PCB 编辑窗口单击右键，在弹出的快捷菜单中选择“放置”→“焊盘”。

(8) 设置焊盘的属性。在放置焊盘过程中按下 Tab 键，或用鼠标左键双击放置好的焊盘，均可弹出焊盘属性对话框，如图 13-14 所示。修改焊盘标号分别为“+12 V”“GND”，其他参数采用系统默认数值。

(9) 将“+12 V”“GND”两个焊盘与电路元件连接起来，并修改电源、地线的铜膜线宽度为 25 mil，如图 13-15 所示。

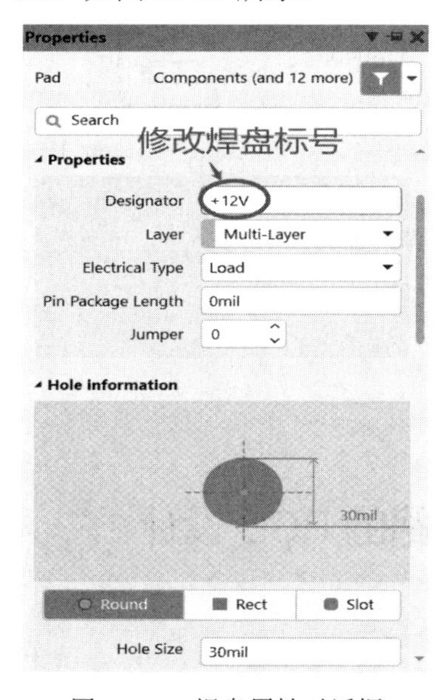


图 13-14　焊盘属性对话框

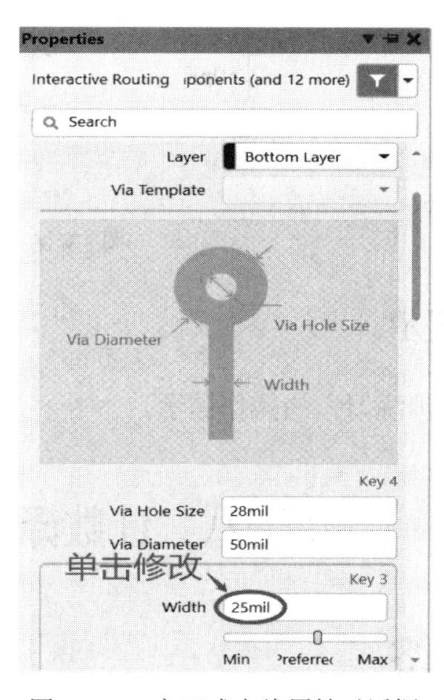


图 13-15　交互式布线属性对话框

(10) 其他操作参考本实训练习一、练习二的操作提示。

## 练习七　振荡分频电路的 PCB 设计

### ⌧ 实训内容

振荡分频电路如图 13-16 所示，设计该电路的电路板。图中电路元件 JP1、JP2 取自 Miscellaneous Connectors.IntLib 元件封装库中；4011、4040 取自 Protel DOS Schematic Libraries.IntLib 元件封装库中；其余元件都取自 Miscellaneous Devices.IntLib 元器件封装库中。设计要求：

(1) 使用双层电路板，电路板尺寸为 2200 mil × 1700 mil。

(2) 电源、地线的铜膜线宽度为 25 mil。

(3) 一般布线的宽度为 20 mil。

(4) 手工放置元件封装，并布局合理。

(5) 手工连接铜膜线。

(6) 布线时考虑顶层和底层都走线，顶层走水平线，底层走垂直线。

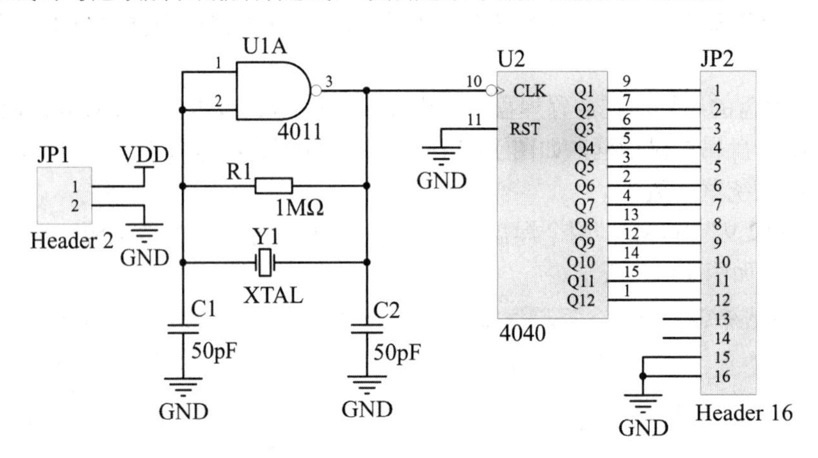


图 13-16　振荡分频电路

### ⌧ 操作提示

同本实训练习六的操作提示。

## 练习八　计数译码电路的 PCB 设计

### ⌧ 实训内容

计数译码电路如图 13-17 所示，设计该电路的电路板。图中电路元件 JP1、JP2 取自

Miscellaneous Connectors.IntLib 元件封装库中，74LS74 取自 Sim.IntLib 元件封装库中，74LS138 取自 Protel DOS Schematic Libraries.IntLib 元件封装库中；其余元件都取自 Miscellaneous Devices.IntLib 元器件封装库中。设计要求：

(1) 使用双层电路板，电路板尺寸为 2600 mil × 2100 mil。

(2) 电源、地线的铜膜线宽度为 25 mil。

(3) 一般布线的宽度为 10 mil。

(4) 手工放置元件封装，并布局美观。

(5) 手工连接铜膜线。

(6) 布线时考虑顶层和底层都走线，顶层走水平线，底层走垂直线。

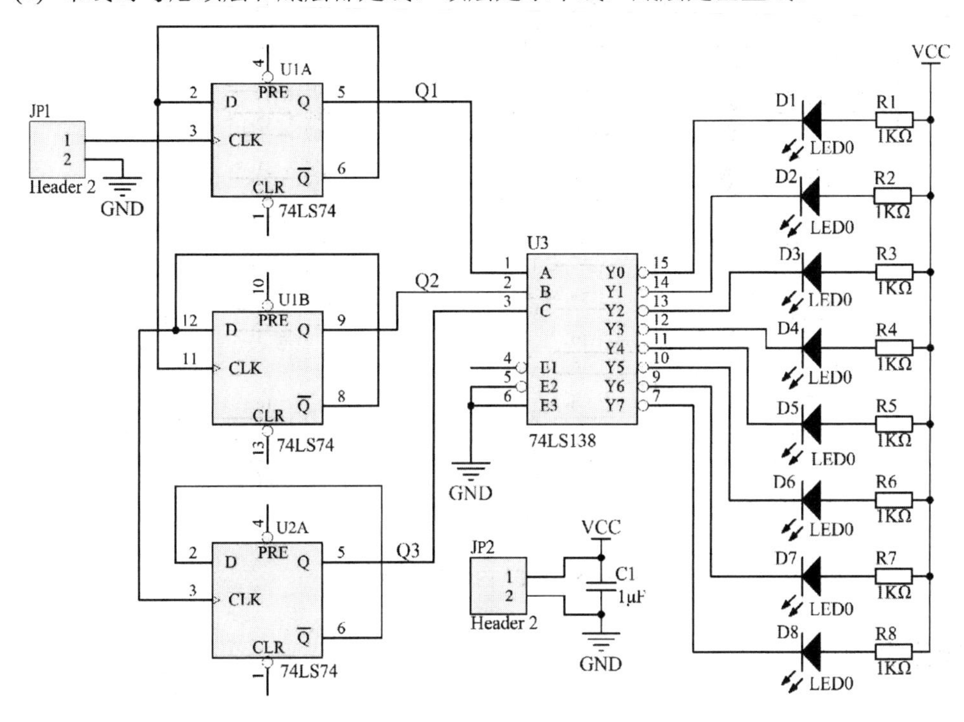


图 13-17　计数译码电路

## ☒ 操作提示

同本实训练习六的操作提示。

# 练习九　8051 内部定时器电路的 PCB 设计

## ☒ 实训内容

8051 内部定时器电路如图 13-18 所示，设计该电路的电路板。图中电路元件 8051 取自 Protel DOS Schematic Libraries.IntLib 元件封装库中；其余元件都取自 Miscellaneous

Devices.IntLib 元器件封装库中。设计要求：

(1) 使用双层电路板，电路板尺寸为 2500 mil × 3700 mil。

(2) 电源、地线的铜膜线宽度为 25 mil。

(3) 一般布线的宽度为 10 mil。

(4) 手工放置元件封装，将 X1、C1、C2 与 U1 就近放置，并布局美观。

(5) 手工连接铜膜线，电源、地线外接端口用焊盘表示。

(6) 布线时考虑顶层和底层都走线，顶层走水平线，底层走垂直线。

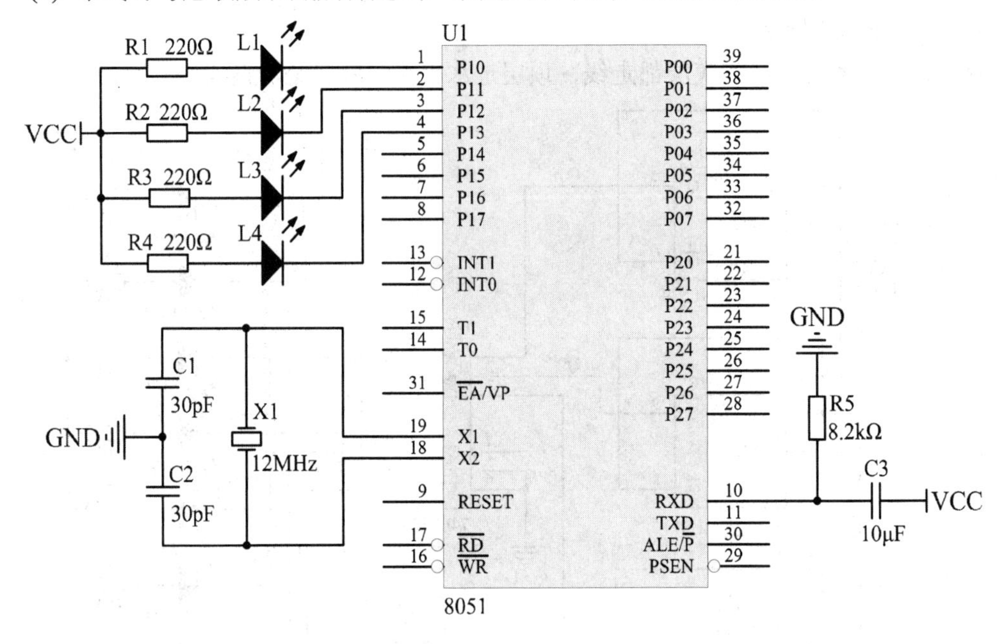


图 13-18　8051 内部定时器电路

## ⊠ 操作提示

(1) 放置 U1(8051)元件。

(2) 将 X1、C1、C2 与 U1 就近放置。

(3) 其他元件封装的放置及连线同本实训练习六的操作提示。

# 练习十　简易秒表计时电路的 PCB 设计

## ⊠ 实训内容

简易秒表计时电路如图 13-19 所示，设计该电路的电路板。图中电路元件 8051 取自 Protel DOS Schematic Libraries.IntLib 元件封装库中；其余元件都取自 Miscellaneous Devices.IntLib 元器件封装库中。设计要求：

(1) 使用双层电路板，电路板尺寸为 3300 mil × 2600 mil。

(2) 电源、地线的铜膜线宽度为 25 mil。

(3) 一般布线的宽度为 10 mil。

(4) 手工放置元件封装，将 X1、C1、C2 与 U1 就近放置，并布局美观。

(5) 手工连接铜膜线，电源、地线外接端口用焊盘表示。

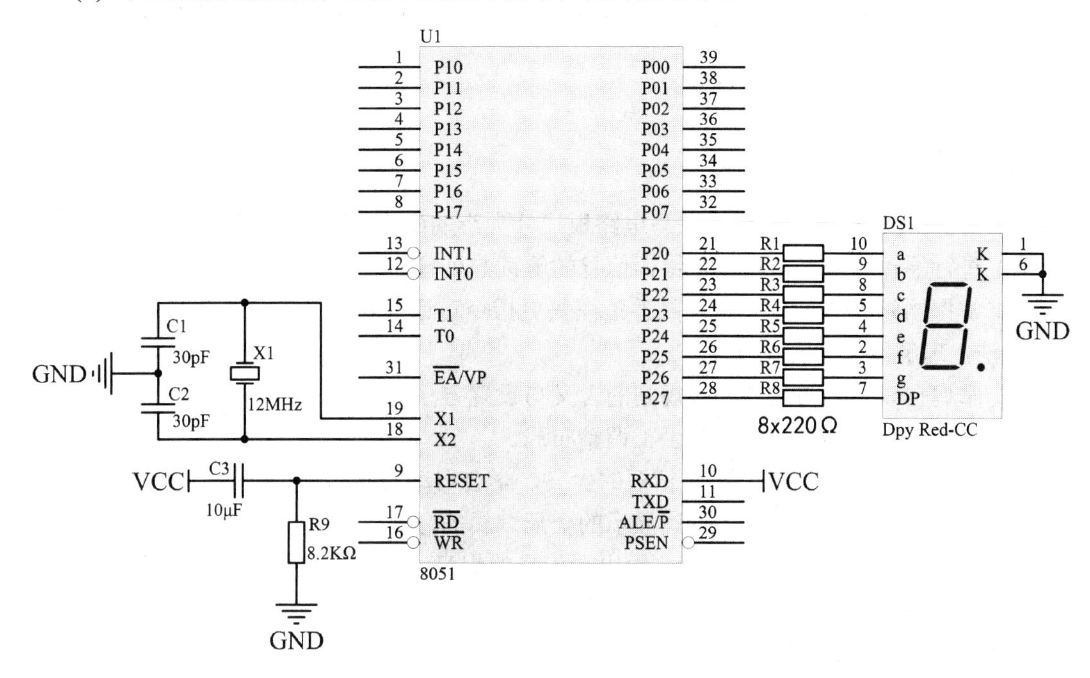


图 13-19　简易秒表计时电路

## ⊠ 操作提示

同本实训练习九的操作提示。

# 实训十四　PCB 设计——自动布局与布线

## ◇ 实训目的

(1) 掌握 PCB 板层的设置方法与电路板尺寸大小的确定方法。

(2) 进行原理图编译检查以及错误信息的解读与处理。

(3) 掌握网络表的加载方法，熟悉工程变更指令对话框的含义以及错误信息的含义和修改方法，理解飞线的含义。

(4) 掌握自动布局与自动布线规则的含义与设置方法。

(5) 掌握自动布局方法，学会手工调整布局。

(6) 掌握“Situs 布线策略”对话框的含义，学会自动布线与撤销布线的方法。

(7) 掌握元件注释的修改与正确显示的全局编辑的方法。

(8) 学会添加电源/地等输入端与输出端信号的焊盘，并与有关网络的连接方法。

(9) 掌握在电路板上添加文字注释的方法。

(10) 掌握电路板的裁剪方法与 PCB 的 3D 预览。

## ◇ 实训设备

Altium Designer 19 软件、PC。

## 练习一　计数译码电路的 PCB 设计

### ⊠ 实训内容

绘制如图 14-1 所示的计数译码电路，图中电路元件 JP1、JP2 取自 Miscellaneous Connectors.IntLib 元件库中；SN74LS160A、SN74LS247 取自 TI Databooks.IntLib 元件库中；其余元件都取自 Miscellaneous Devices.IntLib 元器件库中。绘制完原理图后进行原理图编译，生成网络表。建立双层电路板，在禁止布线层 ■ Keep-Out Layer 绘制一个长 2700 mil × 宽 1600 mil 的矩形框，在机械层绘制物理边界长 2800 mil × 宽 1700 mil 的矩形框。导入网络表，然后进行布局与布线。布局、布线前，使用布局、布线规则，设置电源 VCC、地线 GND 网络的线宽为 30 mil，整板的线宽为 10 mil，然后布线。进行元件标号及注释字符调整，并在 JP1 焊盘旁添加文字标注“VCC”“GND”“CLK”，在电路板适当地方放置文字“练习 1　14-1 计数译码电路的 PCB 设计”。

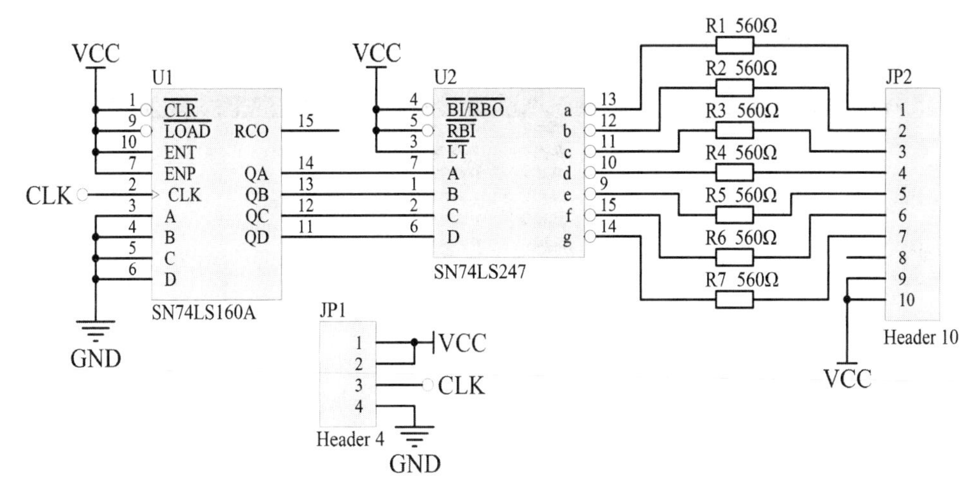


图 14-1　计数译码电路

## ⊠ 操作提示

(1) 创建工程项目，添加电路图文件，画电路原理图。

(2) 进行原理图编译检查。执行菜单命令“工程”→“Compile PCB Project…”；或在“Projects”面板工程项目名称上单击鼠标右键，在弹出的菜单中选择“Compile PCB Project…”，如图 10-2 所示，即可对原理图进行编译。

(3) 生成网络表。执行菜单命令“设计”→“文件的网络表”，弹出如图 10-10 所示的工程网络表的格式选择菜单，选中“Protel”格式。

(4) 添加 PCB 文件。在原理图文件所在的项目中添加一个 PCB 文件，保证两个文件处于同一个项目中。保存原理图文件和 PCB 文件的名称为“练习 1　14-1 计数译码电路的 PCB 设计.SchDoc”和“练习 1　14-1 计数译码电路的 PCB 设计.PcbDoc”，再切换到 PCB 工作界面。

(5) 规划印制电路板。设置相对坐标原点，在禁止布线层 Keep-Out Layer 绘制一个长 2700 mil × 宽 1600 mil 的矩形框，在机械层绘制物理边界长 2800 mil × 宽 1700 mil 的矩形框。

(6) 导入网络表文件。执行菜单命令“设计”→“Import Change From 计数译码电路的 PCB 设计.PrjPcb”，打开“工程变更指令”对话框，如图 14-2 所示。对话框中包括原理图中所有元件和网络的名称、数量等内容。

(7) 单击图 14-2 中的【验证变更】【执行变更】按钮，查看验证变更、执行变更后的状态，如图 14-3 所示，如果“状态”栏中的“检验”“完成”各项均显示正确符号，则表明在导入网络表时没有错误，即可继续下一步。否则查看错误信息，返回原理图进行修改，直到没有任何错误为止。

(8) 单击图 14-3 对话框中的【关闭】按钮，退出“工程变更指令”对话框。可以发现所装入的网络与元器件封装放置在 PCB 文档的边界之外的“Room”中，并且以飞线的形式显示着网络和元器件封装之间的连接关系，如图 14-4 所示。

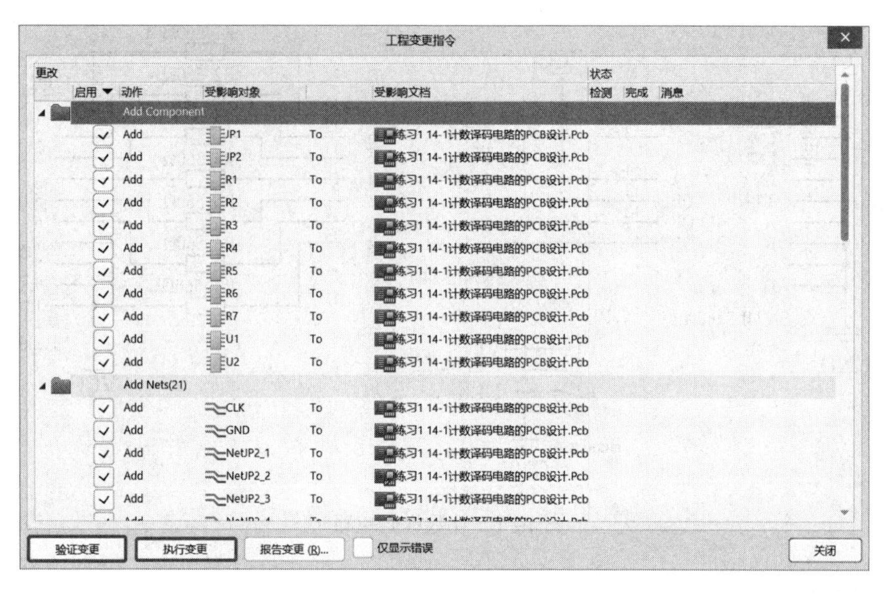


图 14-2　“工程变更指令”对话框

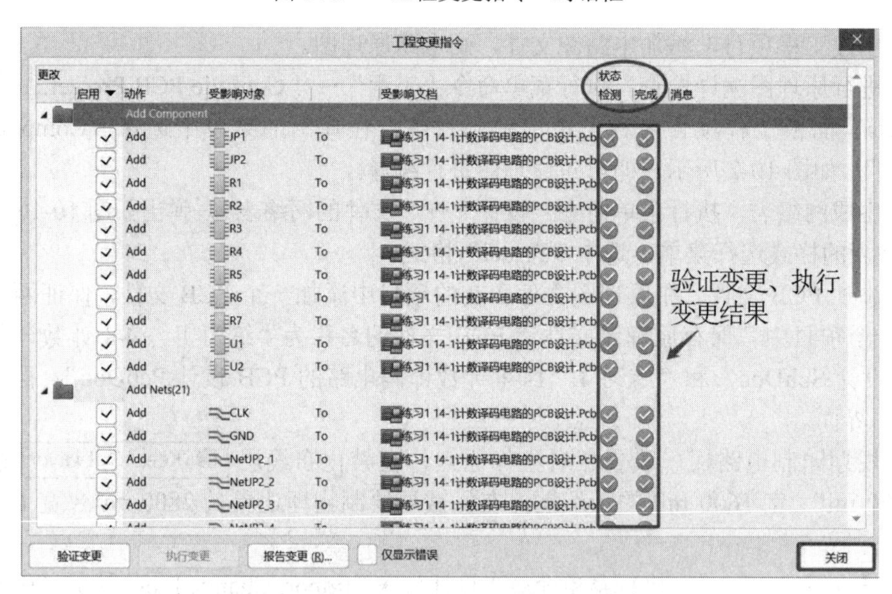


图 14-3　验证变更和执行变更的结果对话框

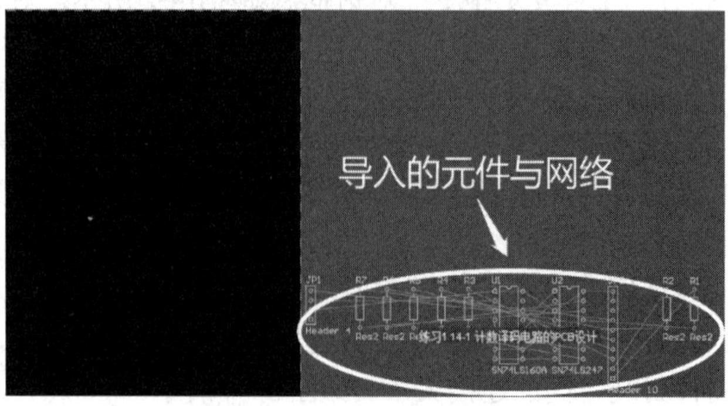


图 14-4　导入网络表的效果

(9) 移动“Room”，元器件将随“Room”一起移动，放到编辑区域中心。

(10) 查看元件注释。放大导入的 PCB 元件封装，如图 14-5 所示。可以看出图中电阻元件的注释均显示“Res2”，并没有显示原理图中的元件注释大小(560Ω)。主要是原理图中电阻阻值大小是在元件属性中的Parameters 选项下面设置的，而元件注释仅仅显示元件在原理图库中的名称。

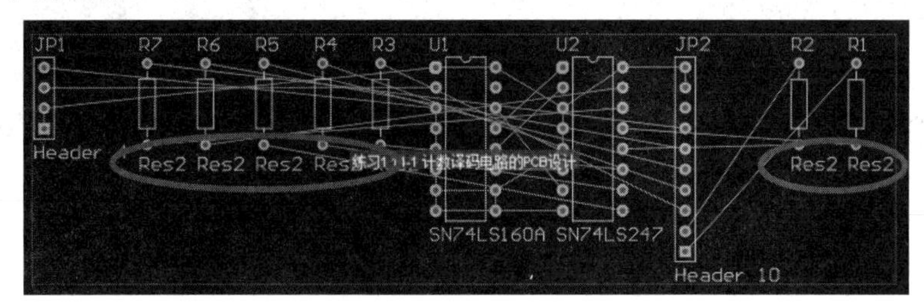

图 14-5　查看元件注释

(11) 修改元件注释。在原理图中双击需要修改的元件(如 R1)，弹出元件属性对话框，如图 14-6 所示，在“Comment”后面输入阻值大小。

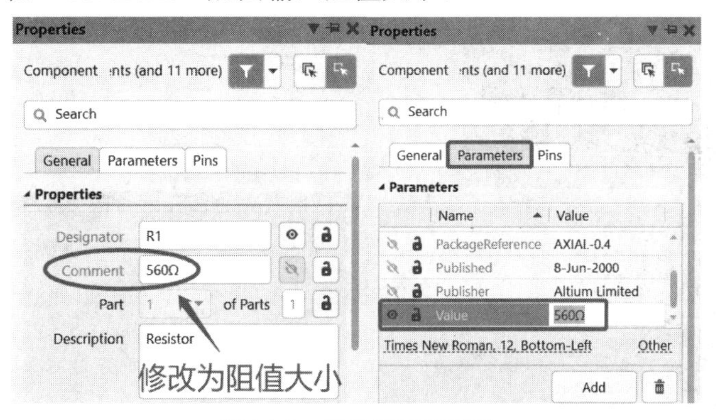


图 14-6　元件属性对话框

**注意**：“Comment”后面的数值和“Parameters”选项中的“Value”后面的数值设置一致，并只显示其中之一即可。其他元件如电容、电感等有着具体数值大小的元件，都可以采用类似方法进行设置。

(12) 再次生成网络表，执行菜单命令“设计”→“Import Change From 计数译码电路的 PCB 设计.PrjPcb”，打开“工程变更指令”对话框，如图 14-7 所示，可以看到所有变更的元件。

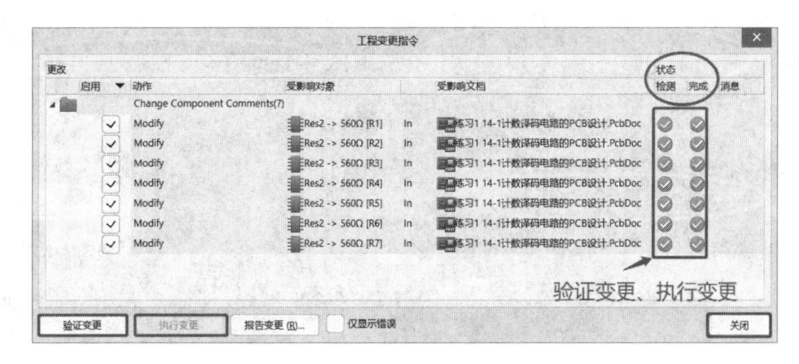


图 14-7　“工程变更指令”对话框

(13) 单击【验证变更】【执行变更】按钮，如果“状态”栏中的“检验”“完成”各项均显示正确符号✅，单击【关闭】按钮，则完成元件注释的变更，如图 14-8 所示。

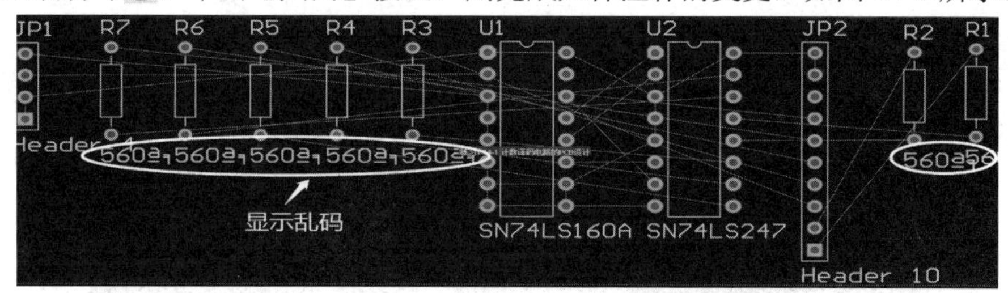


图 14-8　元件注释变更结果

(14) 修改元件注释显示字体。从图 14-8 看出，电阻元件的注释“560Ω”中的符号“Ω”显示的是乱码，没有正确显示，我们可以采用全局编辑的方法进行统一修改。

① 右键单击任意元件注释，弹出快捷菜单，选中“查找相似对象”命令，如图 14-9 所示，弹出“查找相似对象”对话框，如图 14-10 所示。

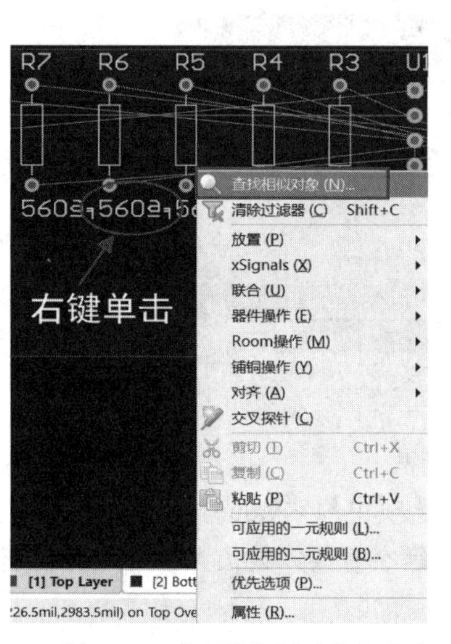


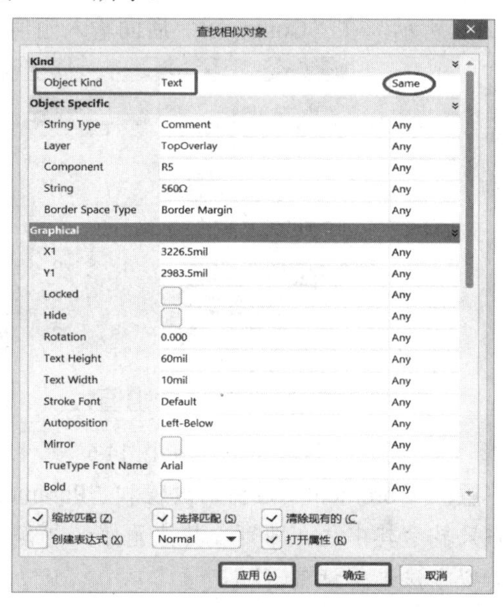


图 14-9　“查找相似对象”命令　　　　图 14-10　“查找相似对象”对话框

② 单击对话框中的【应用】按钮，所有有着相似类型的对象即处于选中状态，如图 14-11 所示。

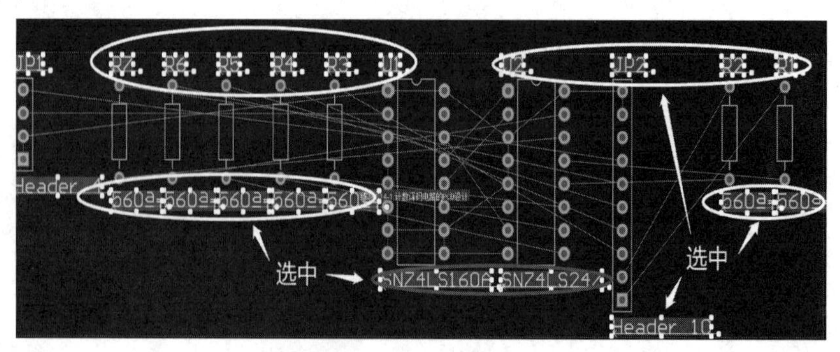


图 14-11　选中相似的对象

③ 单击【确定】按钮，弹出对象属性对话框，如图 14-12 所示。在“Font Type”选项区选中“TrueType”。单击“Font”右侧下拉按钮 ▼，选择不同的字型。修改结果如图 14-13 所示，可以看出电阻元件阻值符号显示正常。在对话框中也可以修改文字大小。

**注意**：其他符号的显示也可采用相同的方法。

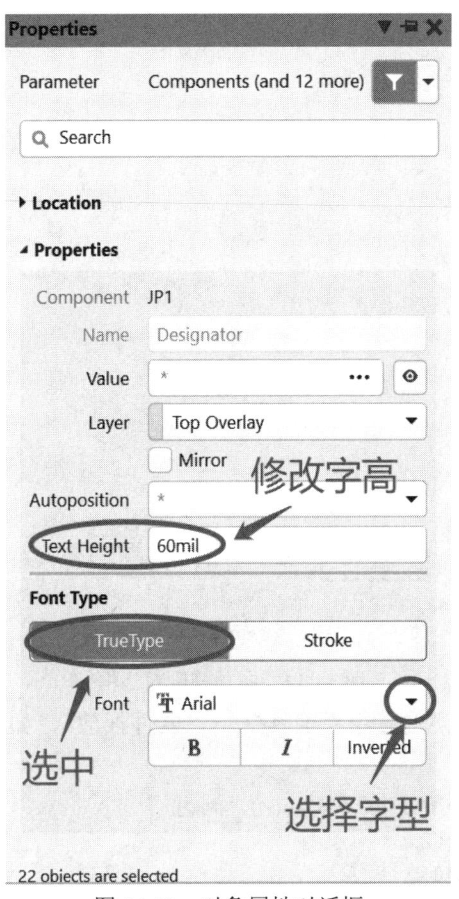


图 14-12　对象属性对话框

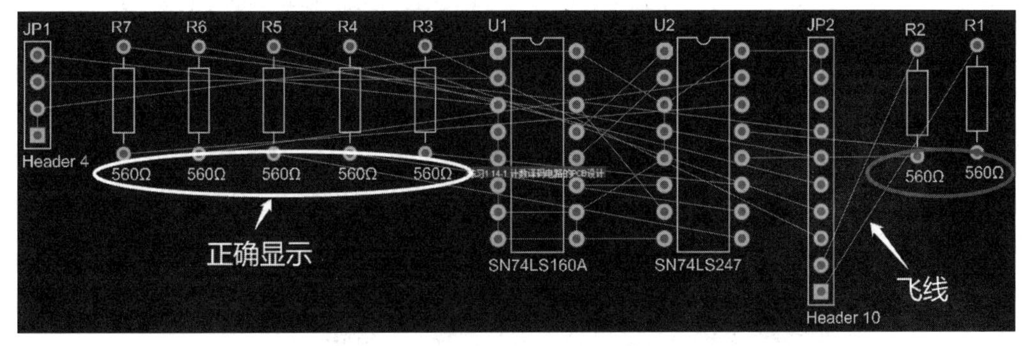


图 14-13　正确显示注释符号

(15) 设置自动布局规则。执行菜单命令“设计”→“规则”，打开“PCB 规则及约束编辑器”对话框，如图 14-14 所示。单击图中“Placement”前面的▶，可以展开它的六项子规则，子规则前面有▶标记的表示已激活，没有▶标记的表示未被激活，未激活的选项使用时可以通过添加新规则来完成。

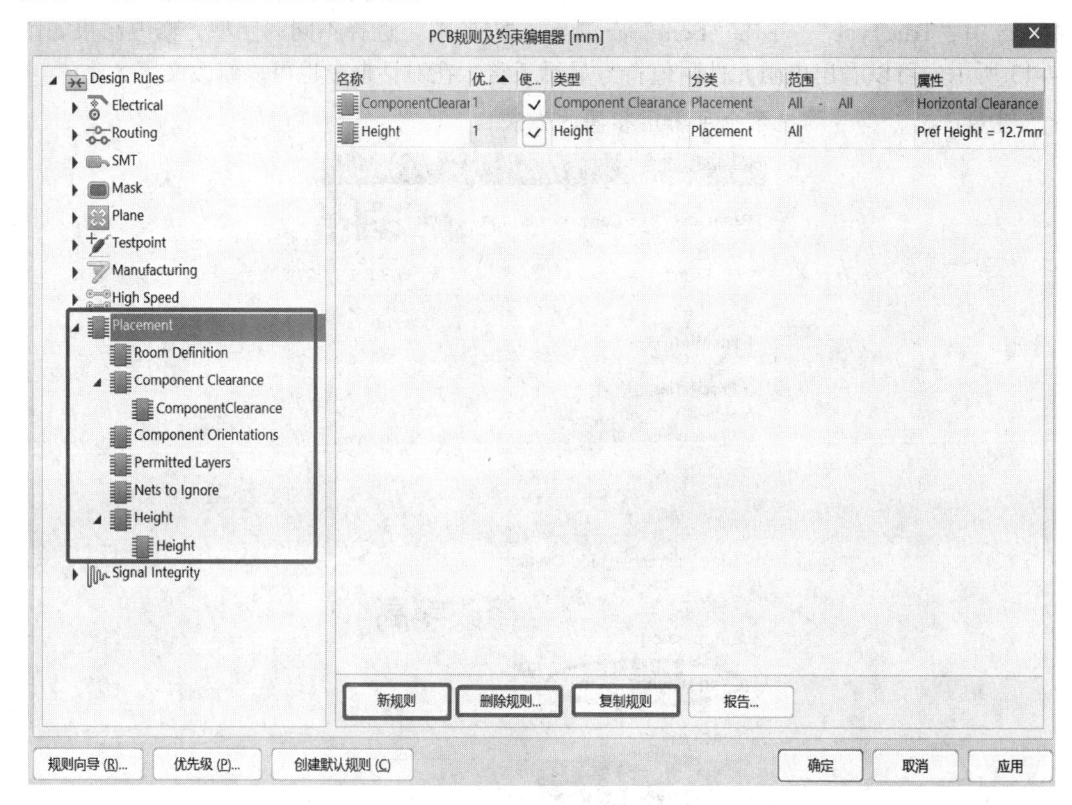


图 14-14　布局规则对话框

(16) 自动布局。执行菜单命令“工具”→“器件摆放”，如图 14-15 所示。可选择三种摆放类型之一进行布局。

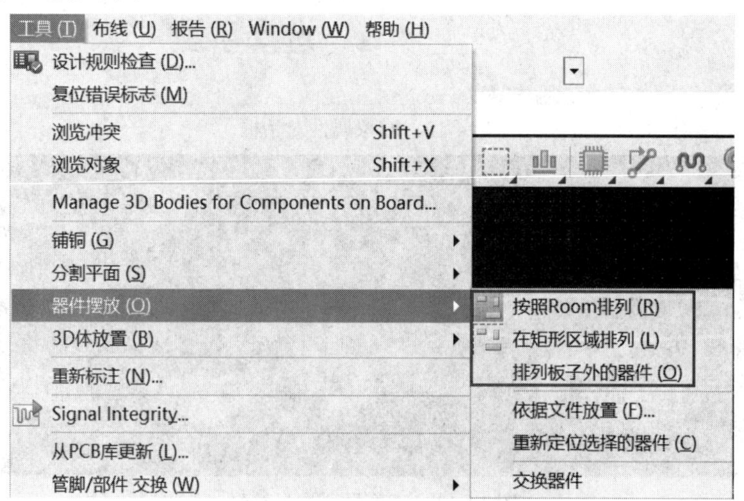


图 14-15　元件摆放对话框

① 按“按照 Room 排列”布局，将 Room 空间移到电路板规划区域。

② 调整 Room 大小，拖动 Room 边框调整其大小，与电路板电气边界重合，如图 14-16 所示。

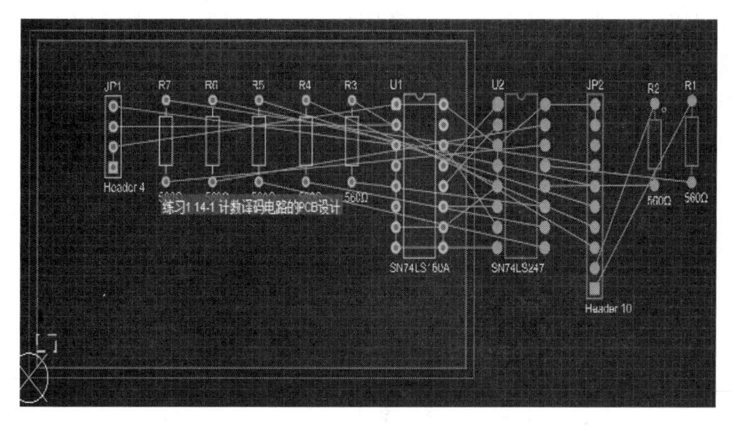


图 14-16　调整后的 Room 区域

③ 执行菜单命令“工具”→“器件摆放”→“按照 Room 排列”，光标变为十字形，移动光标到 Room 空间区，单击鼠标左键，布局效果如图 14-17 所示。

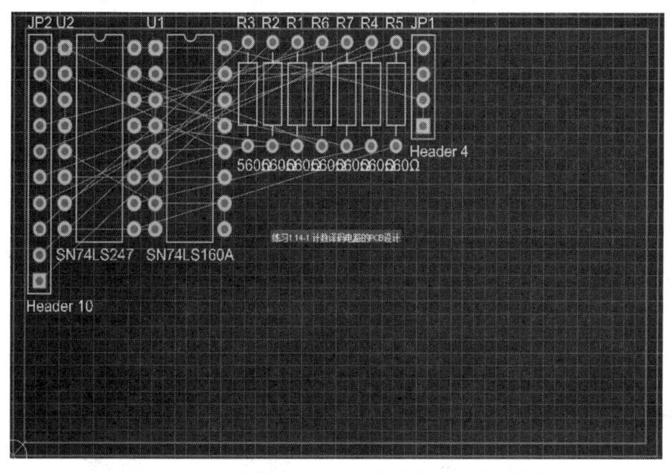


图 14-17　“按照 Room 排列”的布局效果

(17) 手工调整元件布局与元件标号和注释。从图 14-17 看出自动布局并不能使元件布局十分完美，元件标号和注释与元件封装间距不合理，还需要进一步手工调整，才使元件布局更加符合要求。调整时随时修改栅格尺寸，以使调整更加方便。调整结果如图 14-18 所示。

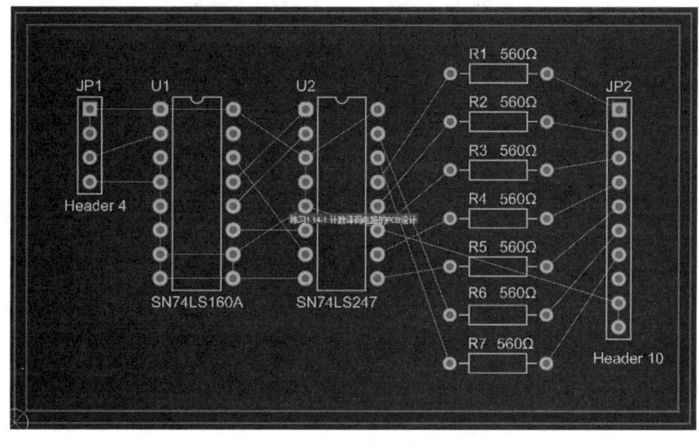


图 14-18　手工调整元件及注释的布局效果

(18) 设置布线规则。执行菜单命令“设计”→“规则”，在弹出的“PCB 规则及约束编辑器”对话框中单击 Routing 选项，弹出 Routing(布线)规则，如图 14-19 所示。布线规则主要有 8 项规则，这里主要对布线宽度进行设置，其他选项采用系统默认设置。

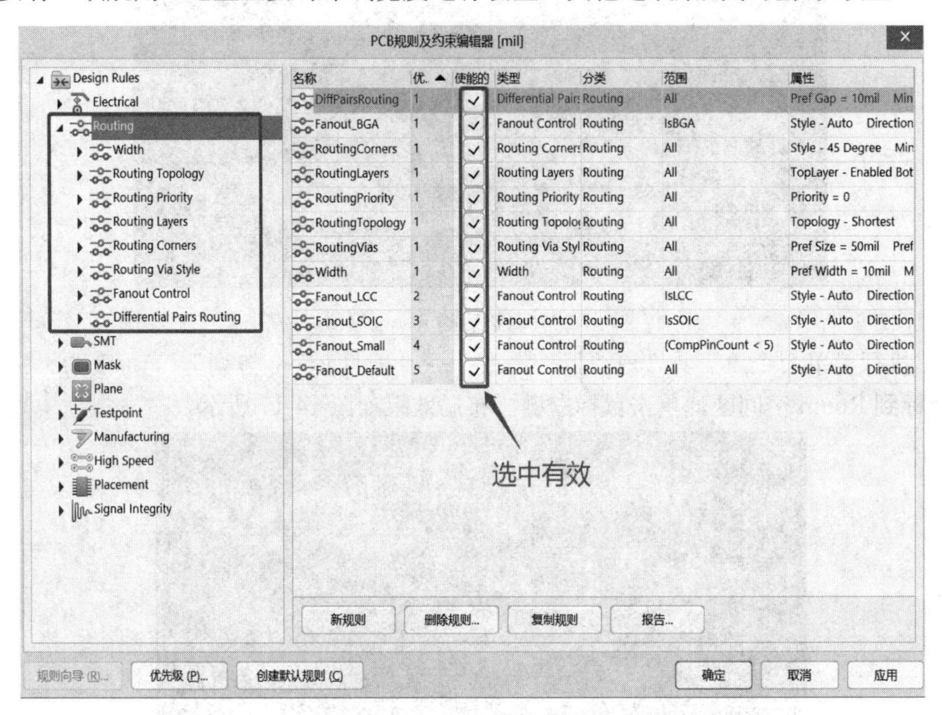


图 14-19　布线规则对话框

(19) 单击图 14-19 中的 Width 图标，弹出如图 14-20 所示的布线宽度规则对话框。

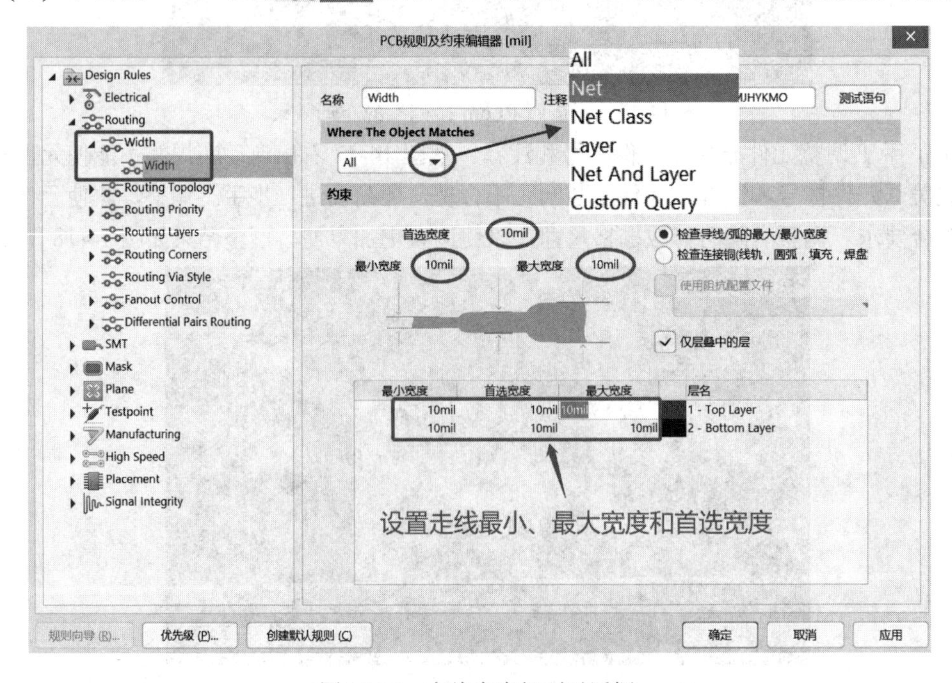


图 14-20　布线宽度规则对话框

(20) 设置地线网络 GND 线宽为 30 mil。右键单击 Width 图标，添加新规则 Width_1，在“Where The Object Matches”选中“Net”，在右侧下拉列表中选择“GND”；在线宽窗口内修改“最小宽度”“首选宽度”“最大宽度”均为 30 mil，如图 14-21 所示。

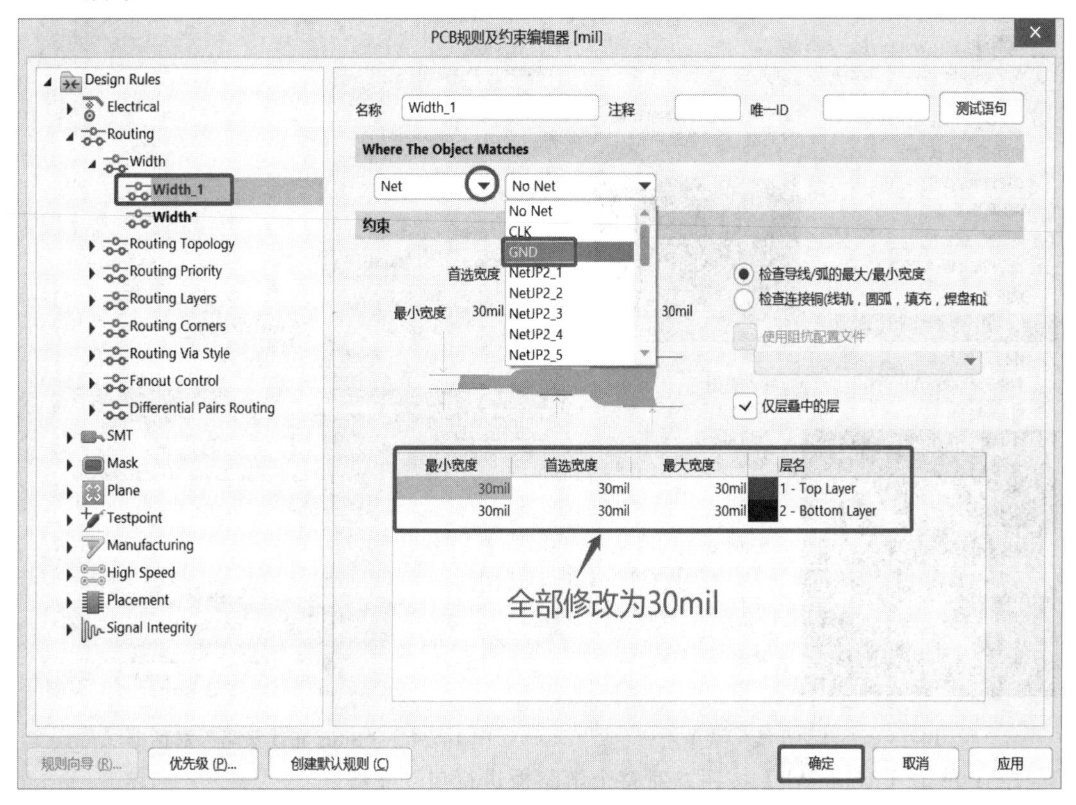


图 14-21　电源线宽度设置窗口

(21) 设置电源网络 VCC 线宽同 GND 线宽的设置，区别是在“Net”下拉列表中选择“VCC”。

设置完成，单击 Width 图标，即可发现右侧线宽状态窗口内多了电源线宽度信息行，如图 14-22 所示。

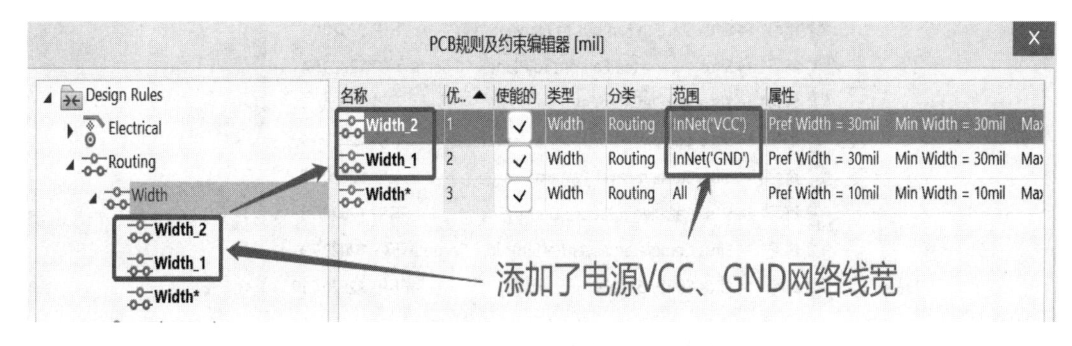


图 14-22　增加了电源宽度后的线宽信息

(22) 单击【确定】按钮，完成设置。

(23) 执行菜单命令“布线”→“自动布线”，弹出布线下拉菜单，如图 14-23 所示。

(24) 选择“全部”，打开“Situs 布线策略”对话框，如图 14-24 所示，采用系统默认设置。

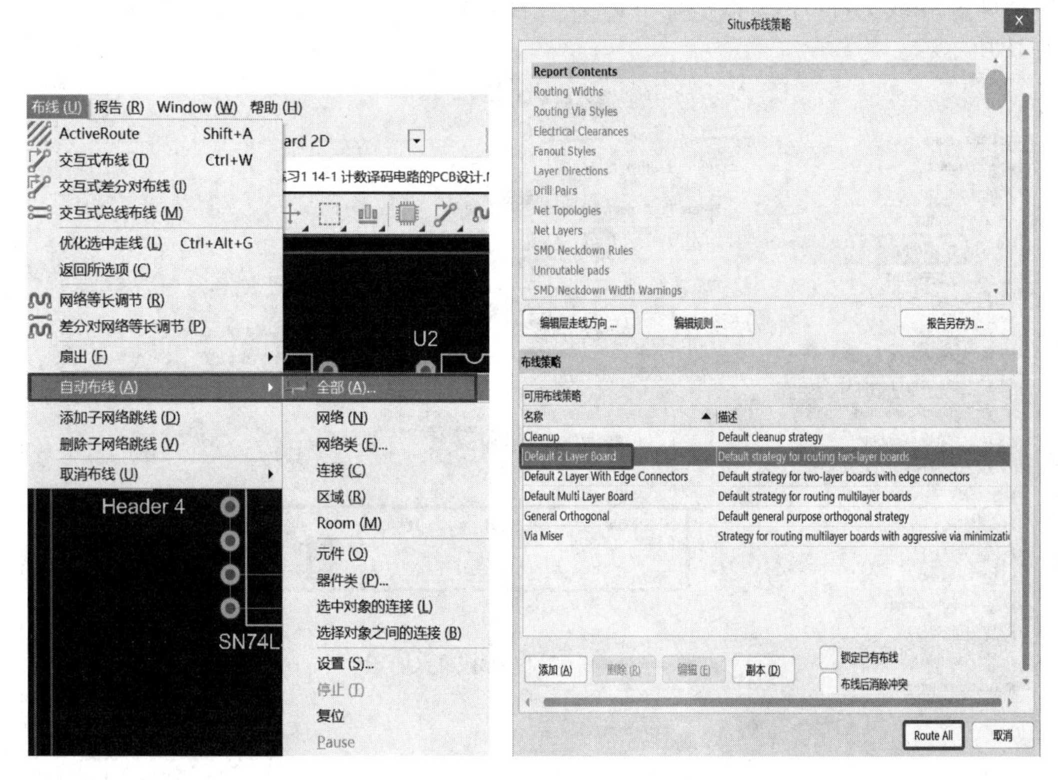


图 14-23　“自动布线”菜单　　　　图 14-24　“Situs 布线策略”对话框

(25) 单击【Route All】按钮，对整个电路板进行自动布线。

(26) 布线完成后弹出自动布线信息对话框，如图 14-25 所示，显示布线情况。

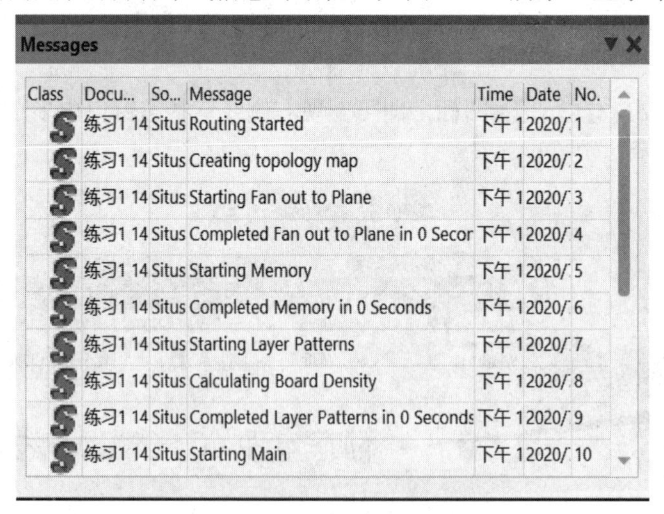


图 14-25　自动布线信息对话框

(27) 关闭该布线信息对话框。布线后的效果如图 14-26 所示。如果发现图中走线不合理或出现未连接，这时就需要后期手工调整。

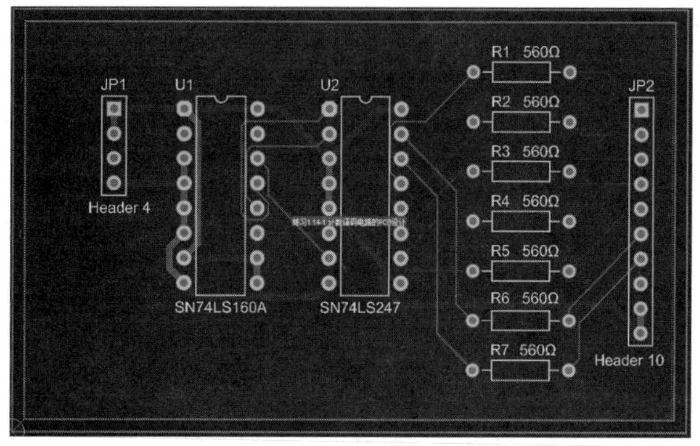


图 14-26　全局布线效果图

(28) 标注文字。将当前工作层切换为“Top Overlay”(顶层丝印层)。

① 执行菜单命令“放置”→“字符串”，或在窗口工具栏中选择A图标。光标变成十字形，按下Tab键，弹出字符串属性对话框，如图14-27所示。在“Text”文本框中输入“VCC”，字体高度设置为“100 mil”。

② 设置完毕后，移动光标到合适的位置，单击鼠标左键，放置一个文字标注，依次放置其他两个字符“GND”“CLK”及文字“计数译码电路PCB设计”。

③ 单击鼠标右键，结束文字标注状态。图14-28所示为添加文字标注及调整后的效果。

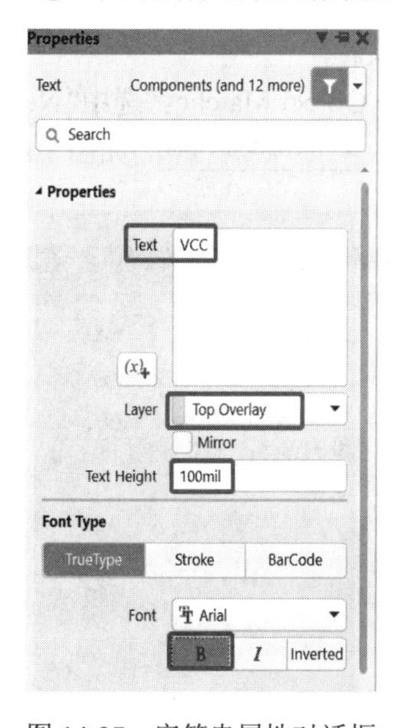


图 14-27　字符串属性对话框

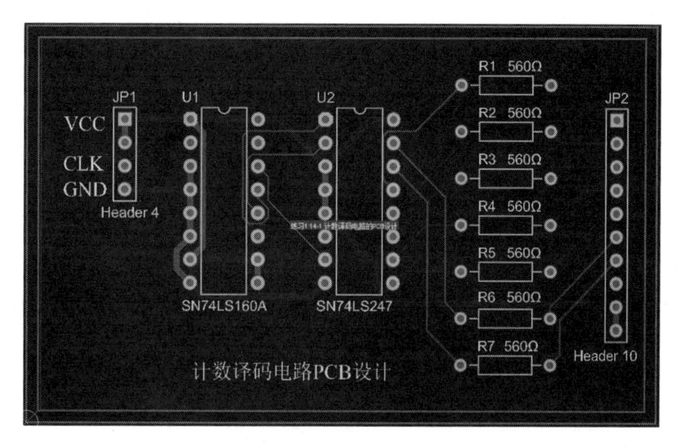


图 14-28　添加文字标注的效果

# 练习二　电源、地线网络的布线层设置

## ⌧ 实训内容

设置地线网络(GND)的布线层为底层，电源网络(VCC)的布线层为顶层，然后对练习一所示的电路进行布线。

## ⊠ 操作提示

(1) 取消布线。执行菜单命令“布线”→“取消布线”，弹出取消布线下拉菜单，如图 14-29 所示，系统提供 5 条取消布线的命令。

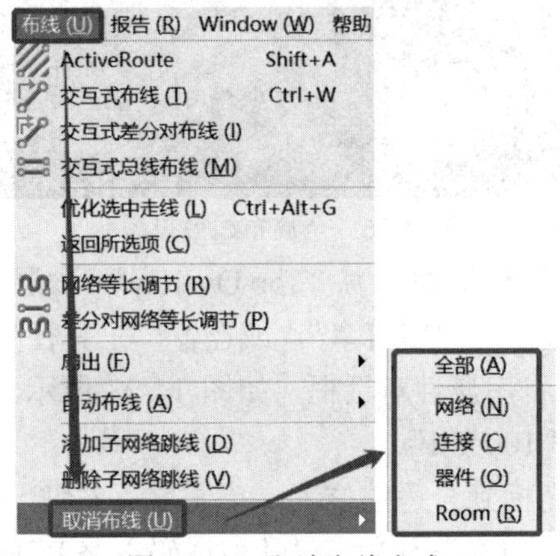


图 14-29　取消布线方式

(2) 设置地线网络 GND 布线层。执行菜单命令“设计”→“规则”，弹出“PCB 规则及约束编辑器”对话框，如图 14-19 所示，选中 Routing 选项。

(3) 单击 Routing Layers 添加新规则，在右侧“Where The Object Matches”选中“Net”，在右侧下拉列表中选择“GND”；在下面的“允许布线”中选中 Bottom Layer，如图 14-30 所示。

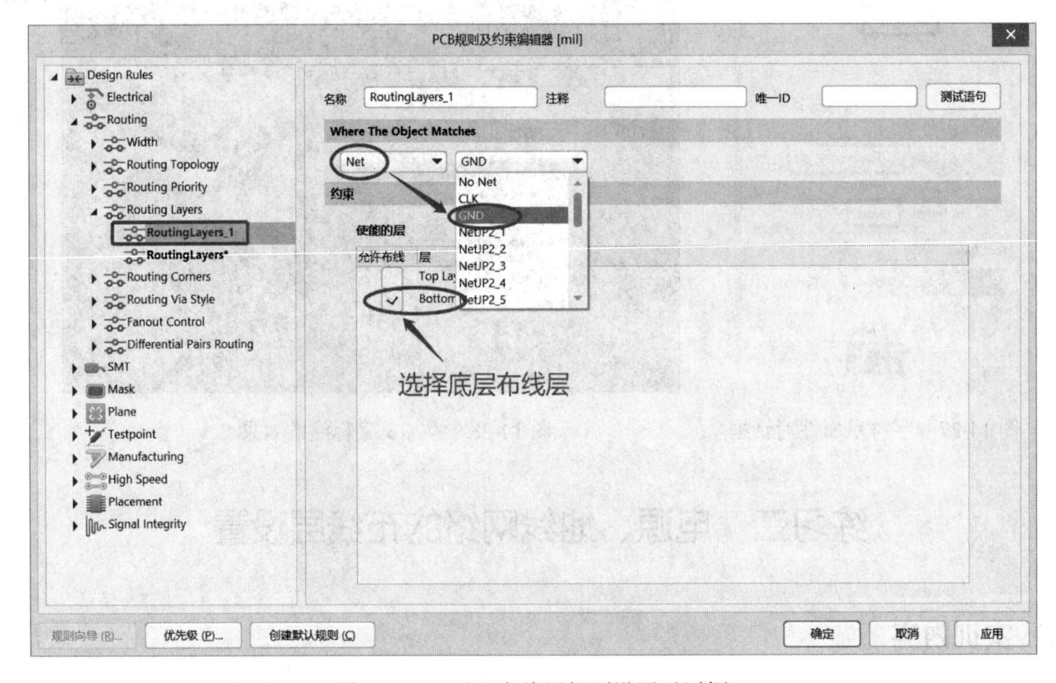


图 14-30　GND 布线层规则设置对话框

(4) 设置电源网络 VCC 布线层。同地线网络 GND 布线层设置，区别是在“Net”下拉框选择“VCC”，在“允许布线”中选中 Top Layer，如图 14-31 所示。

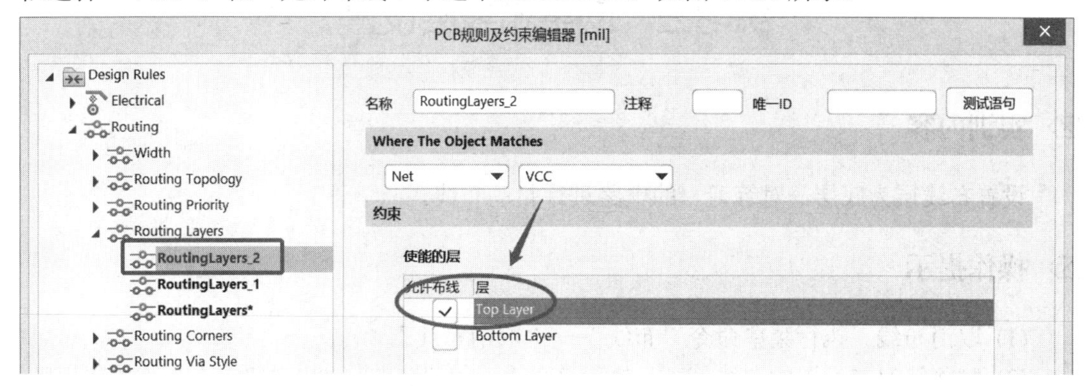


图 14-31　VCC 布线层设置

(5) 设置完成，单击 Routing Layers 图标，即可发现右侧布线层状态窗口内多了电源 VCC 和 GND 布线层信息行，如图 14-32 所示。

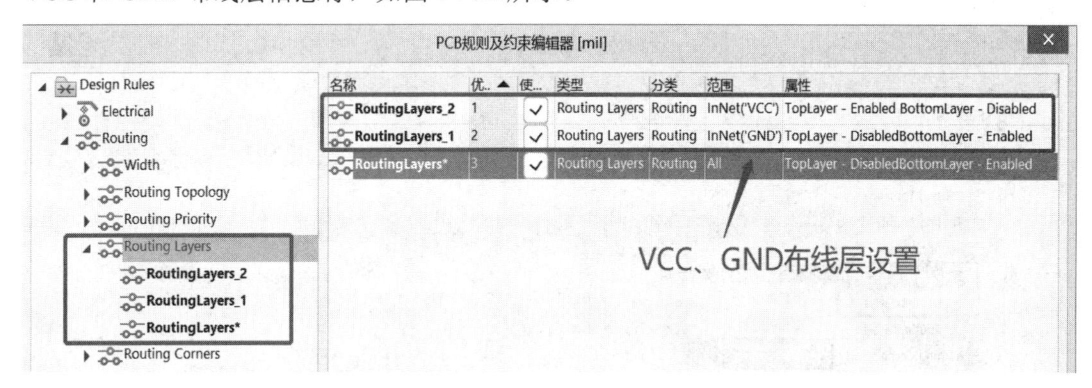


图 14-32　添加了 VCC、GND 布线层规则

(6) 单击【确定】按钮，完成设置。

(7) 执行菜单命令“布线”→“自动布线”→“全部”，打开“Situs 布线策略”对话框，如图 14-24 所示，采用系统默认设置。

(8) 单击【Route All】按钮，对整个电路板进行自动布线。从布线结果可以看出，电源 VCC 网络在顶层走线，地 GND 网络在底层走线，如图 14-33 所示。

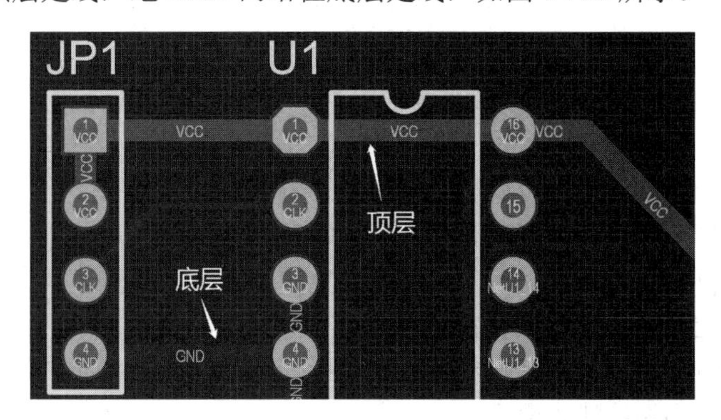


图 14-33　VCC 网络在顶层走线、GND 网络在底层走线的效果

# 练习三　网络布线层设置

## ☒ 实训内容

设置布线层为底层，对练习一的电路进行自动布线。

## ☒ 操作提示

(1) 取消布线。执行菜单命令“布线”→“取消布线”。

(2) 删除练习二设置的布线规则。执行菜单命令“设计”→“规则”，弹出“PCB 规则及约束编辑器”对话框，如图 14-19 所示，选中 Routing 选项。

(3) 单击 Routing Layers，分别在 RoutingLayers_1 和 RoutingLayers_2 上单击鼠标右键，在弹出的快捷菜单中选择“删除规则”，如图 14-34 所示。

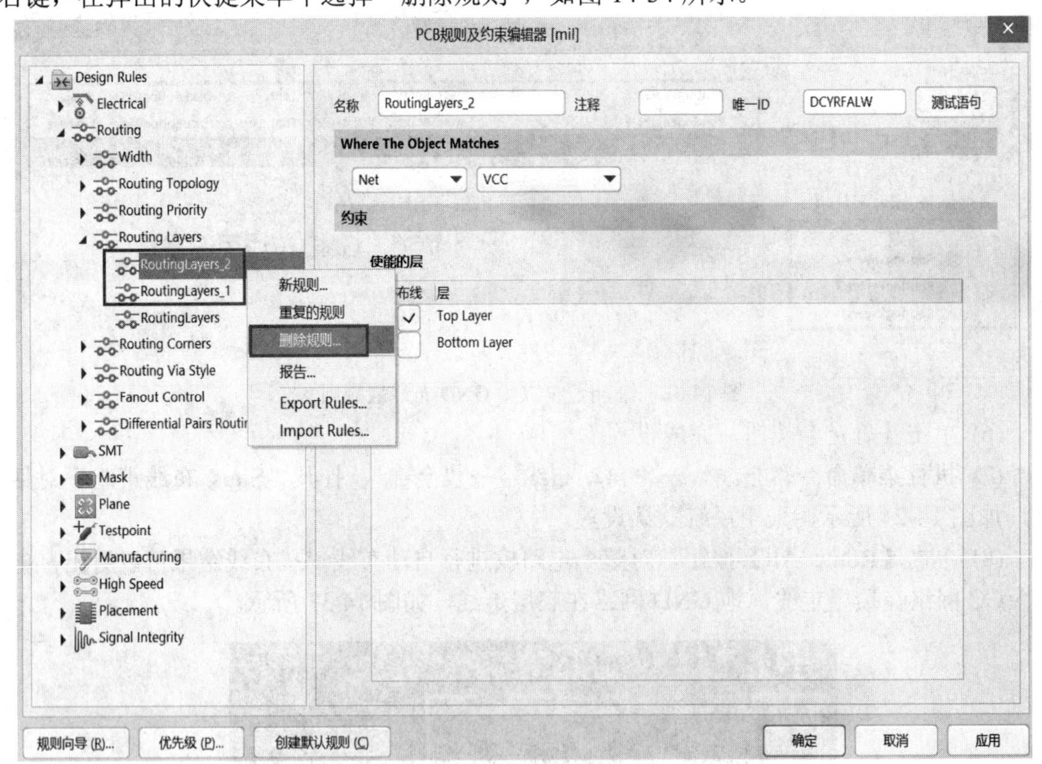


图 14-34　“删除规则”

(4) 单击 RoutingLayers，在右侧“Where The Object Matches”选择“All”。在下面的“允许布线”设置底层布线规则，选择 ✓ Bottom Layer，如图 14-35 所示。

(5) 单击【确定】按钮，完成设置。

(6) 执行菜单命令“布线”→“自动布线”→“全部”，打开“Situs 布线策略”对话框，如图 14-24 所示，采用系统默认设置。

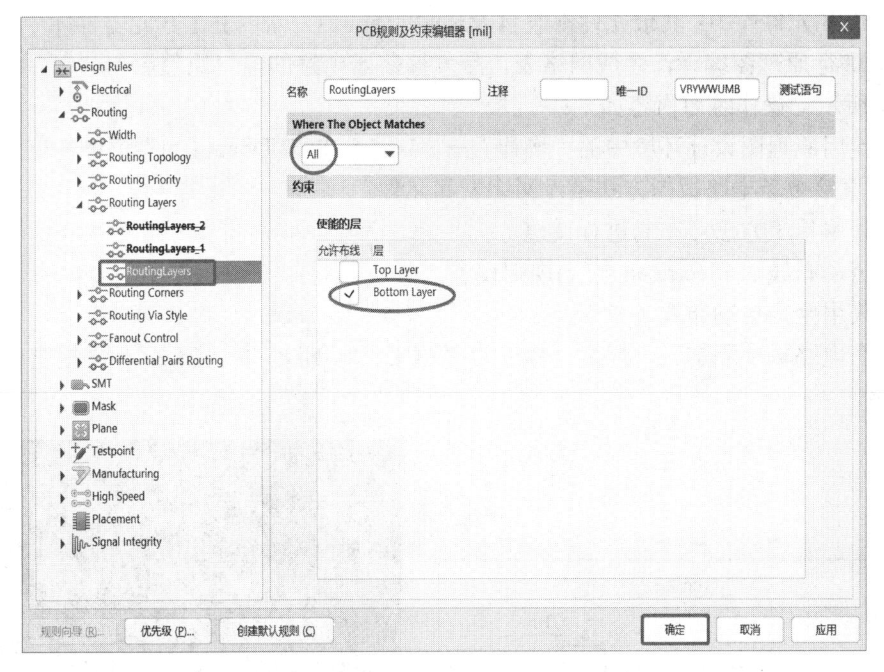


图 14-35　设置底层布线规则

(7) 单击【Route All】按钮，对整个电路板进行自动布线。布线效果如图 14-36 所示。

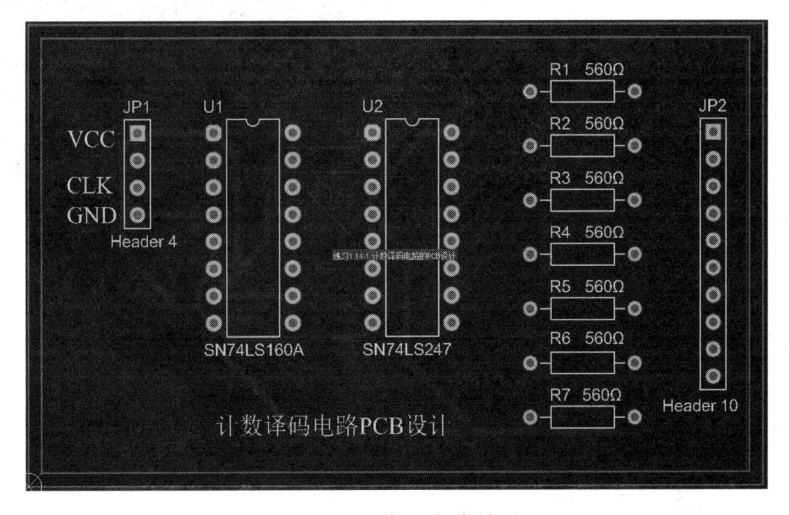


图 14-36　底层布线效果

# 练习四　晶体振荡器电路的 PCB 设计

## 实训内容

新建一个边长为 1500 mil 的正方形电路板。在电路板的四角开口，尺寸为 100 mil × 100 mil，双层板，最小走线宽度为 10 mil，走线间距为 15 mil。图中电路元件 74LS00 取自 Sim.IntLib 元件库中；其余元件都取自 Miscellaneous Devices.IntLib 元器件库中。绘制完原理图后进行原理图编译，生成网络表。晶体振荡器电路的电气原理图和 PCB 布局图如图 14-37 所示。操作练习内容如下：

(1) 使用原理图设计环境中的“设计”→“Update PCB Document”菜单，在原理图设计环境中直接更新电路板图方法装入网络表和元件。

(2) 使用手工方法对布局进行调整。

(3) 自动布线的 Electrical(电气)规则设置。

(4) 采用全局自动布线。

(5) 在电路板上添加三个焊盘，标注为“VCC”“GND”和“CLK”，并把它们连入相应的网络。

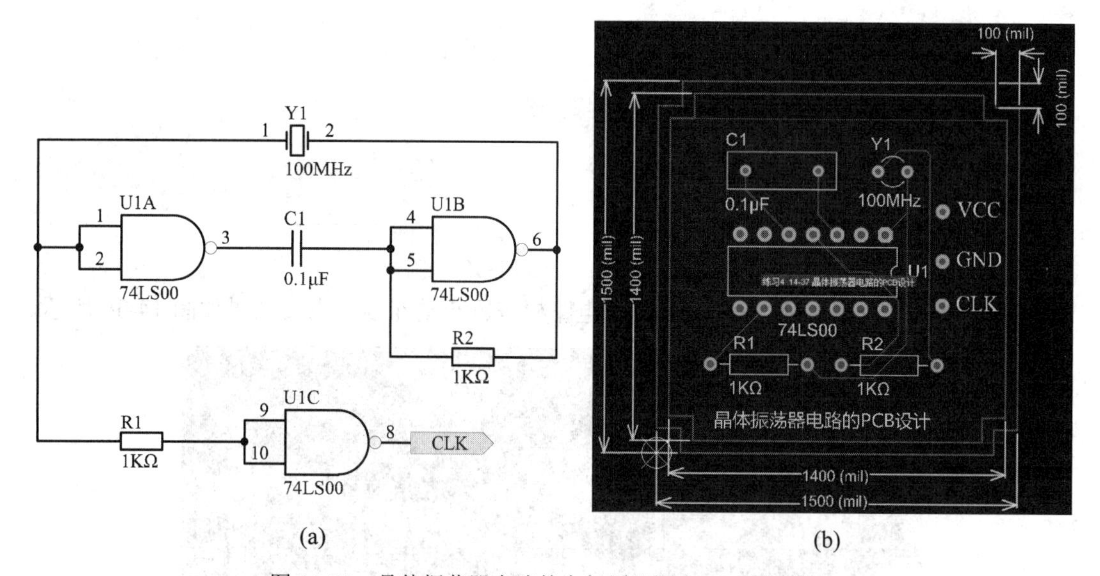


图 14-37　晶体振荡器电路的电气原理图和 PCB 布局图

## ☒ 操作提示

(1) 创建工程项目，添加电路图文件，绘制电路原理图。注意电阻、电容等元件在“Comment”中的标示值大小和“Parameters”选项卡中的“Value”设置一致，并只显示其中之一即可，如图 14-6 所示。

(2) 进行原理图编译检查。在“Projects”面板工程项目名称上单击鼠标右键，在弹出的菜单中选择“Compile PCB Project…”即可对原理图进行编译。

(3) 编译完成，弹出如图 14-38 所示的编译信息对话框，仔细查看编译信息对话框，在“细节”区域双击某一对象。可以直接聚焦对象。如果有致命错误，必须修改，修改后再次编译，直到没有致命性错误为止。

(4) 建立网络表。执行菜单命令“设计”→“文件的网络表”→“Protel”。

(5) 在原理图所在的工程项目中，添加 PCB 文档，同样命名为“练习 4　14-37 晶体振荡器电路的 PCB 设计.PcbDoc”。

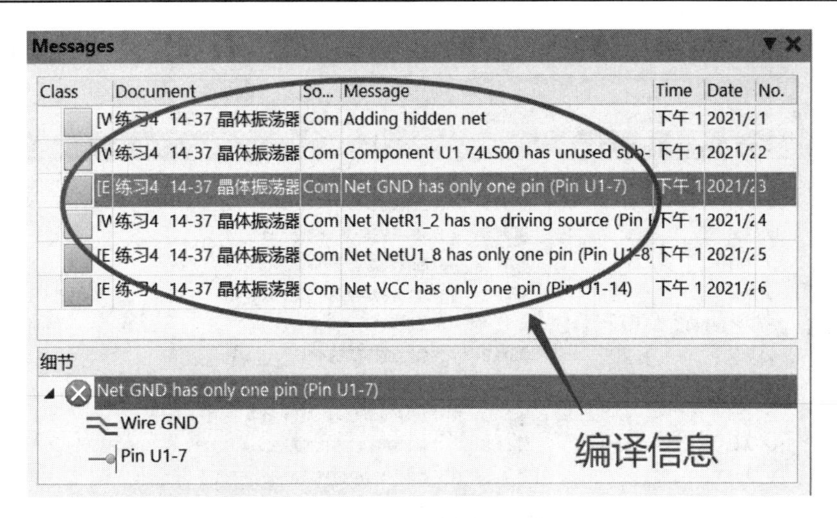


图 14-38　编译信息对话框

(6) 规划印制电路板。

(7) 将工作界面切换到电路原理图编辑器，执行菜单命令“设计”→“Update PCB Document 练习 4　14-37 晶体振荡器电路的 PCB 设计.PcbDoc”，如图 14-39 所示。弹出“工程变更指令”对话框，如图 14-40 所示。

图 14-39　更新 PCB 操作

(8) 检查修改编译时出现的错误。单击图 14-40 所示的“警告：编译工程时发生错误！在继续之前点击此处进行检查.”，返回到图 14-38，从图 14-38 可以看出，编译时出现的错误信息不是致命性错误，不会影响后期 PCB 设计，所以可以不用处理。可以在检查的管脚上放置“No ERC”标志，忽略检查。

(9) 单击图 14-40 中的【验证变更】和【执行变更】按钮，查看验证变更、执行变更后的状态，如果“状态”栏中的“检验”“完成”各项均显示正确符号✓，则单击【关闭】按钮退出“工程变更指令”对话框。可以发现所装入的网络与元器件封装放置在 PCB 文档的边界之外的“Room”中，并且以飞线的形式显示着网络和元器件封装之间的连接关系，如图 14-41 所示。

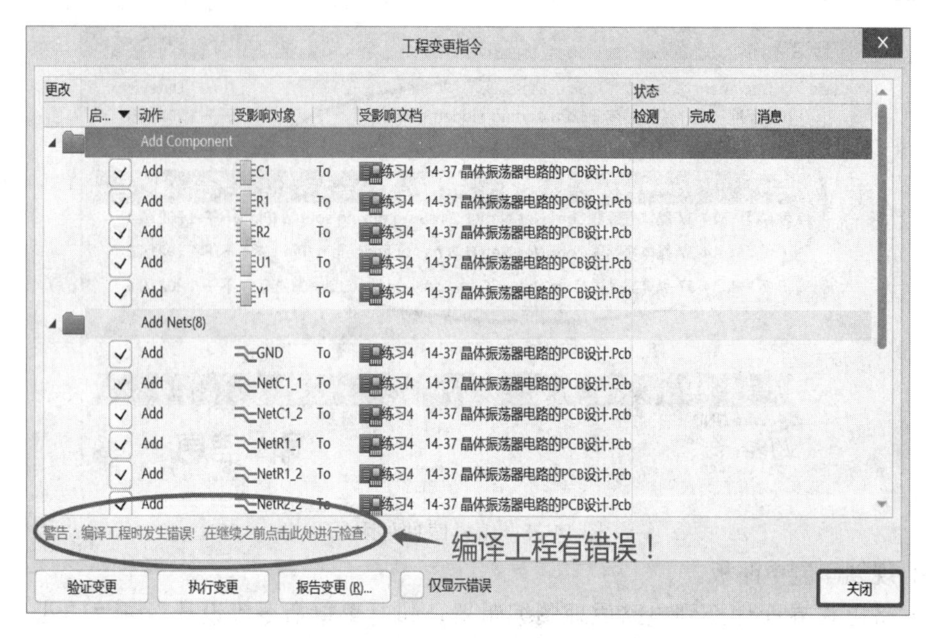


图 14-40 “工程变更指令”对话框

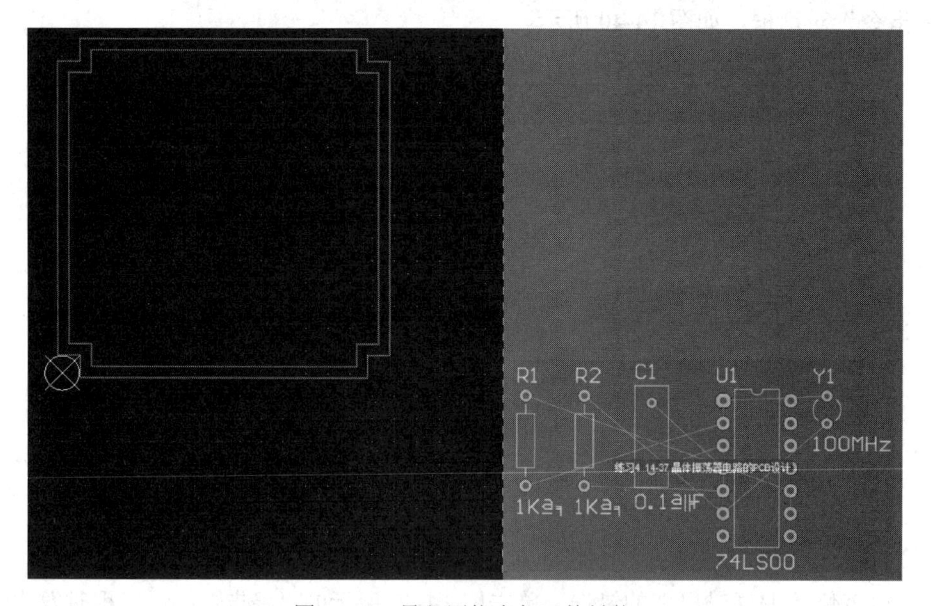


图 14-41 导入网络表与元件封装

(10) 移动“Room”，元器件将随“Room”一起移动，放到 PCB 规划尺寸中。调节“Room”大小与电路板禁止布线层尺寸重合。

(11) 修改元件注释显示字体可参照本实训练习一(14)，将字体大小设置为“80 mil”。

(12) 手工调整布局，使布局更加美观。

(13) 自动布线的 Electrical(电气)规则设置。执行菜单命令“设计”→“规则”，在弹出的“PCB 规则及约束编辑器”对话框中单击 Electrical 选项，弹出电气设计规则对话框，如图 14-42 所示。这里主要设置走线间距，其他参数采用系统默认设置。

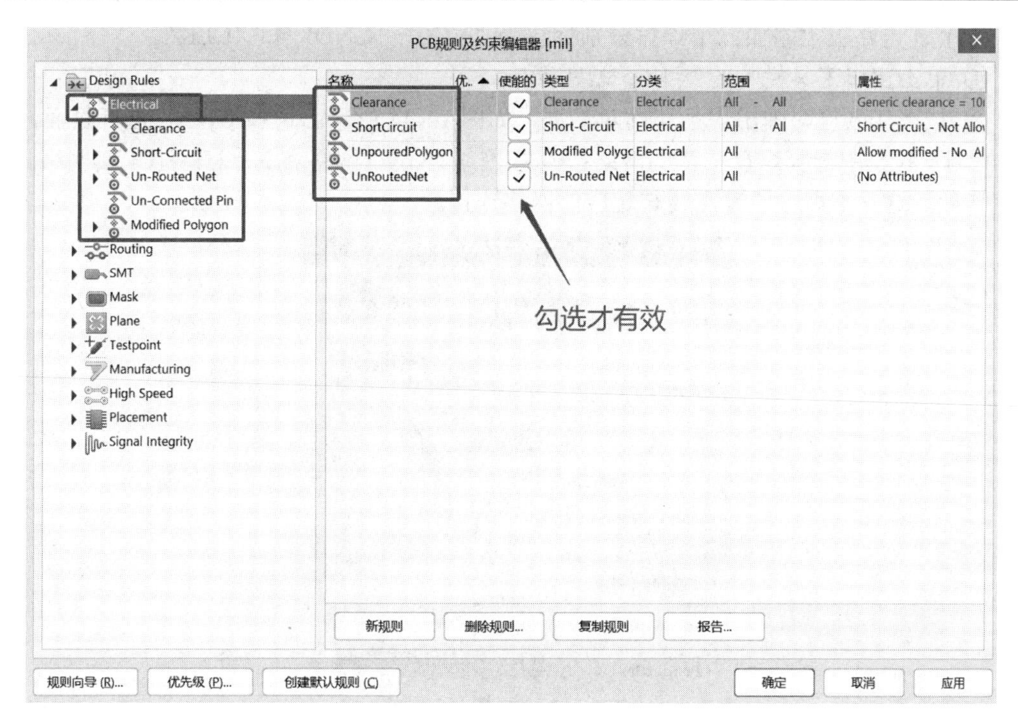


图 14-42　电气设计规则对话框

(14) 设置 Clearance(走线间距约束)规则。单击图 14-42 中▸ Electrical 下面的 ◢ Clearance，打开走线间距对话框，如图 14-43 所示，在右侧“约束”选项区设置走线间距，将“最小间距”修改为“15 mil”，单击【应用】按钮，可以看到下面的各项参数都变为“15”，单击【确定】按钮即可。

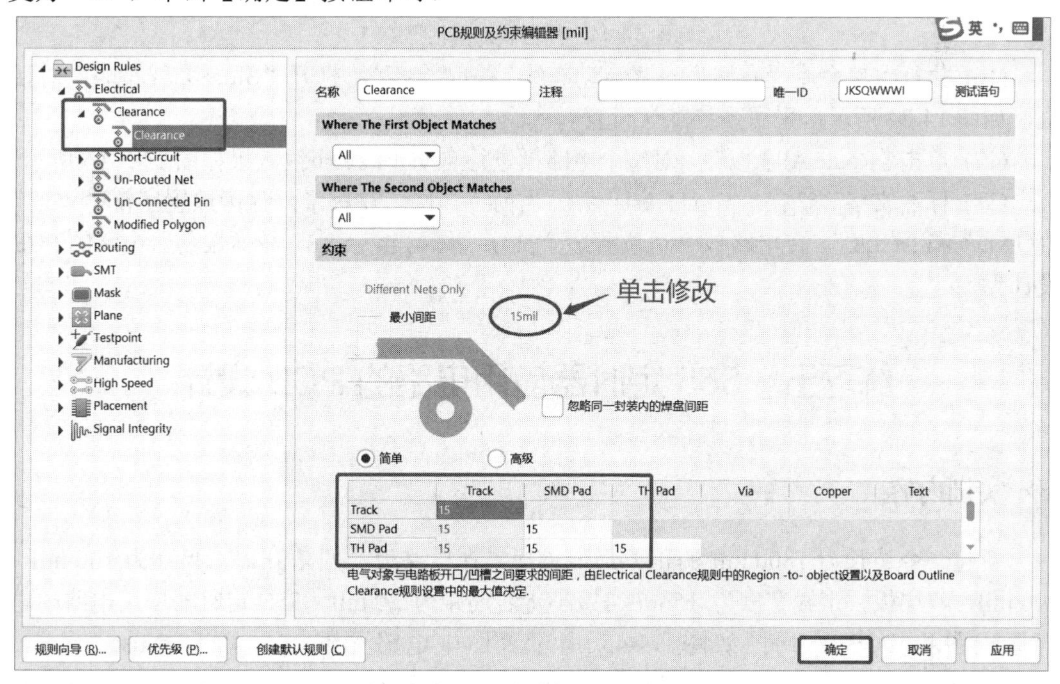


图 14-43　走线间距对话框

(15) 在电路板上添加三个焊盘分别标注为“VCC”“GND”和“CLK”。

① 单击窗口工具栏中的◎放置焊盘。

② 按下 Tab 键，弹出焊盘属性对话框，如图 14-44 所示。选择“Net”展开页面，在 Net 右侧下拉框中选择焊盘所在的网络：VCC 网络、GND 网络和 Net U1_8(CLK)网络。设置完毕后，这三个焊盘通过飞线与相应的网络连接。

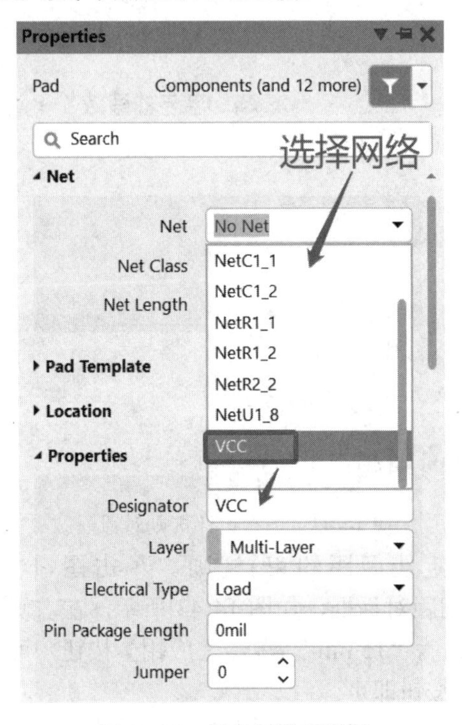


图 14-44　焊盘属性对话框

(16) 执行菜单命令“布线”→“自动布线”→“全部”，打开“Situs 布线策略”对话框，如图 14-24 所示，采用系统默认设置。

(17) 单击【Route All】按钮，对整个电路板进行自动布线。布线效果如图 14-37(b)所示。

(18) 标注文字。切换“Top Overlay”为当前工作层。在三个焊盘旁放置字符“VCC”“GND”和“CLK”。在电路板合适位置放置文字“练习 4　14-37 晶体振荡器电路的 PCB 设计”。

# 练习五　555 定时器应用电路的 PCB 设计

## ⌦ 实训内容

新建一个边长为 1800 mil 的正方形电路板，在电路板的四角开口，尺寸为 100 mil × 100 mil，双层板，走线宽度为 15 mil，最小走线间距为 20 mil。555 定时器应用电路的电气原理图和 PCB 布局图如图 14-45 所示。图中电路元件 JP1 取自 Miscellaneous Connectors.IntLib 元件封装库中，555 取自 Protel DOS Schematic Libraries.IntLib 元件封装库中，其余元件都取自 Miscellaneous Devices.IntLib 元器件封装库中。操作练习内容如下：

(1) 使用原理图设计环境中的“设计”→“Update PCB Document”菜单在原理图设计环境中直接更新电路板图方法装入网络表和元件。

(2) 先对集成电路 555 进行预布局(以 555 为布局的中心)，再进行自动布局，并使用手工方法对布局进行调整。

(3) 设置整个 PCB 走线宽度为 15 mil，最小走线间距为 20 mil，电源线和地线的走线线宽设置为 30 mil。

(4) 先对电阻 R1 进行手工预布线，然后再采用自动布线完成其他布线任务。

(5) 进行文字标注。

(6) 添加泪滴焊盘。

(7) PCB 板的 3D 预览。

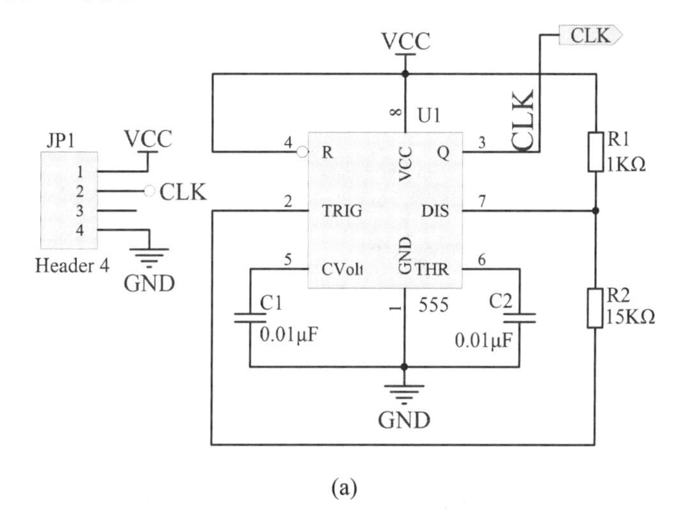


(a)

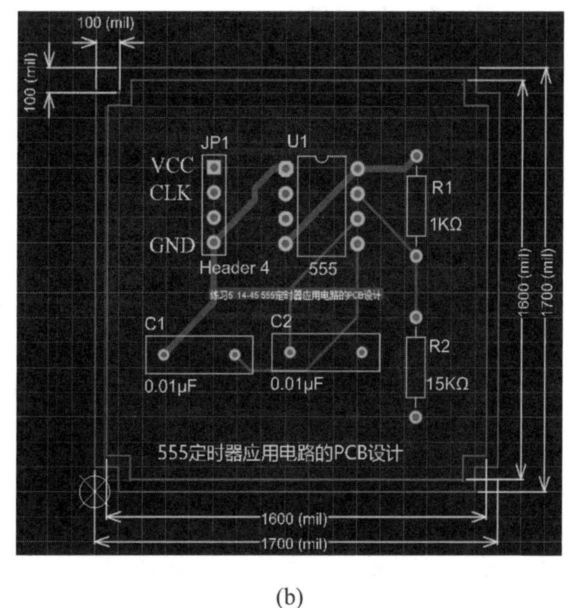


(b)

图 14-45　555 定时器应用电路的电气原理图和 PCB 布局图

## ☒ 操作提示

(1)～(14)同本实训练习四操作提示中的(1)～(14)，不同的是将原理图和 PCB 文件名称修改为“555 定时器应用电路的 PCB 设计”。

(15) 对 555 进行预布局：手工移动 555 元件到合适的位置，双击打开元件属性对话框，单击“Location”选项中的🔓，使其显示为🔒，即可锁定 555 元件不参与自动布局。如图 14-46 所示。

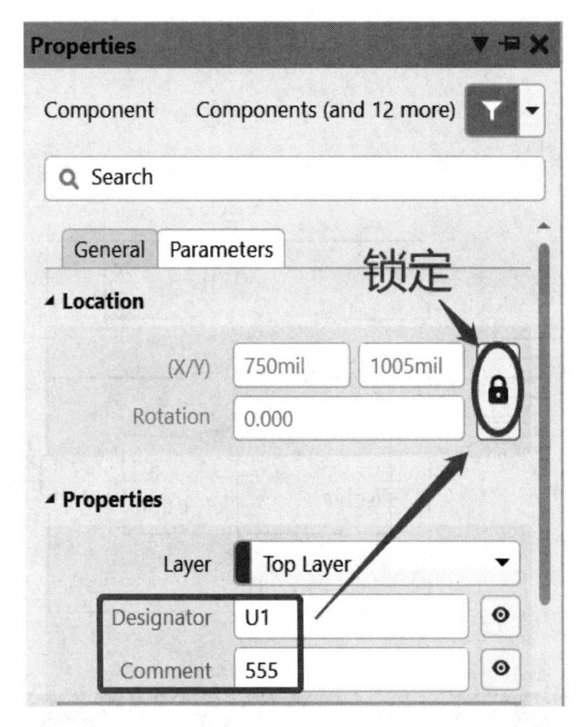


图 14-46　555 元件的锁定

(16) 自动布局设计规则采用系统默认设置。

(17) 参照本实训练习一操作提示中的第(16)步，实现自动布局。

(18) 手工调整元件布局与元件标号和注释，使局部更加美观。

(19) 设置 Clearance(走线间距约束)规则。参照本实训练习四的(13)～(14)设置走线间距为 20 mil。

(20) 设置自动布线规则。参照本实训练习一的(19)～(21)设置整个电路板走线宽度为 15 mil，VCC 和 GND 网络的导线线宽为 30 mil。

(21) 对电阻 R1 进行手工预布线。执行菜单命令“放置”→“走线”，或在工作窗口单击 。

(22) 保护预布线。

① 双击该预布线，弹出导线(Track)属性设置对话框。

② 单击“Location”选项中的🔓，使其显示为🔒，即可锁定预布线，如图 14-47 所示。

图 14-47　锁定预布线

(23) 执行菜单命令“布线”→“自动布线”→“全部”，打开“Situs 布线策略”对话框，如图 14-24 所示，采用系统默认设置。

(24) 单击【Route All】按钮，对整个电路板进行自动布线。布线效果如图 14-45(b)所示。

(25) 标注文字。切换“Top Overlay”为当前工作层。在 JP1 焊盘旁放置字符“VCC”“CLK”和“GND”。在电路板合适位置放置文字“555 定时器应用电路的 PCB 设计”。

(26) 设置泪滴焊盘。执行菜单命令“工具”→“泪滴”，弹出如图 13-2 所示的“泪滴”属性对话框。采用系统默认设置，单击【确定】按钮，完成泪滴焊盘的添加。

# 练习六　波形发生电路的 PCB 设计

## 实训内容

绘制如图 14-48 所示的波形发生电路原理图，图中电路元件 JP1 取自 Miscellaneous Connectors.IntLib 元件封装库中，LM324 取自 Protel DOS Schematic Libraries.IntLib 元件封装库中，其余元件都取自 Miscellaneous Devices.IntLib 元器件封装库中。设计要求：

(1) 使用双面板，板框尺寸为 2600 mil × 1800 mil。

(2) 最小铜膜线走线宽度为 10 mil，电源、地线的铜膜线宽度为 20 mil。

(3) 对原理图进行编译检查、创建并导入网络表。

(4) 先对 RP 进行预布局，将其放在电路板边沿，便于调整电阻大小，再进行自动布局，手工调整。

(5) 自动布线。

(6) 进行文字标注。在 JP1 相应焊盘旁标注文字“+12 V”“– 12V”“GND”，并在电路板合适位置标注“波形发生电路的 PCB 设计”。

(7) 添加泪滴焊盘。

(8) 裁剪板子并进行 3D 显示。

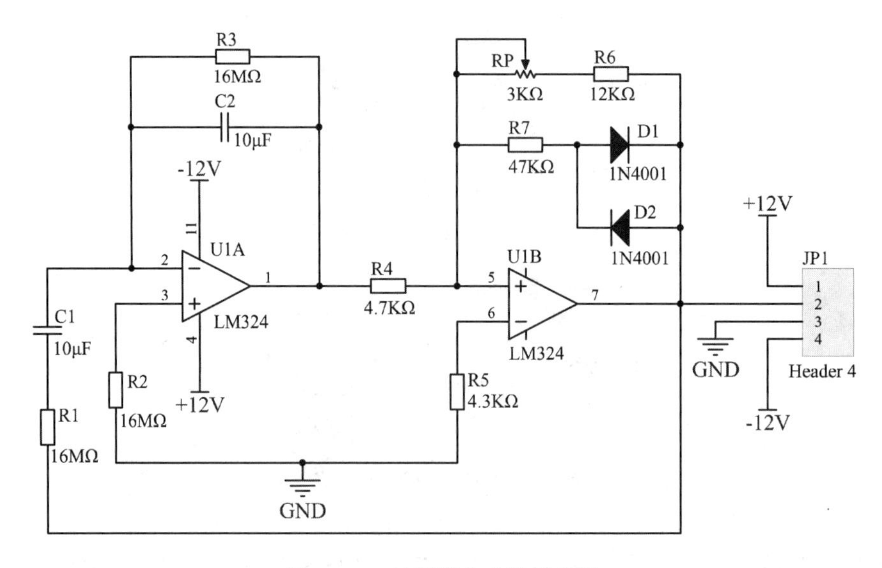


图 14-48　波形发生电路原理图

## ⊠ 操作提示

(1) 参考本实训练习五操作提示中的各步骤。

(2) 设置最小铜膜线走线宽度为 10 mil，电源、地线的铜膜线宽度为 20 mil，如图 14-49 所示。

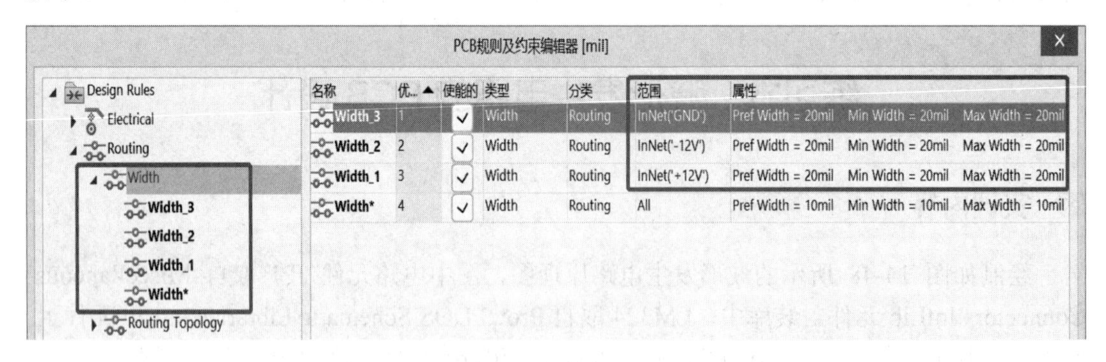


图 14-49　线宽规则设置

(3) 自动布线。

(4) 裁剪板子。选取整个电路板，执行菜单命令“设计”→“板子形状”，选择“按照选择对象定义”命令，此时板周围黑底色变为灰色，中间显示剪裁好的 PCB 板，如图 14-50 所示。

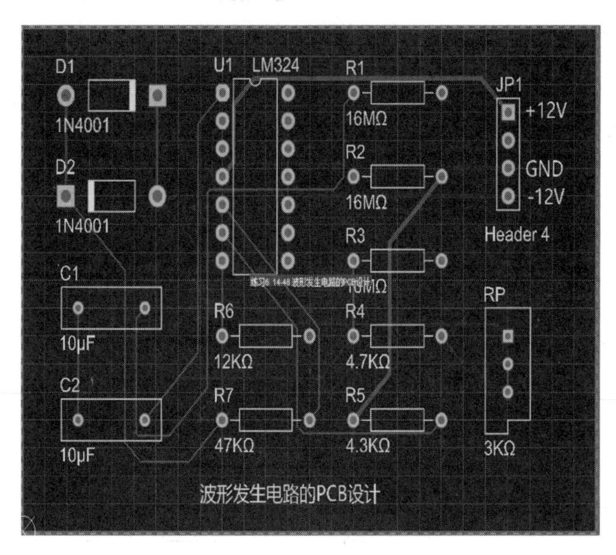


图 14-50 裁剪后的板子外形(注意看边框四周变化)

(5) PCB板的3D预览。执行菜单命令“视图”→“切换到3维模式”，或按下键盘上的数字3，即可显示PCB板立体效果图。

(6) 分别执行菜单命令“视图”→“0度旋转”“90度旋转”“垂直旋转”“翻转板子”，即可在不同角度观察PCB板的立体效果图，也可按下Shift键，出现旋转大圆球时，拖动鼠标右键，任意方向观察。图14-51为“0度旋转”3D效果；图14-52为“翻转板子”(电路板底层)3D效果。

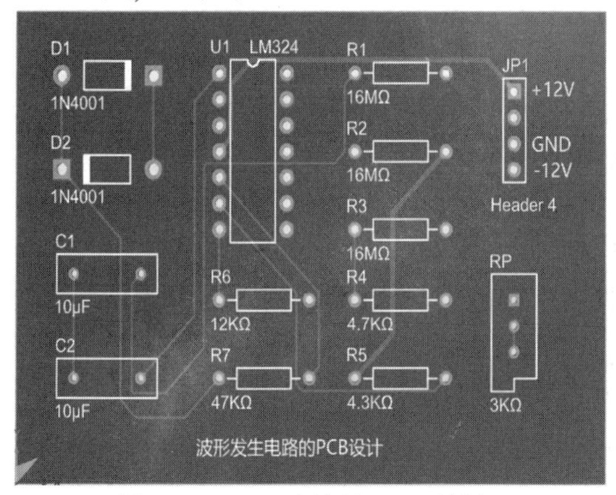


图 14-51 “0度旋转”3D效果

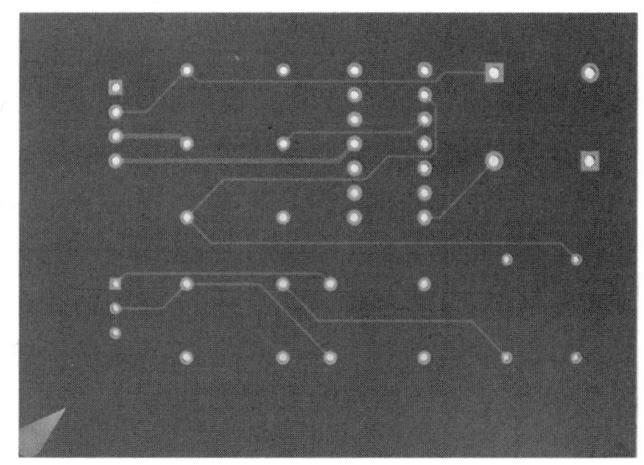

图 14-52 “翻转板子”(电路板底层)3D效果

# 练习七 集成运算放大电路的PCB设计

## 实训内容

绘制如图14-53所示的集成运算放大电路原理图，图中电路元件JP1～JP3取自Miscellaneous Connectors.IntLib元件封装库中，LM324A取自Protel DOS Schematic

Libraries.IntLib 元件封装库中，其余元件都取自 Miscellaneous Devices.IntLib 元器件封装库中。设计要求：

(1) 使用双面板，板框尺寸为 2000 mil × 2300 mil。

(2) 最小铜膜线走线宽度为 10 mil，电源、地线的铜膜线宽度为 20 mil。

(3) 画出原理图，进行原理图编译检查、创建网络表、手工布局、自动布线。

(4) 注意元件布局时 JP1、JP2、JP3 及可变电阻 RP1 放在电路板边沿处，以便于插接与调节。

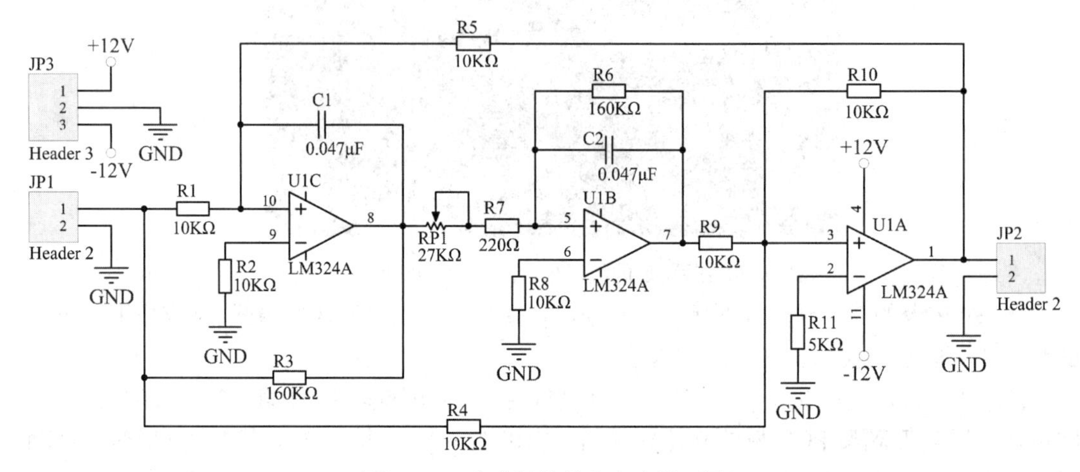


图 14-53　集成运算放大电路原理图

## ⊠ 操作提示

(1) 画原理图，注意元件属性对话框中的“Comment”标注数值大小和“Parameters”选项卡中的“Value”设置一致，并只显示其中之一即可。

(2) 进行原理图编译检查，创建网络表。

(3) 参照本实训练习一创建 PCB 文档，修改元件注释等。

(4) 在“设计”→“规则”菜单中设置整板、电源和地线的线宽。

(5) 调整元件布局，然后进行自动布线。

(6) 在电路板空白处标注文字“集成运算放大电路”(顶层丝印层)。

(7) 参照本实训练习六，裁剪板子并进行 3D 预览。

# 练习八　PC 机过热报警电路的 PCB 设计

## ⊠ 实训内容

绘制图 14-54 所示的 PC 机过热报警电路原理图，图中电路元件 TLC271 取自 Protel DOS Schematic Libraries.IntLib 元件封装库中，其余元件都取自 Miscellaneous Devices.IntLib 元器件封装库中。设计要求：

(1) 使用双面板，板框尺寸为 2000 mil × 1600 mil。

(2) 最小铜膜线走线宽度为 20 mil，电源、地线的铜膜线宽度为 50 mil。

(3) 画出原理图，进行原理图编译检查、创建网络表、手工布局、自动布线。

(4) 注意元件布局时可变电阻 RP1 放在电路板边沿处，以便于调节。

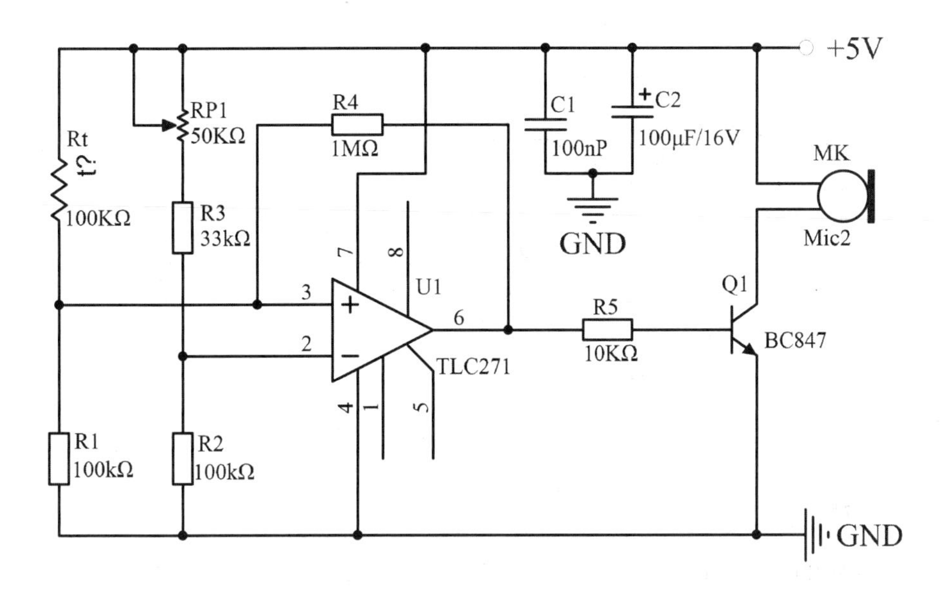


图 14-54　PC 机过热报警电路原理图

## ⊠ 操作提示

(1) 绘制原理图。

(2) 进行原理图编译检查，创建网络表。

(3) 选择菜单命令“设计”→“Import Change From PC 机过热报警电路.PrjPcb”，装入网络表和元件，修改元件注释等(参考本实训练习一)。

(4) 在“设计”→“规则”菜单中设置整板、电源和地线的线宽。

(5) 调整元件布局，然后进行自动布线。

(6) 在电路板空白处标注文字“PC 机过热报警电路”(顶层丝印层)。

(7) 参照本实训练习六，裁剪板子并进行 3D 预览。

# 练习九　光隔离电路的 PCB 设计

## ⊠ 实训内容

绘制如图 14-55 所示的光隔离电路原理图，图中电路元件 JP1～JP3 取自 Miscellaneous Connectors.IntLib 元件封装库中，74LS14、4093 取自 Protel DOS Schematic Libraries.IntLib 元件封装库中，其余元件都取自 Miscellaneous Devices.IntLib 元器件封装库中。设计要求：

(1) 使用双面板，板框尺寸为 2600 mil × 1500 mil。

(2) 最小铜膜线走线宽度为 10 mil，电源、地线的铜膜线宽度为 20 mil。

(3) 画出原理图，进行原理图编译检查、创建网络表、手工布局、自动布线。

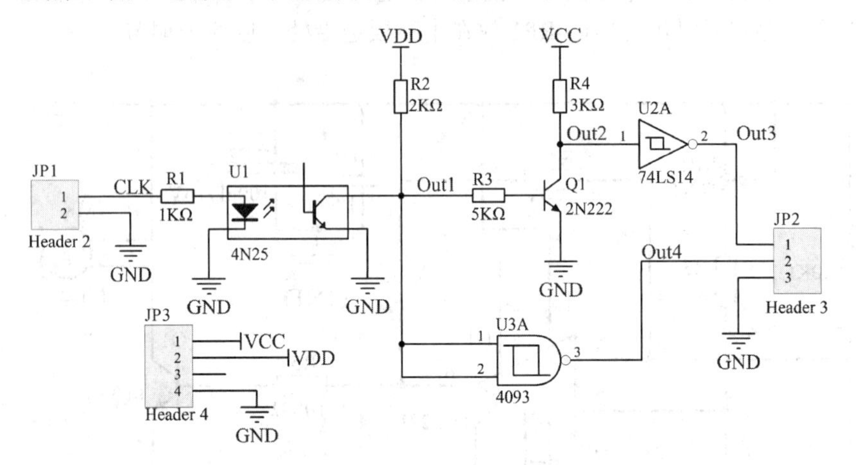


图 14-55　光隔离电路原理图

## ⊠ 操作提示

(1) 绘制原理图，图中“CLK”“Out1”“Out2”“Out3”“Out4”为网络标签。

(2) 进行原理图编译检查，创建网络表。

(3) 参照本实训练习一创建 PCB 文档，修改元件注释等。

(4) 在“设计”→“规则”菜单中设置整板、电源和地线的线宽。

(5) 调整元件布局，然后进行自动布线。

(6) 在 JP3 对应的焊盘旁标注文字“VCC”“VDD”“GND”。

(7) 在电路板空白处标注文字“光隔离电路”(顶层丝印层)。

(8) 参照本实训练习六，裁剪板子并进行 3D 预览。

# 练习十　存储器扩展电路的 PCB 设计

## ⊠ 实训内容

绘制如图 14-56 所示的存储器扩展电路原理图，图中电路元件 JP1 取自 Miscellaneous Connectors.IntLib 元件封装库中；8031AH 取自 Intel Databooks.IntLib 元件封装库中；AM2864A2DC(28)取自 AMD Memory.IntLib 元件封装库中；DM74LS373 取自 NSC Databooks.IntLib 元件封装库中；其余元件都取自 Miscellaneous Devices.IntLib 元器件封装库中。设计要求：

(1) 使用双面板，板框尺寸为 4500 mil × 2200 mil。

(2) 最小铜膜线走线宽度为 10 mil，电源、地线的铜膜线宽度为 20 mil。

(3) 画出原理图，进行原理图编译检查、创建网络表、手工布局、自动布线。

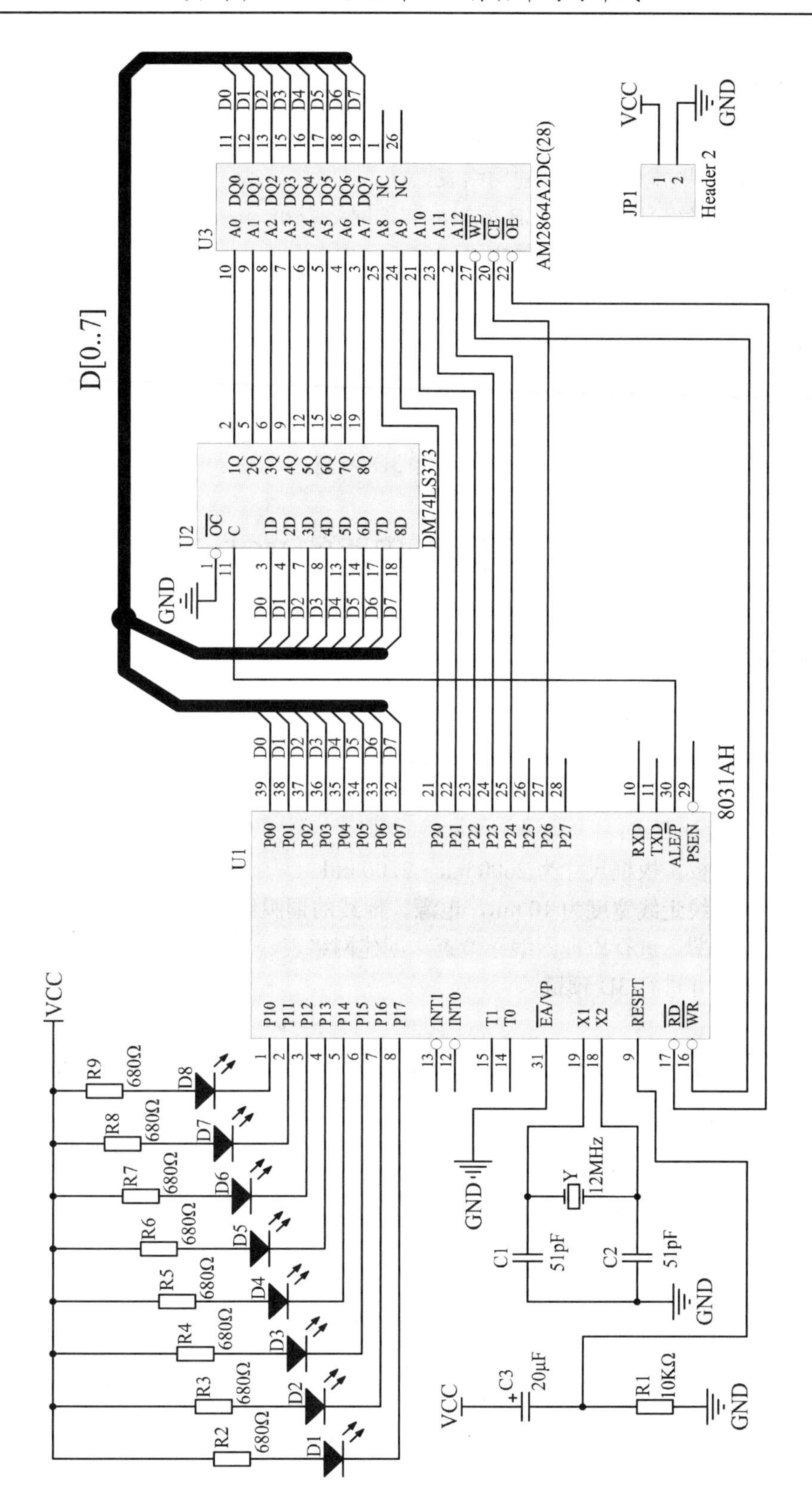


图 14-56　存储器扩展电路原理图

## ⌧ 操作提示

(1) 绘制原理图。

(2) 进行原理图编译检查，创建网络表。

(3) 参照本实训练习一创建 PCB 文档，装入网络表和元件，并修改元件注释等。

(4) 在“设计”→“规则”菜单中设置整板、电源和地线的线宽。

(5) 调整元件布局，然后进行自动布线。

**注意：**晶振 Y、电容 C1、C2 要与 8031AH 元件靠近放置。发光二极管按顺序摆放。

(6) 在 JP1 对应的焊盘旁标注文字 “VCC”“GND”。

(7) 在电路板空白处标注文字“存储器扩展电路”(顶层丝印层)。

(8) 参照本实训练习六，裁剪板子并进行 3D 预览。

# 练习十一　湿度计电路的 PCB 设计

## ⌧ 实训内容

绘制如图 14-57 所示的湿度计电路原理图，图中电路元件 JP1 取自 Miscellaneous Connectors.IntLib 元件封装库中；555 取自 Sim.IntLib 元件封装库中；4528 取自 Protel DOS Schematic Libraries.IntLib 元件封装库中；其余元件都取自 Miscellaneous Devices.IntLib 元器件封装库中。设计要求：

(1) 使用双面板，板框尺寸为 2600 mil × 2200 mil。

(2) 最小铜膜线走线宽度为 10 mil，电源、地线的铜膜线宽度为 20 mil。

(3) 画出原理图，进行原理图编译检查、创建网络表、手工布局、自动布线。

(4) 裁剪板子并进行 3D 预览。

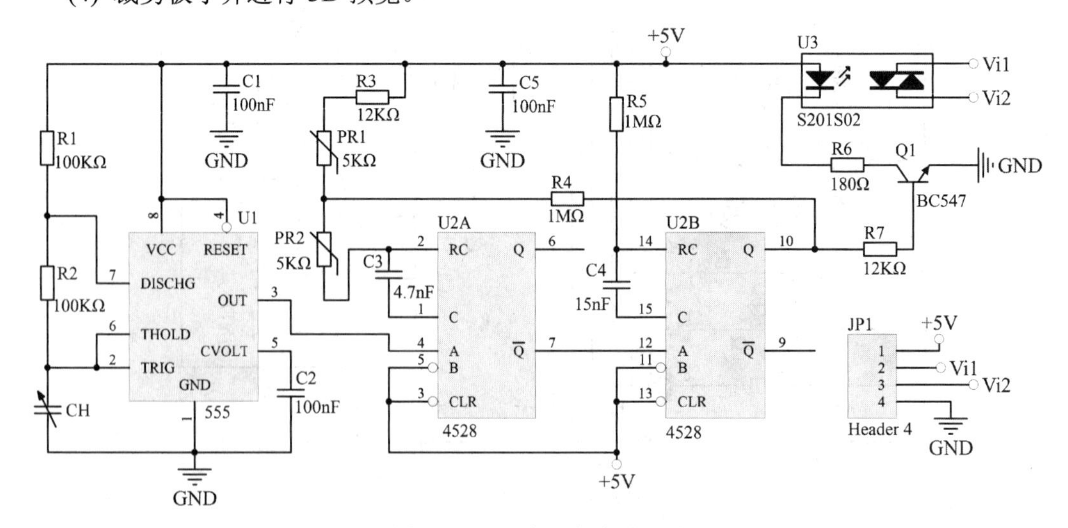


图 14-57　湿度计电路原理图

### ☒ 操作提示

(1) 绘制原理图。按图 14-57 所示，在 555 元件属性对话框中的“Pins”选项区编辑 555 管脚位置，以便于连线。

(2) 进行原理图编译检查，创建网络表。

(3) 参照本实训练习一创建 PCB 文档，装入网络表和元件，并修改元件注释。

(4) 在“设计”→“规则”菜单中设置整板、电源和地线的线宽。

(5) 调整元件布局，然后进行自动布线。注意电容 CH 靠板边沿摆放。

(6) 在 JP1 对应的焊盘旁标注文字“+5 V”“Vi1”“Vi2”“GND”。

(7) 在电路板空白处标注文字“湿度计电路”(顶层丝印层)。

(8) 参照本实训练习六，裁剪板子并进行 3D 预览。

## 练习十二　10 路彩灯控制器电路的 PCB 设计

### ☒ 实训内容

绘制如图 14-58 所示的 10 路彩灯控制器电路原理图，图中电路元件 555 取自 Sim.IntLib 元件封装库中；4017 取自 Protel DOS Schematic Libraries.IntLib 元件封装库中；其余元件都取自 Miscellaneous Devices.IntLib 元器件封装库中。设计要求：

(1) 使用双面板，板框尺寸为 4800 mil × 2200 mil。

(2) 最小铜膜线走线宽度为 10 mil，电源、地线的铜膜线宽度为 20 mil。

(3) 画出原理图，进行原理图编译检查、创建网络表、手工布局、自动布线。

(4) 裁剪板子并进行 3D 预览。

### ☒ 操作提示

(1) 绘制原理图。按图 14-58 中所示，在 555 元件属性对话框中的“Pins”选项区调整 555 管脚位置，以便于连线。

(2) 在 4017 元件属性对话框中的“Pins”选项区，显示管脚 8 和 16，并调节其位置，如图 14-58 所示。

(3) 进行原理图编译检查，创建网络表。

(4) 参照本实训练习一创建 PCB 文档，装入网络表和元件，并修改元件注释。

(5) 在“设计”→“规则”菜单中设置整板、电源和地线的线宽。

(6) 调整元件布局，然后进行自动布线。注意彩灯按顺序摆放。

(7) 放置两个焊盘，分别命名为“Vi1”“Vi2”，并设置焊盘网络属性分别为“Vi1”“Vi2”。

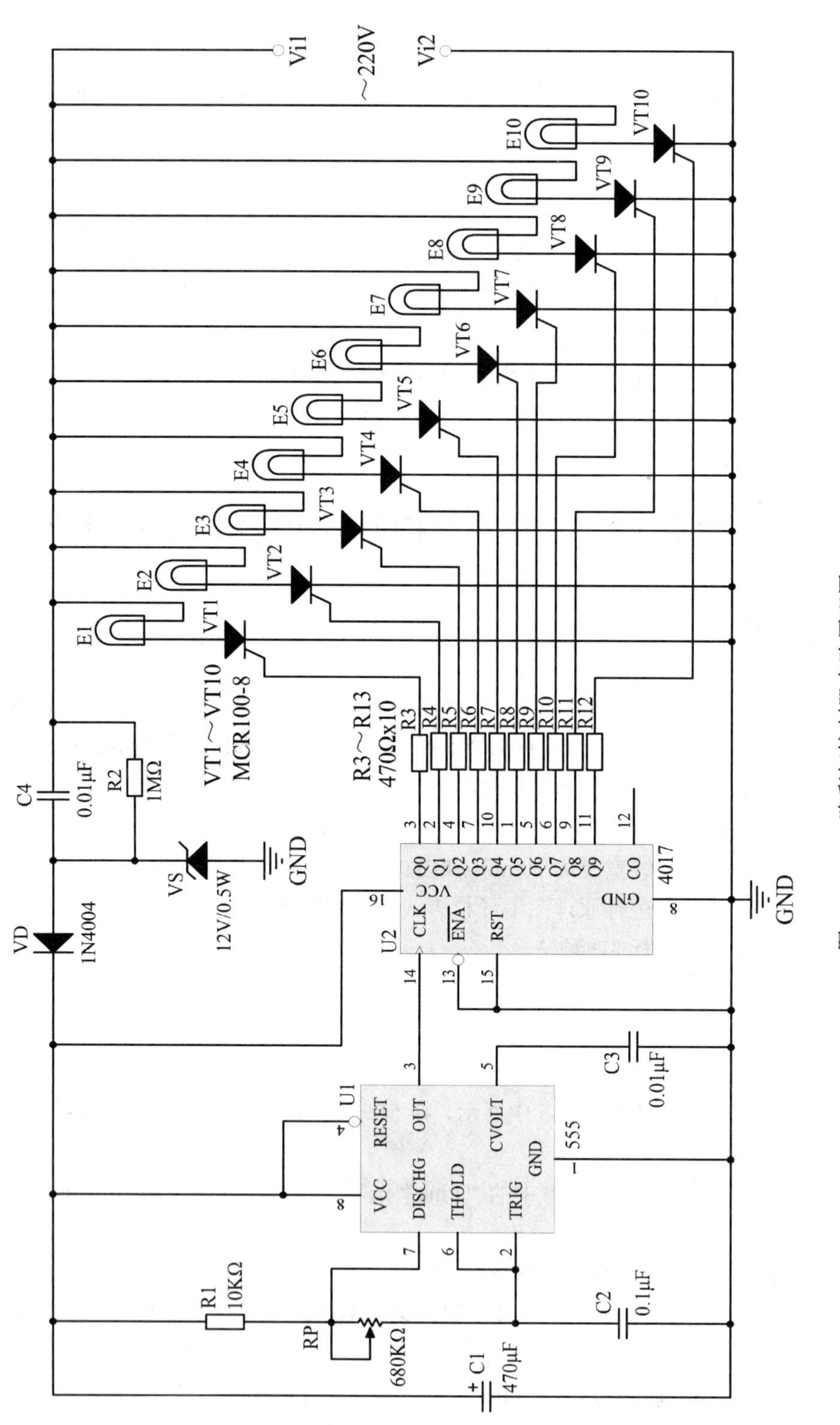


图 14-58　10 路彩灯控制器电路原理图

(8) 手工或自动连接焊盘。

(9) 在两个焊盘 Vi1、Vi2 旁标注文字“Vi1”“Vi2”，并放置文字“～220V”在两个焊盘之间。

(10) 在电路板空白处标注文字“10 路彩灯控制器电路”(顶层丝印层)。

(11) 参照本实训练习六，裁剪板子并进行 3D 预览。

# 练习十三　全自动楼道节能灯电路的 PCB 设计

## ☒ 实训内容

绘制如图 14-59 所示的全自动楼道节能灯电路原理图，图中电路元件 JP 取自 Miscellaneous Connectors.IntLib 元件封装库中；4011 取自 Sim.IntLib 元件封装库中；其余元件都取自 Miscellaneous Devices.IntLib 元器件封装库中。

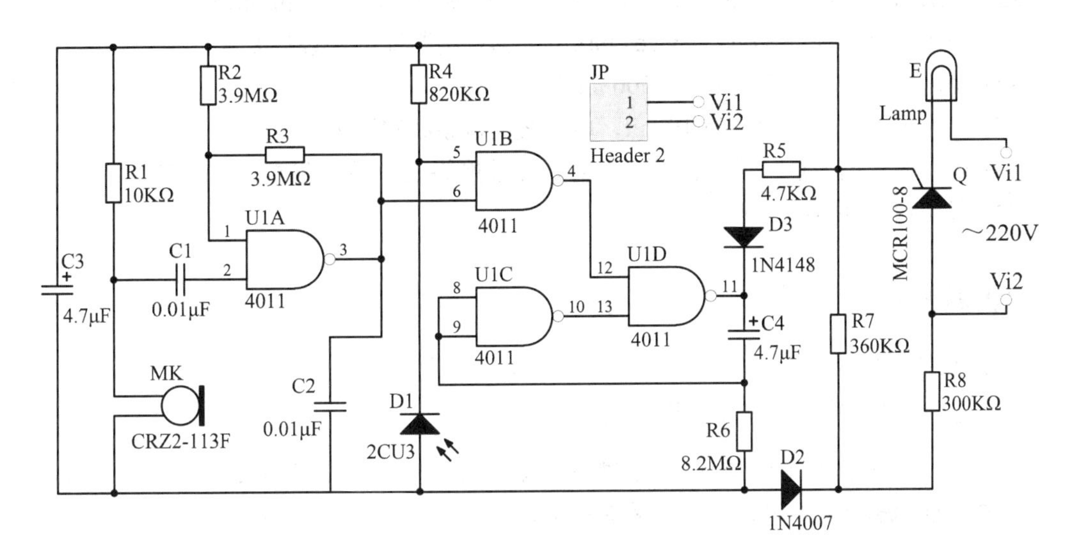


图 14-59　全自动楼道节能灯电路原理图

设计要求：

(1) 使用双面板，板框尺寸为 2400 mil × 2200 mil。

(2) 最小铜膜线走线宽度为 10 mil，电源线的铜膜线宽度为 20 mil。

(3) 画出原理图，进行原理图编译检查、创建网络表、手工布局、自动布线。

(4) 裁剪板子并进行 3D 预览。

## ☒ 操作提示

(1) 绘制原理图。

(2) 进行原理图编译检查，创建网络表。

(3) 参照本实训练习一创建 PCB 文档，装入网络表和元件，并修改元件注释。

(4) 在“设计”→“规则”菜单中设置整板、电源和地线的线宽。

(5) 调整元件布局，然后进行自动布线。注意 Lamp 及 MK 靠板边沿摆放。

(6) 在 Vi1、Vi2 两个焊盘之间标注文字“～220V”(顶层丝印层)。

(7) 在电路板空白处标注文字“全自动楼道节能灯电路”(顶层丝印层)。

(8) 参照本实训练习六，裁剪板子并进行 3D 预览。

# 练习十四　八路抢答器电路的 PCB 设计

## ⌧ 实训内容

绘制如图 14-60 所示的八路抢答器电路原理图，图中电路元件 74LS148、74LS74、74LS32、74LS47、74LS04、555、七段数码管 AMBERCA 都取自 Sim.IntLib 元件封装库中；其余元件都取自 Miscellaneous Devices.IntLib 元器件封装库中。设计要求：

(1) 使用双面板，板框尺寸为 3500 mil × 3300 mil。

(2) 最小铜膜线走线宽度为 10 mil，电源线的铜膜线宽度为 20 mil。

(3) 画出原理图，进行原理图编译检查、创建网络表、手工布局、自动布线。

(4) 裁剪板子并进行 3D 预览。

## ⌧ 操作提示

(1) 绘制原理图。

(2) 进行原理图编译检查，创建网络表。

**注意**：因为集成元件有很多管脚没有输入信号，所以编译之前在各管脚放置 ╳ 通用No ERC标号 (N) 标记，减少不必要的错误信息。

(3) 参照本实训练习一创建 PCB 文档，装入网络表和元件，并修改元件注释。

(4) 在“设计”→“规则”菜单中设置整板、电源和地线的线宽。

(5) 调整元件布局，然后进行自动布线。

**注意**：按键 S1～S8 及开始、复位按键在电路板边沿顺序摆放。

(6) 在 S9、S10 两个按键旁标注文字“复位”“开始”(顶层丝印层)。

(7) 放置两个焊盘，分别命名为“VCC”“GND”，并设置焊盘网络属性分别为“VCC”“GND”。

(8) 执行菜单命令“布线”→“自动布线”→“网络”，连接焊盘。

(9) 在电路板空白处标注文字“八路抢答器电路”(顶层丝印层)，如图 14-61 所示。

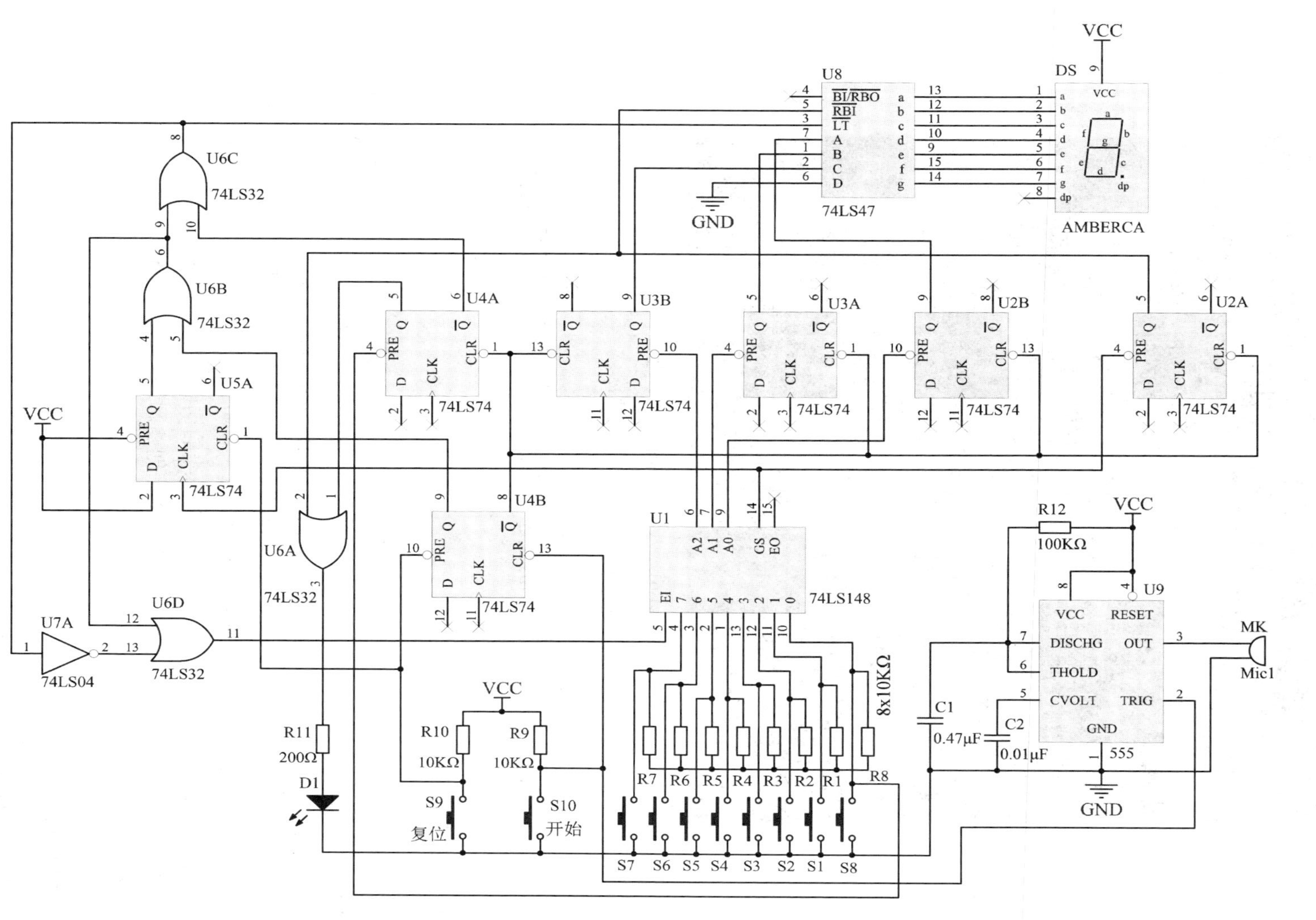


图 14-60　八路抢答器电路原理图

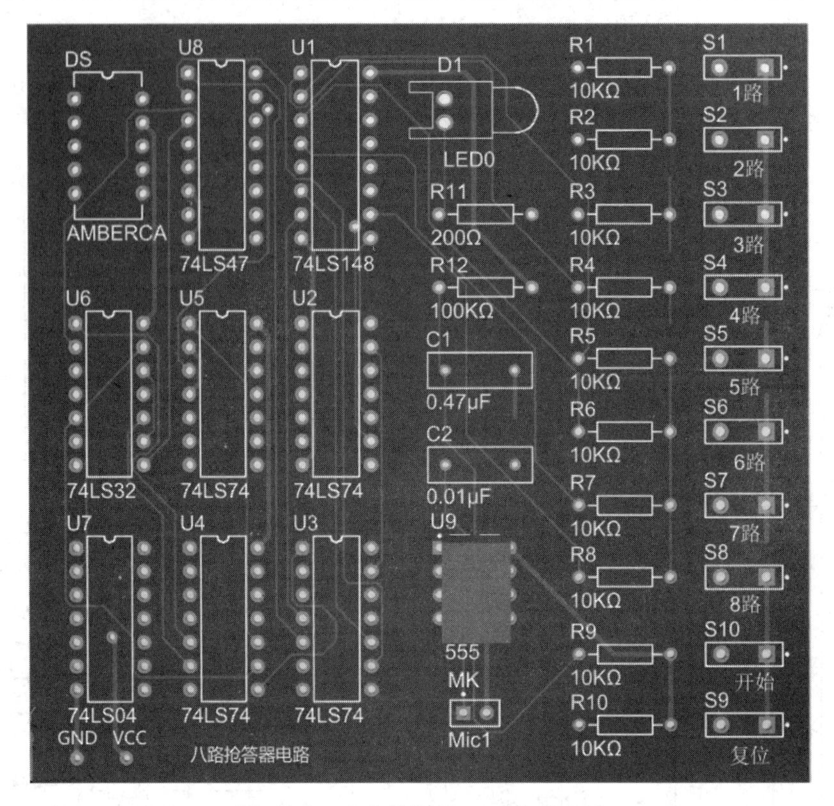


图 14-61　八路抢答器 PCB 参考布局

(10) 参照本实训练习六，裁剪板子并进行 3D 预览。

# 练习十五　直流数字电压表电路的 PCB 设计

## ☒ 实训内容

绘制如图 14-62 所示的直流数字电压表电路原理图，图中电路元件 74LS160A、74LS193、74LS47、74LS04、74LS00、555、七段数码管 AMBERCA 都取自 Sim.IntLib 元件封装库中；74HC112、ADC0808 取自 Protel DOS Schematic Libraries.IntLib 元件封装库中；其余元件都取自 Miscellaneous Devices.IntLib 元器件封装库中。设计要求：

(1) 使用双面板，板框尺寸约为 4500 mil × 3700 mil。

(2) 最小铜膜线走线宽度为 10 mil，电源线的铜膜线宽度为 20 mil。

(3) 画出原理图，进行原理图编译检查、创建网络表、手工布局、自动布线。

(4) 裁剪板子并进行 3D 预览。

## ☒ 操作提示

(1) 绘制原理图。为了便于连线，在元件属性对话框中的“Pins”选项区调整 ADC0808、555 的管脚位置。

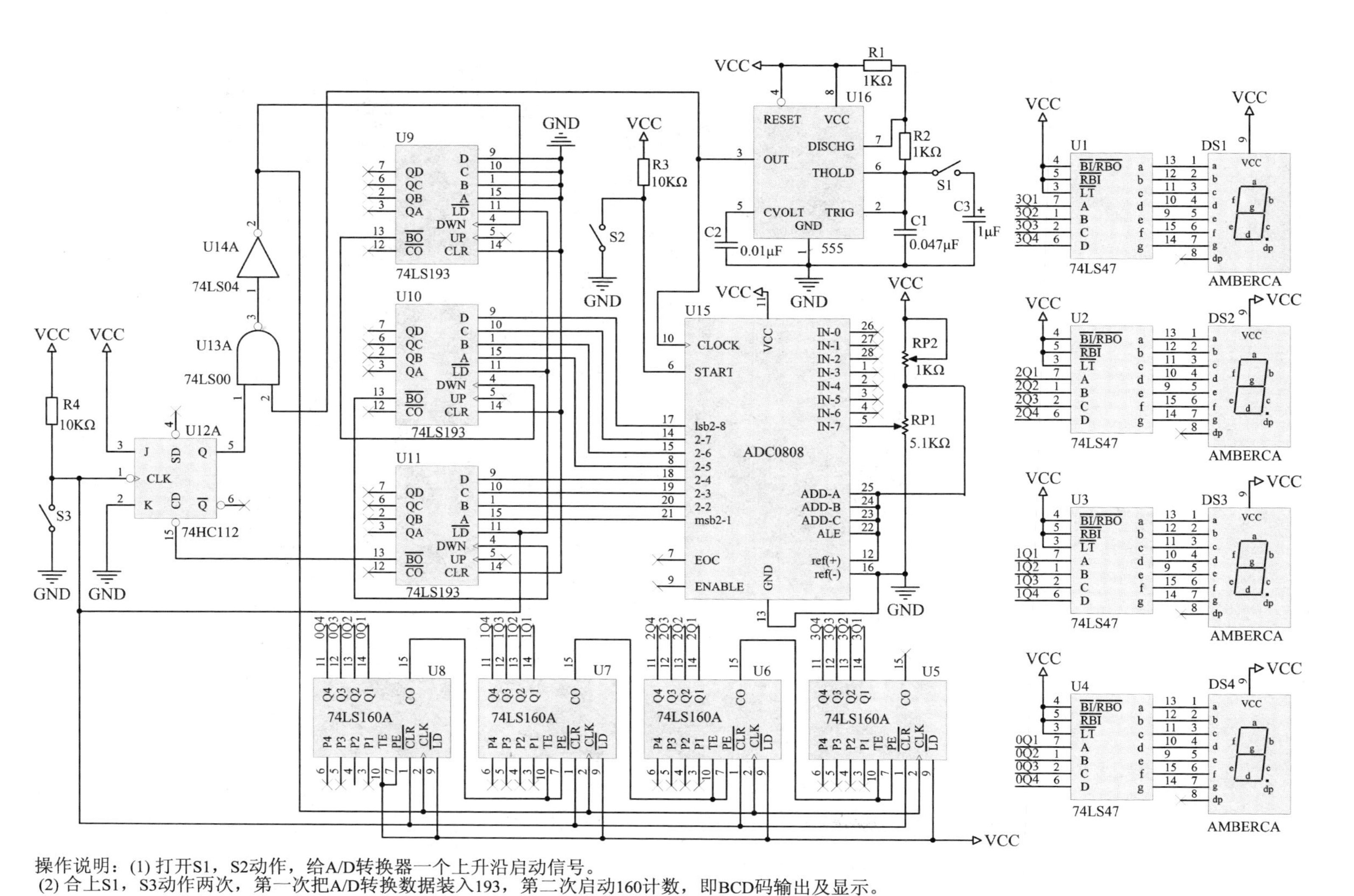


操作说明：(1) 打开S1，S2动作，给A/D转换器一个上升沿启动信号。
(2) 合上S1，S3动作两次，第一次把A/D转换数据装入193，第二次启动160计数，即BCD码输出及显示。

图 14-62　直流数字电压表电路原理图

(2) 图中的 0Q1～0Q4、1Q1～1Q4、2Q1～2Q4、3Q1～3Q4 为网络标签。

(3) 进行原理图编译检查，创建网络表。

**注意：**因为集成元件有很多管脚没有输入信号，所以编译之前在各管脚放置 X 通用No ERC标号(N) 标记，减少不必要的错误信息。

(4) 参照本实训练习一创建 PCB 文档，装入网络表和元件，并修改元件注释。

(5) 在“设计”→“规则”菜单中设置整板、电源和地线的线宽。

(6) 调整元件布局。

**注意：**七段数码管 DS1～DS4 摆放在电路板正上方边沿，并按从左到右的顺序摆放(DS1→DS2→DS3→DS4)。

(7) 开关 S1、S2、S3、RP1、RP2 放在电路板边沿，便于操作与调节。参考布局如图 14-63 所示。

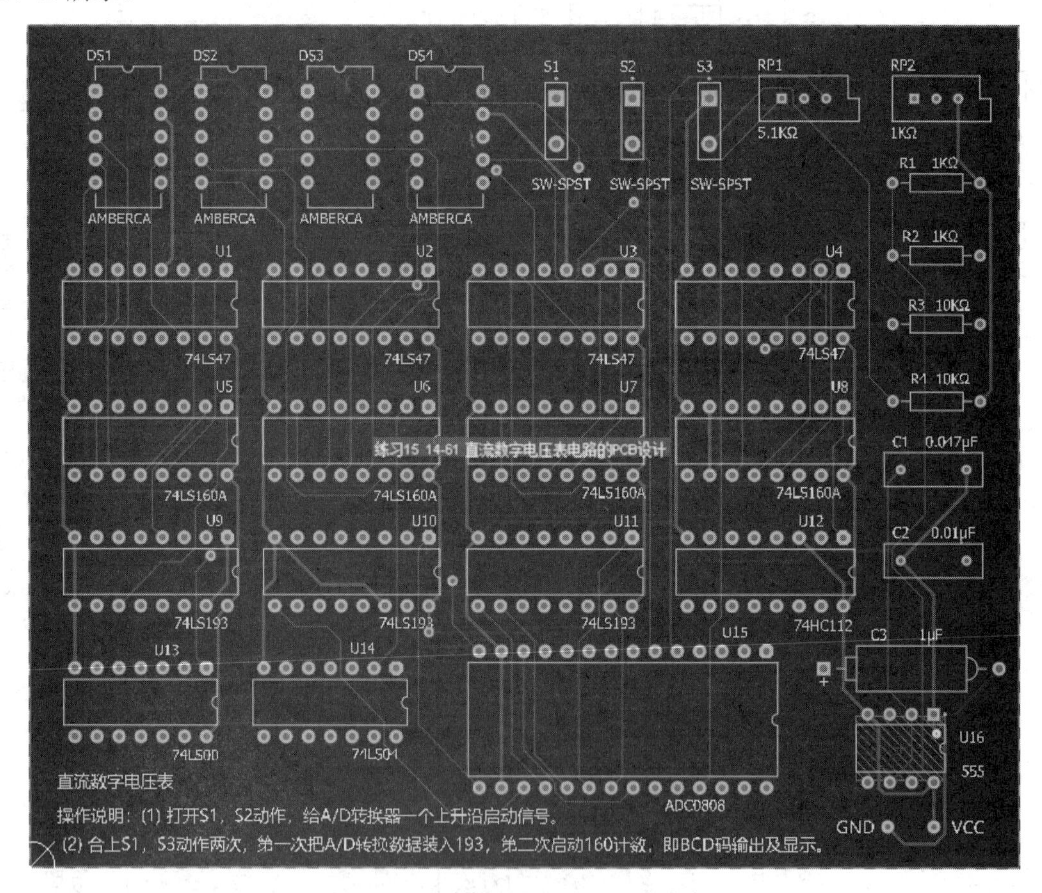


图 14-63　直流数字电压表 PCB 参考布局

(8) 进行自动布线。

(9) 放置两个焊盘，分别命名为“VCC”“GND”，并设置焊盘网络属性分别为“VCC”“GND”。

(10) 执行“布线”→“自动布线”→“网络”命令，连接焊盘。

(11) 在两个焊盘旁标注文字“VCC”“GND”。

(12) 在电路板空白处标注文字“直流数字电压表”及其操作说明(顶层丝印层)。

(13) 参照本实训练习六，裁剪板子并进行 3D 预览，如图 14-64 所示。

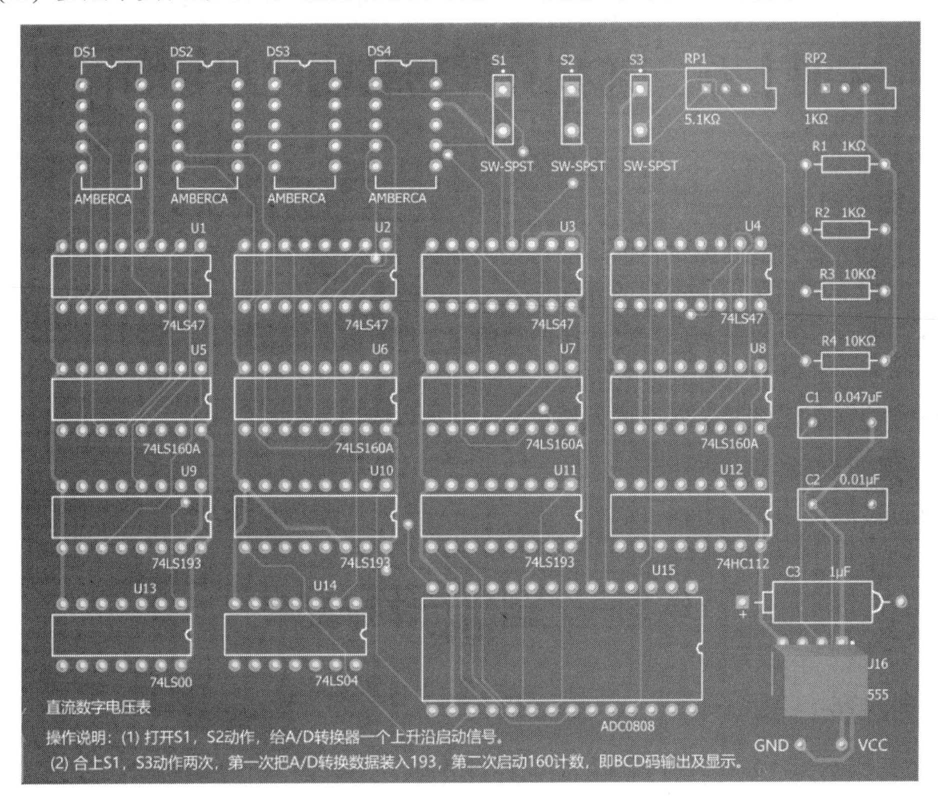


图 14-64　直流数字电压表 PCB 的 3D 预览

# 实训十五　PCB 元件封装的创建与编辑

### ◇ 实训目的

(1) 掌握元件封装库编辑器的启动与关闭方法。
(2) 熟悉元件封装库编辑器的界面。
(3) 掌握手工创建法与向导创建法两种创建元件封装库的方法。
(4) 掌握使用新建元件封装的方法。
(5) 学会编辑系统封装库中的元件封装，并加以应用。

### ◇ 实训设备

Altium Designer 19 软件、PC。

## 练习一　创建元件封装库

### ☒ 实训内容

建立一个名为“新建元件封装”的元件封装库。

### ☒ 操作提示

(1) 在工程项目中添加 PCB Library 文件，进入 PCB 元件封装编辑器的工作界面，在“PCB Library”面板中可以看到系统为新元件自动命名为“PCB COMPONENT_1”，在 PCB 元件封装库编辑区域的中心有一个坐标原点，通常以坐标原点为中心绘制新元件，如图 15-1 所示。

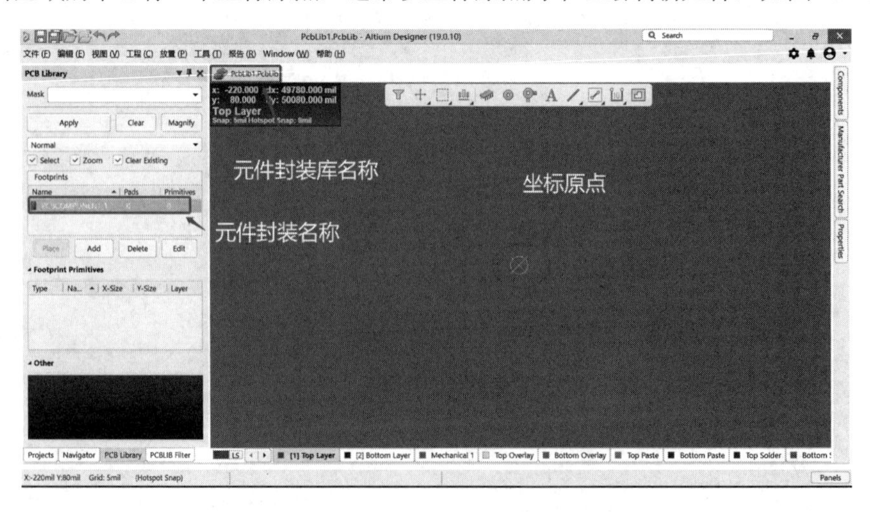


图 15-1　PCB 元件封装编辑器的工作界面

(2) 执行菜单命令“文件”→“保存”，打开保存路径对话框，如图 15-2 所示。选择保存路径，在文件名后面修改封装库名称，再单击【保存】按钮退出即可。

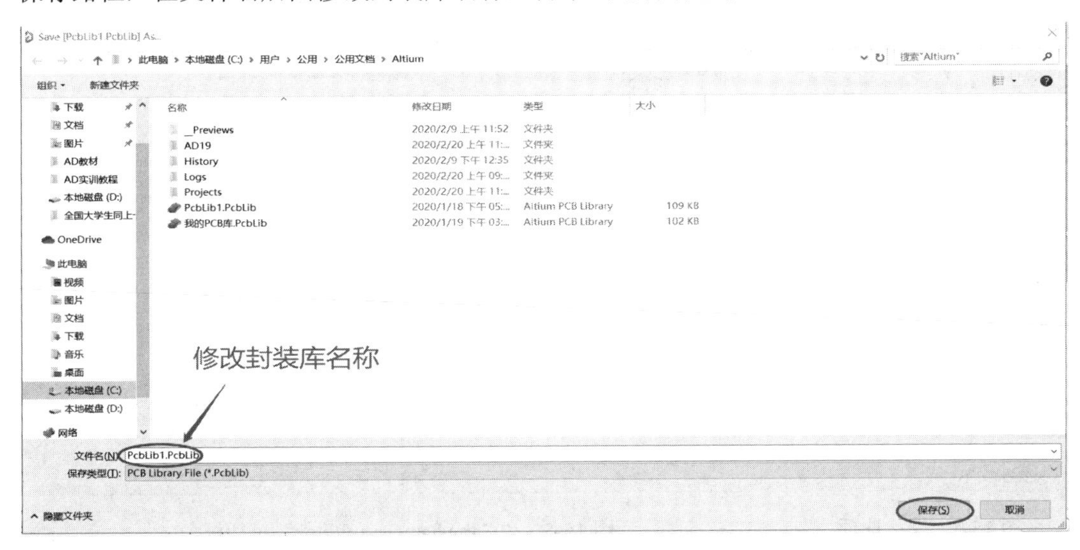


图 15-2　元件封装库的保存

# 练习二　手工创建元件封装

## ☒ 实训内容

手工创建如图 15-3 所示的 DIP 8 元件封装。焊盘的垂直间距为 100 mil，水平间距为 300 mil，外形轮廓框长为 400 mil，宽为 200 mil，每边距焊盘 50 mil，圆弧半径为 25 mil。焊盘的直径设为 50 mil，通孔直径设为 32 mil。元件封装命名为 DIP 8，并保存到封装库中。打开一个 PCB 文件，加载该元件封装库，并放置元件。

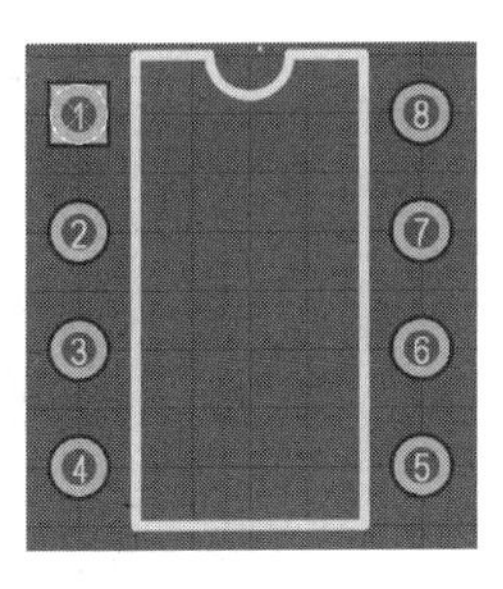


图 15-3　DIP 8 元件封装

## ☒ 操作提示

(1) 在本实训练习一的基础上绘制元件封装。

(2) 在英文输入状态下按下键盘上的 G 键，弹出栅格选择选项，选择“栅格属性”，如图 15-4 所示，弹出“Cartesian Grid Editor”(笛卡尔栅格编辑)对话框，如图 15-5 所示。

或按下组合键 Ctrl + G，也能弹出同样的对话框。将栅格设置为“Lines”，步进值 X、Y 方向都设置为 10 mil。单击【确定】按钮退出。此时设计区域会出现线状的十字栅格。

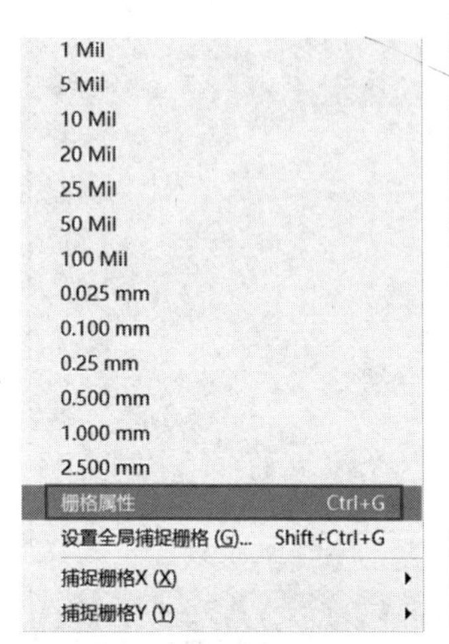


图 15-4　栅格选项

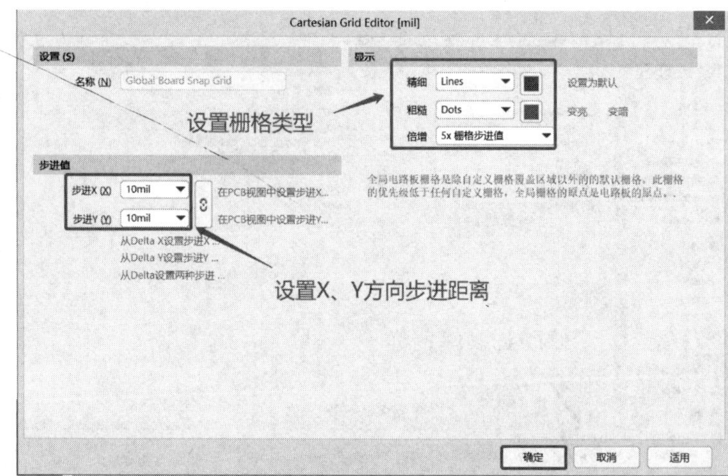


图 15-5　“Cartesian Grid Editor”对话框

(3) 放置焊盘。

① 执行菜单命令“放置”→“焊盘”，或单击放置工具栏中的◎按钮。

② 光标变成十字形，并带有一个焊盘，移动光标到坐标原点，按下 Tab 键，弹出焊盘属性对话框，如图 15-6 所示。

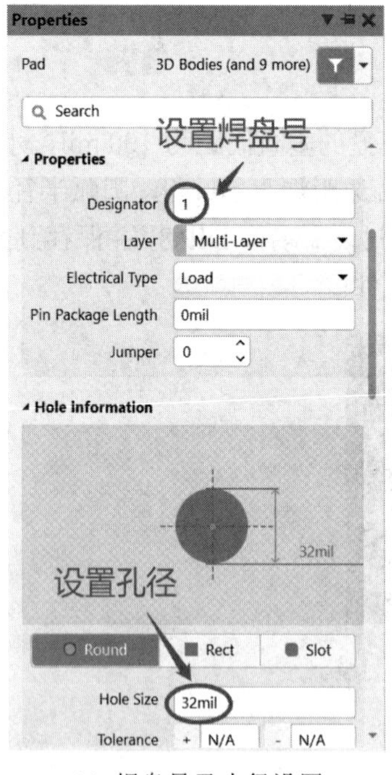


(a) 焊盘号及内径设置

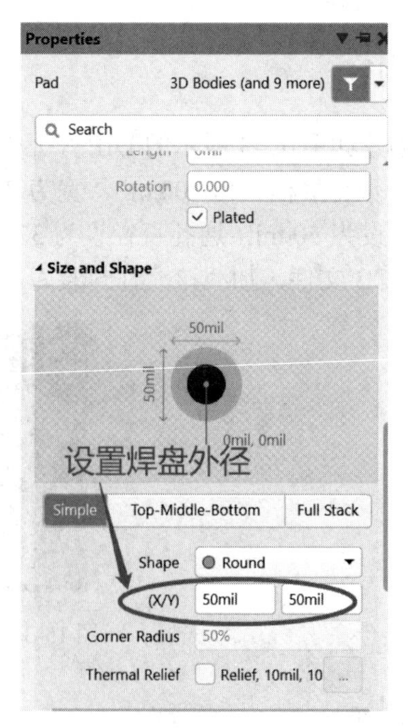


(b) 焊盘形状及外径设置

图 15-6　焊盘属性设置(全局编辑)对话框

③ 在图 15-6(a)中设置焊盘“Designator”的值为“1”，“Hole Size”为“32 mil”。在图 15-6(b)中设置焊盘外径“(X/Y)”都为“50 mil”，其余保持默认设置。

④ 按照焊盘的间距要求，放置其他七个焊盘。

⑤ 将焊盘 1 的形状设置为矩形(Rectangle)，以标识它为元件的起始焊盘。完成焊盘放置的元件封装的效果如图 15-7 所示。

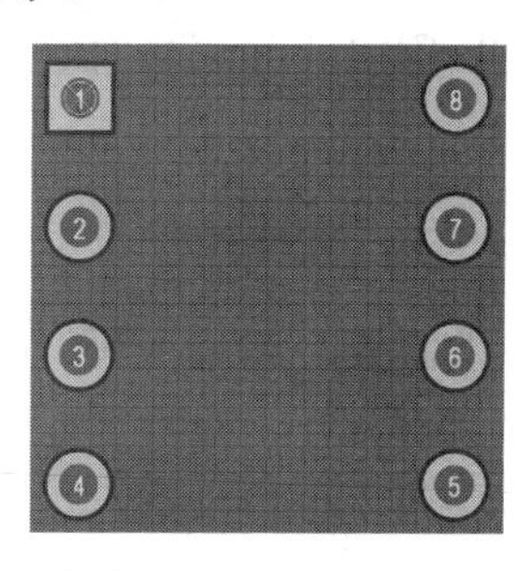

图 15-7　完成焊盘放置的元件封装的效果

(4) 绘制外形轮廓。

① 将工作层切换为“Top Overlay”(顶层丝印层)。

② 因为圆弧半径为 25 mil，所以将捕获栅格从 10 mil 改为 5 mil，以便于捕获位置。按下键盘上的 G 键，在弹出的图 15-4 所示的栅格选择选项中选择 5 mil 即可。

③ 利用中心法绘制圆弧。圆心坐标为(150，50)，半径为 25 mil，圆弧形状为半圆。执行菜单命令“放置”→“圆弧(中心)”，或单击放置工具栏中的按钮即可绘制圆弧。

也可以双击设计区域任意一个圆弧，弹出圆弧属性设置对话框，如图 15-8 所示，修改圆弧坐标位置及其他属性。

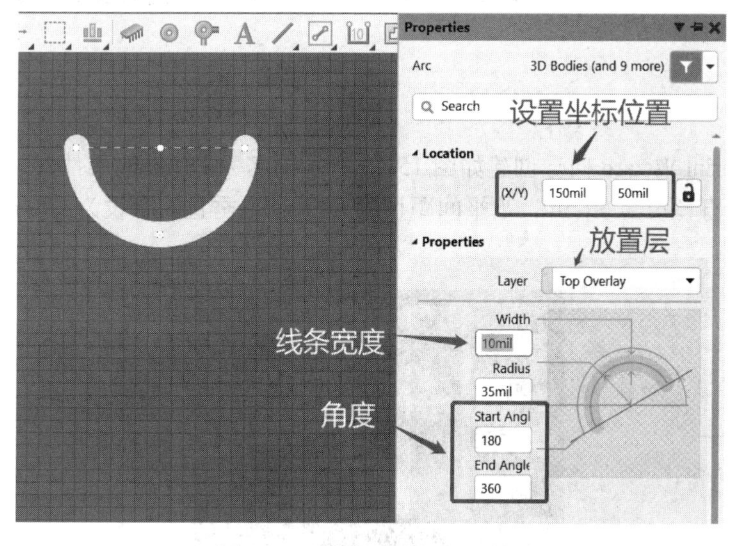


图 15-8　圆弧属性设置对话框

④ 执行菜单命令“放置”→“线条”，或单击放置工具栏中的按钮，绘制元件的边框。以圆弧为起点，边框长为 400 mil，宽为 200 mil，每边距焊盘 50 mil。完成绘制外形轮廓的元件封装的效果如图 15-3 所示。

(5) 设置元件参考坐标。执行菜单命令“编辑”→“设置参考”，设置参考坐标的命令有三个。1 脚：设置管脚 1 为参考点；中心：将元件的中心作为参考点；位置：选择一个位置作为参考点。在此选择 1 脚作为参考点。

(6) 命名与保存。

① 命名：首先选中要修改名字的元件，执行菜单“工具”→“元件属性”命令，弹出如图 15-9 所示的“PCB 库封装”对话框，将“PCB COMPONENT_1”修改为“DIP8”，单击【确定】按钮即可。或者单击“PCB Library”面板中的Edit，也能弹出同样的对话框，对元件封装命名。

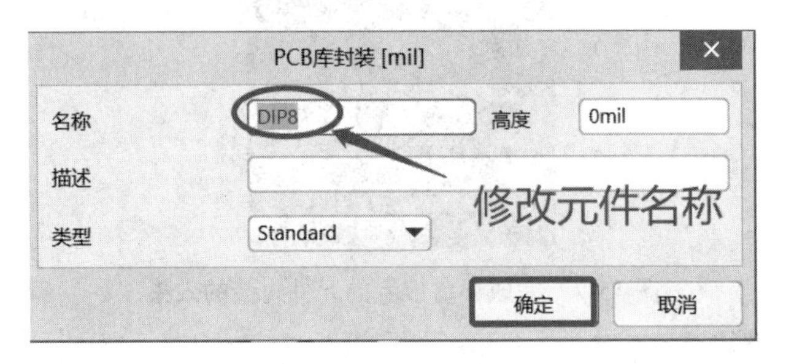


图 15-9　元件封装命名

② 保存：执行菜单命令“文件”→“保存”，或单击窗口工具栏中的，可将新建元件封装保存在元件封装库中，在需要的时候可任意调用该元件。

(7) 使用新元件封装的方法。在图 15-1 所示左侧“PCB Library”面板中单击 Place 按钮，即可将所选元件放到 PCB 编辑器中。

# 练习三　使用 Footprints Wizard 向导创建元件封装

## ⊠ 实训内容

使用 Footprint Wizard 向导创建如图 15-10 所示的名为 DIP 6 的元件封装。焊盘直径设为 50 mil，通孔直径设为 32 mil，水平间距设为 300 mil，垂直间距设为 100 mil，外形轮廓线宽设为 10 mil。

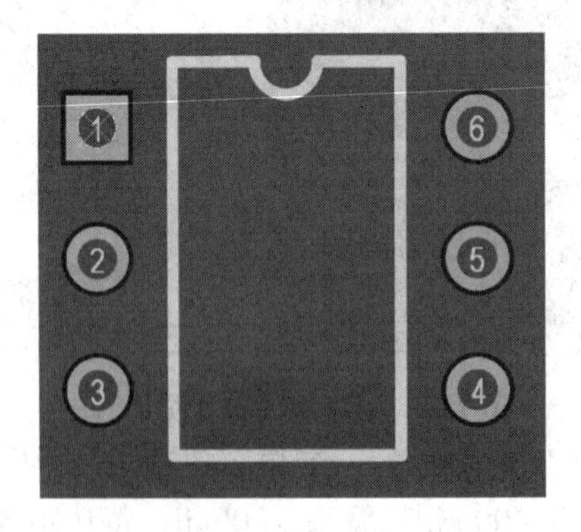


图 15-10　DIP 6 元件封装

## ⊠ 操作提示

(1) 启动 Footprint Wizard，右键单击“PCB Library”面板的“Footprints”区选择“Footprint

Wizard”，或执行菜单“工具”→“元器件向导”，弹出如图 15-11 所示的封装向导对话框。

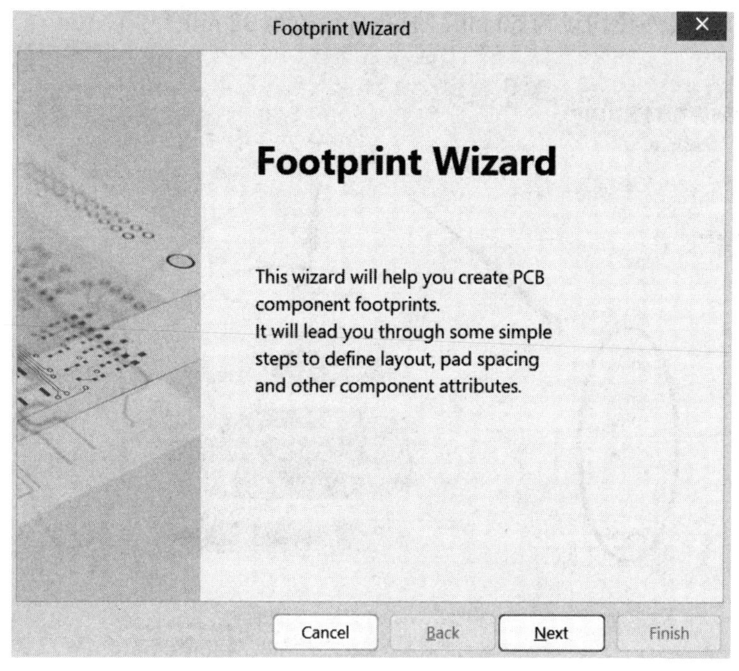


图 15-11　元件封装生成向导

(2) 单击图 15-11 中的【Next】按钮，弹出如图 15-12 所示的元件封装样式列表框，系统提供了 12 种元件封装的样式供设计者选择，这里选择“Dual In-line Packages(DIP)”，即双列直插封装，在对话框右下角还可以选择计量单位，默认为英制。

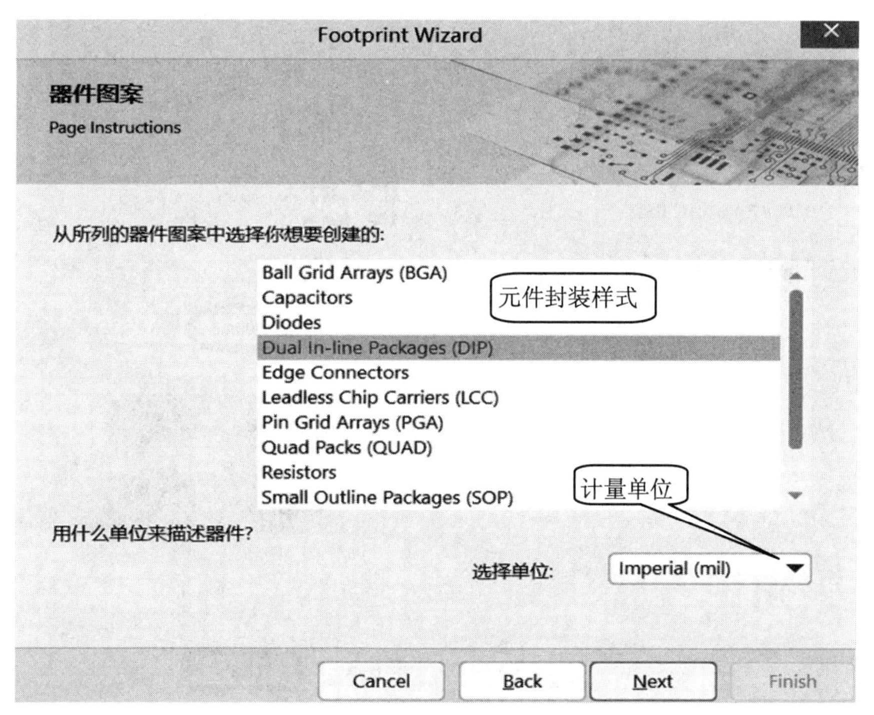


图 15-12　元件封装样式列表框

(3) 单击图 15-12 中的【Next】按钮，弹出如图 15-13 所示的设置焊盘尺寸对话框。将焊盘的上、中、下层外径均设为 50 mil，通孔直径改为 32 mil。

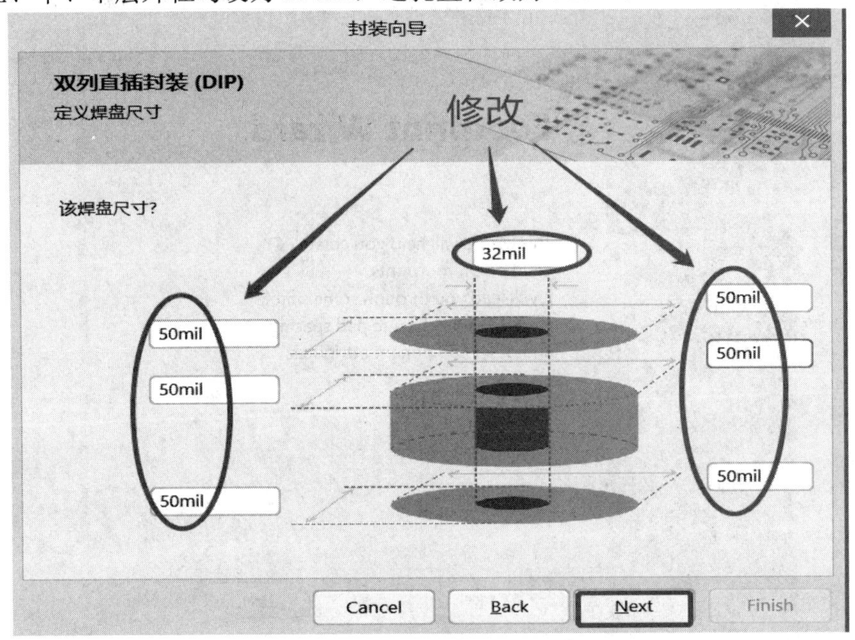


图 15-13　设置焊盘尺寸对话框

(4) 单击图 15-13 中的【Next】按钮，弹出设置焊盘布局对话框，如图 15-14 所示。设置水平间距为 300 mil，垂直间距为 100 mil。

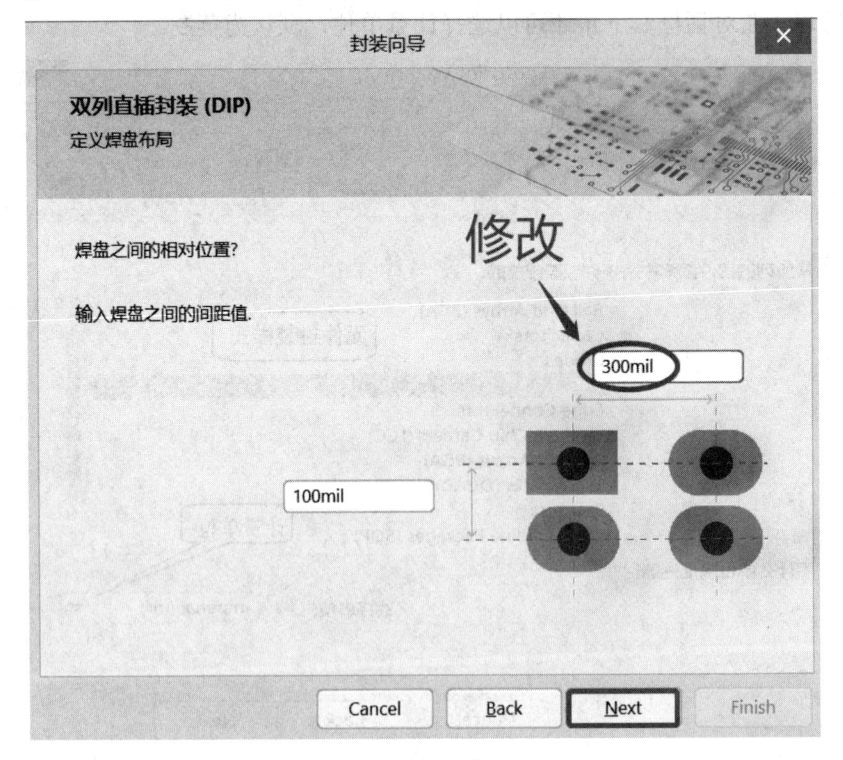


图 15-14　设置焊盘布局对话框

(5) 单击图 15-14 中的【Next】按钮，弹出设置元件外形轮廓线宽度对话框，如图 15-15 所示。这里采用系统默认值 10 mil。

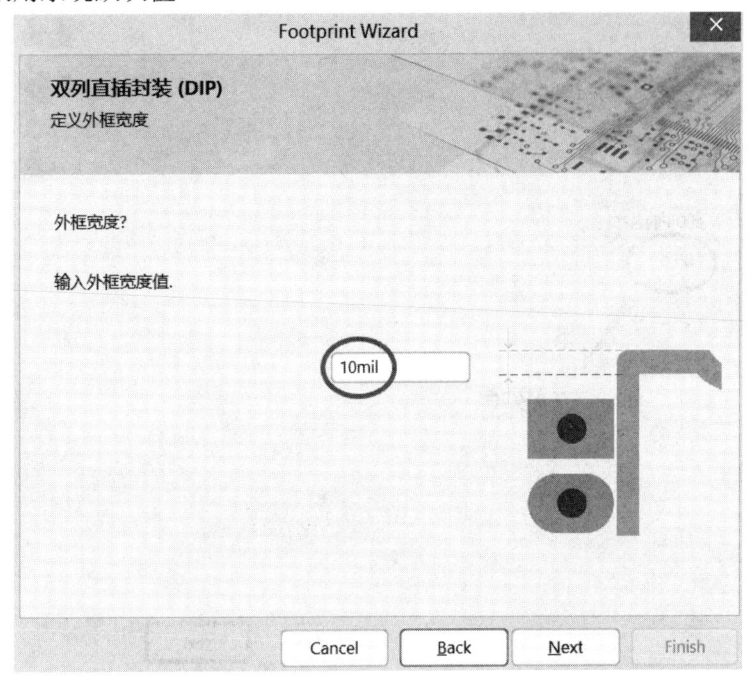


图 15-15　设置元件外形轮廓线宽度对话框

(6) 单击图 15-15 中的【Next】按钮，弹出设置元件管脚数量对话框，如图 15-16 所示。这里设置为 6。

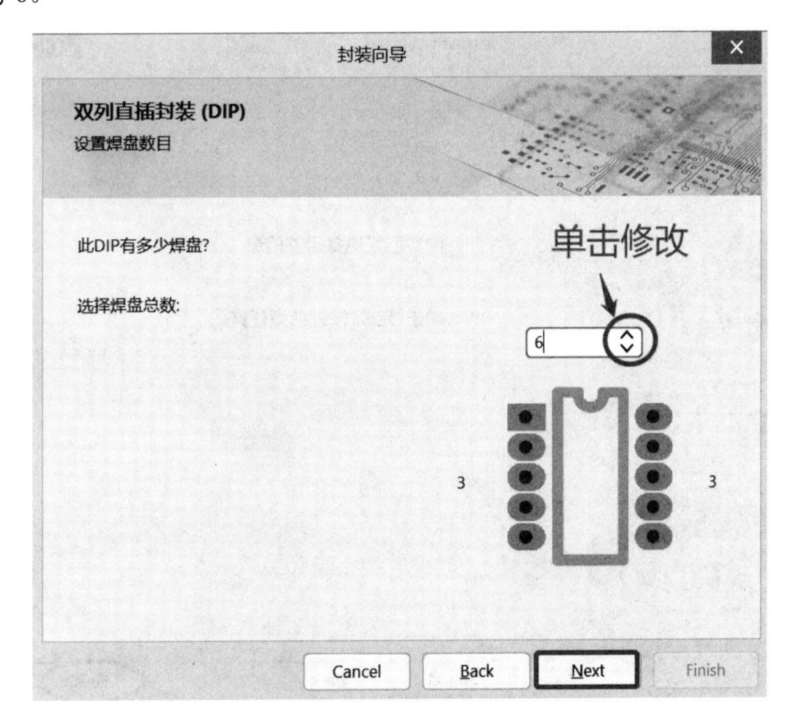


图 15-16　设置元件管脚数量对话框

(7) 单击图 15-16 中的【Next】按钮，弹出设置元件封装名称对话框，如图 15-17 所示。这里采用系统默认设置“DIP6”。

图 15-17　设置元件封装名称对话框

(8) 单击图 15-17 中的【Next】按钮，系统弹出图 15-18 所示的完成对话框，单击【Finish】按钮，生成的新元件封装如图 15-10 所示。

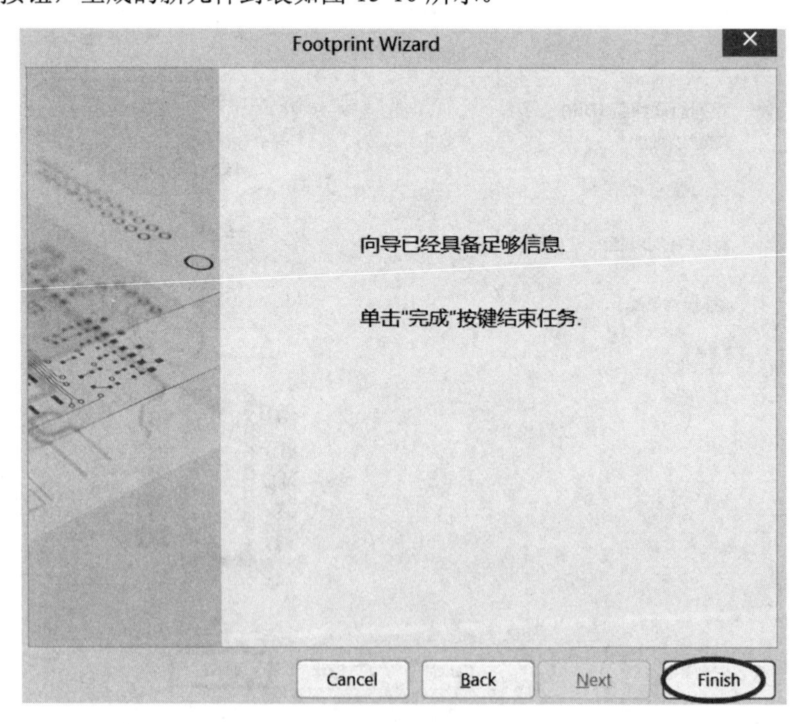


图 15-18　完成对话框

(9) 如果绘制的外形轮廓不符合插接件的外形，则可以进行手工调整，即通过移动调节轮廓大小、焊盘位置、删除线条、重新绘制等操作，以达到符合实际元件外形尺寸。

(10) 修改完成，点击，保存设计元件，以便后期使用。

# 练习四 使用 IPC Compliant Footprint Wizard 向导创建元件封装

## 实训内容

使用 IPC Compliant Footprint Wizard 向导创建一个 14 管脚的 SOJ 器件封装。

**注意**：IPC 不参考封装尺寸，而是根据 IPC 发布的算法直接使用器件本身的尺寸信息。

创建过程如下所述。

(1) 执行菜单命令“工具”→“IPC Compliant Footprint Wizard”，如图 15-19 所示，弹出如图 15-20 所示的“IPC Compliant Footprint Wizard”向导对话框。

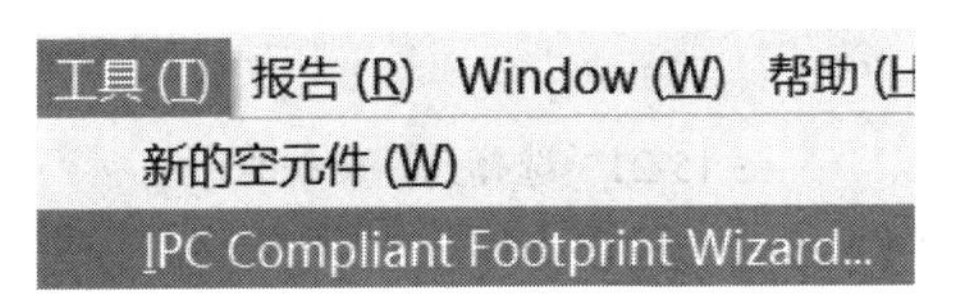


图 15-19 IPC Compliant Footprint Wizard 菜单

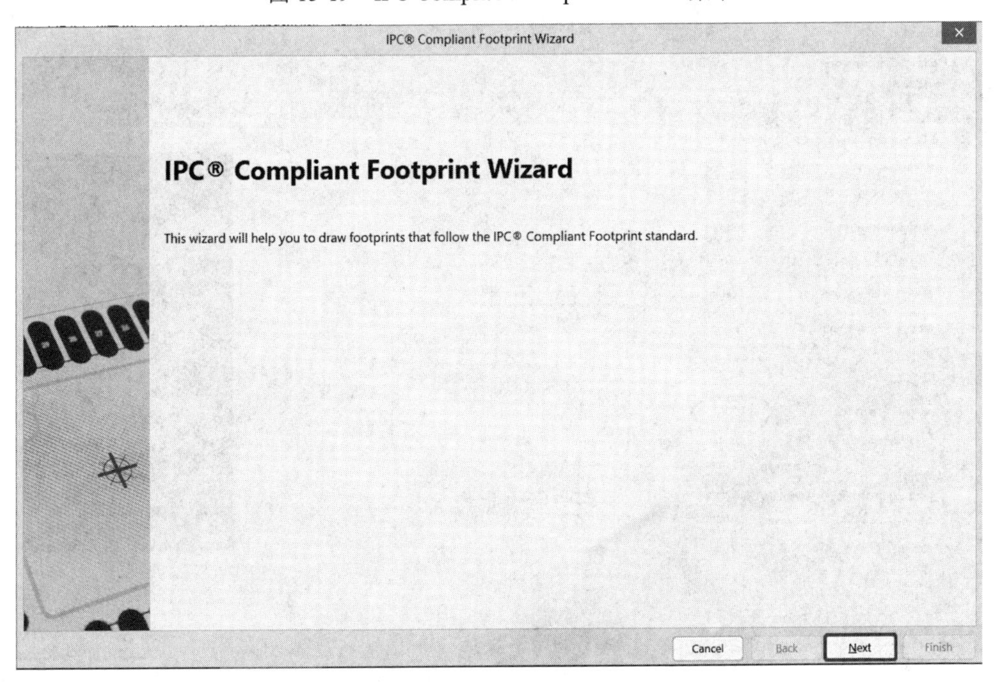


图 15-20 “IPC Compliant Footprint Wizard”向导对话框

(2) 单击图 15-20 中的【Next】按钮，弹出如图 15-21 所示的选择元件类型对话框，这里选择“SOJ”型元件封装。

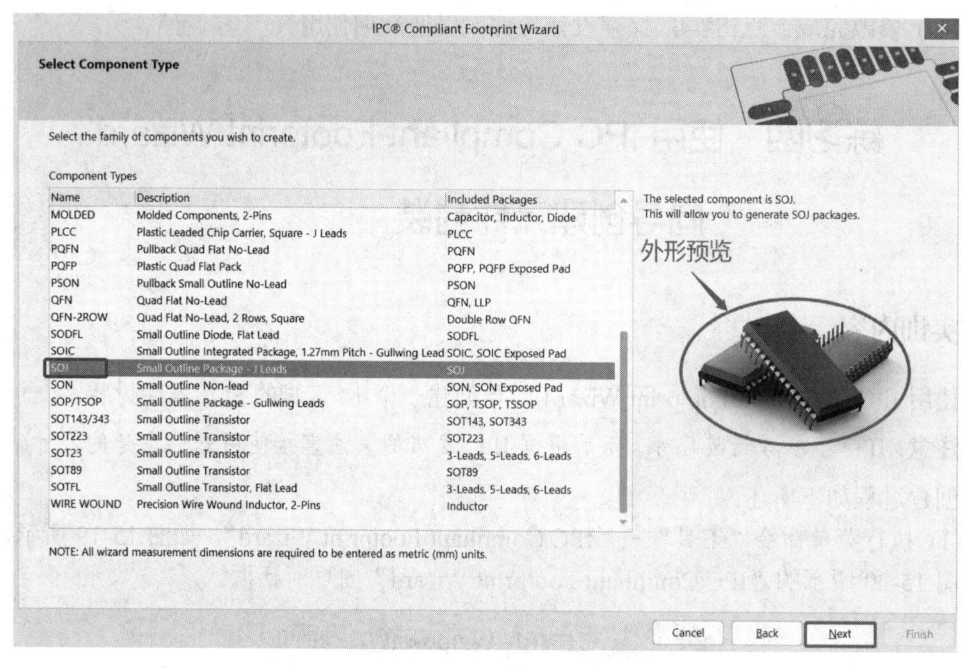


图 15-21　选择元件类型对话

(3) 单击图 15-21 中的【Next】按钮，弹出如图 15-22 所示的封装外形尺寸对话框，设置管脚数量为“14”，其他采用系统默认数值。

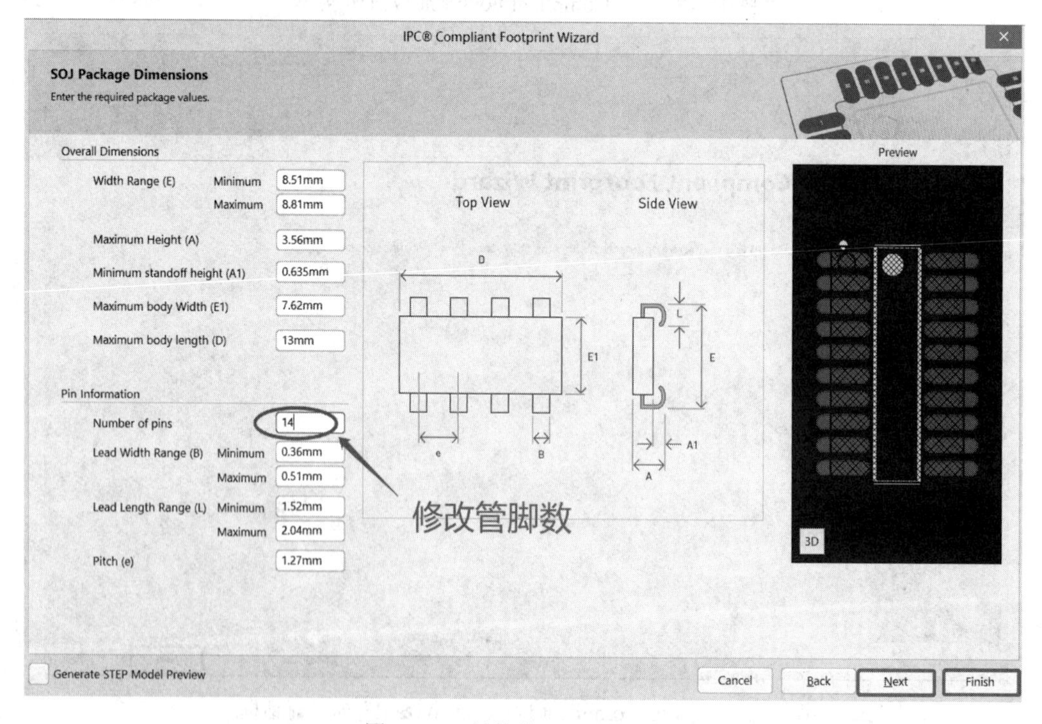


图 15-22　封装外形尺寸对话框

(4) 如果单击图 15-22 中的【Finish】按钮，可以直接生成新的元件封装，如图 15-23 所示。也可以继续单击【Next】按钮，弹出如图 15-24 所示的设置管脚和间距对话框，采用系统默认数值。

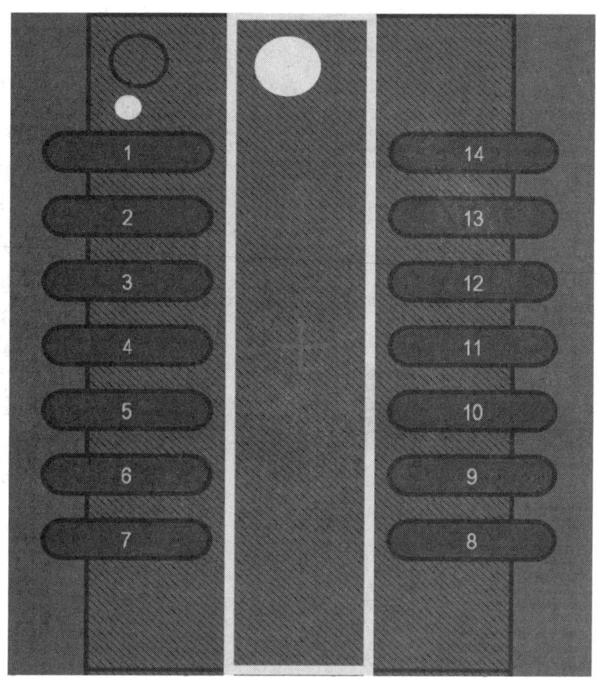


图 15-23　直接生成 SOJ 元件封装

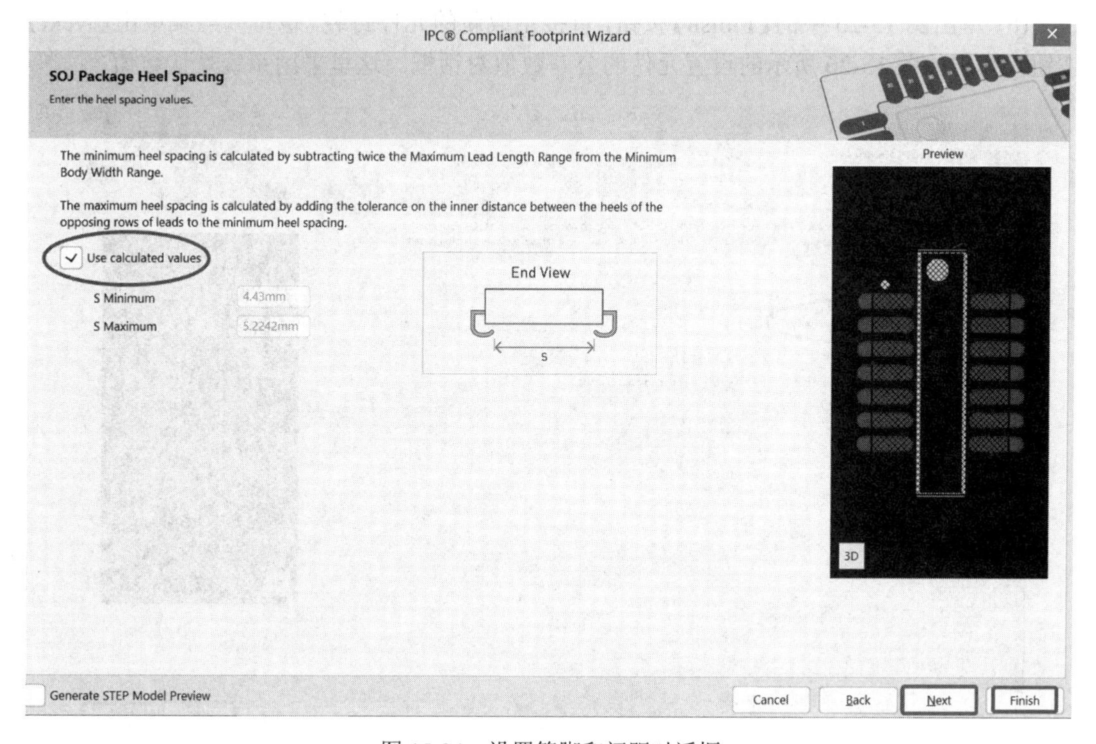


图 15-24　设置管脚和间距对话框

(5) 单击图 15-24 中的【Finish】按钮，直接生成新的元件封装。也可以继续单击【Next】按钮，弹出如图 15-25 所示的设置焊料数值对话框。这里采用系统默认数值。

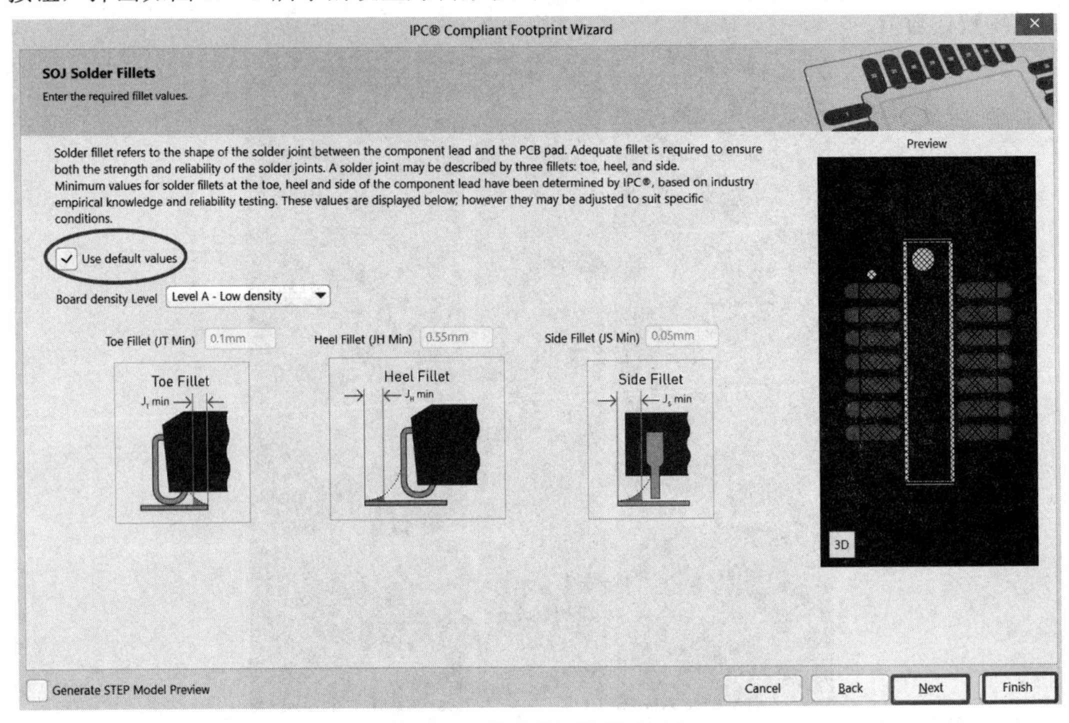


图 15-25　设置焊料数值对话框

(6) 单击图 15-25 中的【Finish】按钮，直接生成新的元件封装。也可以继续单击【Next】按钮，弹出如图 15-26 所示的设置元件的公差数值对话框。这里采用系统默认数值。

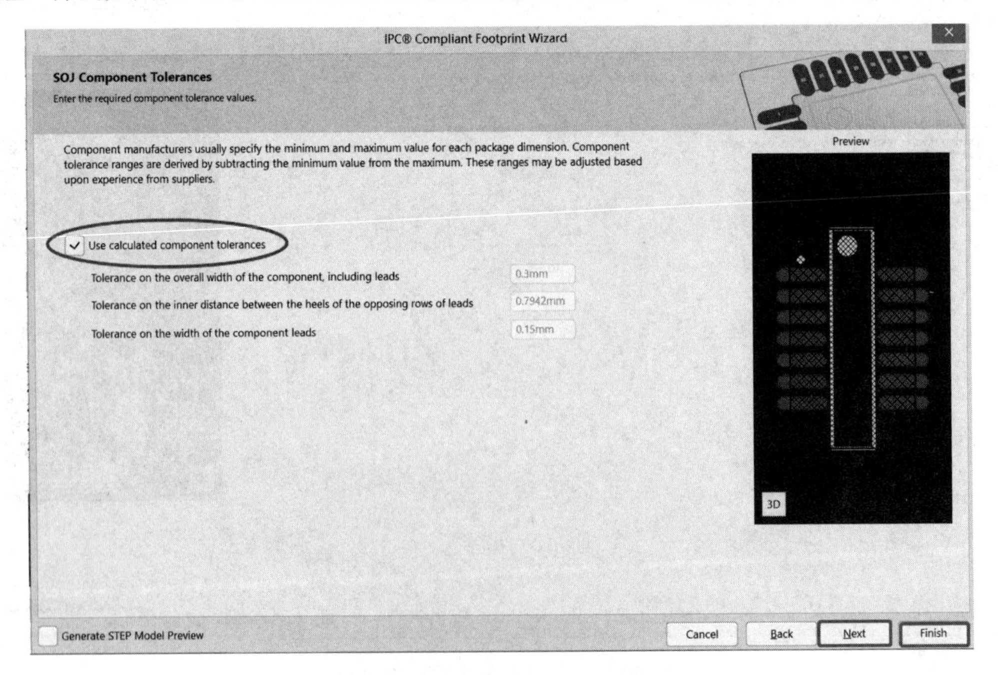


图 15-26　设置元件的公差数值对话框

(7) 单击图 15-26 中的【Finish】按钮，直接生成新的元件封装。也可以继续单击【Next】按钮，弹出如图 15-27 所示的设置元件的制造公差、放置公差等数值对话框。这里采用系统默认数值。

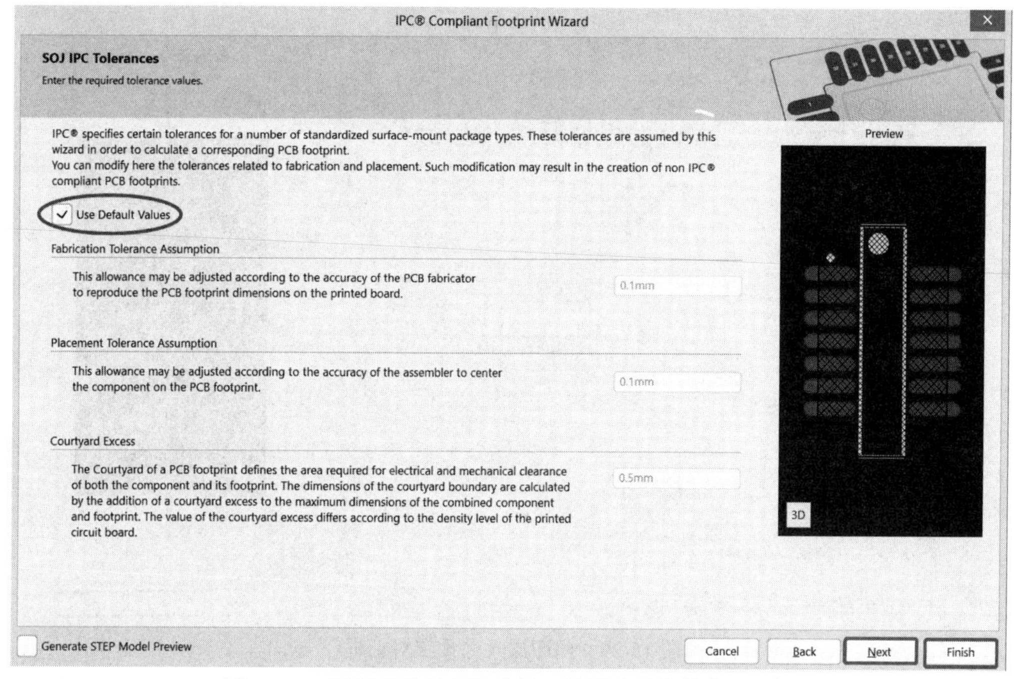


图 15-27　设置元件的制造公差、放置公差等数值对话框

(8) 单击图 15-27 中的【Finish】按钮，直接生成新的元件封装。也可以继续单击【Next】按钮，弹出如图 15-28 所示的封装尺寸(包括焊盘间距、焊盘大小、焊盘形状等)设置对话框。这里采用系统默认数值。

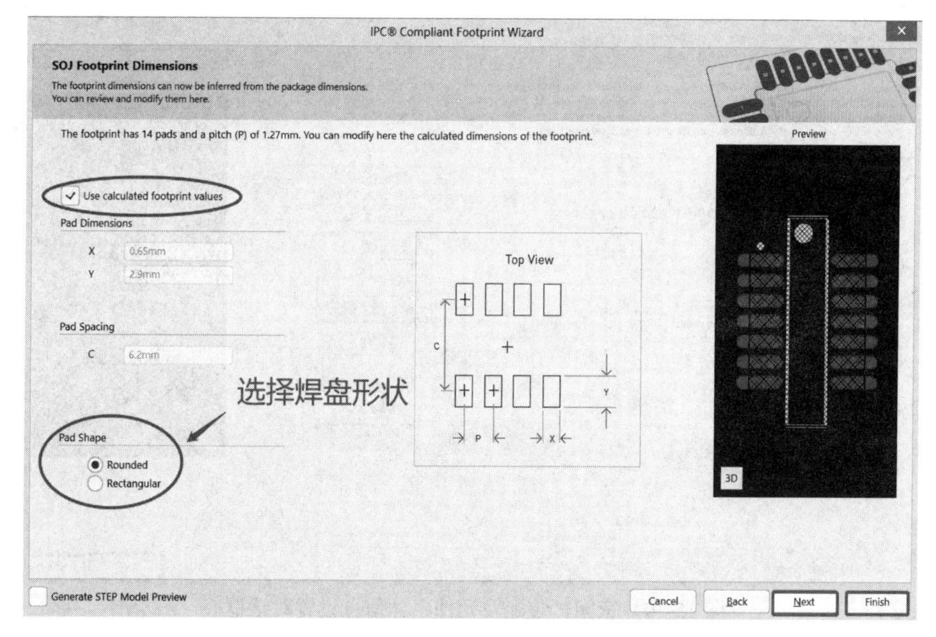


图 15-28　封装尺寸设置对话框

(9) 单击图 15-28 中的【Finish】按钮，直接生成新的元件封装。也可以继续单击【Next】按钮，弹出如图 15-29 所示的丝印层(Silkscreen)尺寸设置对话框。该对话框用于设置元件轮廓尺寸，这里采用系统默认数值。

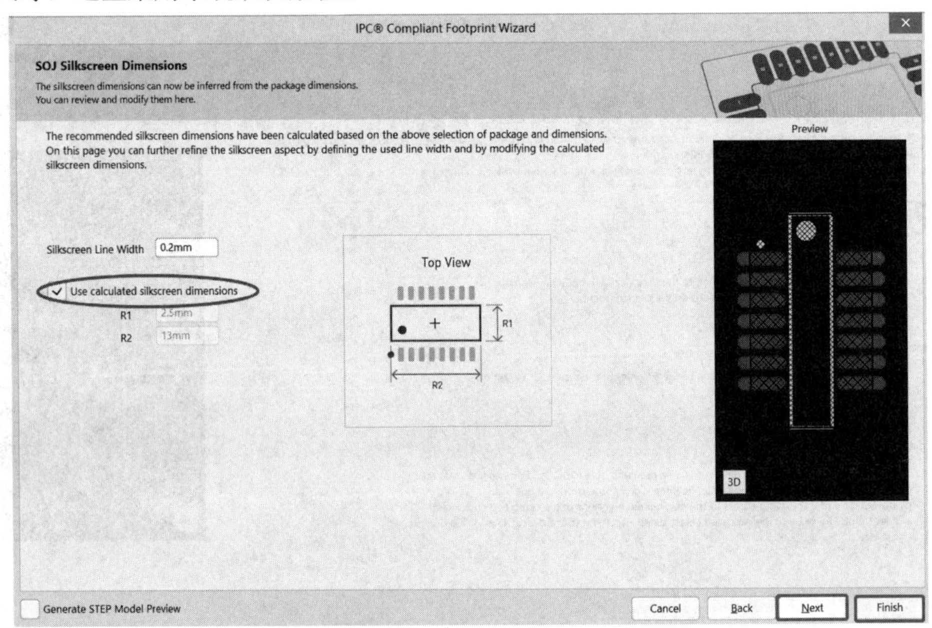


图 15-29　丝印层尺寸设置对话框

(10) 单击图 15-29 中的【Finish】按钮，直接生成新的元件封装。也可以继续单击【Next】按钮，弹出如图 15-30 所示的空间、装配及元件主体信息设置对话框。这里采用系统默认数值。

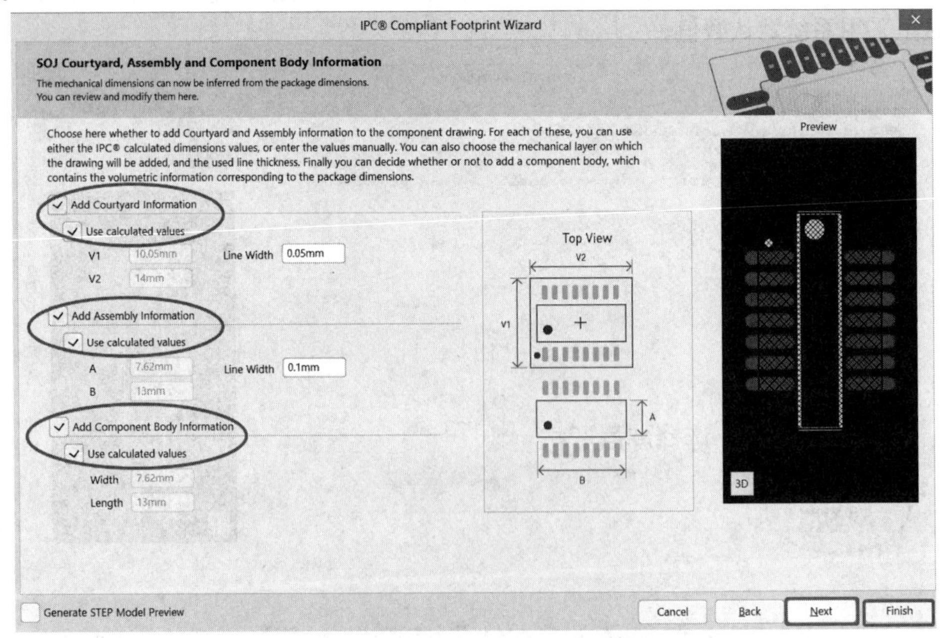


图 15-30　空间、装配及元件主体信息设置对话框

(11) 单击图 15-30 中的【Finish】按钮，直接生成新的元件封装。也可以继续单击

【Next】按钮，弹出如图 15-31 所示的封装描述对话框(包括封装名称)。这里采用系统建议的描述。

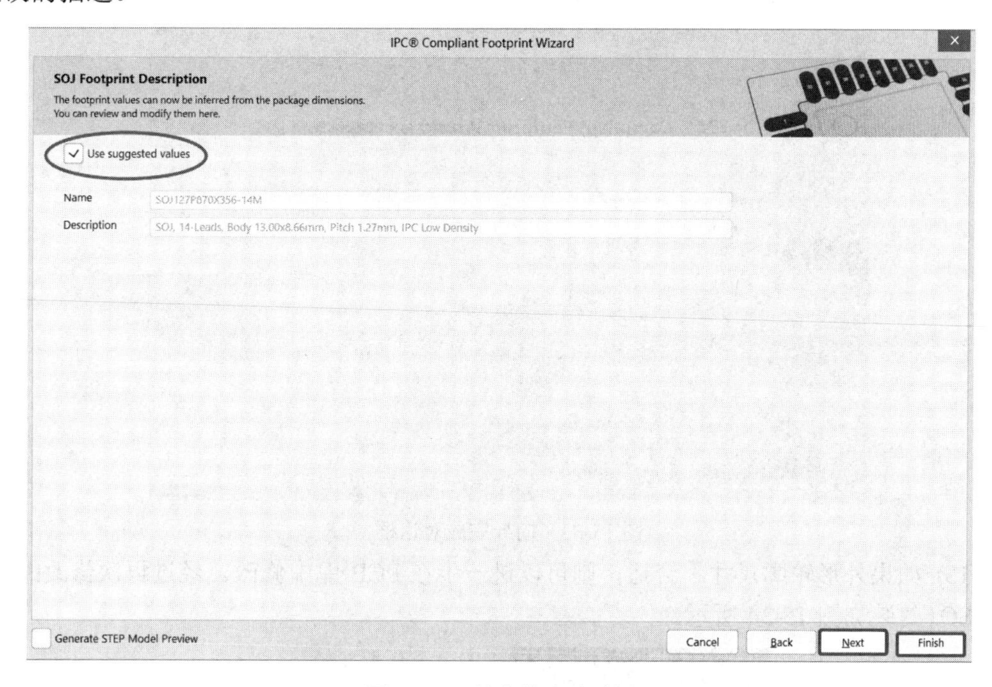


图 15-31　封装描述对话框

(12) 单击图 15-31 中的【Finish】按钮，直接生成新的元件封装。也可以继续单击【Next】按钮，弹出如图 15-32 所示的选择存放路径对话框。

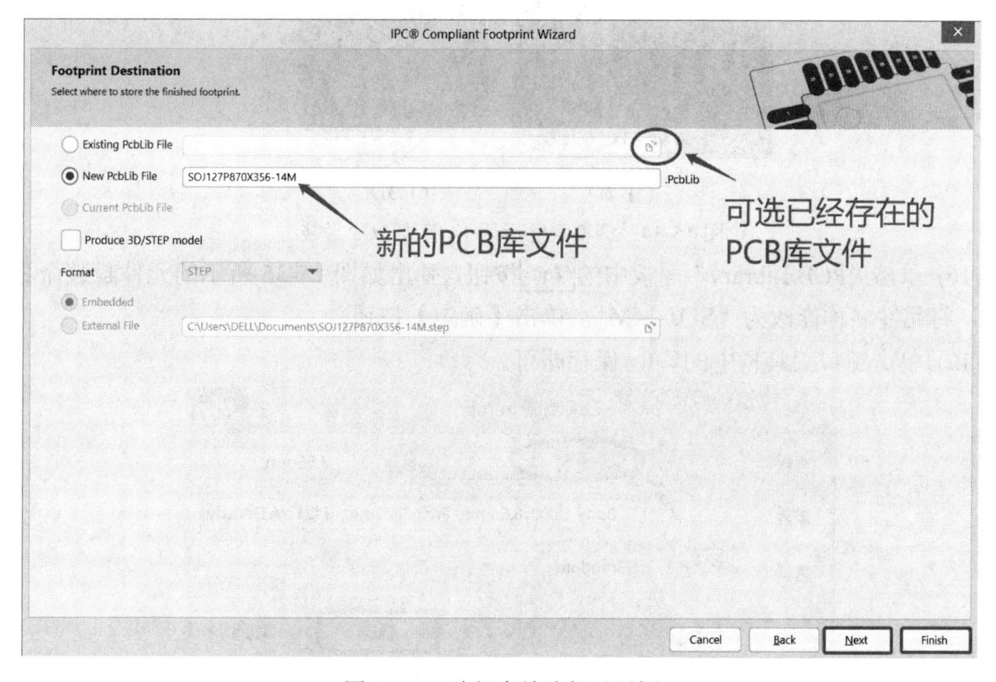


图 15-32　选择存放路径对话框

(13) 单击图 15-32 中的【Finish】按钮，直接生成新的元件封装。也可以继续单击【Next】

按钮，弹出如图 15-33 所示的向导完成对话框。

(14) 单击图 15-33 中的【Finish】按钮，生成新的元件封装，如图 15-23 所示。

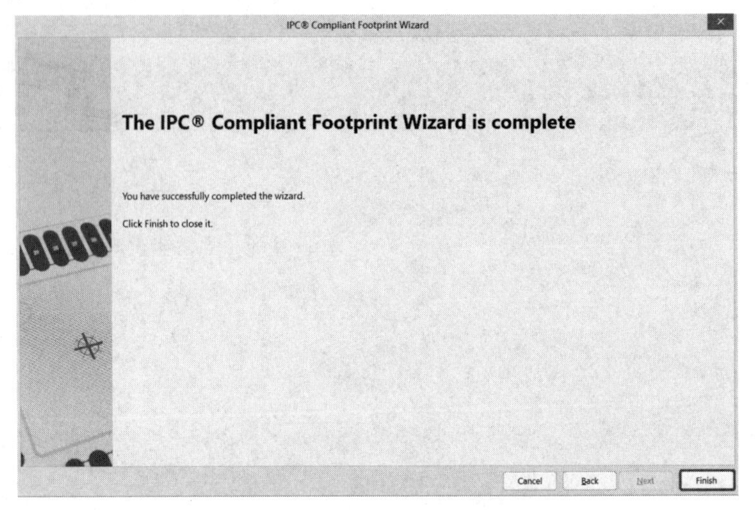


图 15-33　向导完成对话框

(15) 如果外形轮廓尺寸不合适，则可以进一步在 PCB 库中修改。经过再次修改的 14 管脚 SOJ 封装如图 15-34 所示。

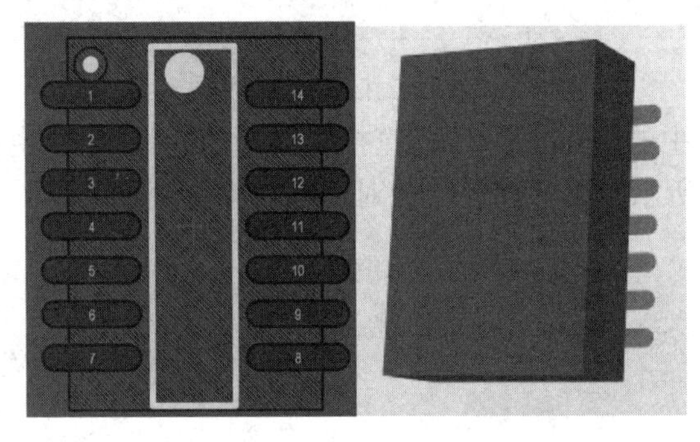

(a) 2D　　　　(b) 3D

图 15-34　调整尺寸后的 14 管脚 SOJ 封装

(16) 单击“PCB Library”面板中的 Edit 按钮，弹出如图 15-35 所示的元件封装命名对话框，将元件名称修改为“SOJ-14M”，单击【确定】按钮。

(17) 单击窗口工具栏中的保存按钮，保存即可。

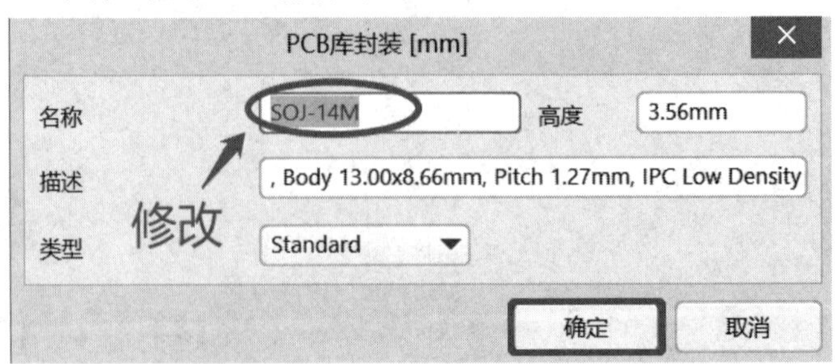


图 15-35　元件封装命名对话框

# 第三篇

## 电路仿真与信号完整性分析

# 实训十六　电 路 仿 真

## ◇ 实训目的

(1) 掌握仿真参数设置方法。
(2) 掌握电路结点参数分析方法。

## ◇ 实训设备

Altium Design19 软件、PC。

## 练习一　结点参数分析

### ⊠ 实训内容

如图 16-1 所示电路，试求 N1 结点处的电压。

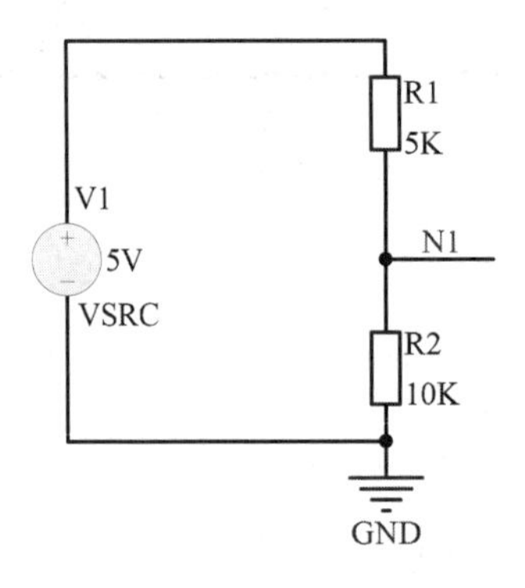


图 16-1　结点电压分析电路

### ⊠ 操作提示

(1) 新建项目工程，添加原理图文件，绘制电路原理图，并放置网络标签 N1。

放置直流电压源。在 Simulation Sources.IntLib 库中找到 VSRC，双击放置，按下 Tab 键打开如图 16-2 所示的元件属性对话框，在“General”选项区域设置元件标号及参数，如图 16-2(a)所示。单击“Parameters”选项卡，在“Parameters”区域下列参数表中找到“Value”，在其后面输入“5V”，如图 16-2(b)所示。

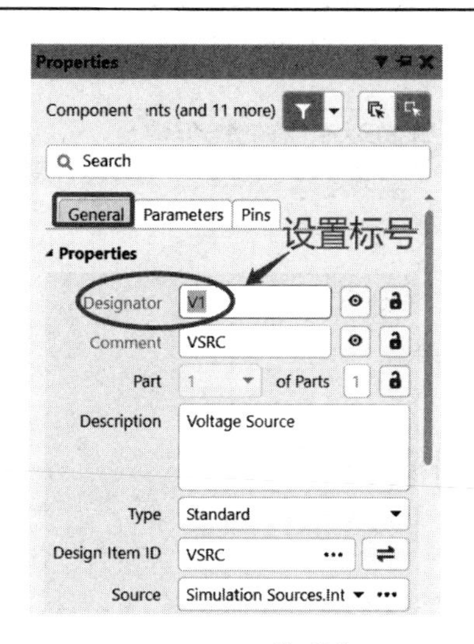


(a) General 选项卡

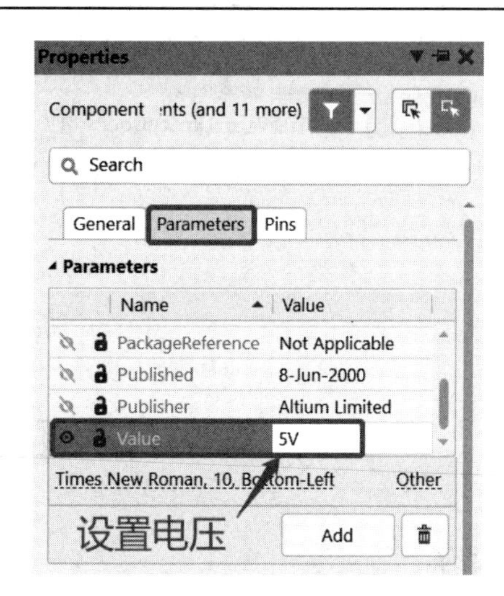


(b) Parameters 设置

图 16-2 VSRC 属性编辑与 Parameters 设置

(2) 求取 N1 点的电压，使用工作点分析。

① 执行菜单命令“设计”→“仿真”→“Mixed Sim”，弹出如图 16-3 所示的参数分析设置对话框，在此进行仿真设置。

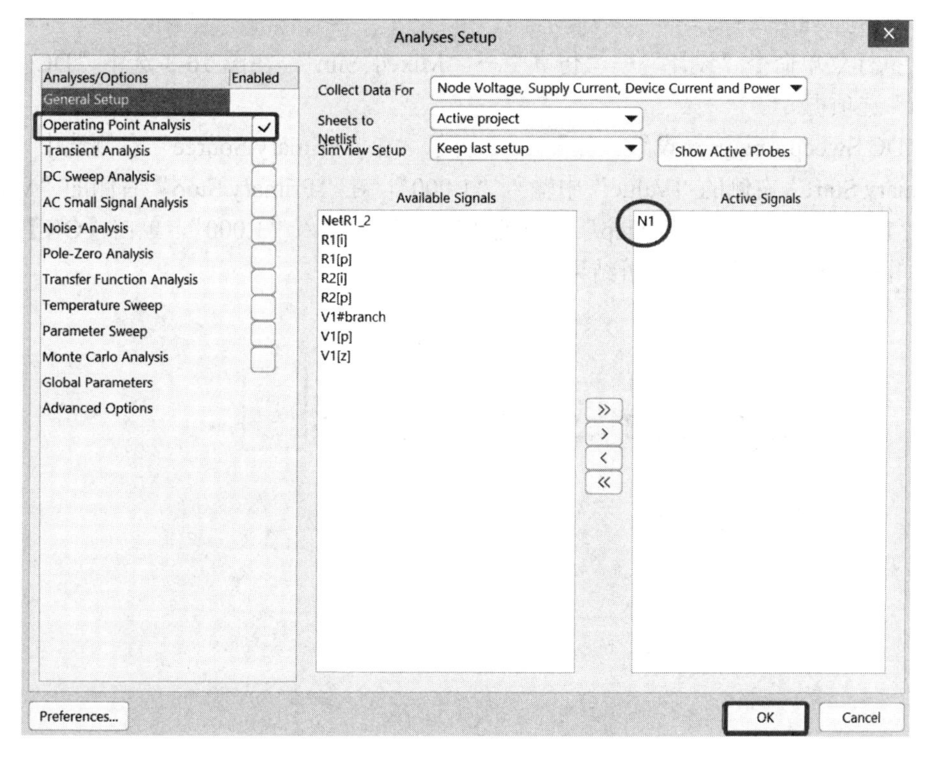


图 16-3 参数分析设置对话框

② 在“Available Signals”中选中 N1 将其激活，如图 16-3 右边“Active Signals”选项框中所示。

③ 参数分析选择“Operating Point Analysis”项，在后面的选项框里打钩，其余不选，

单击【OK】按钮，即得如图 16-4 所示的仿真结果。仿真文件的扩展名是“.sdf”。

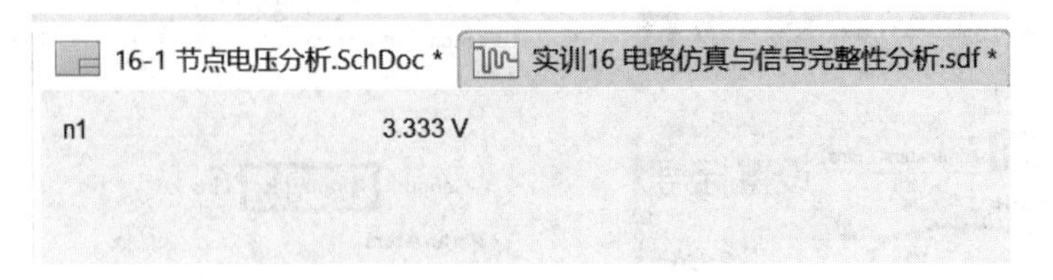


图 16-4　仿真分析结果

# 练习二　直流扫描分析

## ⊠ 实训内容

对本实训练习一中的电路图进行直流扫描分析(DC Sweep Analysis)。求当直流电压源的电压从 1 V 变化到 15 V 时 N1 点的电压变化曲线。

## ⊠ 操作提示

(1) 打开原理图文件。

(2) 执行菜单命令“设计”→“仿真”→“Mixed Sim”，在图 16-3 选中“DC Sweep Analysis”选项框。

(3) DC Sweep Analyses 设置。如图 16-5 所示，在“Primary Source”右侧选中“V1”，在“Primary Start”右侧的“Value”中输入“1.000”，在“Primary Stop”右侧的“Value”中输入“15.00”，在“Primary Step”右侧的“Value”中输入“1.000”。单击【OK】按钮，即得到如图 16-6 所示的仿真分析结果。

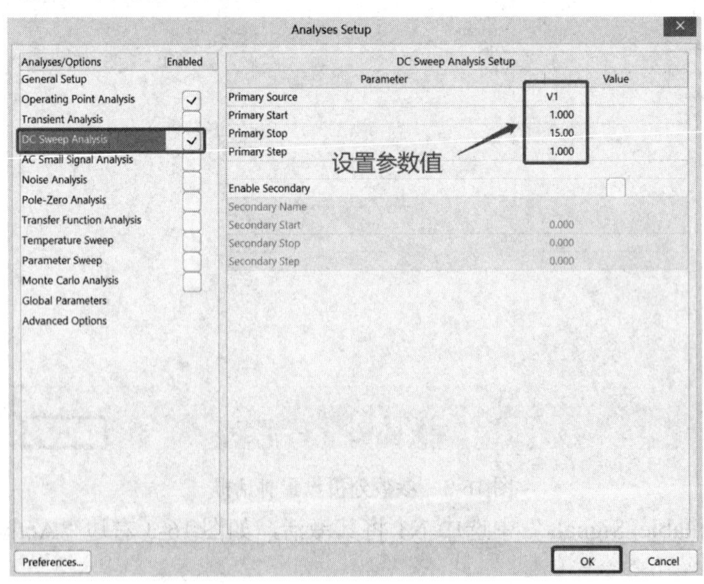


图 16-5　直流分析参数设置对话框

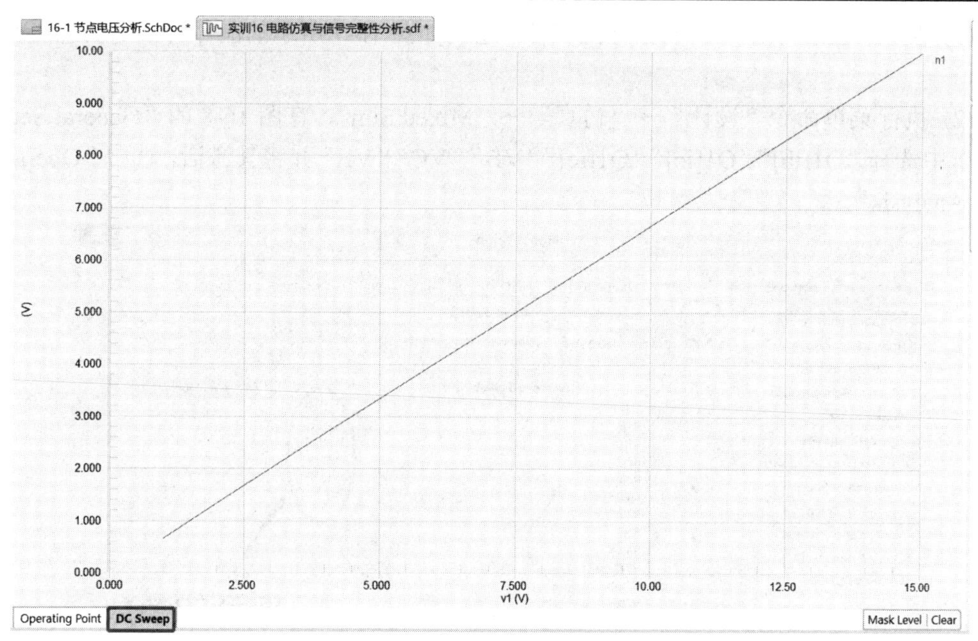


图 16-6　仿真分析结果

# 练习三　工作点分析

## 实训内容

试求图 16-7 所示电路的静态工作点和当温度在 0～100℃变化时的晶体管集电极电压。

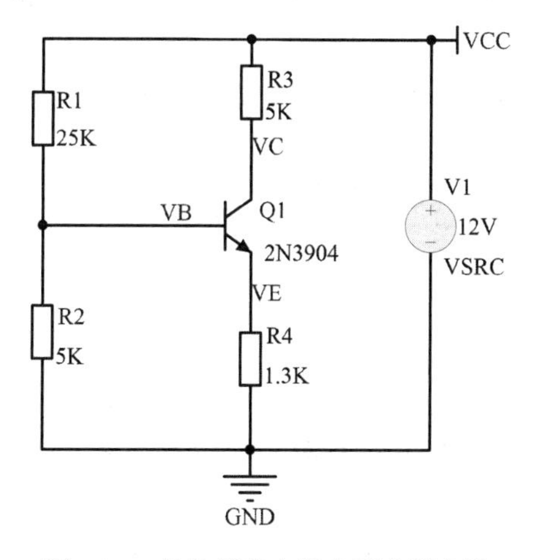


图 16-7　晶体管集电极电压分析电路

## 操作提示

### 1. 求静态工作点

使用工作点分析(Operating Point Analysis)求静态工作点的操作步骤如下：

(1) 在项目工程中添加新的原理图文件，绘制如图 16-7 所示的晶体管集电极电压分析电路。

(2) 执行菜单命令“设计”→“仿真”→“Mixed Sim”，在图 16-8 的“General Setup”选项卡中选择“Q1[ib]”“Q1[ic]”“Q1[ie]”“VB”“VC”“VE”并将其激活，选中“Operating Point Analysis”。

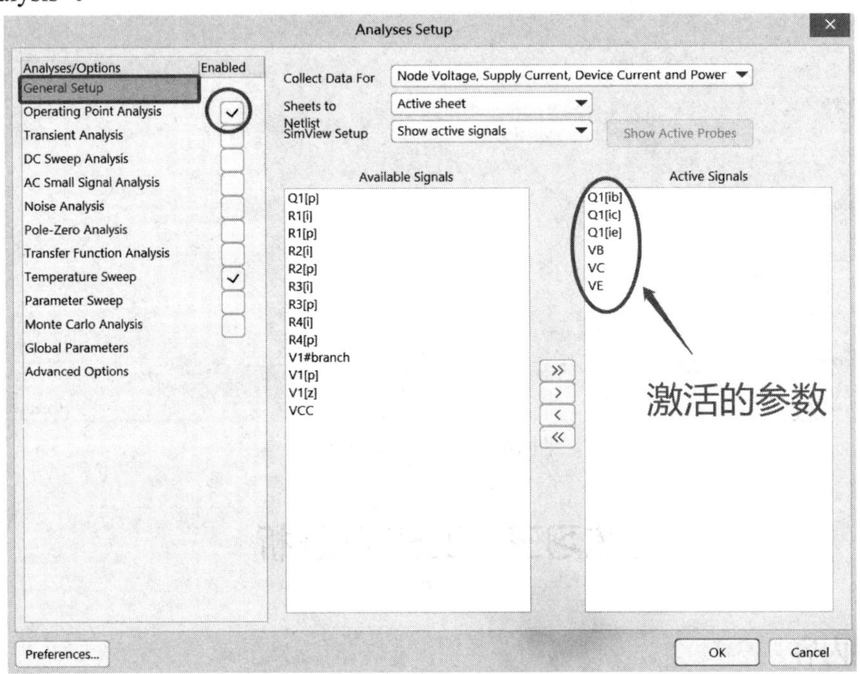


图 16-8　“Operating Point Analysis”参数设置

(3) 单击图 16-8 中的【OK】按钮，完成静态工作分析，如图 16-9 所示。图中显示电路中各结点电压及支路电流。

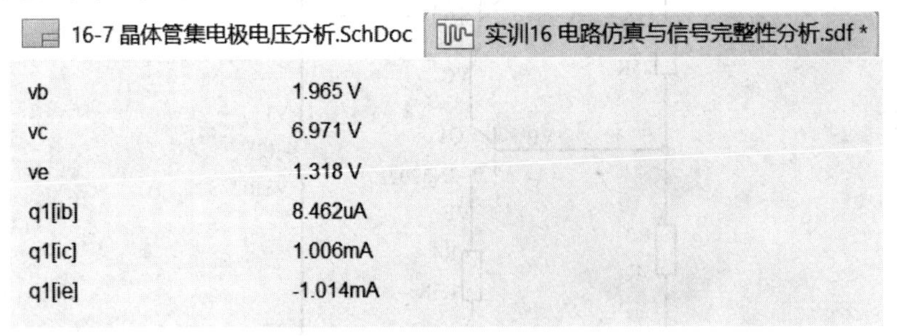


图 16-9　静态工作点分析结果

## 2. 温度扫描

(1) 返回图 16-8 中，并同时选中“Operating Point Analysis”和“Temperature Sweep”选项，并设置扫描参数，如图 16-10 所示。

(2) 单击图 16-10 中的【OK】按钮，完成温度扫描分析，其结果如图 16-11 所示。从图中可以看出每一步温度扫描引起的静态工作点的变化。例如：晶体管集电极 VC 的电压在温度为 100℃时，其值是 6.433 V。

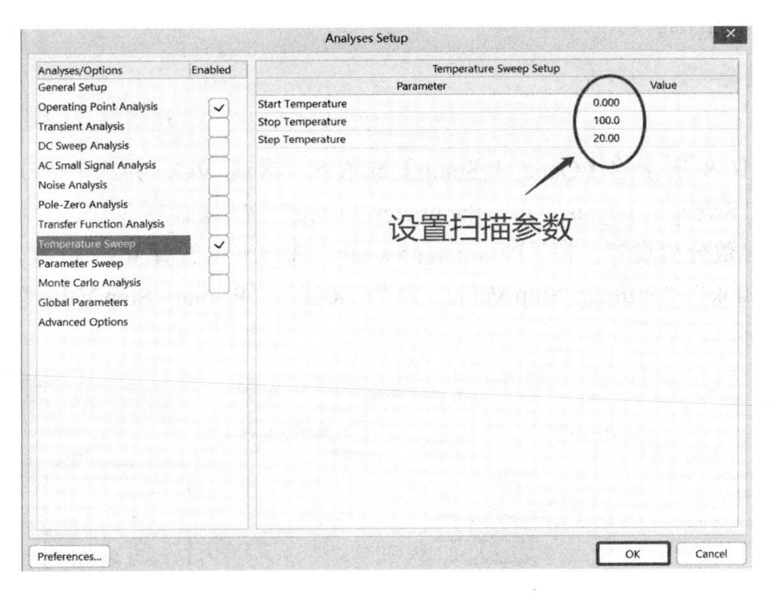


图 16-10 Temperature Sweep 参数设置对话框

16-7 晶体管集电极电压分析.SchDoc | 实训16 电路仿真与信号完整性分析.sdf *

| | |
|---|---|
| vb_t1 | 1.961 V |
| vb_t2 | 1.964 V |
| vb_t3 | 1.966 V |
| vb_t4 | 1.969 V |
| vb_t5 | 1.971 V |
| vb_t6 | 1.972 V |
| vc | 6.971 V |
| vc_t1 | 7.173 V |
| vc_t2 | 7.023 V |
| vc_t3 | 6.875 V |
| vc_t4 | 6.727 V |
| vc_t5 | 6.580 V |
| vc_t6 | 6.433 V |
| ve | 1.318 V |
| ve_t1 | 1.267 V |
| ve_t2 | 1.305 V |
| ve_t3 | 1.343 V |
| ve_t4 | 1.381 V |
| ve_t5 | 1.418 V |
| ve_t6 | 1.456 V |
| q1[ib] | 8.462uA |
| q1[ib]_t1 | 9.406uA |
| q1[ib]_t2 | 8.689uA |
| q1[ib]_t3 | 8.075uA |
| q1[ib]_t4 | 7.542uA |
| q1[ib]_t5 | 7.078uA |
| q1[ib]_t6 | 6.671uA |

Operating Point

图 16-11 温度扫描分析结果

**注意：** 温度扫描必须和瞬态、交流、噪声、直流、传递函数、静态工作点分析中的一种共同分析才能完成。

# 练习四 参 数 分 析

## ⊠ 实训内容

使用参数分析，求图 16-7 所示电路的集电极电阻 R3 为 1 kΩ、2 kΩ、3 kΩ、4 kΩ、5 kΩ、

6 kΩ 时的集电极电压。

## ⌧ 操作提示

(1) 在图 16-8 所示的【General Setup】选项下，激活 VC，并选中“Operating Point Analysis”“DC Sweep Analysis”和“Parameter Sweep”选项。

(2) 进行参数分析设置。在“Parameter Sweep”选项卡中选择 R3，设置“Primary Start Value”为“1.000k”，“Primary Stop Value”为“6.000k”，“Primary Step Value”为“1.000k”，如图 16-12 所示。

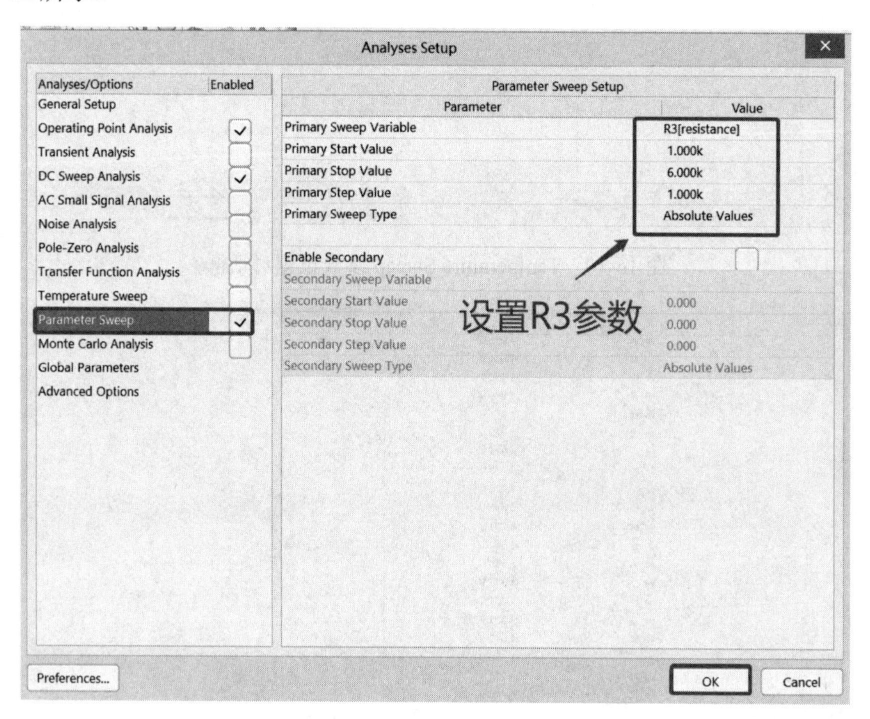


图 16-12　Parameter Sweep 分析设置对话框

(3) 单击【OK】按钮，其分析结果如图 16-13 所示。

16-7 晶体管集电极电压分析.SchDoc　　实训16 电路仿真与信号完整性分析.sdf *

| | |
|---|---|
| vc | 6.971 V |
| vc_p1 | 10.99 V |
| vc_p2 | 9.986 V |
| vc_p3 | 8.980 V |
| vc_p4 | 7.975 V |
| vc_p5 | 6.971 V |
| vc_p6 | 5.968 V |

图 16-13　Parameter Sweep 分析结果

(4) 直流分析设置。选中“DC Sweep Analysis”选项，在“Primary Source”中选中“V1”，“Primary Start”右侧的“ Value”中输入“0.000”，“Primary Stop”右侧的“Value”中输入“12.00”，“Primary Step”右侧的“Value”中输入“1.000”，如图 16-14 所示。

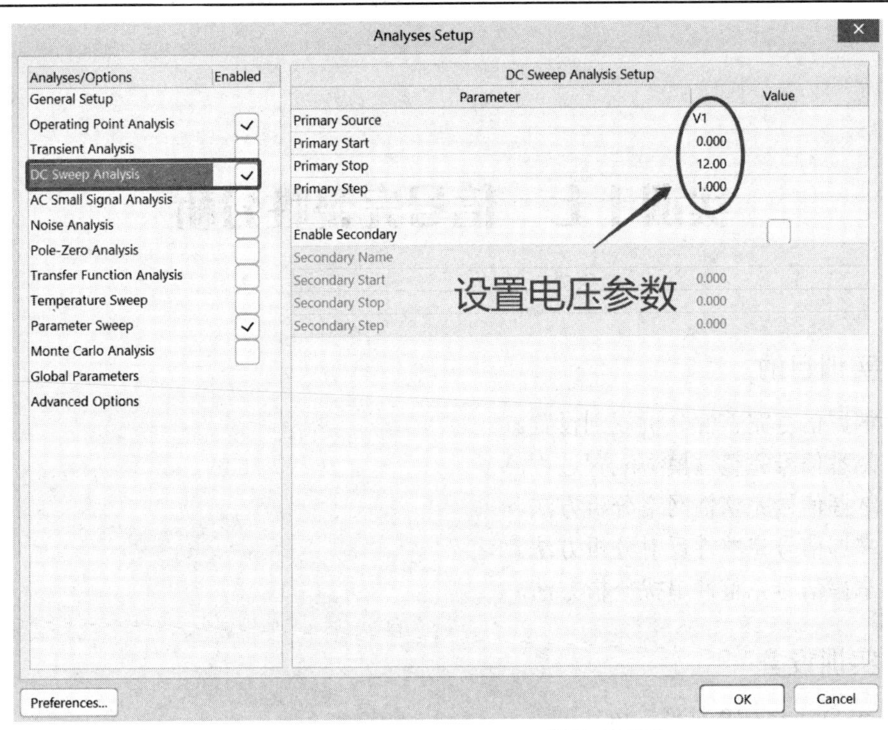


图 16-14 DC Sweep Analysis 设置对话框

(5) 单击【OK】按钮，开始分析。分析结果如图 16-15 所示。

在参数分析中显示的是当电源电压 V1 变化时 VC 工作点的变化，并显示当 R3 变化时，电源电压 V1 也同时变化引起的集电极电压 VC 的变化曲线族。

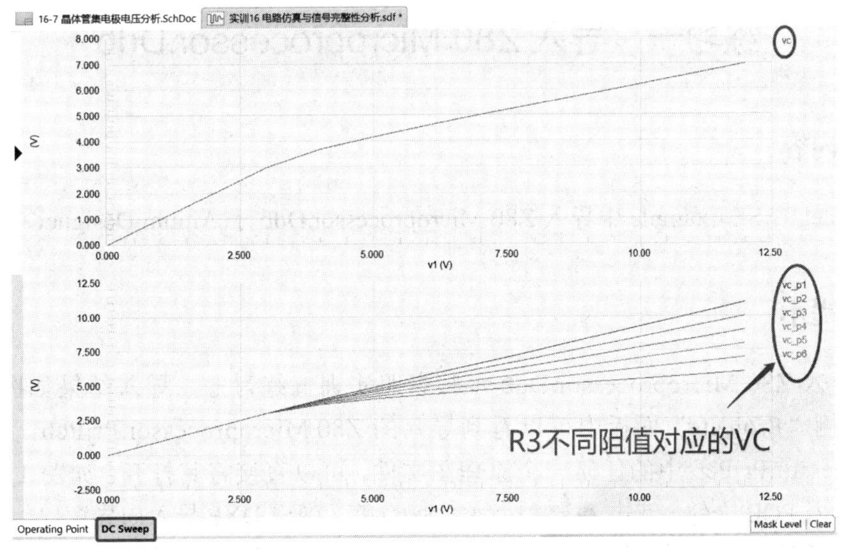


图 16-15 参数分析结果(曲线)

# 实训十七　信号完整性分析

### ◇ 实训目的

(1) 掌握信号完整性分析规则设置。
(2) 熟悉信号完整性模型配置过程。
(3) 掌握信号完整性网络分析方法。
(4) 掌握信号完整性反射分析方法。
(5) 掌握信号完整性串扰分析方法。

### ◇ 实训设备

Altium Designer19 软件、PC。

下面以 Z80 Microprocessor.PrjPcb 为例介绍在 PCB 编辑环境下信号完整性分析的过程。

## 练习一　导入 Z80 Microprocessor.Ddb

### ⌧ 实训内容

从 Protel 99 SE Example 中导入 Z80 Microprocessor.Ddb 于 Altium Designer 中。

### ⌧ 操作提示

(1) 导入 Z80 Microprocessor.Ddb 步骤参照实训五练习七，导入结果如图 17-1 所示，在左侧“Projects”面板中可以看到导入的 Z80 Microprocessor.PrjPcb，双击 Z80 Microprocessor.PrjPcb 中的任何一个原理图文件，可以直接将其打开，如图 17-2 所示。

(2) 导入 PCB 文件。双击 Z80 Processor Board.pcb ，弹出 DXP 导入向导窗口，如图 17-3 所示。采用系统默认选项，依次单击每个导入窗口的【Next】按钮，完成 PCB 文件的导入，其结果如图 17-4 所示。

图 17-1　导入 Z80 Microprocessor.Ddb 于 Altium Designer 中的结果

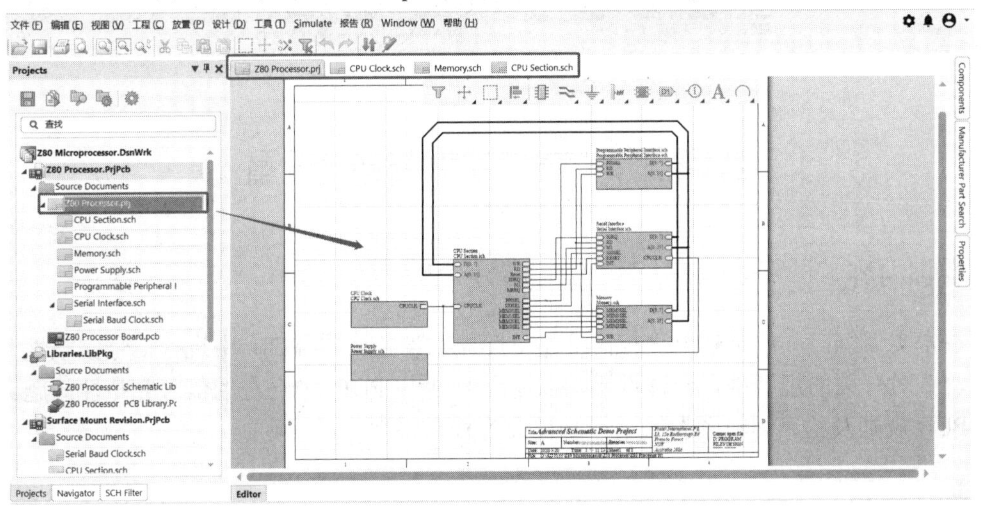


图 17-2　导入的 Z80 Microprocessor 项目文件

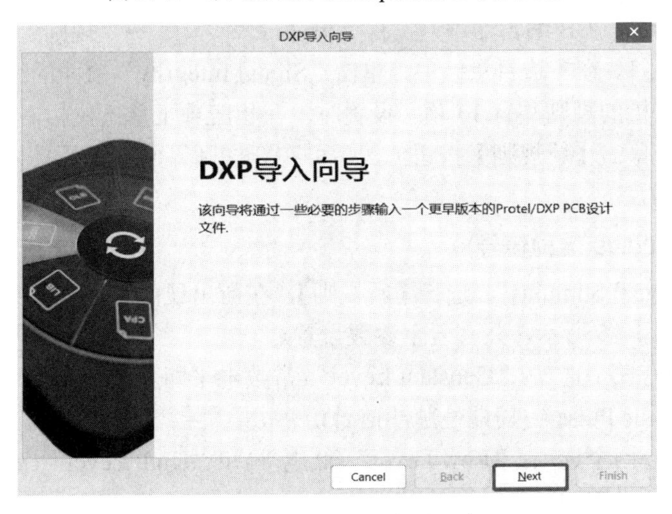


图 17-3　“DXP 导入向导”窗口

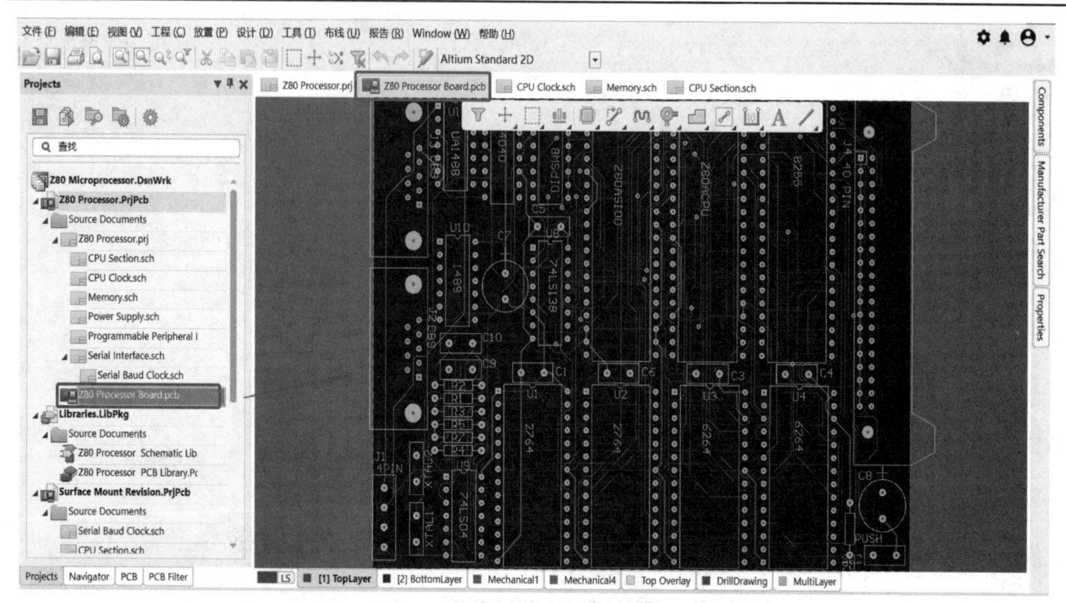


图 17-4　导入的　Z80 Processor Board.Pcb

# 练习二　信号完整性规则设置

## ⊠ 实训内容

在本实训练习一的基础上进行信号完整性规则设置。在 PCB 中进行信号完整性分析之前，要对有关的规则进行合理设置，以便准确测出 PCB 中潜在的信号完整性问题。通过【PCB 规则及约束编辑器】对话框，设置信号完整性分析规则。

## ⊠ 操作提示

在图 17-4 所示的 PCB 编辑器中，执行菜单命令“设计”→“规则”，弹出“PCB 规则及约束编辑器”窗口。在左边目录区中，单击“Signal Integrity”前面的▶符号展开，可以看到信号完整性分析的规则共有 13 项。设置时，在相应项上单击鼠标右键，添加新规则，或在窗口右侧下方单击【新规则】按钮，然后可在新规则界面中进行具体设置。下面看具体设置及各项含义。

### 1. Signal Stimulus(激励信号)

右键单击“Signal Stimulus”，选择【新规则】，在新出现的 Signal Stimulus 界面下设置相应的参数，如图 17-5 所示，共有五个参数设置。

(1) 激励类型有三个选项：“Constant Level”(常数电平即直流信号)、“Single Pulse”(单脉冲信号)、“Periodic Pulse”(周期性脉冲信号)。

(2) 开始级别有两个选项：“Low Level”(低电平)和“High Level”(高电平)。

(3) 开始时间：设置激励信号开始时间。

(4) 停止时间：设置激励信号停止时间。

(5) 时间周期：设置激励信号周期。在此选择缺省值。

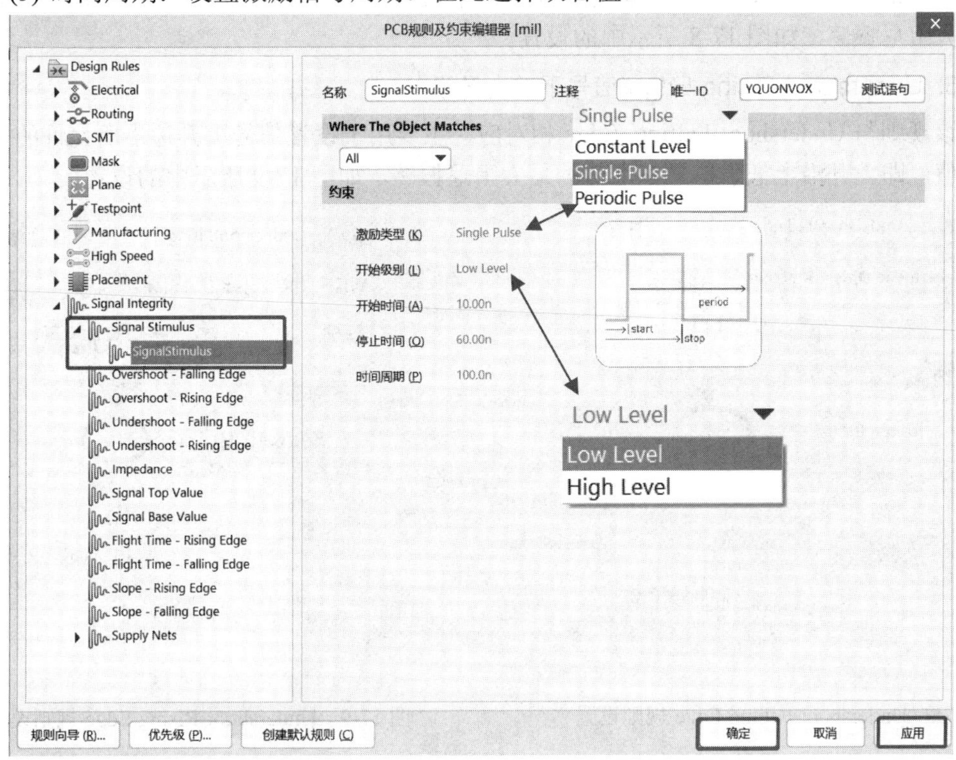


图 17-5　“PCB 规则及约束编辑器”对话框

### 2. Overshoot-Falling Edge(信号过冲下降沿)

该规则主要用于设置信号下降边沿所允许的最大过冲量，即低于信号基准值的最大阻尼振荡，如图 17-6 所示中的设置。

### 3. Overshoot-Rising Edge(信号过冲上升沿)

该规则与 Overshoot-Falling Edge 相对应，主要用于设置信号上升边沿所允许的最大过冲量，即高于信号基准值的最大阻尼振荡，如图 17-7 所示中的设置。

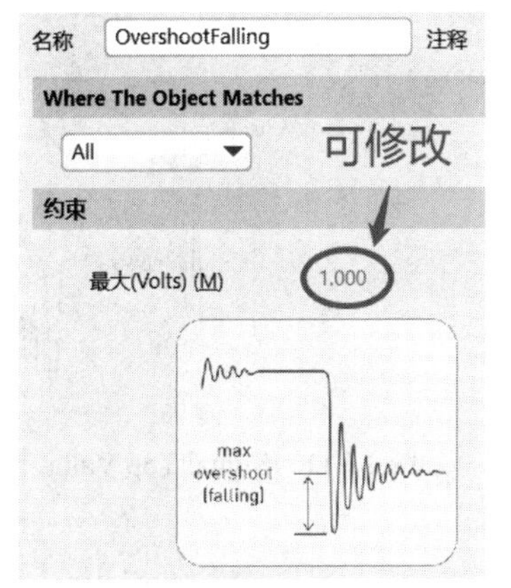


图 17-6　Overshoot-Falling Edge 规则设置

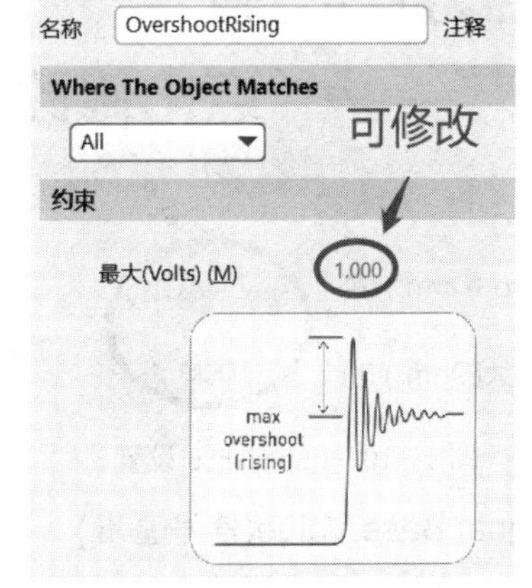


图 17-7　Overshoot-Rising Edge 规则设置

### 4. Undershoot-Falling Edge(信号下冲下降沿)

该规则主要用于设置信号下降边沿所允许的最大下冲值，即下降沿上高于信号基准值的最大阻尼振荡，如图 17-8 所示中的设置。

### 5. Undershoot-Rising Edge(信号下冲上升沿)

该规则与 Undershoot-Falling Edge 相对应，主要用于设置信号上升边沿所允许的最大下冲值，即上升沿上低于信号基准值的最大阻尼振荡，如图 17-9 所示中的设置。

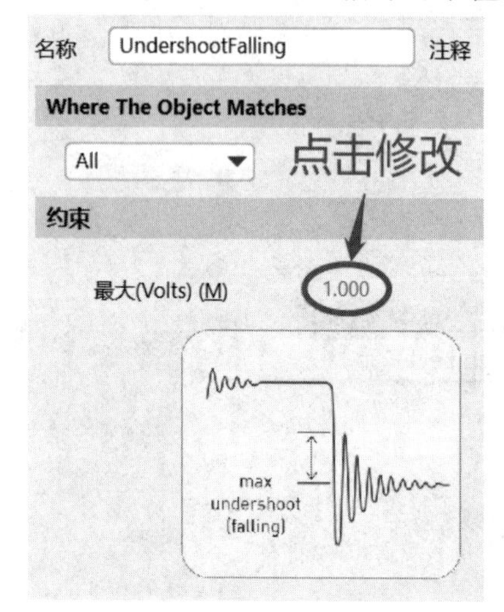


图 17-8　Undershoot-Falling Edge 规则设置

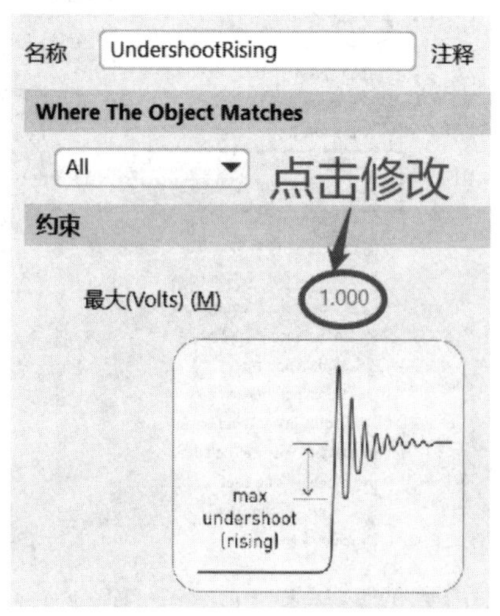


图 17-9　Undershoot-Rising Edge 规则设置

### 6. Impedance(阻抗)

该规则主要用于设置电路允许的最大和最小阻抗，如图 17-10 所示中的设置。

### 7. Signal Top Value(信号高电平)

该规则主要用于设置信号在高电平状态下所允许的最小稳定电压值，如图 17-11 所示中设置。

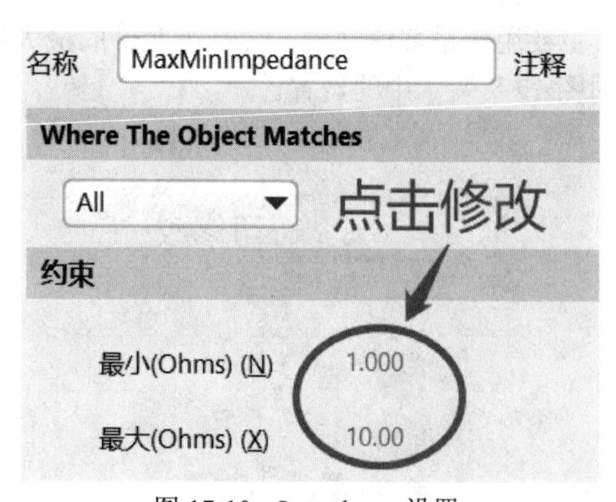


图 17-10　Impedance 设置

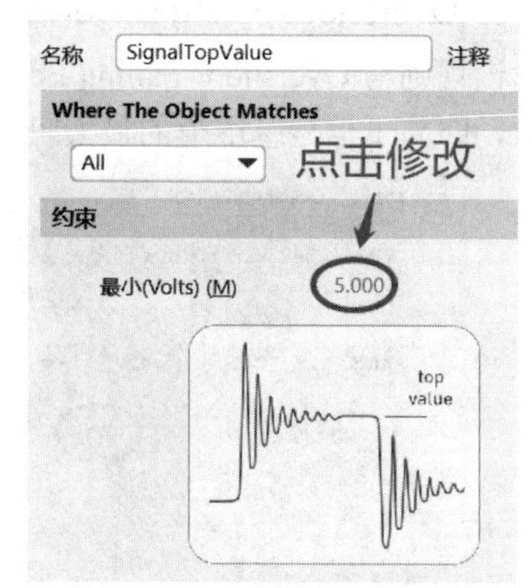


图 17-11　Signal Top Value 设置

### 8. Signal Base Value(信号基准)

该规则主要用于设置信号基准电压的最大值，如图 17-12 所示中的设置。

9. Flight Time-Rising Edge(飞行时间上升沿)

该规则主要用于设置信号上升沿最大延迟时间，一般为上升到信号设定值的 50%时所需要的时间，如图 17-13 所示中的设置，单位为 ns。

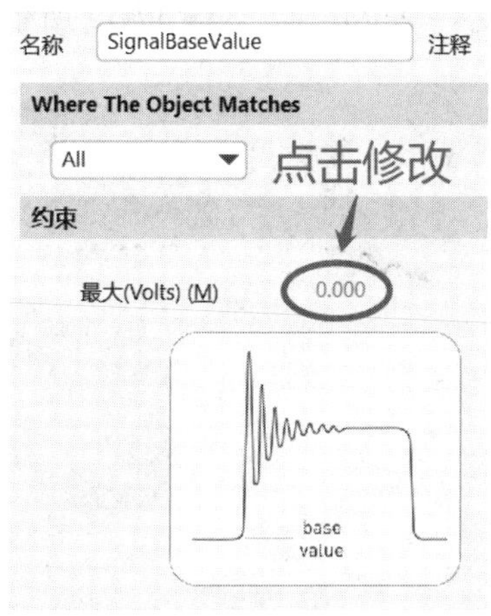


图 17-12　Signal Base Value 设置

图 17-13　Flight Time-Rising Edge 设置

10. Flight Time- Falling Edge(飞行时间下降沿)

该规则主要用于设置信号下降沿最大延迟时间，一般为实际的输入电压到阈值电压之间的时间，如图 17-14 所示中的设置，单位为 ns。

11. Slope-Rising Edge(上升沿斜率)

该规则主要用于设置信号上升沿从阈值电压上升到高电平电压所允许的最大延迟时间，如图 17-15 所示中的设置，单位为 ns。

12. Slope- Falling Edge(下降沿斜率)

该规则主要用于设置信号下降沿从阈值电压下降到低电平电压所允许的最大延迟时间，如图 17-16 所示中的设置，单位为 ns。

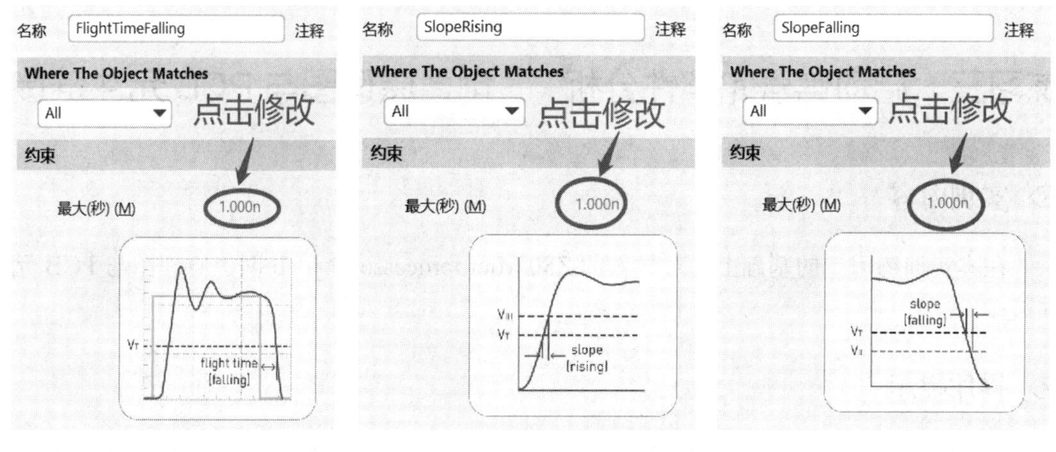


图 17-14　Flight Time-Falling Edge 设置

图 17-15　Slope-Rising Edge 设置

图 17-16　Slope- Falling Edge 设置

### 13. Supply Nets(电源网络)

右键单击“Supply Nets”，选择【新规则】，在新出现的 Supply Nets 界面下，将 GND 网络的“Voltage”设置为 0。按相同方法再添加规则，将 VCC 网络的“Voltage”设置为 5(电源 VCC 的数值大小根据电路元器件供电参数而定，单位是 V，如图 17-17 所示。点击【确定】按钮退出。

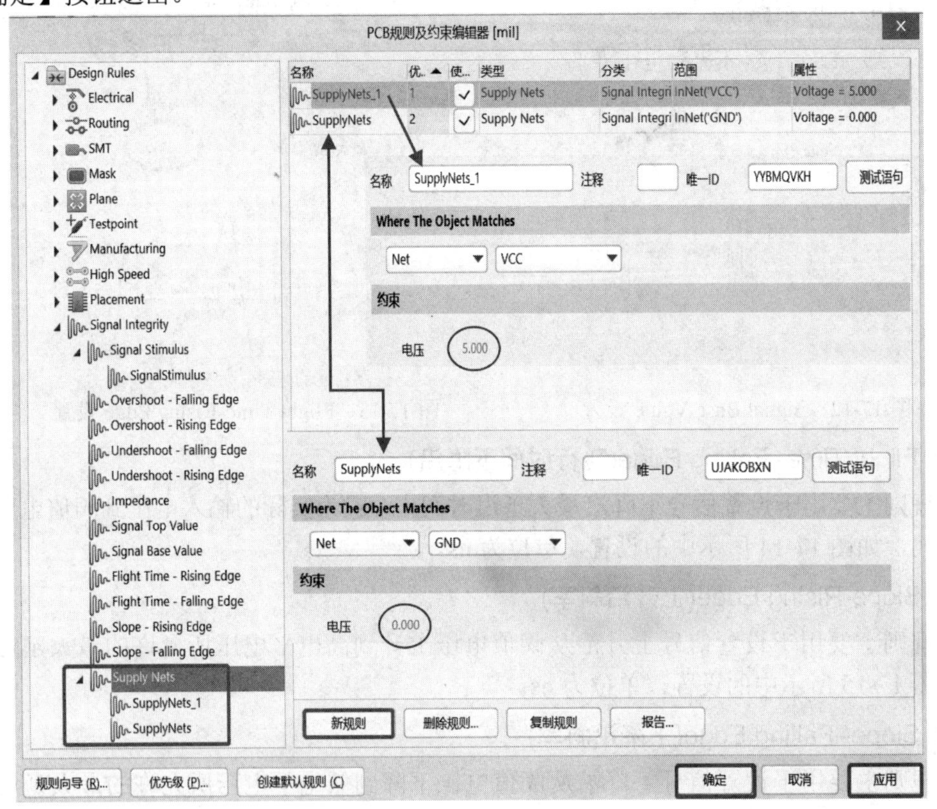


图 17-17　Supply Nets 规则设置

## 练习三　启动信号完整性分析——创建原理图与 PCB 元件链接

### ☒ 实训内容

在本实训练习二的基础上，对导入的 Z80 Microprocessor.PrjPcb 创建原理图与 PCB 元件链接。

### ☒ 操作提示

(1) 在图 17-4 所示的 PCB 编辑器中，执行菜单命令“工具”→“Signal Integrity...”，如图 17-18 所示，弹出图 17-19 所示错误信息提示窗口，提示 PCB 元件没有与原理图元件链接，单击【OK】退出。

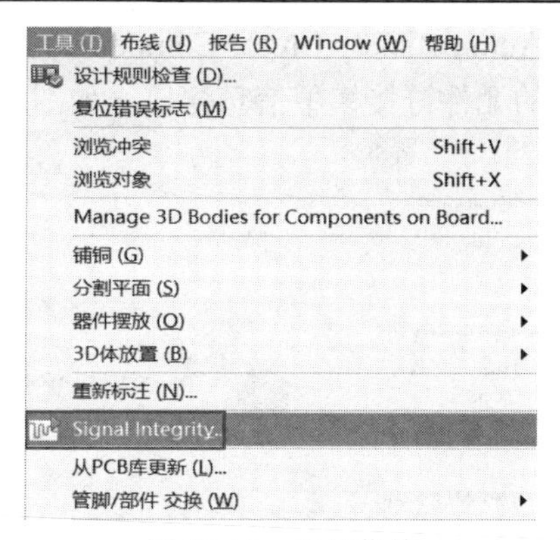


图 17-18　工具菜单

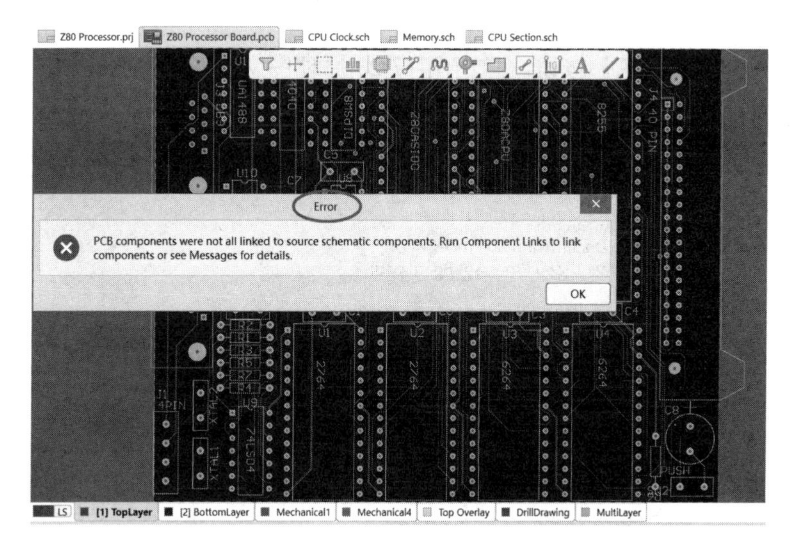


图 17-19　错误信息提示窗口

(2) 在图 17-2 所示的原理图编辑器中，执行菜单命令"设计"→"Update PCB Document Z80 Processor Board.Pcb"，如图 17-20(a)所示，或在图 17-4 所示的 PCB 编辑器中执行菜单命令"设计"→"Update Schematics in Z80 Processor.PrjPcb"，如图 17-20(b)所示，弹出图 17-21 所示的元件链接窗口。

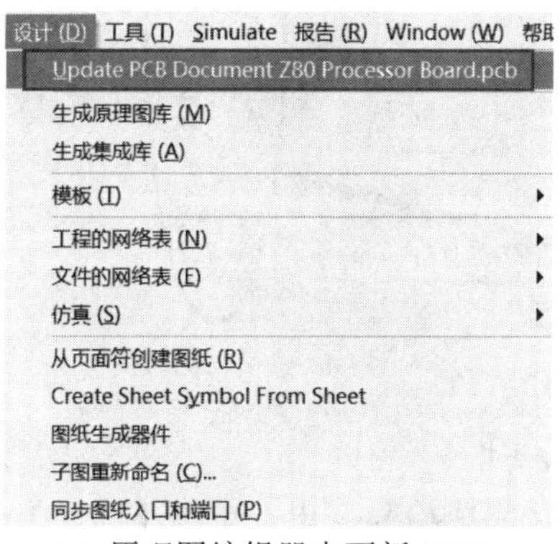


(a) 原理图编辑器中更新 PCB

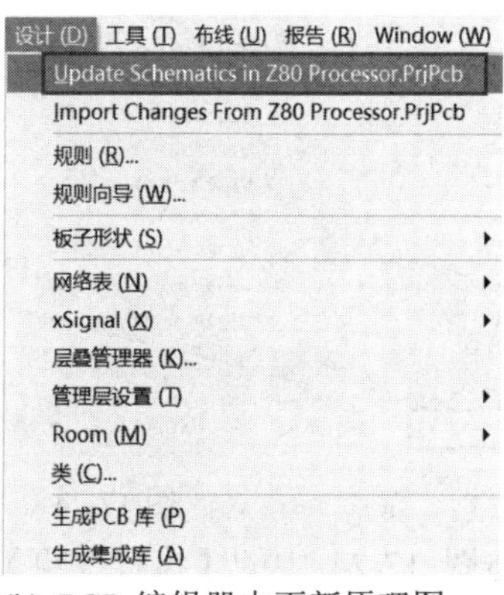


(b) PCB 编辑器中更新原理图

图 17-20　更新原理图(PCB)

(3) 单击图 17-21 中的“Automatically Create Component Links”(自动元件链接)选项，弹出编辑原理图与 PCB 之间的元件链接模型信息窗口，如图 17-22 所示。

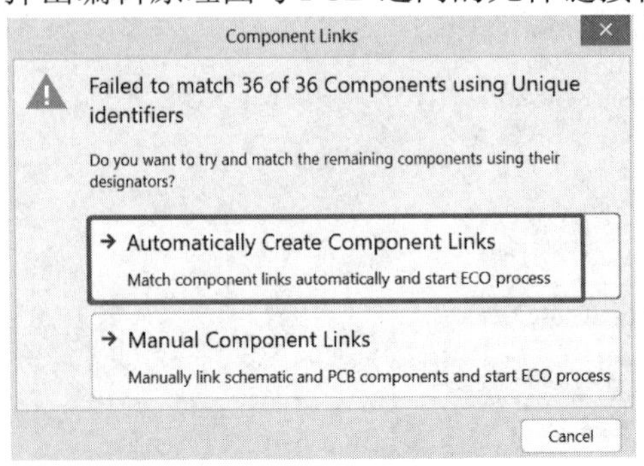


图 17-21 元件链接窗口

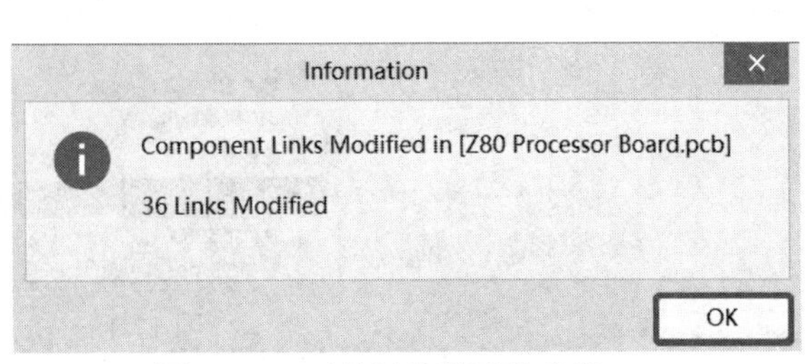


图 17-22 元件链接模型信息窗口

(4) 单击图 17-22【OK】按钮，弹出图 17-23 原理图文档与 PCB 文档比较结果窗口。单击【Yes】，弹出图 17-24 所示的“工程变更指令”窗口。

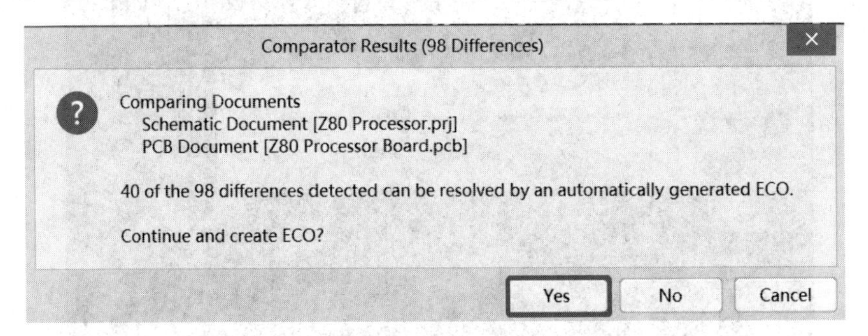


图 17-23 比较结果窗口

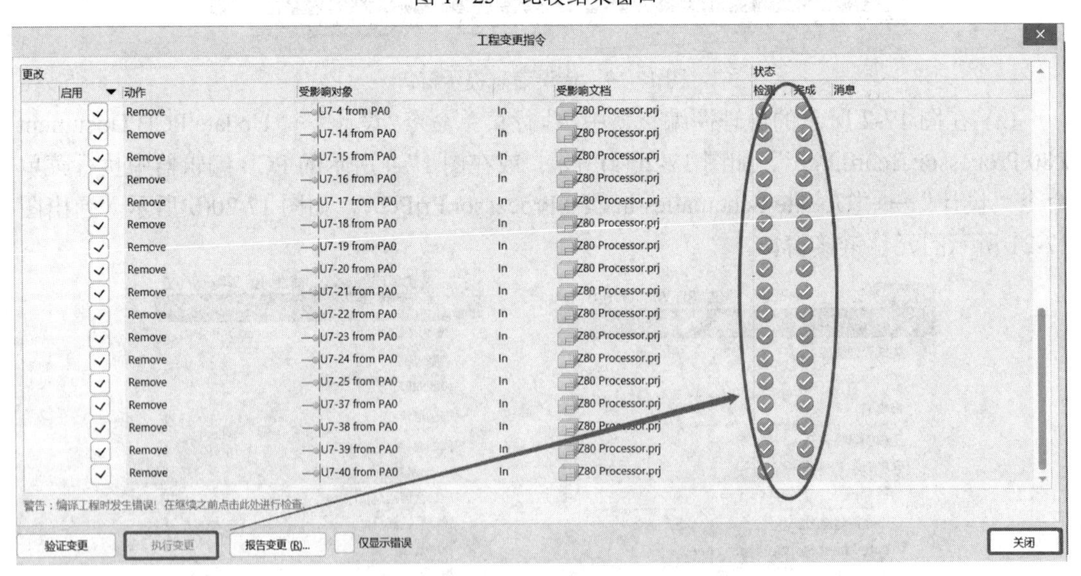


图 17-24 “工程变更指令”窗口

(5) 单击图 17-24 中的【执行变更】按钮，完成检验变更。单击【关闭】退出，完成原理图与 PCB 元件的链接。

# 练习四　信号完整性模型配置

## 实训内容

在本实训练习三的基础上，对导入的 Z80 Microprocessor. PrjPcb 进行信号完整性模型配置。在复杂高速的电路系统中，所用到的元器件数量以及种类都比较繁多，由于各种原因的限制，在信号完整性分析之前用户未必能逐一设置每个元件的 SI 模型，因此，当执行了信号完整性分析命名后，系统会首先进行检查，给出相应信息，以便用户完成必要的 SI 模型设定与分配。

## 操作提示

(1) 在图 17-4 所示的 PCB 编辑器中，执行菜单命令“工具”→“Signal Integrity...”，弹出图 17-25 所示的消息及错误警告窗口，选择【Model Assignments...】(模型分配)进入信号完整性模型配置的界面，如图 17-26 所示。

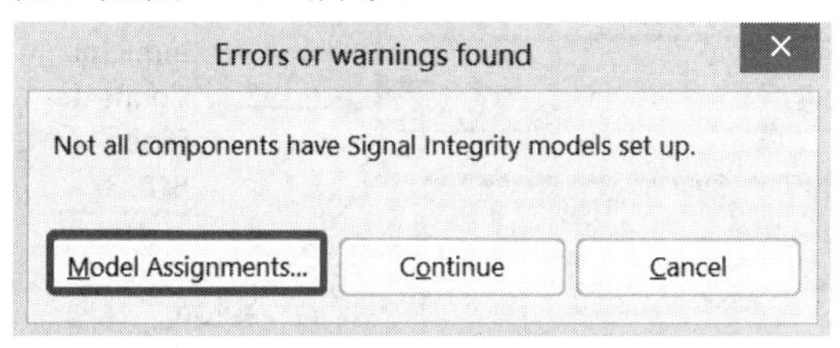


图 17-25　错误警告提示窗口

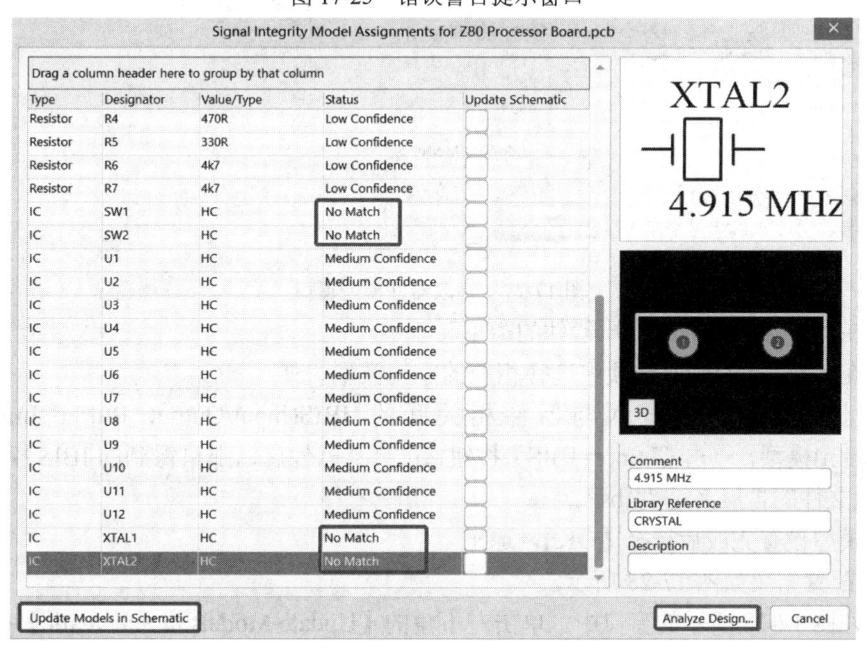


图 17-26　信号完整性模型配置的界面

在图 17-26 所示的模型配置界面下，能够看到每个器件所对应的信号完整性模型，并且每个器件都有相应的状态与之对应，关于这些状态的含义如下：

① No Match：表示目前没有找到与该器件相关联的信号完整性分析模型，需要人为设置。

② Low Confidence：系统自动为该器件制定了一种模型，置信度较低。

③ Medium Confidence：系统自动为该器件制定了一种模型，置信度中等。

④ High Confidence：系统自动为该器件制定了一种模型，置信度较高。

⑤ Model Found：与器件相关联的模型已经存在。

⑥ User Modified：用户修改了模型的有关参数。

⑦ Model Added：用户创建了新的模型。

(2) 完善器件模型。在如图 17-26 所示的模型配置界面下，单击“No Match”的元件，弹出信号模型配置窗口，如图 17-27 所示。

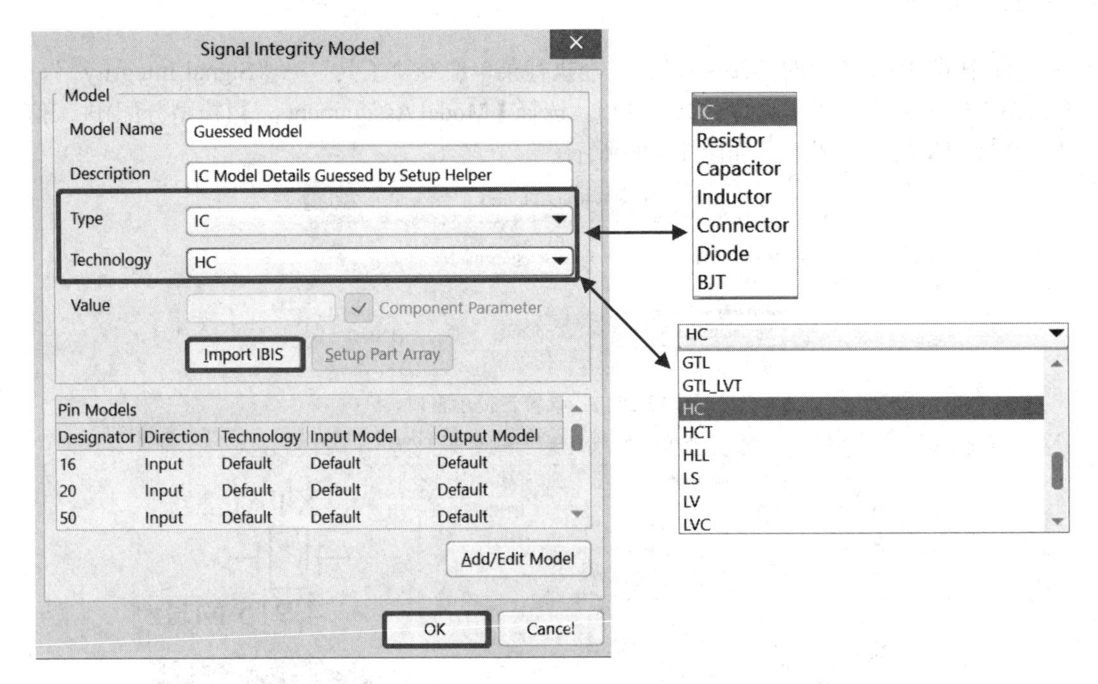


图 17-27　修改器件模型窗口

(3) 在“Type”选项中选择器件的类型。

(4) 在“Technology”选项中选择相应的驱动类型。

(5) 也可以从外部导入与器件相关联的 IBIS(Input/Output Buffer Information Specification)模型，点击【Import IBIS】按钮，选择从器件厂商那里得到的 IBIS 模型即可。IBIS 模型文件的扩展名是“.ibs”。

(6) 模型设置完成后选择【OK】，退出。

模型配置结果如图 17-28 所示。

(7) 在图 17-28 所示的窗口中，单击左下角的【Update Models in Schematic】按钮，将修改后的模型更新到原理图中。

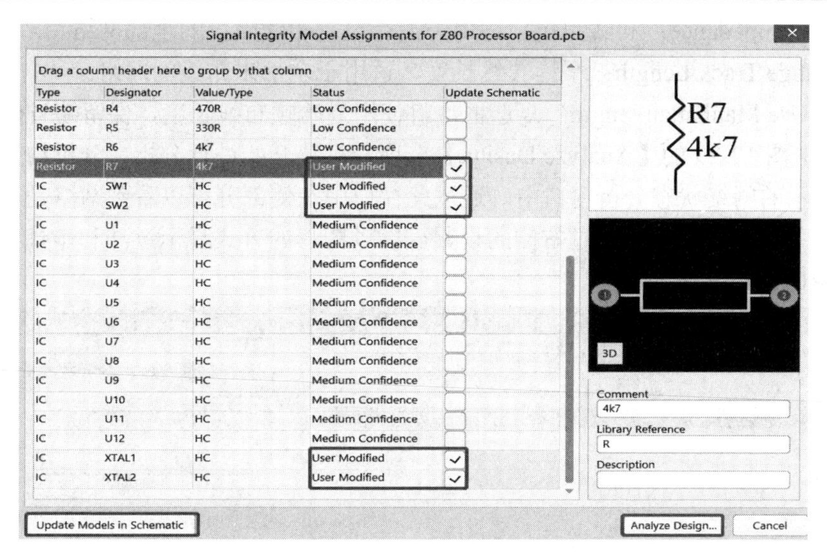


图 17-28　匹配状态

# 练习五　信号完整性网络分析

## ⌧ 实训内容

在本实训练习四的基础上，对导入的 Z80 Microprocessor.PrjPcb 进行信号完整性网络分析。

## ⌧ 操作提示

(1) 在图 17-28 所示的窗口，单击右下角的【Analyze Design...】，弹出 SI(Signal Integrity)模型设置选项窗口，如图 17-29 所示，窗口主要是对布线进行设置，包括以下两个选项。

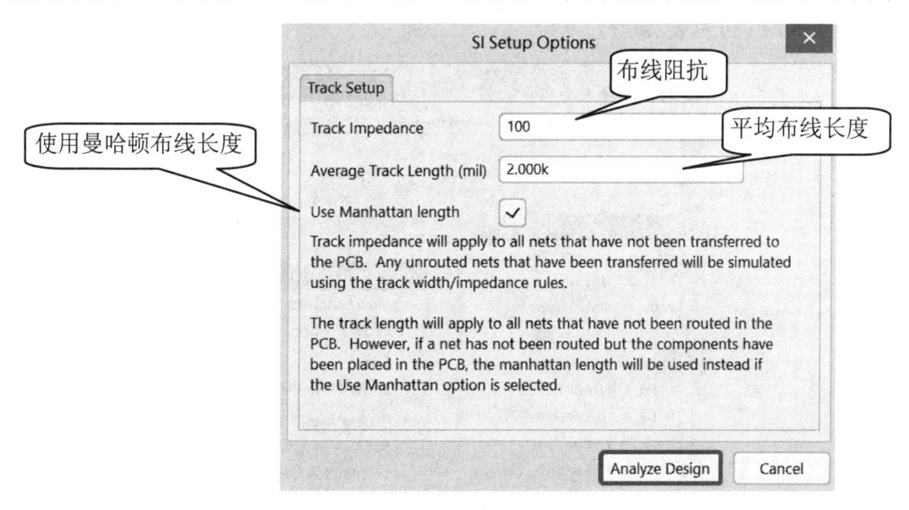


图 17-29　SI 设置选项

① Track Impedance：布线阻抗，适用于没有设置布线阻抗的全部网络。

② Average Track Length：平均布线长度，适用于全部未布线的网络。

选中“Use Manhattan length”复选框，将使用曼哈顿布线长度，保留缺省值。

(2) 单击图 17-29 的【Analyze Design】选项，系统开始进行分析，分析结果显示在如图 17-30 所示的网络状态分析窗口中。通过此窗口中左侧部分可以看到网络是否通过了相应的规则，如过冲幅度等，通过右侧的设置可以以图形的方式显示过冲和串扰结果。下面将详细介绍此窗口各项的含义。

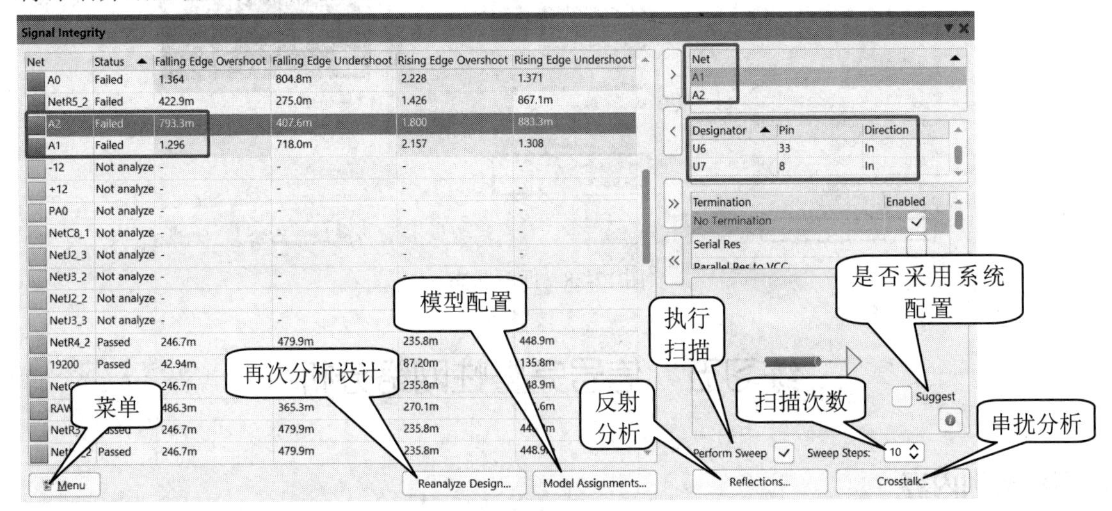


图 17-30　信号完整性网络分析窗口

窗口左侧栏显示的内容主要包括以下几部分。

① Net：列出了设计文件中所有可能需要进一步分析的网络。选中某个网络，单击图中的 > 按钮，被选中的网络就出现在右侧窗口中的 Net 下面，其标号等参数也随机显示出来，如图中的“A1”“A2”。

要查看“A1”网络的详细分析结果，只需在图 17-30 中左侧选择“A1”，单击右键，在下拉菜单中选择“Details...”，如图 17-31 所示。在弹出的如图 17-32 所示的窗口中可以看到针对此网络分析的完整结果。

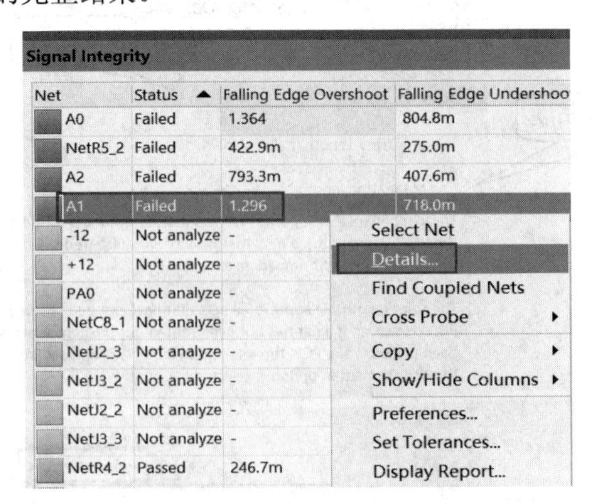


图 17-31　网络选择菜单

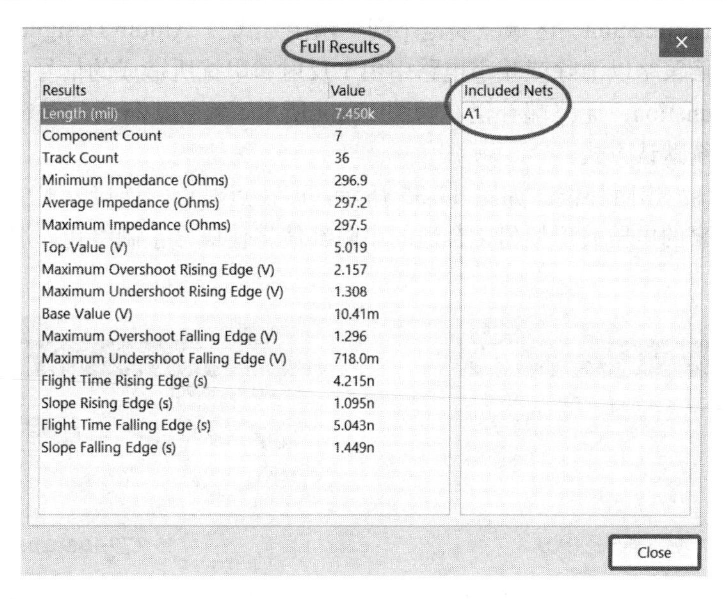

Full Results

| Results | Value |
|---|---|
| Length (mil) | 7.450k |
| Component Count | 7 |
| Track Count | 36 |
| Minimum Impedance (Ohms) | 296.9 |
| Average Impedance (Ohms) | 297.2 |
| Maximum Impedance (Ohms) | 297.5 |
| Top Value (V) | 5.019 |
| Maximum Overshoot Rising Edge (V) | 2.157 |
| Maximum Undershoot Rising Edge (V) | 1.308 |
| Base Value (V) | 10.41m |
| Maximum Overshoot Falling Edge (V) | 1.296 |
| Maximum Undershoot Falling Edge (V) | 718.0m |
| Flight Time Rising Edge (s) | 4.215n |
| Slope Rising Edge (s) | 1.095n |
| Flight Time Falling Edge (s) | 5.043n |
| Slope Falling Edge (s) | 1.449n |

| Included Nets |
|---|
| A1 |

Close

图 17-32　网络分析完整结果

② Status：网络状态，主要包括三种状态。

• Failed：分析失败。

• Not analyzed：不进行分析。这种网络一般都是连接网络，不需要进行分析。

• Passed：分析通过，没任何问题。

③ Falling Edge Overshoot：信号过冲下降沿。

④ Falling Edge Undershoot：信号下冲下降沿。

⑤ Rising Edge Overshoot：信号过冲上升沿。

⑥ Rising Edge Undershoot：信号下冲上升沿。

如果需要显示更多的参数，可以在左侧窗口任意位置单击鼠标右键，在弹出的快捷菜单中选择“Show/Hide Columns”，在隐藏列表中选择想要显示和隐藏的选项，如图 17-33 所示。大家应该看出这些选项其实就是本实训练习二信号完整性规则设置里面的各项内容。

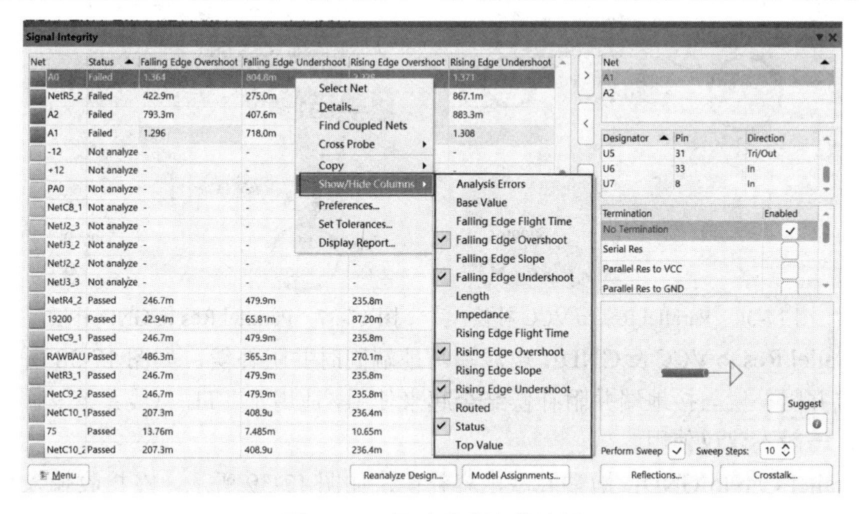


图 17-33　显示/隐藏参数选择

窗口右侧“Termination”区域主要是不同“端接方式”。Altium Designer 系统给出了 8 种不同的终端补偿策略以消除或减小电路中由于反射和串扰所造成的信号完整性问题。

① No Termination：无终端补偿。如图 17-34 所示，直接进行信号传输，对终端不进行补偿，这是系统默认方式。

② Serial Res：串阻补偿。如图 17-35 所示，即在点对点的连接方式中，直接串入一个电阻以减小外来的电压波形幅值，合适的串阻补偿将使信号正确终止，消除接收器的过冲现象。

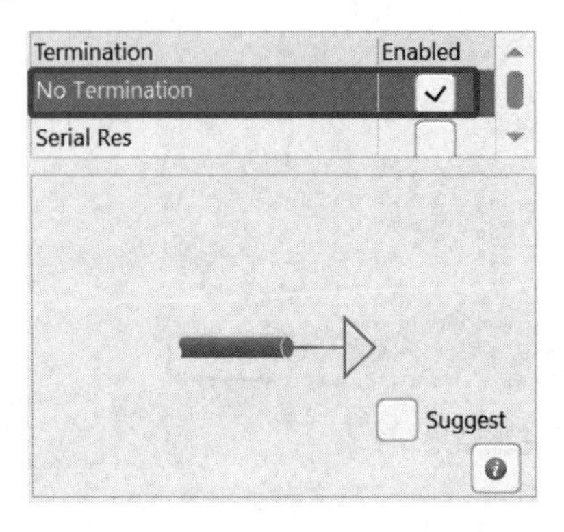


图 17-34　No Termination 补偿

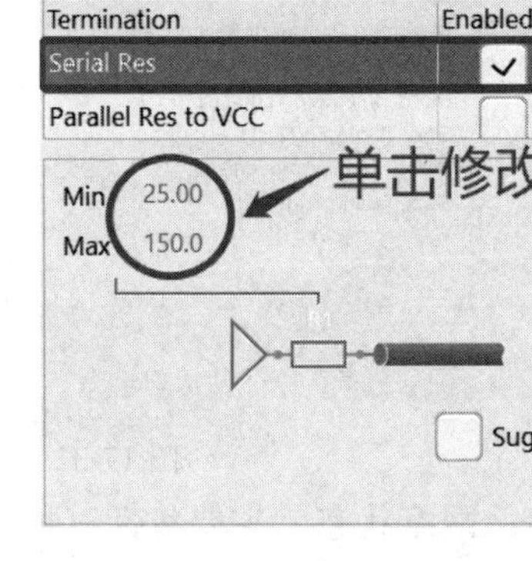


图 17-35　Serial Res 补偿

③ Parallel Res to VCC：电源 VCC 端并阻补偿，如图 17-36 所示。对于线路的信号反射，这是一种比较好的补偿方式。在电源 VCC 输入端并联的电阻是和传输线阻抗相匹配的，只是由于不断有电流流过，因此会增加电源的功率消耗，导致低电平电压的升高，该电压根据电阻值的变化而变化。

④ Parallel Res to GND：接地端并阻补偿，如图 17-37 所示。与电源 VCC 端并阻补偿方式类似，也是终止线路信号反射的一种比较好的方式。同样会由于不断有电流流过导致电压的升高。

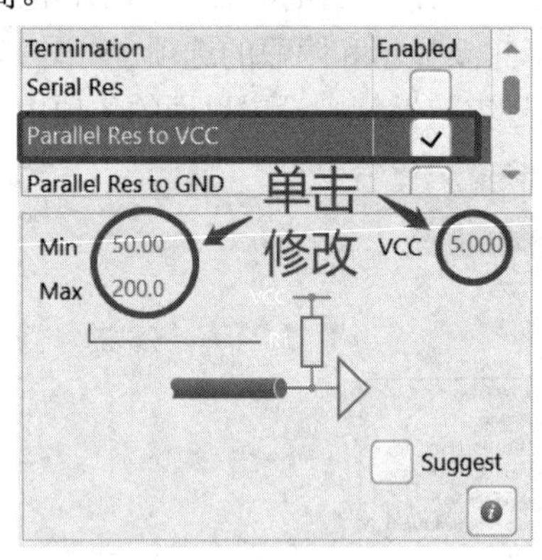


图 17-36　Parallel Res to VCC 补偿

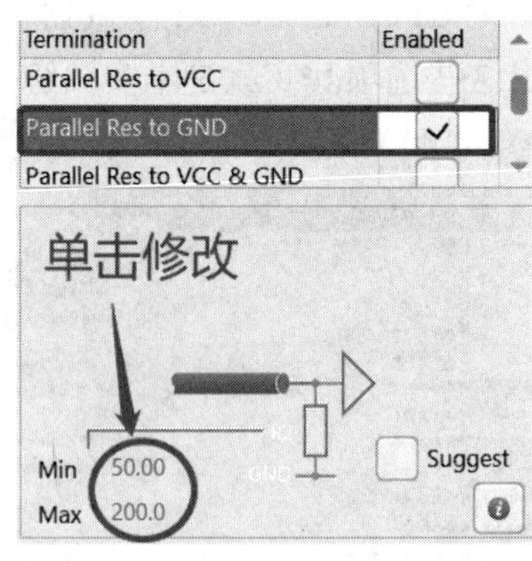


图 17-37　Parallel Res to GND 补偿

⑤ Parallel Res to VCC & GND：电源端与地端同时并阻补偿，如图 17-38 所示。该方式将电源端并阻补偿与接地端并阻补偿结合起来使用，适用于 TTL 总线系统。对于 CMOS 总线系统，一般不建议使用。

⑥ Parallel Cap to GND：地端并联电容补偿，如图 17-39 所示。在接收输入端对地并联一个电容，对电路中信号噪声较大的情况，是一种比较有效的补偿方式。

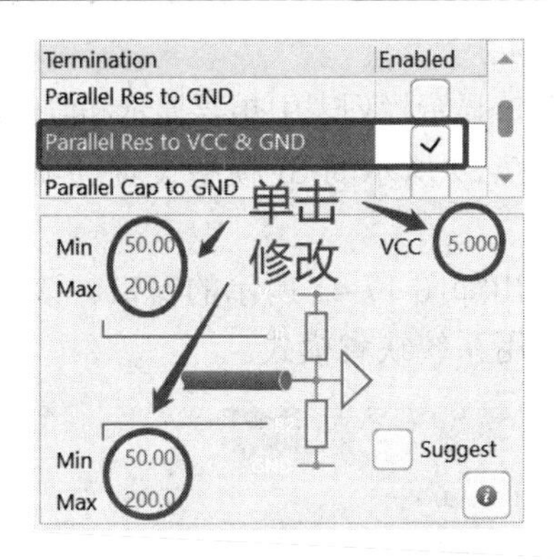


图 17-38　Parallel Res to VCC & GND 补偿

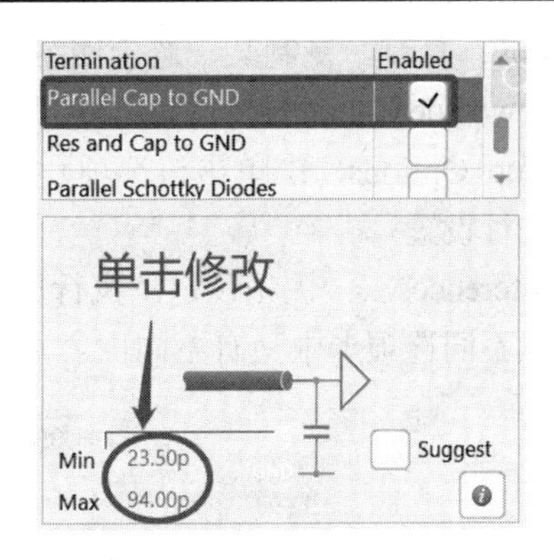


图 17-39　Parallel Cap to GND 补偿

⑦ Res and Cap to GND：地端并阻、并容补偿，如图 17-40 所示。在接收输入端对地并联一个电容和一个电阻，与地端仅仅并联一个电容补偿效果基本一致，只不过在终结网络中不再有直流电流流过。一般情况下，当时间常数 RC 大约为延迟时间的 4 倍时，这种补偿方式可以使传输线上的信号被允许终止。

⑧ Parallel Schottky Diodes：并联肖特基二极管补偿，如图 17-41 所示。在传输线终结的电源和地端并联肖特基二极管可以减少接收端信号的过冲值和下冲值。大多数标准逻辑集成电路的输入电路都采用了这种补偿方式。

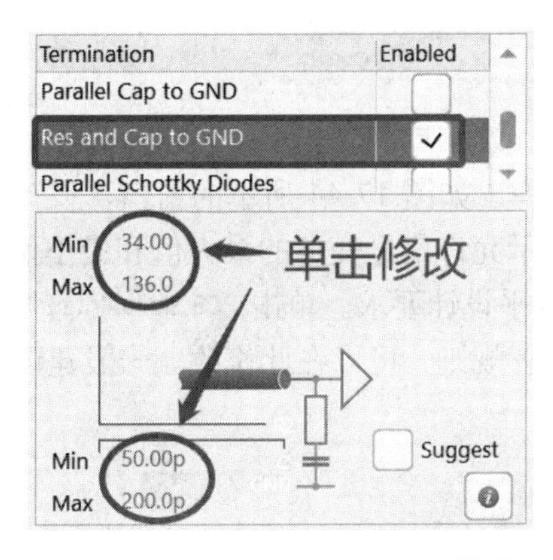


图 17-40　Res and Cap to GND 补偿

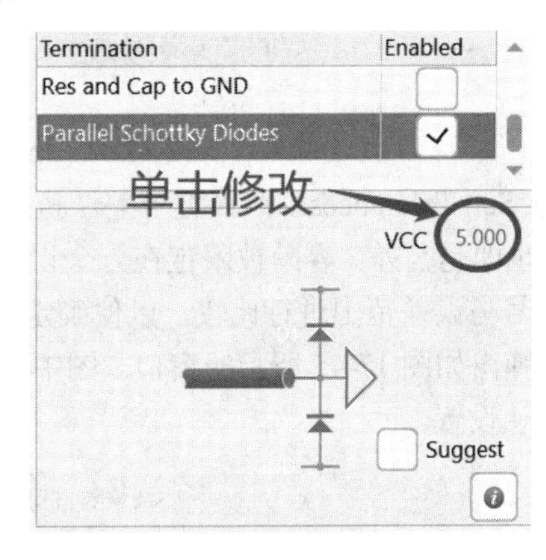


图 17-41　Parallel Schottky Diode 补偿

(3) 单击图 17-30 左下角的【Menu】菜单，弹出如图 17-42 所示的菜单，菜单中各项的含义如下。

① Select Net：选择网络。执行该命令，可以将窗口左侧某一网络添加到窗口右侧“Net”下面。

② Details…：详细。执行该命令，会打开如图 17-32 所示某一网络完整性分析结果。

③ Find Coupled Nets：查找相关联网络。执行该命令，所有预选中网络有关联的网络会在左侧窗口中已选中状态显示出来。

④ Cross Probe：交叉探查。包括两个子命令，即“To Schematic”和“To PCB”，分别用于在原理图和 PCB 中查找所选网络。

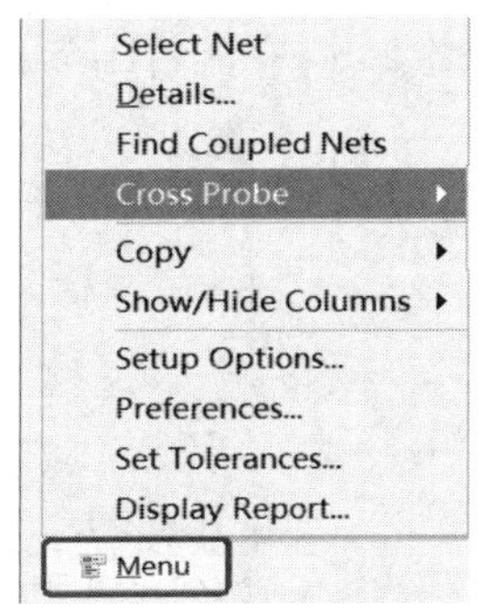


图 17-42　Menu 菜单

⑤ Copy：复制。复制某一选中网络或全部网络。

⑥ Show/Hide Columns：显示/隐藏。用于左侧窗口显示栏列表中想要显示和隐藏的选项。

⑦ Setup Options…：单击该选项，打开如图 17-29 所示的 SI 模型设置选项窗口，可以对布线进行设置。

⑧ Preferences…：优先设定。执行该命令，弹出如图 17-43 所示的窗口。该窗口有五个选项卡，不同选项卡中又有不同内容，用户可采用系统缺省模式。

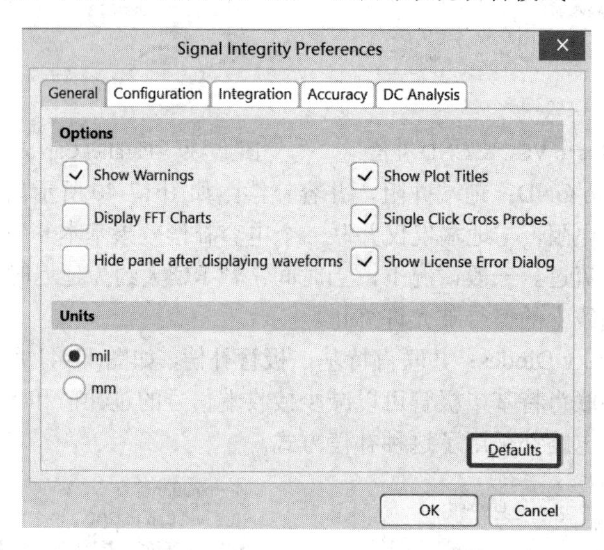


图 17-43　信号完整性优先设定窗口

⑨ Set Tolerances…：设置容差。执行该命令，弹出如图 17-44 所示的窗口，设置扫描容差，也即是公差。容差被限定在一个误差范围，表示允许信号变形的最大值和最小值，将实际信号与误差范围进行比较，以便确定信号是否合乎设计要求。单击 PCB Signal Integrity Rules 按钮，弹出如图 17-45 所示的窗口。图中列出所有设置规则，可以在此修改。一般建议采用系统默认设置。

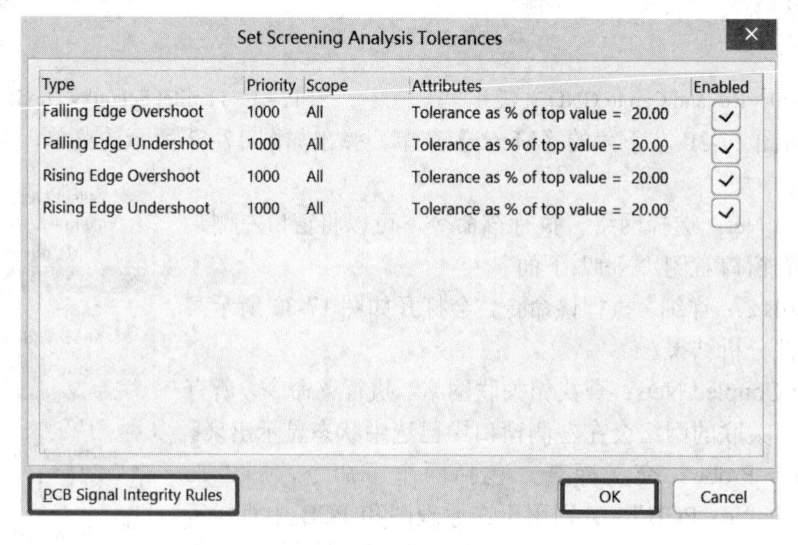


图 17-44　设置扫描容差

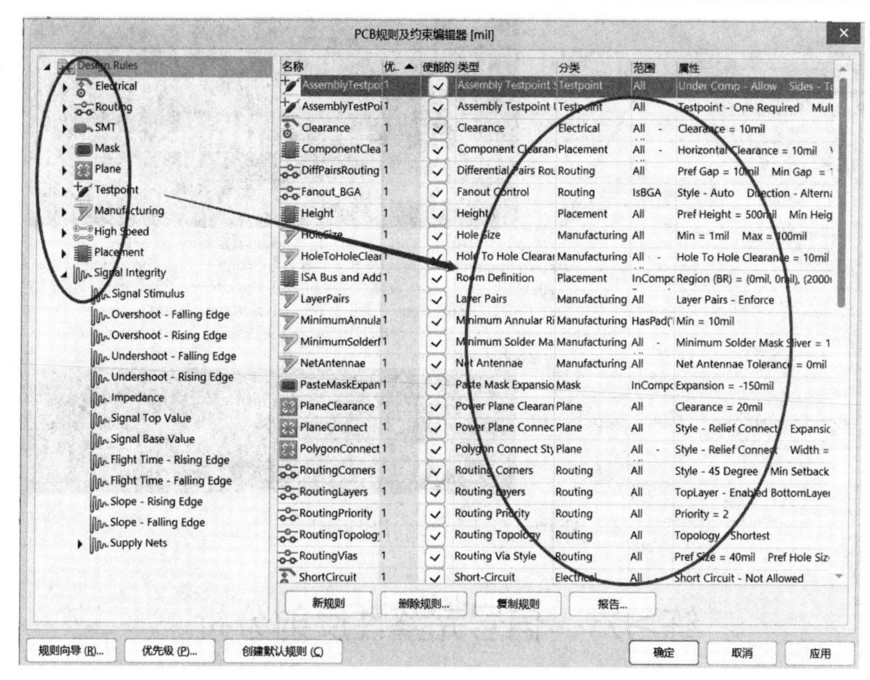

图 17-45　PCB 规则设置窗口

⑩ Display Report...：显示报告。执行该命令，将弹出信号完整性测试报告，如图 17-46 所示。

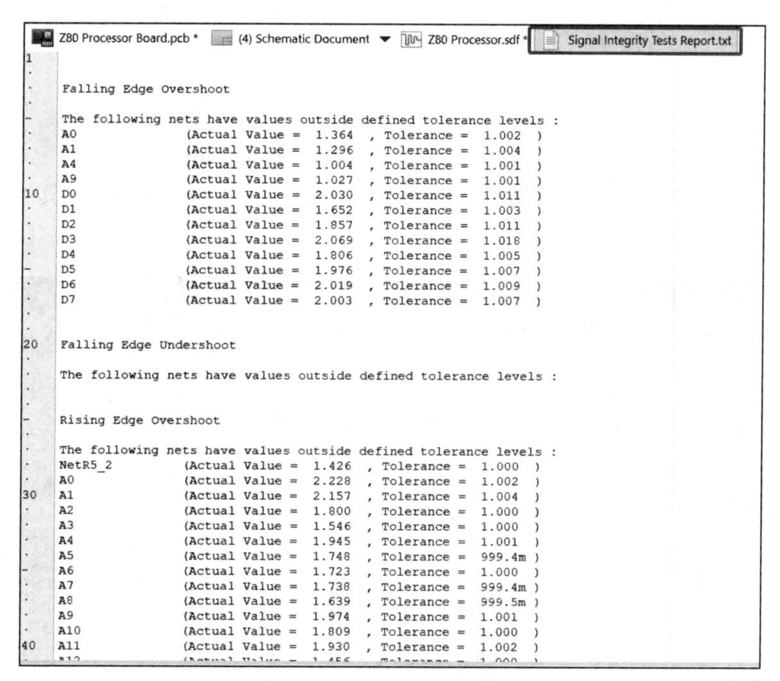
Z80 Processor Board.pcb *　(4) Schematic Document　Z80 Processor.sdf *　Signal Integrity Tests Report.txt

Falling Edge Overshoot

The following nets have values outside defined tolerance levels :
A0 (Actual Value = 1.364 , Tolerance = 1.002 )
A1 (Actual Value = 1.296 , Tolerance = 1.004 )
A4 (Actual Value = 1.004 , Tolerance = 1.001 )
A9 (Actual Value = 1.027 , Tolerance = 1.001 )
D0 (Actual Value = 2.030 , Tolerance = 1.011 )
D1 (Actual Value = 1.652 , Tolerance = 1.003 )
D2 (Actual Value = 1.857 , Tolerance = 1.011 )
D3 (Actual Value = 2.069 , Tolerance = 1.018 )
D4 (Actual Value = 1.806 , Tolerance = 1.005 )
D5 (Actual Value = 1.976 , Tolerance = 1.007 )
D6 (Actual Value = 2.019 , Tolerance = 1.009 )
D7 (Actual Value = 2.003 , Tolerance = 1.007 )

Falling Edge Undershoot

The following nets have values outside defined tolerance levels :

Rising Edge Overshoot

The following nets have values outside defined tolerance levels :
NetR5_2 (Actual Value = 1.426 , Tolerance = 1.000 )
A0 (Actual Value = 2.228 , Tolerance = 1.002 )
A1 (Actual Value = 2.157 , Tolerance = 1.004 )
A2 (Actual Value = 1.800 , Tolerance = 1.000 )
A3 (Actual Value = 1.546 , Tolerance = 1.000 )
A4 (Actual Value = 1.945 , Tolerance = 1.001 )
A5 (Actual Value = 1.748 , Tolerance = 999.4m )
A6 (Actual Value = 1.723 , Tolerance = 1.000 )
A7 (Actual Value = 1.738 , Tolerance = 999.4m )
A8 (Actual Value = 1.639 , Tolerance = 999.5m )
A9 (Actual Value = 1.974 , Tolerance = 1.001 )
A10 (Actual Value = 1.809 , Tolerance = 1.000 )
A11 (Actual Value = 1.930 , Tolerance = 1.002 )

图 17-46　信号完整性测试报告

(4) 按钮功能：单击窗口右侧按钮，系统会对用户所选终端补偿进行详细说明，如图 17-47 所示。

其他按钮功能已经在图 17-30 中标识，在此不再赘述。

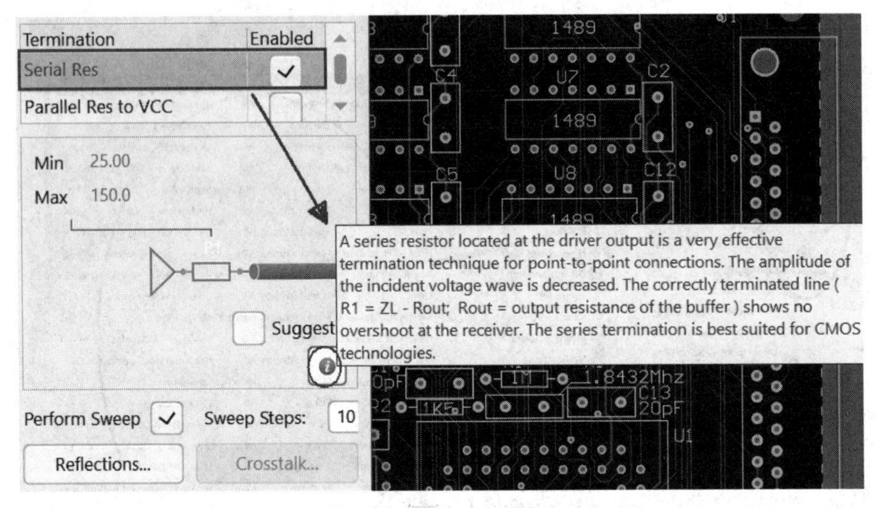


图 17-47　终端补偿说明

# 练习六　信号完整性反射分析

## ⊠ 实训内容

在本实训练习五的基础上对导入的 Z80 Microprocessor.PrjPcb 进行信号完整性反射分析。

## ⊠ 操作提示

(1) 在图 17-30 中双击需要分析的网络 A1，或选中 A1 后单击[>]，将其导入到窗口的右侧，如图 17-48 所示。

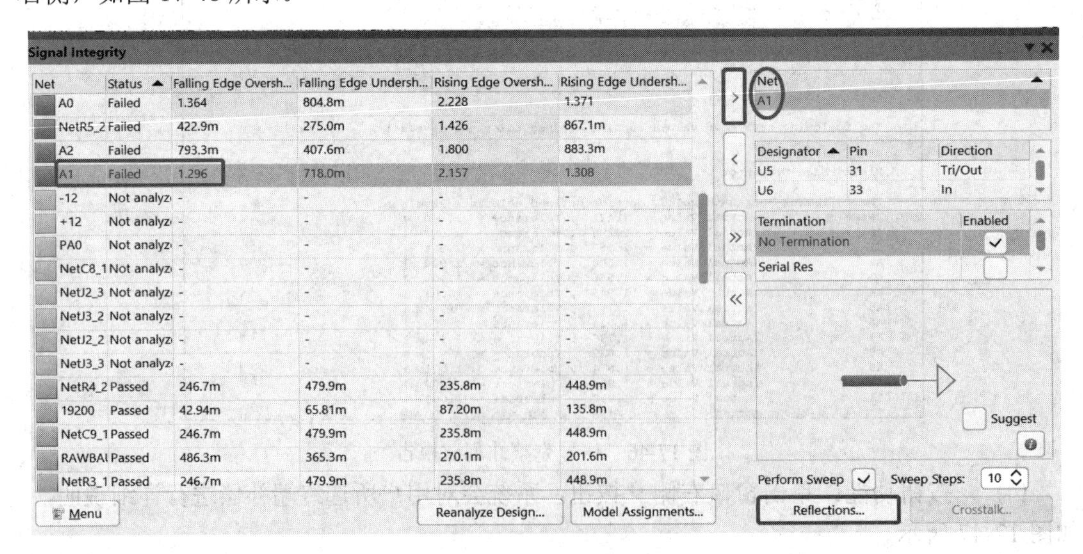


图 17-48　选中网络 A1

(2) 单击图 17-48 窗口右下角的【Reflections...】，反射分析的波形结果将会显示出来，如图 17-49 所示。

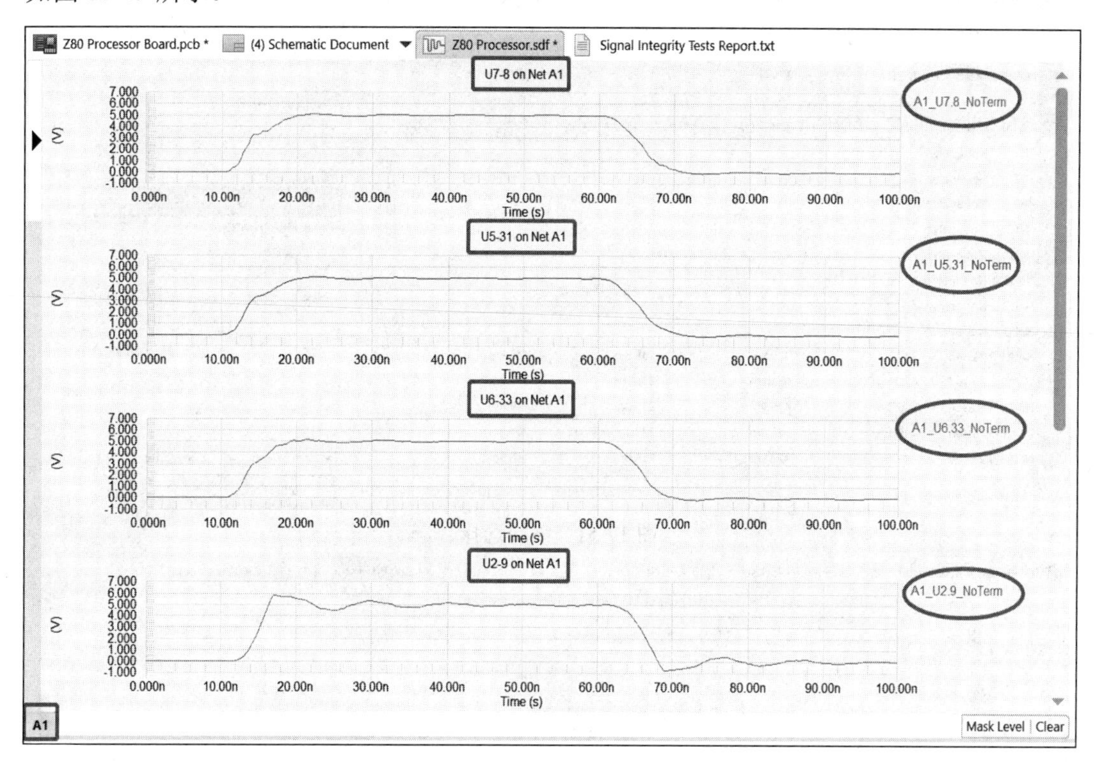


图 17-49 A1 反射分析的波形

(3) 右键点击 A1_U2.9_NoTerm，如图 17-50 所示，在弹出的列表中选择 Cursor A 和 Cursor B，然后可以利用它们来测量确切的参数。测量结果在 Sim Data 窗口，如图 17-50 所示。

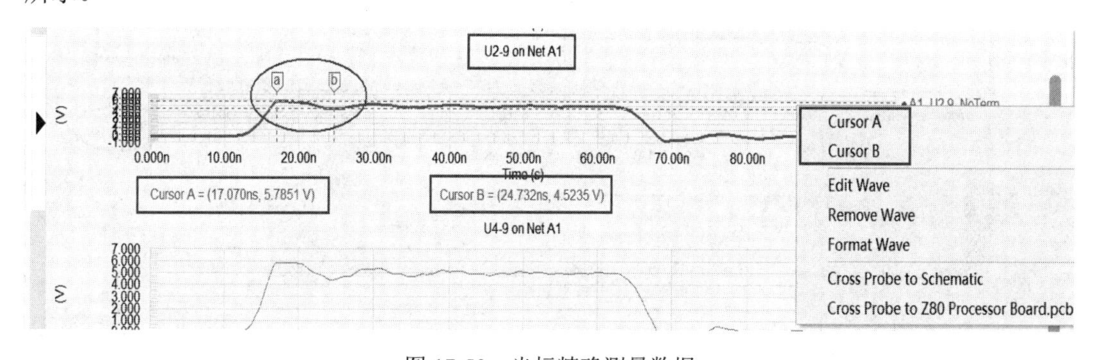


图 17-50 光标精确测量数据

(4) 从图 17-49 的分析波形中可以看出，由于阻抗不匹配而引起的反射，导致信号的上升沿和下降沿都有一定的过冲。

(5) 单击图 17-48 中的【Reanalyze Design...】，返回到图 17-30 所示的界面。窗口右侧的“Termination”区域给出了几种端接的策略来减小反射所带来的影响，选择“Serial Res”，如图 17-51 所示，将最小值和最大值分别设置为 25 和 150；选中“Perform Sweep”选项，在“Sweep steps”选项中填入 10，然后单击【Reflections...】，将会得到如图 17-52 所示的分析波形。

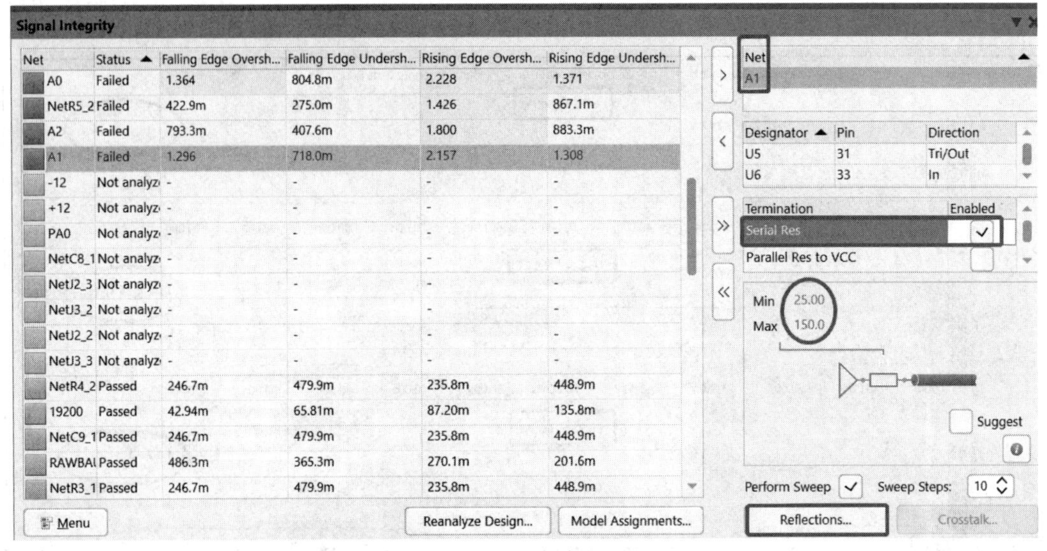


图 17-51　终端选择

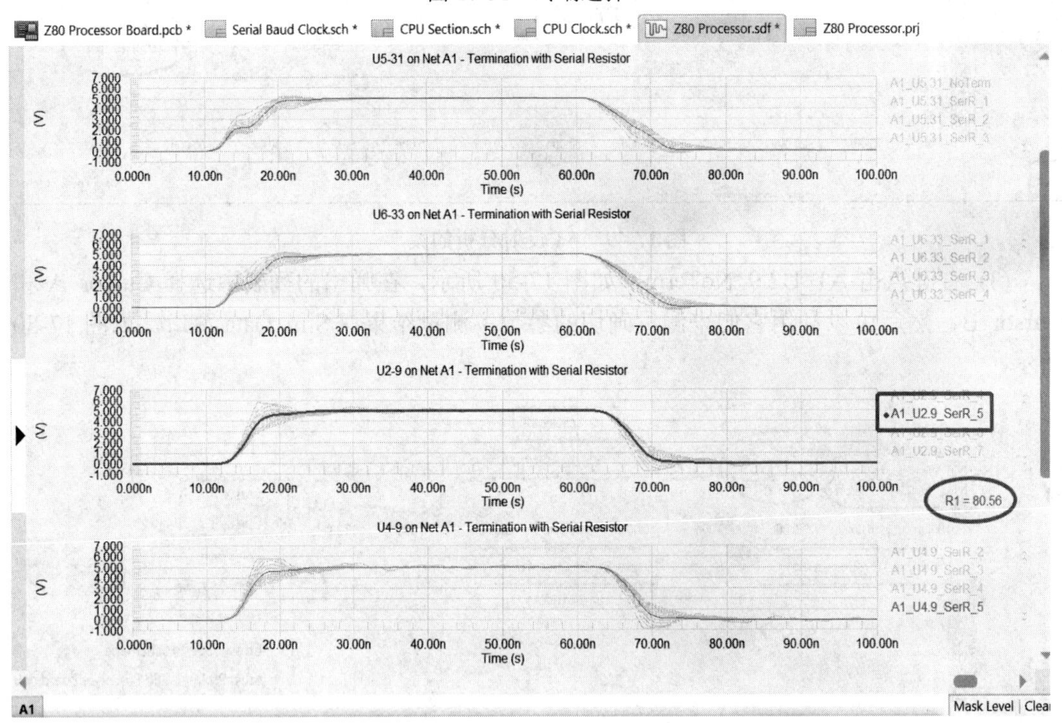


图 17-52　终端系列电阻反射曲线

(6) 从图 17-52 可以看出，不同的电阻对应不同的输出波形，从图中选择一个满足需求的波形，再连接相应的电阻，从而得到符合要求的输出波形。对于图 17-52 中的 A1_U2.9，比较满意的曲线对应的电阻为 80.56 Ω，将此阻值直接接到终端上，如图 17-53 所示，再次单击【Reflections...】按钮，分析结果如图 17-54 所示。从图中可以看出，信号波形曲线无论是上升沿还是下降沿的过冲都大大减小，曲线很平滑。最后根据此阻值选择一个比较合适的电阻串接在 PCB 中相应的网络上即可。

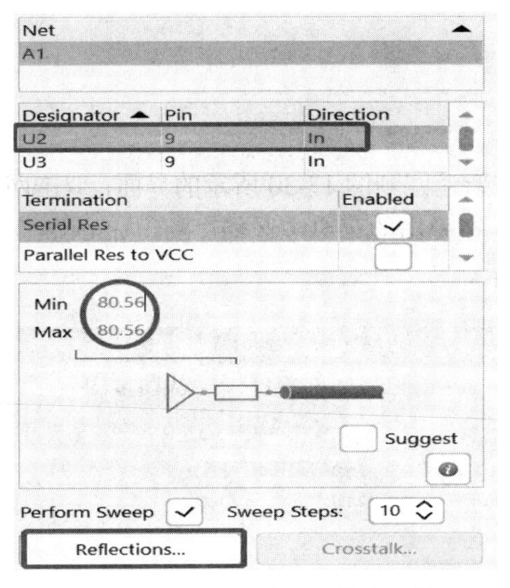


图 17-53　某一曲线对应的电阻值

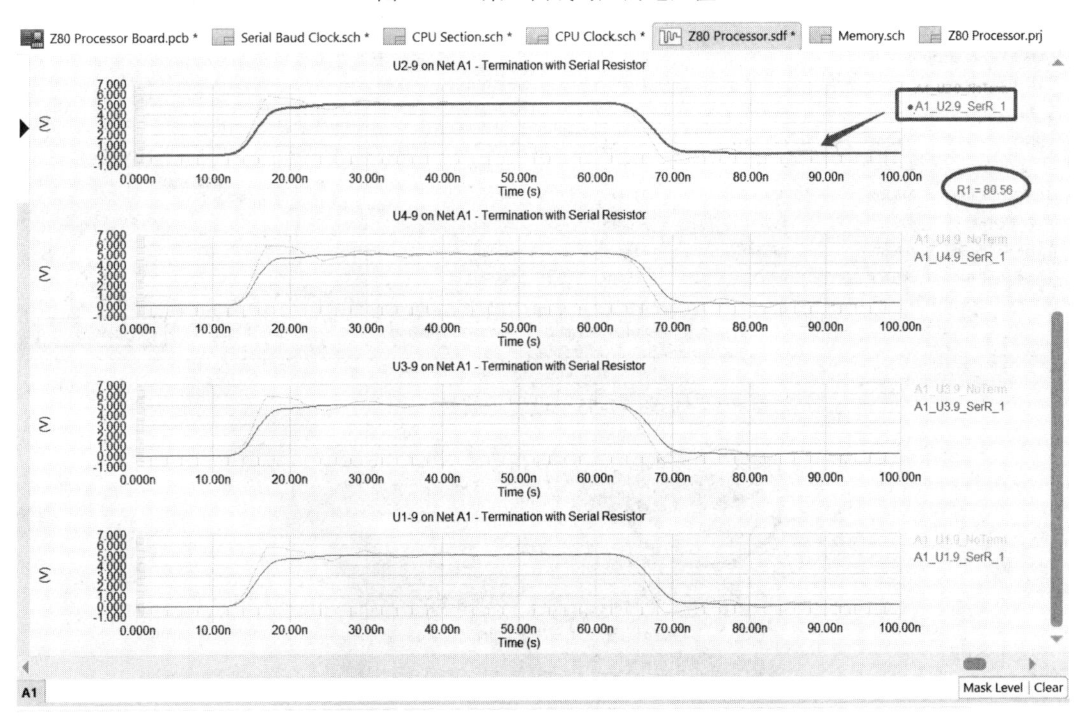


图 17-54　精确接入补偿电阻的分析波形

# 练习七　信号完整性串扰分析

## ⌧ 实训内容

在本实训练习六的基础上对导入的 Z80 Microprocessor.PrjPcb 进行信号完整性串扰

分析。

## ☒ 操作提示

(1) 进行串扰分析。重新返回到图 17-30 所示的界面，双击网络 A2 将其导入到右侧的窗口，然后右键单击 A1，在弹出的菜单中选择“Set Agressor”设置干扰源，如图 17-55 所示，结果如图 17-56 所示。

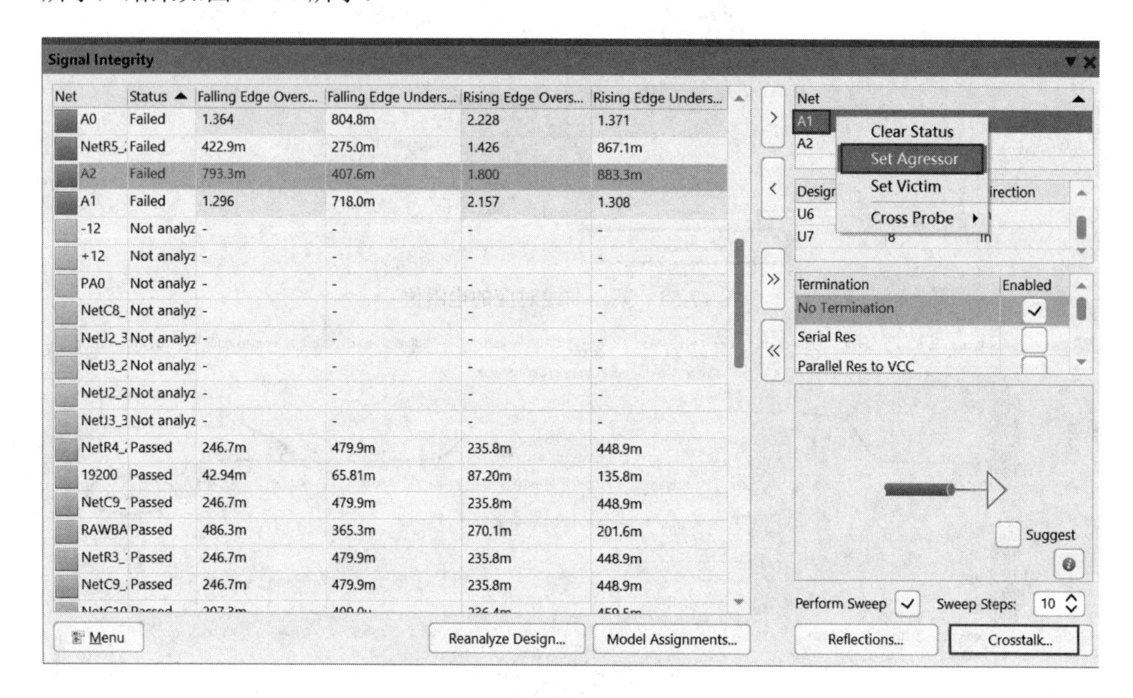


图 17-55　设置干扰源

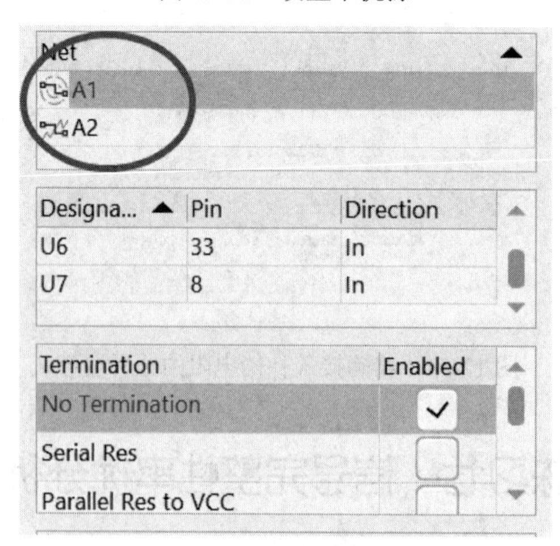


图 17-56　设置干扰源后图标变化

(2) 选择图 17-55 右下角的【Crosstalk...】，就会得到连接在 A1 网络上的不同管脚的串扰分析波形，如图 17-57 所示。

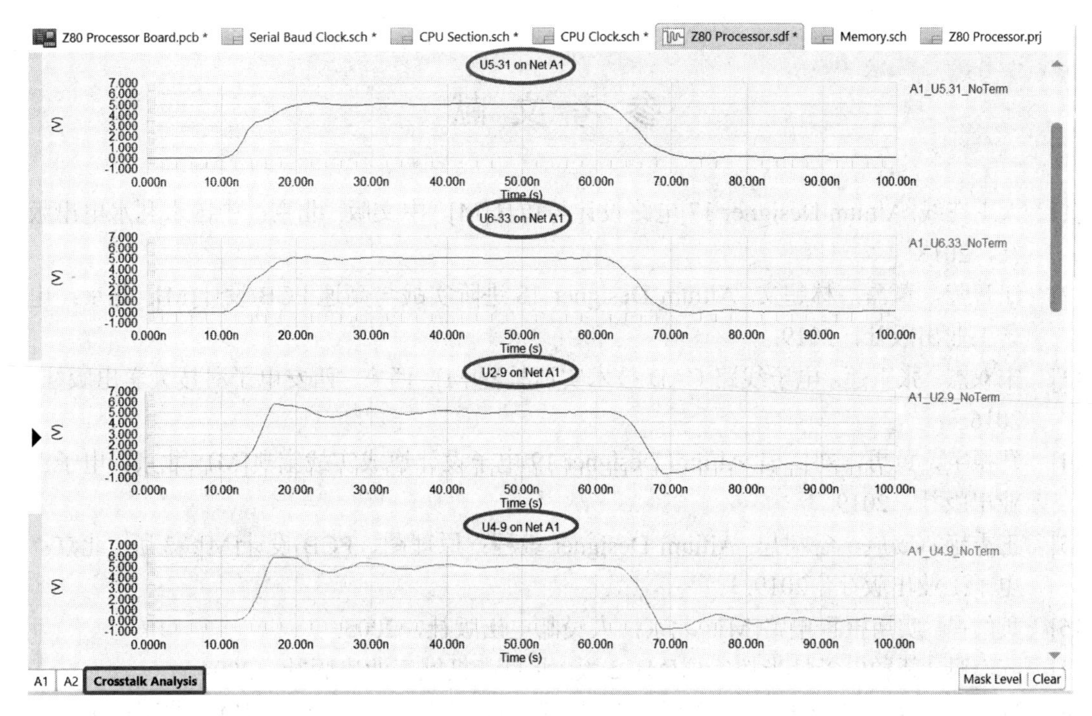


图 17-57　串扰分析波形

选用不同的终端补偿方式，会得到不同的分析结果，用户可以反复分析，从中得到最佳方案。串扰的大小与信号的上时间、线间距以及并行长度等密切相关，实际在高速电脑设计中，可采用增加走线间距，尽量减少并行长度，对信号线屏蔽来抑制串扰的产生。

# 参 考 文 献

[1] 天工在线. Altium Designer 17 电路设计与仿真[M]. 中文版. 北京：中国水利水电出版社，2018.
[2] 江智莹，董磊，林超文. Altium Designer 18 进阶实战与高速 PCB 设计[M]. 北京：电子工业出版社，2019.
[3] 宋双杰，张玉莲. 电子线路 CAD 技术实训教程[M]. 西安：西安电子科技大学出版社，2016.
[4] 郑振宇，黄勇，刘仁福. Altium Designer 19 电子设计速成实战宝典[M]. 北京：电子工业出版社，2019.
[5] 王秀艳，姜航，谷树忠. Altium Designer 教程：原理图、PCB 设计[M]. 3 版. 北京：电子工业出版社，2019.
[6] 黄继昌. 实用报警电路[M]. 北京：人民邮电出版社，2005.
[7] 陈有卿. 新颖电子灯光控制器[M]. 2 版. 北京：机械工业出版社，2004.
[8] 郭天祥. 51 单片机 C 语言教程：入门、提高、开发、拓展全攻略[M]. 北京：电子工业出版社，2009.
[9] 陈明荧. 8051 单片机课程设计实训教材[M]. 北京：清华大学出版社，2004.
[10] 全新使用电路集萃丛书编辑委员会. 灯光控制应用电路[M]. 北京：机械工业出版社，2005.
[11] 刘福太. 绿版电子电路 498 例[M]. 北京：科学出版社，2007.
[12] 刘福太. 红版电子电路 461 例[M]. 北京：科学出版社，2007.
[13] 黄永定. 家用电器基础与维修技术[M]. 3 版. 北京：机械工业出版社，2012.
[14] 李文方. 单片机原理与应用. 哈尔滨：哈尔滨工业大学出版社，2010.
[15] 朱清慧，张凤蕊，翟天嵩，等. Proteus 教程：电子线路设计、制版与仿真[M]. 3 版. 北京：清华大学出版社，2016.